Claus Zittel (Hg.)

Wissen und soziale Konstruktion

WISSENSKULTUR UND GESELLSCHAFTLICHER WANDEL

Herausgegeben vom Sonderforschungsbereich/Forschungskolleg 435
der Deutschen Forschungsgemeinschaft
»Wissenskultur und gesellschaftlicher Wandel«

Band 3

Wissen und soziale Konstruktion

Herausgegeben von Claus Zittel

Akademie Verlag

Gedruckt mit Unterstützung der Deutschen Forschungsgemeinschaft.

Einbandgestaltung unter Verwendung von: Emblema XXIII (Aurum pluit, dum nascitur Pallas Rhodi, & Sol concumbit Veneri), in: Michael Maier, Atalanta fugiens, Oppenheim 1618; Nachdruck in: Stanislas Klossowski de Rola, The Golden Game, Thames and Hudson Ltd., London 1988, S. 82 Abb. 52.

ISBN 3-05-003725-3

Das eingesetzte Papier ist alterungsbeständig nach DIN/ISO 9706.

Satz: Andreas Falke, Frankfurt/M.
Druck und Bindung: Druckhaus „Thomas Müntzer", Bad Langensalza
Einbandgestaltung: Dorén + Köster, Berlin

Printed in the Federal Republic of Germany

Inhaltsverzeichnis

Claus Zittel

Einleitung: Wissen und soziale Konstruktion in Kultur, Wissenschaft und Geschichte[1]

Seit einigen Jahren zeichnet sich in der Wissenschaftsgeschichte ein Ende des traditionellen Streites ab, ob man bei der Interpretation der Wissenschaftsentwicklung entweder vor allem auf die sozialen Umstände (Organisations- und Vermittlungsformen, ökonomische, politische Einflüsse etc.) zu achten habe oder aber auf die als eigenständig zu begreifenden, wissenschaftsimmanenten ‚geistigen' Faktoren, wie Ideen, Begriffe und Methoden. Zunehmend etabliert sich die Strategie, die herkömmliche Debatte um externalistische oder internalistische Perspektiven auf die Wissenschaftsgeschichte zu unterlaufen, indem das Aufkommen der systematischen Unterscheidung zwischen sozial konstruierten und ‚wissenschaftlichen' Momenten der Wissenschaftsentwicklung selbst zum Forschungsgegenstand gemacht und damit historisiert wird.[2] Wissenschaft wird nun nicht mehr primär als Theorie begriffen, sondern als bestimmte, mehr oder weniger lokal situierte, kulturelle oder soziale Praxis. Diese Praxis kann man als Wissenskultur bezeichnen, die sowohl soziale Faktoren wie auch Methoden und Wissensbegriffe umfaßt. Sie kann nun mit verschiedenen historischen Fragestellungen traktiert werden.

Die traditionellen Rechtfertigungskriterien für Wissen (Wissen als wahre und gerechtfertigte Meinung) werden auf diese Weise sozial bzw. kulturell kontextualisiert. Dies zeitigt tiefgreifende Veränderungen des Wissenschaftsverständnisses und für den Begriff des Wissens selbst, da es jetzt schwierig ist, kontexttranszendierende Rechtfertigungsmöglichkeiten für Wissen und Erkenntnis zu formulieren (mit der Folge, daß nicht mehr zwischen Wissen und [falscher] Meinung im epistemologischen Sinne unterschieden werden kann, da das, was in einem Kontext als Wissen gilt, in einem anderen als bloße Meinung angesehen wird, ohne daß sich entscheiden ließe, welcher Kontext den „richtigen" Standpunkt begründet).

Vor allem rücken nun aber auch methodische Fragen in den Vordergrund, denn es ist keineswegs offensichtlich, wie dieses neue Forschungsfeld praktisch untersucht werden kann und wie die für die verschiedenen Disziplinen zu wählenden historischen Rekonstruktionsmethoden für Wissenskulturen aussehen müßten.

Der klassische Sozialkonstruktivismus untersuchte in erster Linie die soziale Dimension der Naturwissenschaften. Er basierte auf der methodologischen Voraussetzung, daß anhand von detaillierten empirischen Studien der Wissenschaftspraxis externalistische Erklärungen der

---

1 Ich danke allen Beiträgern dieses Bandes für die Bereitschaft der intensiven wechselseitigen Diskussion der Manuskripte. Außerdem sei Andreas Falke für seine Hilfe bei der Einrichtung der Druckfassung gedankt. Besonderen Dank schulde ich der Deutschen Forschungsgemeinschaft und dem Frankfurter Sonderforschungsbereich *Wissenskultur und gesellschaftlicher Wandel* für die Gewährung eines Druckkostenzuschusses.

2 Vgl. dazu Shapin (1999).

vermeintlich objektiven wissenschaftlichen Theoreme gegeben werden können. Diese Studien versuchten zu zeigen, daß Wissenschaft keinen exklusiven Zugang zur objektiven Welt hat, daß das, was als Fakt anerkannt wird, vom sozialen Setting abhängt, und daß die Wissenschaftler Mitspieler in einem sozialen Netzwerk sind, welches ihre Tätigkeit und ihre Resultate weitgehend sozial konstruiert. In abgewandelter Form trat der Sozialkonstruktivismus das Erbe der marxistischen Theorie an. Der historische Materialismus, als methodologisches Forschungsprogramm verstanden, führte bekanntlich wissenschaftliche und philosophische Theorien auf ökonomische Determinanten zurück und betrachtete daher wissenschaftliche Autonomieerklärungen unter ideologiekritischem Aspekt.[3] Vermittelt durch Max Webers Verlagerung des Focus der Forschung weg von einer isolierten Wissenschaftsbetrachtung hin zu einer allgemeinen Analyse der westlichen Rationalität und ihrer sozialen Bedingungen, wurde auch in der Soziologie der Humanwissenschaften sowie in der Philosophie dieses ideologiekritische Programm aufgenommen, beispielsweise bei Mannheim und bei den Vertretern der frühen Kritischen Theorie.

Andernorts, vor allem in der *Edinburgh School of Sociology of Science*, weitete man später ebenfalls den Gegenstandsbereich der soziologischen Analyse aus und versuchte über Marx hinausgehend die Mathematik und harten Naturwissenschaften in ihrer sozialen Determiniertheit zu explizieren. In einem nächsten Schritt wurde dann von Wissenschaftssoziologen nicht nur für die Wissenschaften, sondern für die Welt generell behauptet, daß diese sozial konstruiert sei (Bloor, Woolgar, Latour).[4]

Es entfalteten sich jedoch die verschiedenen sozialkonstruktivistischen Positionen überaus uneinheitlich. So bildete sich ein weiterer wichtiger Strang in der Entwicklung des Sozialkonstruktivismus durch die historische Wende in der Wissenschaftstheorie des 20. Jahrhunderts aus. Die Verfechter dieses historical turns (Fleck, Kuhn, Bachelard, Canguilhem, Foucault, Hacking)[5] weisen die für die traditionelle Wissenschaftstheorie zentrale Behauptung zurück, daß es jene universalen rationalen wissenschaftlichen Methoden, Regeln und Standards gebe, welche dazu verleiten, die Wissenschaftsgeschichte als kumulative und heroische Fortschrittsgeschichte darzustellen. Bei der Rekonstruktion der Wissenschaftsgeschichte wird nun das Augenmerk weniger auf den vermeintlich evolutionären Fortschritt des Wissens gelegt, sondern auf die kontingenten Brüche in der faktischen Geschichte der Wissenschaften. Damit kommen nun auch insbesondere die verborgenen nicht-wissenschaftlichen Hintergrundannahmen, die normativen Einstellungen und kulturellen Deutungsmuster, die in die wissenschaftliche Praxis hineinregieren, verstärkt in den Blick.

Die Untersuchung speziell der kulturellen Deutungsmuster liegt außerhalb des traditionellen Gegenstandsbereichs szientifisch orientierter Wissenschaftsgeschichte, aber auch außerhalb des traditionellen Sozialkonstruktivismus. Mit Modellen der strikt kausalen sozialen Determination lassen sich die kulturellen Konstitutionsfaktoren nicht einfangen. Ihre Rekonstruktion verlangt nicht zuletzt auch hermeneutische, geisteswissenschafltliche Methoden. Bei diesen neueren Ansätzen war daher von Anbeginn an umstritten, jedenfalls dann, wenn sie sich der Konstruktion der Naturwissenschaften widmeten, ob diese Untersuchungs-

3 Boris Hessen ist z. B. ein klassischer Vertreter der Auffassung, daß Wissenschaft einseitig durch ökonomische Faktoren determiniert wird. Vgl. ders. (1974).

4 Vgl. z. B. Barnes/Bloor/Henry (1996); Barnes (1994) und Barnes (1990); Bloor (1992) und Bloor (1996); Knorr-Cetina (1981) und Knorr-Cetina (1982); Latour (1987); Latour/Woolgar (1986); Pickering (1992).

5 Fleck (1935/1980); Kuhn (1976); Canguilhem (1966); Bachelard (1987); Hacking (1990).

projekte überhaupt noch Teil des allgemeinen wissenschaftlichen Projektes sind und als notwendige Schritte zur Selbstreflexion der Naturwissenschaften angesehen werden können, oder aber als eine unwissenschaftliche Nestbeschmutzung von außen abzukanzeln seien.

Um dem letztgenannten Vorwurf zu begegnen und um die eigene Wissenschaftlichkeit zu demonstrieren, mutierten viele sozialkonstruktivistische Untersuchungen ihrerseits zu positivistischen, teilweise gar hyperszientifischen Projekten, deren Verfechter für ihre eigenen Untersuchungen gerade nicht die Kontextrelativität einräumten, sondern objektivistisch argumentieren.[6] Oder Bruno Latour, um ein anderes Beispiel zu nennen, präsentiert seine neuesten Untersuchungen nicht ganz frei von Ernst im Namen eines „realistischeren Realismus".[7]

Auf der anderen Seite wurden im geisteswissenschaftlichen Lager ähnliche Problemstellungen unter anderem Etikett diskutiert, insbesondere im Kontext der bis heute andauernden Historismusdebatte, etwa als Opposition von Problemgeschichte und teleologisch orientierter Fortschrittsgeschichte. Die Protagonisten dieser Debatte, zum Beispiel Ernst Troeltsch, sahen ihre methodologische Selbstreflexion indes in direkter Gegnerschaft zu den damals siegreich aufgekommenen naturwissenschaftlichen Methoden, als deren Konsequenz ein allgemeiner Wertrelativismus konstatiert wurde. Das gesamte Wissen kann nach Troeltschs Diagnose jetzt historisiert und relativiert werden. Troeltschs Lösungsvorschlag, den Historismus von innen heraus zu überwinden, indem normative Fluchtpunkte für die geschichtliche Rekonstruktion postuliert werden, muß hier nicht interessieren. Wichtig ist jedoch, daß Troeltsch ausdrücklich anerkennt, daß das Einbeziehen von soziologischen Fragestellungen es unmöglich macht, geistig-kulturelle Zusammenhänge in großen Synthesen zu konstruieren.[8] Die von Troeltsch ausgemachte Opposition von Historie und Naturwissenschaft ist jedoch nicht zwingend. So könnte man auf Nietzsche verweisen, welcher die Zersetzung des Glaubens an überzeitliche kulturelle und wissenschaftliche Normen in Kombination von naturwissenschaftlichen und historischen Methoden betrieb. Andernfalls müßte es verwundern, daß als eine weitere Wurzel sozialkonstruktivistischer Wissenschaftsanalyse Quines Programm einer naturalisierten Erkenntnistheorie ausgemacht werden kann.[9]

Quines Idee war, daß die traditionellen epistemologischen Rechtfertigungen für Wissen konsequent durch rein naturalistische Erklärungen der kausalen Prozesse, welche bei der Bildung von Überzeugungen wirksam sind, ersetzt werden können. Quine zufolge wird die Epistemologie zu einem Teilprojekt der Naturwissenschaft erklärt.

Es gibt somit hyperszientifische, antiszientifische, naturalistische und hermeneutische Varianten sozialkonstruktivistischer Methodologien. Diese Methodologien werden zumeist in wechselseitiger Ignoranz in den verschiedenen Disziplinen je anders favorisiert, wobei zudem noch wissenschaftstheoretische und wissenschaftshistorische Fragestellungen arbeitsteilig separiert angegangen werden.

Angesichts dieser Lage versucht der vorliegende Band vordringlich dreierlei zu leisten. Er möchte erstens den Vergleich zwischen den sonst voneinander getrennt betrachteten naturwissenschaftlichen, soziologischen, philosophischen und historischen Verständnissen und Methoden der sozialen Konstruktion ermöglichen.

---

6 Vgl. die Einleitung zu Barnes/Bloor/Henry (1996).
7 Latour (2000), S. 25.
8 Troeltsch (1922), S. 581.
9 Quine (1969). Vgl. dazu Detel (2001).

Zweitens soll dadurch, daß alle Beiträge sowohl praktische Anwendungsmöglichkeiten als auch theoretische Probleme der Methodenreflexion in den Blick nehmen, die praktischen Leistungsgrenzen- und Möglichkeiten sowie die theoretischen Begründungsprobleme sozialkonstruktivistischer Methodologien ausgelotet werden.

Drittens sollen insbesondere auch die theoretischen Probleme, die sich für den Begriff des Wissens durch die Behauptung, daß Wissen sozial konstruiert sei, einstellen, in einen philosophischen Fokus gerückt werden. Innerhalb der philosophischen Epistemologie gibt es unabhängig von sozialkonstruktivistischen Positionen und deren relativistischen Konsequenzen, Tendenzen, den Wissensbegriff kontextualistisch zu begründen. Historischer bzw. sozialkonstruktivistischer und epistemologischer Kontextualismus haben sich weitgehend gegen wechselseitige Beeinflussung immunisiert. Durch das Wechselspiel von Fallstudien und theoretischen Überlegungen im vorliegenden Band könnte ein erster Schritt in Richtung einer Überwindung dieser disziplinären Barrieren gemacht sein.

Die im vorliegenden Band versammelten Aufsätze kommen aus den Bereichen der Philosophie (Becker, Detel, Zittel), Geschichtswissenschaft (Grebner, Kailer, Koehl), Wissenschaftstheorie und Wissenschaftsgeschichte (Feest, Greif, Nordmann), Ethnologie (Bender, Niederberger) und Soziologie (Oevermann, Pinch). Damit reiht sich dieser Band in die eingangs beschriebene Tendenz ein, Wissenschaften als Wissenskulturen zu untersuchen und vor dem Hintergrund einer kontextuellen Auffassung von Wissen soziale, kulturelle und epistemologische Faktoren aus historischer Perspektive in ihrem Zusammenspiel zu betrachten.

Entstanden sind diese Beiträge im Rahmen eines Workshops des Frankfurter DFG-Sonderforschungsbereichs *Wissenskultur und gesellschaftlicher Wandel*. Dieses Forschungskolleg vereint 15 Teilprojekte aus Geschichtswissenschaften, Ethnologie, Ökonomie, Philosophie, Soziologie und Wissenschaftsgeschichte. Durch seine transdisziplinäre Ausrichtung fand sich das Forschungskolleg von vornherein vor die Aufgabe gestellt, die im Programm enthaltenen Elemente Wissen, Kultur und gesellschaftlicher Wandel fächerübergreifend aufeinander zu beziehen. Der konkrete Versuch allerdings, den theoretischen Postulaten zu folgen und die alt-etablierte Arbeitsteilung, etwa zwischen Epistemologie auf der einen Seite und historisch-sozialen Studien auf der anderen, aufzugeben, gestaltete sich in der Praxis zunächst schwierig. Ein erster Schritt bestand darin, konkrete Epochen in den Blick zu nehmen und die komplexe Situation der unterschiedlichen Wissenskonzeptionen in der Antike und in der frühen Neuzeit interdisziplinär[10] zu beschreiben. In einem nächsten Schritt jedoch mußte dazu eine Metaebene erreicht werden, auf welcher diese verschiedenen Rekonstruktions-Verfahren miteinander konfrontiert und verglichen werden können. Die Frage nach der sozialen Konstruiertheit von Wissen als alle Teilprojekte gleichermaßen betreffende lag dafür offen auf der Hand und motivierte die Debatte im Rahmen des hier dokumentierten Workshops. Gerade durch die disziplinäre Vielfalt und die enorme historische Spannweite des Forschungskollegs bot sich die seltene Chance, innerhalb eines gemeinsamen transdisziplinären Projektes die fachspezifischen Modelle sozialer Konstruktion theoretisch zu diskutieren und quer durch die Epochen und Fächer historisch zu überprüfen. Der vorliegende Band soll somit einen problemorientierten Vergleich der in den verschiedenen Disziplinen unterschiedlich formulierten und gehandhabten Modelle für das Beschreiben des Verhältnisses von Wissen und sozialer Konstruktion ermöglichen.

---

10 Vgl. dazu die Bände Becker/Detel/Scholz (2002) und Detel/Zittel (2002).

Literatur

Bachelard, Gaston (1987): *Die Bildung des wissenschaftlichen Geistes*. Frankfurt/M.

Barnes, Barry (1990): „Sociological Theories of scientific Knowledge", in R. C. Olby (Hg.), *Companion to the history of modern science*. London, 60-76.

Barnes, Barry (1994): „How Not To Do the Sociology of Knowledge", in Allan Megill (Hg.), *Rethinking Objectivity*. Duke, 21-35.

Barnes, B., Bloor, D. und Henry, J. (1996): *Scientific Knowledge. A Sociological Analysis*. Chicago.

Becker, A., Detel, W. und Scholz, P. (Hg.) (2002): *Ideal and Culture of Knowledge in Plato*. Stuttgart.

Bloor, David (1992): *Knowledge and Social Imagery*. Chicago: University of Chicago Press.

Bloor, David (1996): „Idealism and the Sociology of Knowledge", *Social Studies of Science* 26, 839-856.

Canguilhem, Georges (1966): *Le normale et le pathologique*. Paris: PUF.

Detel, Wolfgang (2001): „Social Constructivism", in Neil J. Smelser und P. B. Balted (Hg.), *International Encyclopedia of the Social and Behavioral Sciences*, 26 Vol. Bd. 21, Ph. Pettit (Hg.), 14254-14267.

Detel, Wolfgang und Zittel, Claus (Hg.) (2002): *Ideals and Cultures of Knowledge in Early Modern Europe* (Wissenskultur und gesellschaftlicher Wandel Bd. 2). Berlin.

Fleck, Ludwik (1980): *Entstehung und Entwicklung einer wissenschaftlichen Tatsache* (1935). Frankfurt/M.

Hacking, Ian (1990): *The Taming of Chance*. Cambridge: Cambridge University Press.

Hessen, Boris (1974): „Die sozialen und ökonomischen Wurzeln von Newtons ‚Principia'", in P. Weingart (Hrsg.), *Wissenschaftssoziologie* 2. Frankfurt.

Knorr-Cetina, Karin (1981): *The Manufacture of Knowledge: An Essay on the Constructivist and Contexualist Nature of Science*. Oxford: Pergamon Press.

Knorr-Cetina, Karin (Hg.) (1982): *Science in Context*. London: Sage.

Kuhn, Thomas (1976): *Die Struktur wissenschaftlicher Revolutionen*. Frankfurt/M.

Latour, Bruno und Woolgar, Steve (1986): *Laboratory Life*. Princeton: Princeton University Press.

Latour, Bruno (1987): *Science in Action*. Cambridge, MA: Harvard University Press.

Latour, Bruno (2000): *Die Hoffnung der Pandora*. Frankfurt/M.

Pickering, Andrew (1992): *Science as Cultural Practice*. Chicago: University of Chicago Press.

Quine, Willard V. O. (1969): *Ontological Relativity and Other Essays*. New York: Columbia University Press.

Alexander Becker

Kann man Wissen konstruieren?[1]

1. Kann man Wissen konstruieren? Um es gleich vorweg zu sagen: ja, man kann. Man kann nicht nur, man muß sogar. Ich werde im folgenden also dafür plädieren, daß der Sozialkonstruktivismus recht hat. Allerdings wird sich diese Verteidigung als zweischneidig erweisen, denn sie schließt die Konsequenz ein, daß sich manche der spektakulären und grundsätzlichen Aussagen von Sozialkonstruktivisten als haltlos erweisen. Vom Sozialkonstruktivismus wird nicht mehr, aber auch nicht weniger bleiben als ein wichtiges und interessantes Programm zur empirischen Erforschung tatsächlicher wissenschaftlicher Praxis.

Im Mittelpunkt meiner Überlegungen wird die Frage stehen, welchen Beitrag die Wahrheitsbedingung für den Wissensbegriff leistet. Was ich im folgenden sage, wird sich demnach völlig im Bereich begrifflicher Verhältnisse bewegen. Das heißt, daß die eigentlich interessante Frage, nämlich wie man Wissen konstruiert, offen bleiben wird. Dennoch scheint mir eine Klärung auf der begrifflichen Ebene nicht überflüssig, denn ich vermute hier die Quelle einiger Mißverständnisse (insbesondere von Selbstmißverständnissen) rund um den Sozialkonstruktivismus.

2. Beginnen möchte ich allerdings mit einigen Bemerkungen zum Konstruktionsbegriff, die vielleicht schon geeignet sind, manches Mißverständnis auszuräumen.

Erstens: Eines der schwierigsten Probleme in der Bestimmung des Konstruktionsbegriffs besteht wahrscheinlich darin, herauszufinden, inwieweit Konstruktionen absichtlich sein können oder müssen. Es dürfte evident sein, daß soziale Konstruktionen nicht bloß kausale Effekte der Tätigkeit der Konstrukteure sein können. Denn sonst wäre auch der sinkende Sauerstoffgehalt in einem voll besetzten Raum ein soziales Konstrukt. Soziale Konstruktionen setzen voraus, daß die Gedanken der Akteure für den Konstruktionsprozeß wesentlich sind, und daß diese Gedanken in einem inhaltlichen Zusammenhang mit dem Konstrukt stehen. Andererseits wäre es eine zu starke Bedingung, wenn man fordern wollte, daß die Akteure beabsichtigen, das zu konstruieren, was sie konstruieren. Soziale Konstruktionen müssen irgendwo in der Mitte zwischen diesen Extremen angesiedelt sein. Glücklicherweise stellt sich die Situation im Fall der Konstruktionen von Wissen, für die sich der Sozialkonstruktivismus vorrangig interessiert, nicht allzu kompliziert dar. Denn gleich ob es sich um naturwissenschaftliches, juristisches oder historisches Wissen handelt, die Akteure hatten wohl immer die Absicht, Wissen zu produzieren. Allerdings hatten sie nicht die Absicht, Wissen zu *konstruieren* – viele oder die meisten waren und sind vermutlich der Ansicht, daß sie Wissen *finden*. Insofern sind die Prozesse, die der Sozialkonstruktivismus beschreibt, von den Intentionen der Beteiligten unabhängig, und doch lassen sich die relevanten Fälle von

1 Ich danke Gerson Reuter für hilfreiche Kommentare, die mich zu einer gründlichen Revision einer früheren Fassung veranlaßt haben.

Wissenskonstruktion anhand dieser Intentionen identifizieren. Die Situation, der sich der Sozialkonstruktivismus in der Regel gegenüber sieht, dürfte also folgende sein: Die Akteure, die Wissenschaftler, wollten zwar Wissen produzieren, aber sie hielten Wissen möglicherweise für etwas anderes als wir, die wir behaupten, sie hätten Wissen konstruiert.

Zweitens: Daß X von S konstruiert worden ist, impliziert nicht, daß S anstelle von X auch Y hätte konstruieren können. Das liegt zum einen daran, daß Konstruktionen nicht *als solche* intendiert sein müssen; sie können nichtintendierte Nebenfolgen anderer Handlungen sein. Zum anderen hängt das, was eine Person tut, oft davon ab, daß ihre Tätigkeit von anderen als eine bestimmte Tätigkeit anerkannt wird. Es gibt Anhaltspunkte für die Behauptung, daß dies auch auf Wissen zutrifft. Begründungen, die, wie sich noch zeigen wird, für Wissen eine zentrale Rolle spielen, sind wohl von Elementen der Überredung nie ganz frei. So können Begründungen nicht ins Unendliche fortgehen; irgendwann müssen sie mit dem Appell an das Einverständnis – sei es darüber, wann eine Behauptung als gut begründet gilt, sei es über Prämissen, die nicht der Begründung bedürfen – beendet werden. Auch wenn also ein X sozial konstruiert ist, dann ist es nicht immer eine Sache willkürlicher Entscheidungen eines einzelnen oder einer Gruppe von Personen, daß X als X konstruiert wird. Soziale Konstruktionen können sich sogar als sehr resistent gegenüber den Intentionen Einzelner erweisen.

3. Was heißt es aber nun, daß Wissen konstruiert ist? Zunächst einmal, trivialerweise, heißt es folgendes:

> (1) Die Tatsache, daß irgendeine Gruppe von Personen etwas weiß, ist von dieser Gruppe von Personen abhängig.

Alle weiteren Schritte setzen einen genaueren Begriff von Wissen voraus. Ich werde hier vom traditionellen philosopischen Begriff des Wissen ausgehen, der lautet:

> (2) Person S weiß, daß p, wenn
> (a) S glaubt, daß p
> (b) „p" begründet ist
> (c) „p" wahr ist.

Als Definition von „Wissen" genommen, wäre diese Bestimmung vermutlich zu eng.[2] Für die gegenwärtigen Zwecke wird sie aber, so glaube ich, gute Dienste tun. Die Fälle, mit denen sich der Sozialkonstruktivismus vorrangig beschäftigt – naturwissenschaftliches, mathematisches, juristisches oder historisches Wissen –, sind sprachlich ausdrückbar und explizierbar, so daß sie unter die propositionale Konstruktion von Wissen als „Wissen, daß" gefaßt werden können. Zu übrigen Bedingungen werde ich gleich noch mehr sagen; jedenfalls ist diese Definition geeignet, verschiedene Versionen der These (1) zu unterscheiden.

Der traditionelle Wissensbegriff (2) läßt gut erkennen, daß es eine völlig uninteressante Weise gibt, in der Wissen „von uns" abhängig ist. Bedingung (a) besagt nämlich u. a., daß es ohne Personen, die etwas wissen, auch kein Wissen gibt. Also muß die Abhängigkeit deutlich

---

2 Deshalb ist hier auch nur eine hinreichende Bedingung angegeben.

mehr besagen als daß die Existenz von Wissen die Existenz von Personen voraussetzt. Bedingung (b) bietet in der Tat schon mehr, aber auch sie macht die Abhängigkeitsthese (1) noch nicht besonders spektakulär. Selbstverständlich sind Begründungen immer von Menschen und für Menschen gemacht, und wenn Wissen Begründung einschließt, dann ist Wissen eben „von uns" abhängig. Begründungen sind sozusagen der Teil des Wissens, den wir beisteuern. Was wir aber nicht beisteuern, so scheint es jedenfalls, ist die Wahrheit dessen, was wir glauben. Dieser Faktor soll von der Welt abhängig sein. Wenn daher die These (1) wirklich eine interessante These sein soll, muß sie auch die Bedingung (c) betreffen. In der Tat ist der Sozialkonstruktivismus häufig genau so aufgefaßt worden: Daraus, daß Wissen konstruiert ist, soll folgen, daß Tatsachen, mithin die Welt konstruiert sind. Das ist nun zwar eine spektakuläre These, aber auch eine These, die nicht ganz leicht zu akzeptieren ist.

Zwei mögliche Schritte in dieser Situation sind offensichtlich wenig attraktiv:

Erstens kann man die Konstruiertheit der Welt freudig bejahen. Wenn man sich für diese Option entscheidet, handelt man sich aber zu Recht den Idealismusvorwurf und in der Folge ein mitleidiges Lächeln ein.

Zweitens kann man den Sozialkonstruktivismus auf die Begründungsbedingung beschränken. Dann bleibt zwar immer noch eine Menge zu untersuchen, nämlich wie Wissen in verschiedenen Situationen von verschiedenen Akteuren begründet wurde, aber all diese Begründungsbemühungen stehen unter der Einschränkung, daß es sich bloß um verschiedene Wege zur Wahrheit handelt, die am Ende als leuchtendes Ziel winkt. Da dieses Ziel das eigentlich Interessante ist, kann man die Wege, die dahin geführt haben, getrost vergessen; sie zu erforschen scheint kaum der Mühe wert.

Im folgenden möchte ich zeigen, daß es noch eine dritte Option gibt, die den Sozialkonstruktivismus weder in die Absurdität abgleiten läßt noch ihn all dessen beraubt, was ihn interessant macht.

4. Warum sind Begründungen für Wissen so wichtig? Die Standardantwort lautet: weil das, was wir glauben, auch zufälligerweise wahr sein könnte. Wenn es aber bloß zufälligerweise wahr ist, dann wissen wir es nicht. Damit unsere Überzeugungen als Wissen gelten, müssen sie *auf die richtige Weise zustandegekommen* sein. Diesen Weg können wir in Begründungen angeben. Wenn ich glaube, daß Sokrates 399 v. Chr. hingerichtet wurde, weil ich es geträumt habe, dann ist das kein Wissen; wenn ich es glaube, weil ich es in historischen Quellen gelesen habe, weil ich diese Quellen auf ihre Glaubwürdigkeit geprüft habe etc., dann weiß ich es. Zugleich bin ich in der Lage, meine Überzeugung zu begründen. Ich glaube allerdings, daß diese Antwort die Bedeutung von Begründungen nicht ganz richtig erfaßt. Meines Erachtens rührt ihre Bedeutung für das Wissen vor allem von unserer eingeschränkten epistemischen Situation her. Unsere Überzeugungen mögen wahr sein; ob sie wahr sind, *wissen* wir jedoch keineswegs immer. Deshalb brauchen wir Begründungen, wenn wir Wissensansprüche erheben. Sie treten in unserer epistemischen Situation *an die Stelle der Wahrheitsbedingung.*[3] Wüßten wir, daß eine Überzeugung wahr ist, dann können wir uns kaum einen stärkeren Grund denken, diese Überzeugung zu übernehmen oder sie zur Grundlage von

---

3 Naturalistische Theorien des Wissens ersetzen die Rechtfertigungsbedingung durch die Bedingung, daß der Inhalt des Wissens modale Eigenschaften hat, beispielsweise auf naturgesetzliche Weise verursacht zu sein (vgl.

Handlungen zu machen; eine Begründung wäre in diesem Fall überflüssig. Solange wir nicht wissen, ob das, was wir glauben, wahr ist, springen Begründungen ein: Eine Begründung für eine Behauptung liefert mir den Weg, diese Behauptung zu akzeptieren und zu übernehmen; sie zeigt mir beispielsweise, daß diese Behauptung aus anderen Überzeugungen, die ich habe, folgt. Daß jemand eine Rechtfertigung geben kann, heißt außerdem, daß er einer kritischen Prüfung seiner Überzeugung standhalten kann.[4]

Mein Vorschlag lautet also im Kern: Die traditionelle Definition von Wissen (2) führt in die Irre, weil sie zwei Bedingungen zusammenführt, die zwar gleichzeitig erfüllt sein können, die sich unter pragmatischen Gesichtspunkten jedoch ausschließen. Es ist dafür, daß die Person S weiß, daß p, nicht notwendig, daß p wahr ist; es genügt, daß S – und wir als diejenigen, die S Wissen zuschreiben – es für wahr *halten* und begründen können.[5],[6] Für das Verhältnis zwischen der Konstruktion von Wissen und der Konstruktion von Tatsachen heißt dies: Einerseits folgt aus der Konstruiertheit von Wissen nichts über die Konstruiertheit von Tatsachen, weil der Wissensbegriff eine solche Implikation gar nicht hergibt. Andererseits sind die Wege zum Ziel „Wahrheit" das einzige, was wir haben; sie verdienen daher alle Aufmerksamkeit.

Goldman (1987)), oder in einer notwendigen Implikation zum Grund des Wissens zu stehen (vgl. Dretske (1987)). Ferner gehen solche Theorien davon aus, daß es modale Fakten gibt. In diesem Fall ist die Rechtfertigungsbedingung nicht an die pragmatische Dimension des Erhebens von Wissensansprüchen gebunden. Allerdings geht aus diesen Theorien nicht hervor, warum modale Eigenschaften für den Status des Wissens nötig sein sollten. Aus einer Perspektive, die allein beurteilt, was ein Wesen zu seiner Orientierung in der Umwelt braucht, leisten wahre Überzeugungen als Grundlage für das Verhalten das gleiche wie Überzeugungen, die in einem notwendigen Begründungsverhältnis zu einer anderen Überzeugung stehen. Es scheint, als seien die Modalisierungen vor allem durch ein Bedürfnis nach maximaler (subjektiver) Verläßlichkeit motiviert.

4 Die Rechtfertigungsbedingung geht bekanntlich, genauso wie die Standarddefinition von „Wissen", auf Platon zurück. Bereits bei Platon kann man sehen, daß die Rechtfertigungsbedingung wesentlich auf die pragmatischen Aspekte von Wissen bezogen sind: Zum einen sind Überzeugungen ohne Rechtfertigung keine *verläßliche* Grundlage für Entscheidungen, weil unklar bleibt, wie sie zustandegekommen sind (vgl. *Theätet* 200d–201c). Zum anderen heißt „eine Rechtfertigung geben", daß jemand im Gespräch eine Überzeugung verteidigen kann. Diese Fähigkeit wiederum ist ein Indiz für die Wahrheit, genauer die *stabile* Wahrheit, einer Überzeugung: sie muß unter keinerlei Umständen zurückgenommen werden.

5 Ich lasse hier eine genaue Untersuchung der Frage aus, ob es notwendig ist, daß S „p" für wahr hält und begründen kann, damit S weiß, daß p. Es scheint mir sinnlos, jemandem das Wissen, daß p, zuzuschreiben, der nicht in der Lage ist, „p" zu begründen, wenn (wie ich behaupte) die Begründungsbedingung das einzige überprüfbare Kriterium für Wissen liefert. Zugleich mache ich mir, wenn ich S aufgrund der Begründung, die sie mir gegeben hat, das Wissen, daß p, zuschreibe, diese Begründung zu eigen (manchmal verweise ich allerdings auch bloß auf S als Autorität). Demnach müßte gelten, daß bei Wissenszuschreibungen sowohl Wissenssubjekt als auch Zuschreibender „p" für wahr halten und begründen können.

6 Der Ausgangspunkt meiner Argumentation, daß wir in vielen Fällen nicht wissen, ob unsere Überzeugungen wahr sind, und deshalb die traditionelle Definition (2) nicht anwenden können, läßt sich natürlich auch auffangen, wenn man an der Wahrheitsbedingung für Wissen festhält. In diesem Fall folgt aus diesem Ausgangspunkt: Wir wissen nie, ob wir wissen; wir können nur glauben, daß wir wissen. Eine solche Konsequenz führt jedoch m. E. dazu, daß die pragmatische Pointe von Wissenszuschreibungen aufgehoben wird. Wenn wir uns selbst oder jemand anderem Wissen zuschreiben, heißt dies u. a., daß wir die derart qualifizierten Überzeugungen für so sicher halten, daß wir sie zur Grundlage unserer Handlungen und Überlegungen machen. Wenn wir die Wissenszuschreibung jedoch in einem zweiten Schritt wieder aufheben müssen, da wir nie wissen, ob wir wissen, geht diese Pointe verloren; es scheint, als sei das Wissen, daß p, nur sinnvoll, wenn es mit dem Wissen, daß man weiß, daß p, einhergeht. Die Begründungsbedingung ist jedenfalls im Prinzip geeignet, diese Anforderung

5. Natürlich kann diese Verabschiedung der Wahrheitsbedingung nicht ohne Widerspruch bleiben. Bedenken dürften sich vor allem aus einer Quelle speisen: aus der idealisierenden oder normativen Funktion des Wissensbegriffs. Wir verwenden den Wissensbegriff nicht nur, um Wissen zuzuschreiben, sondern auch, um eine Norm zu bezeichnen. So sind wir bereit, Wissensansprüche und -zuschreibungen zu revidieren; wir erkennen dann, so möchten jedenfalls manche sagen, daß unsere Meinung nicht die Norm erfüllt, die „Wissen" ausdrückt. Diese Dimension des Wissens, so könnte man einwenden, geht bei meinem Vorschlag verloren. Denn um Wissen in dieser Weise vorläufig oder offenzuhalten, benötigt man die Wahrheitsbedingung. Begründungen sind nämlich immer irgendwann abgeschlossen, so daß es keinen Sinn macht, weitere Begründungen zu fordern. Aber auch bei einer noch so guten Begründung können wir fragen, ob das, was begründet wird, wirklich wahr ist; und genau diese Frage soll die Frage danach sein, ob wir wirklich wissen. Brauchen wir also doch die Wahrheit als Bedingung für Wissen?

Ich glaube nicht. Erstens erscheint der Sinn der „immer offenen Frage nach der Wahrheit" in einem anderen, nicht-epistemischen Licht, sobald man genauer darauf achtet, was mit „Wahrheit" gemeint sein kann. Zweitens kann man die Offenheit von Wissen auch auf andere Weise erklären, denn es stimmt nicht, daß es einen Punkt gibt, an dem weitere Begründungen nicht mehr *möglich* sind, solange man es mit Wissen zu tun hat. Und drittens zeigt sich, daß der Versuch, Wissen primär mit Hilfe der Wahrheitsbedingung zu bestimmen, dazu zwingt, einen epistemischen oder verifikationistischen Wahrheitsbegriff zu verwenden, der die Wahrheitsbedingung an die Begründungsbedingung heranrückt.

6. Um diese drei Entgegnungen zu erläutern, ist es nun unumgänglich, kurz auf den Wahrheitsbegriff zu sprechen zu kommen.

6.1 Wenn man sagt, Wahrheit, also wahre Überzeugungen, seien das, wonach wir alle auf der Suche nach Wissen streben, dann liegt die Versuchung nahe, Wahrheit hier als „Entsprechung zur Welt" aufzufassen: Wahre Überzeugungen sollen die Welt so wiedergeben, wie sie ist.[7] Leider besagt eine solche Formulierung nicht mehr, als daß eine wahre Überzeugung das gleiche sagt, was eine andere wahre Überzeugung sagt. Es gibt keine Möglichkeit, den Wahrheitsbegriff dadurch zu erläutern, daß man seinen Gehalt (also so etwas wie „Entsprechung zur Welt") angibt. Alles, was man über „wahr" sagen kann, ist eine Beschreibung der Kontexte, in denen dieses Prädikat auftritt, und solche Kontexte werden (mehr oder weniger vollständig – die Ausnahmen sind hier irrelevant) durch folgendes Schema erfaßt:

(Z) „p" ist wahr genau dann, wenn p.

Wie man sieht, fügt „wahr" dem Gehalt eines Satzes „p" nichts hinzu. Weil der einzige Effekt des Wahrheitsprädikats in diesem Schema darin besteht, die Anführungszeichen rund um „p" zu beseitigen, nennt man dieses Schema auch das „zitattilgende Schema". Wahrheits-

---

zu erfüllen, denn Begründungen müssen immer abgeschlossen sein, so daß es möglich ist zu wissen, ob eine Behauptung begründet ist.

7 Pragmatische und kohärenztheoretische Wahrheitstheorien scheiden an dieser Stelle aus, weil sie Wahrheit ohnehin durch epistemische Praktiken erläutern.

theorien, die dieses Schema zugundelegen, heißen „minimalistische Wahrheitstheorien", und in der Tat kann man viel mehr als dieses Minimum über Wahrheit nicht sagen.

So trivial dieses Schema auch sein mag, ein paar Dinge folgen daraus doch. Erstens kann man zeigen, daß das Prädikat „wahr" nicht mit dem Prädikat „begründet behauptbar" zusammenfällt.[8] Daß ein Satz wahr ist, heißt nicht einfach, daß er begründet behauptbar ist. Das ist für den Wissensbegriff insofern wichtig, als der minimalistische Wahrheitsbegriff offensichtlich die Auffassung bestätigt, daß die Begründungsbedingung nicht die gleiche Leistung erbringen kann wie die Wahrheitsbedingung. Die Frage nach der Wahrheit ist nicht durch die Frage nach Begründungen zu ersetzen.

Zweitens taucht das Schema (Z) in einer leicht abgewandelten Form auch in einer Theorie des Verstehens auf, nämlich derjenigen von Davidson.[9] Ein Satz ist dieser Theorie zufolge genau dann verständlich, wenn man ihn im Rahmen einer Theorie in eine andere Sprache übersetzen kann, die jedem Satz Wahrheitsbedingungen zuschreibt. Die Angabe der Wahrheitsbedingungen erfolgt in Gestalt von „T-Theoremen", die folgende Form haben:

(T) „s" ist wahr genau dann, wenn p,

wobei „s" der zu interpretierende Satz und „p" ein Satz aus der Sprache des Interpreten ist, in den „s" übersetzt wird (daß „s" und „p" verschiedenen Sprachen angehören, ist die wichtigste Abwandlung gegenüber (Z)). Aus der Rolle des Wahrheitsprädikats in der Theorie des Verstehens folgt zweierlei. Erstens kann man eine solche Theorie nur aufstellen, wenn eine große Menge von Äußerungen sowohl des Sprechers wie des Interpreten *wahr sind.* Welche Sätze zu dieser Menge gehören, läßt sich nicht festlegen; entscheidend ist nur, daß sie nicht leer ist und ausreichend viele Sätze enthält, um eine Bedeutungstheorie aufzustellen. Wenn man eine solche Theorie für eine Sprache aufgestellt hat, dann kann man im Rahmen dieser Theorie auch Sätze übersetzen, von denen man nicht weiß, ob sie wahr sind. Sie sind nur hypothetisch wahr, genau wie es das Schema (T) angibt: sie sind genau dann wahr, wenn auch ihre Übersetzung wahr ist. Zweitens ergibt sich aus der Rolle des Wahrheitsprädikats in Interpretationen, daß wir nie definitiv sagen können, ob eine *bestimmte* Äußerung oder Überzeugung wahr ist. Denn ob „s" wahr ist, hängt erstens davon ab, ob (T) wahr ist, und zweitens davon, ob „p" wahr ist. Selbst wenn ich letzteres als gegeben annehme, bleibt doch der Status von (T) immer ein vorläufiger, weil Interpretationen nie abgeschlossen sind.[10]

Nach diesen Bemerkungen zum Wahrheitsbegriff also erneut die Frage: Ist es sinnvoll, Wissen an Wahrheit zu binden? Muß eine Überzeugung, um Wissen zu sein, wahr sein?

Im ersten Moment könnte man denken: Ja, denn habe ich nicht gerade zugestanden, daß aus der Rolle des Wahrheitsprädikats im Verstehen folgt, daß wir niemals Wahrheit abschließend zuschreiben können, daß wir immer weiter fragen können, ob eine Äußerung wahr ist, weil wir immer weiter fragen können, ob sie verständlich ist? Aber es hat sich gerade auch

---

8 Vgl. Wright (1992), S. 19.

9 Vgl. Davidson (1986).

10 Tatsächlich kann ich als Interpret nur dann annehmen, daß meine Äußerung „p" wahr ist, wenn ich sie selbst interpretiere, wenn ich also ein T-Theorem „‚p' ist wahr gdw p*" bilde. Derartige T-Theoreme sind nicht leer, weil es sich um Vorwegnehmen von Fremdinterpretationen handelt. Sie müssen bestätigt werden; damit gelten sie immer nur vorläufig, und somit auch meine Annahme, daß „p" wahr ist.

gezeigt, daß diese Offenheit nicht spezifisch für epistemische Prozesse ist, sondern ein Merkmal von Verstehensprozessen ist. Verstehensprozesse haben aber eine andere Funktion als epistemische Prozesse: Wir fragen nach Wissen, um damit unter den vielen Überzeugungen, die wir haben, eine Einteilung vornehmen zu können in solche, die sicher sind, auf die wir uns also in unseren Handlungen und Überlegungen stützen können, und solche, die unsicher sind. Diese Unterteilung hat mit Verstehen nichts zu tun. Wenn man sich also auf die Wahrheitsbedingung berufen will, um die Offenheit von Wissen zu begründen, dann verliert man die spezifische Funktion des Wissensbegriffs aus den Augen. Selbstverständlich können wir bei allem, was wir zu wissen glauben, fragen, ob es wahr ist, weil wir diese Frage bei *allen* unseren Überzeugungen stellen können. Wollten wir diese Frage für das Wissen spezifizieren, müßten wir fragen, ob es begründet wahr ist – und wir stehen wieder vor dem Problem, daß sich Begründungs- und Wahrheitsbedingung in pragmatischer Hinsicht ausschließen.[11]

6.2 Nun zu meiner zweiten Entgegnung, nämlich einem alternativen Vorschlag, die Offenheit von Wissen zu erklären. Dieser Vorschlag geht von einer These Wittgensteins aus, daß Wissen und Zweifel immer miteinander verbunden sind: Wo immer wir zu wissen beanspruchen oder jemandem Wissen zuschreiben, sind Zweifel sinnvoll.[12] Diese These mag zunächst überraschen, weil Wissen, wie ich gerade erwähnt habe, doch solche Überzeugungen auszeichnen soll, die sicher sind. Daß Zweifel sinnvoll sind, heißt jedoch nicht zwangsläufig, daß Zweifel bestehen müssen, sondern nur, daß sie verständlich sind und daß wir eine Vorstellung davon haben, wie sie beantwortet werden können.

Diese beiden Bedingungen sind nicht trivial, denn sie lassen nicht an allen Sätzen Zweifel zu. Beispielsweise ist es – wie eben erwähnt – nicht möglich zu fragen, ob alle meine Überzeugungen falsch sind, weil dieser Fall meine Verständlichkeit für andere und letztlich auch für mich aufheben würde. Es gibt auch spezifischere Beschränkungen für die Reichweite von Zweifeln, die sich aus bedeutungstheoretischen Überlegungen ergeben. So dürfte es nicht sinnvoll sein daran zu zweifeln, daß es rote Gegenstände gibt, denn wir verwenden den Ausdruck „rot" häufig erfolgreich in Verbindung mit demonstrativen Ausdrücken; daß wir uns damit verständlich machen können, läßt sich (jedenfalls im Rahmen der bekannten und plausiblen Bedeutungstheorien) nur dadurch erklären, daß es rote Dinge gibt. (Natürlich kann man auf diesem Wege nicht zeigen, daß eine spezielle Behauptung wie „Dieses Buch ist rot" von jedem Zweifel ausgenommen ist). Ferner können Zweifel auch in pragmatischer Hinsicht unsinnig werden – jemand, der Klavier spielt, der dies glaubt, der etwa vor einem Konzertpublikum sitzt, dessen Verhalten er sich nur dadurch erklären kann, daß das Publikum ebenfalls glaubt, er spiele Klavier, kann nicht sinnvollerweise daran zweifeln, daß er Hände hat. Daß Zweifel im Prinzip beantwortbar sein müssen, schließt Fälle aus, in denen

11 M. a. W.: Der Fallibilismus muß je nach Art der zu erwartenden Antworten differenziert werden. Eine Version sagt, daß jede unserer Überzeugungen auch falsch sein könnte – diese Version erwartet überhaupt keine spezifische Antwort, sie drückt nur ein allgemeines Prinzip aus. Eine andere Version (diejenige Poppers) sagt, daß eine Theorie falsifiziert worden ist, wenn sie durch ein Experiment widerlegt worden ist. Hier ist der Fallibilismus an Untersuchungsprogramme gebunden, und hier ist auch die Art der Antwort auf die Frage „Ist diese Theorie wirklich wahr?" eindeutig: Sie ist wahr, so lange sie empirisch bestätigt ist.

12 Vgl. Wittgenstein (1984), z. B. § 58. Diese Zweifel werden in der Regel mit Hilfe der Frage formuliert: „Ist ‚p' wirklich wahr?" Das liegt daran, daß eine solche Frage immer möglich ist. Die Antwort auf sie besteht aber nicht in einem Interpretationsprozeß.

Zweifel praktisch ohne jede Folge bleiben,[13] nicht aber Fälle, in denen Zweifel im Moment, und auch auf absehbare Zeit, unbeantwortbar bleiben müssen. Eine scharfe Grenze zwischen diesen beiden Arten von Fällen zu ziehen, mag schwer sein, doch gibt es für beide eindeutige Beispiele. Würde eine Physikerin die Naturgesetze anfechten, indem sie sämtliche Beobachtungen bezweifelt, die zur Postulierung und Bestätigung der Naturgesetze geführt haben und führen (im Sinne eines omnipräsenten Descartesschen Dämons), liefe ihr Zweifel ins Leere: Auch wenn wir alle unseren Beobachtungen fallender Äpfel hinzufügen: Aber vielleicht gaukelt mir nur ein böser Dämon vor, daß der Apfel zu Boden fällt, würde sich unser Verhalten, unsere Theoriebildung, der Erfolg unserer Prognosen um nichts ändern. Würde die Physikerin die herrschende Theorie anzweifeln, indem sie die Existenz eines Faktors postuliert, der (nach unserem bisherigen Kenntnisstand) experimentell nicht nachweisbar ist, der aber zur Erklärung von Phänomenen beiträgt, die im Moment nicht erklärbar sind, würde ihr Zweifel immer im Spiel bleiben, und er würde unser gegenwärtiges Wissen, so gut bestätigt es auch insgesamt sein mag, offenhalten.

Wissen in dieser Weise an Zweifel zu binden, heißt nun unter anderem folgendes:

a) Wissen ist an Begründungspraktiken gebunden, denn Begründungspraktiken sind die richtige Art und Weise, auf Zweifel zu reagieren. Als Wissen gilt, woran im Moment keine Zweifel angebracht erscheinen, auch wenn Zweifel sinnvoll sind. Zweifel an der Behauptung, daß alle Äpfel zu Boden fallen, sind unangebracht, aber sie sind nicht unsinnig. Deshalb ist es richtig zu sagen: Wir wissen, daß alle Äpfel zu Boden fallen.

b) Unsere Überzeugungen lassen sich in Hinsicht auf ihren epistemischen Status in mindestens drei Klassen einteilen: Erstens gibt es Überzeugungen, die wir für wahr halten, aber nicht besonders gut oder überhaupt nicht begründen können; solche Überzeugungen wissen wir nicht, wir glauben sie nur. Zweitens gibt es Überzeugungen, derer wir uns ganz sicher sind, die sich aber aus grundsätzlichen (z. B. semantischen) oder pragmatischen Gründen nicht begründen lassen; auch diese Überzeugungen wissen wir nicht. Drittens gibt es Überzeugungen, die wir gut begründen können, oder bei denen wir uns sicher sind, daß sie gut begründet werden können; nur diese Überzeugungen bilden unser Wissen. Diese beschränkte Reichweite des Wissensbegriffs setzt auch dem Skeptizismus Grenzen. Die Offenheit des Wissens führt nicht zu radikalen Zweifeln im Sinne von Descartes' Dämon–Hypothese.

c) Die Grenze zwischen den Überzeugungen, derer wir sicher sind, die sich aber nicht begründen lassen, und unserem Wissen ist je nach Kontext variabel. Wissen ist somit in zweifacher Hinsicht kontextsensitiv: einmal insofern vom Kontext abhängig ist, was als Begründung gilt (siehe dazu unten, Abschnitt 8), zum anderen insofern vom Kontext abhängig ist, was überhaupt als begründbar gilt.

d) Da es jedoch immer eine Unterscheidung zwischen Überzeugungen, die wir wissen, und solchen, derer wir sicher sind, gibt,[14] sind Zweifel an dem, was wir wissen, immer möglich. Deshalb ist Wissen ein offener Begriff. Solange Zweifel sinnvoll sind, ist auch die Vorstellung sinnvoll, daß wir uns irren könnten, und daß unser Anspruch auf Wissen voreilig

---

13 Vgl. Wittgenstein (1984), §§ 338ff.

14 Im Rahmen einer Bedeutungstheorie heißt dies genauer:
Es ist möglich, daß alles, was wir zu wissen glauben (dies ist die Menge aller p^W) $falsch_1$ ist; so werden die Zweifel an den p^W ausgedrückt. Es ist andererseits aber nicht möglich, daß alles, was wir für wahr halten (also

war. Sollte sich nämlich herausstellen, daß es einen Zweifel gibt, den wir nicht ausräumen können, dann sind wir nicht länger in der Lage, eine Behauptung befriedigend zu begründen, und wir hören auf, sie zu wissen.

6.3 Schließlich zum dritten Teil meiner Entgegnung: Will man dennoch Wissen durch ein Wahrheitsprädikat kennzeichnen, dann muß dieses Wahrheitsprädikat ein anderes als das Wahrheitsprädikat sein, daß in Verstehensprozessen auftritt, und das ich $wahr_I$ nennen möchte. Nennt man das Wahrheitsprädikat, das Wissen charakterisieren soll, „$wahr_E$", dann gilt, daß alle Sätze, die wir zu wissen glauben (= die Menge aller p^W) $wahr_E$ sind. Daß „$wahr_E$" und „$wahr_I$" verschieden sind, läßt sich nun folgendermaßen zeigen. Daraus, daß die p^W eine echte Teilmenge der p^H bilden (vgl. Anm. 14), ergibt sich:

Es gibt mindestens ein p, für das gilt: „p" ist $wahr_I$ und „p" ist nicht $wahr_E$.

Ferner gilt:
Wenn „p" $falsch_E$ ist, dann ist „p" nicht $wahr_I$.

Demnach können „‚p‘ ist $falsch_E$" und „‚p‘ ist nicht $wahr_E$" nicht äquivalent sein. Dann gilt für „$wahr_E$" nicht das Prinzip vom ausgeschlossenen Dritten. Für $wahr_I$ gilt aber das Prinzip vom ausgeschlossenen Dritten; also sind „$wahr_E$" und „$wahr_I$" nicht äquivalent.

Das Wahrheitsprädikat, durch das man Wissen charakterisiert, müßte eher ein verifikationistisches Wahrheitsprädikat sein, das Wahrheit mit Verifiziertheit oder begründeter Behauptbarkeit gleichsetzt. Dies genügt, um auf die Frage eingehen zu können, welche Konsequenzen sich tatsächlich ergeben, wenn man die These (1) in ihrer radikalen Version betrachtet, wenn Wissen also sowohl wahre Meinung als auch konstruiert sein soll. Die vermeintlich dramatischen metaphysischen Konsequenzen lassen sich durch folgendes Argument verdeutlichen:

(3)
(a) Daß S weiß, daß p, ist konstruiert.
(b) Wenn Wissen konstruiert ist, dann ist Wissen in allen seinen Merkmalen konstruiert.
(c) Aus (a) und (b) folgt: Daß S′ Meinung, daß p, wahr ist, ist konstruiert.
(d) Daß die Meinung, daß p, wahr ist, ist äquivalent zu p.
(e) Also: Daß p, ist konstruiert.

Nach meinen Überlegungen muß man für „wahr" hier „$wahr_E$" einsetzen. Da dieses Prädikat das Prinzip vom ausgeschlossenen Dritten verletzt, gilt (d) nicht. Dies sieht man leicht, wenn man für „wahr" „verifiziert" einsetzt: Daß eine Tatsache nicht verifiziert ist, ist nicht äquivalent dazu, daß diese Tatsache nicht besteht. Der verifikationistische Wahrheitsbegriff erfüllt

die Menge aller p^H), $falsch_I$ ist. Denn dann wäre keine Verständigung möglich. Daraus ergibt sich unmittelbar, daß die Menger aller p^W kleiner sein muß als die Menge aller p^H (die p^W gehören selbstverständlich zu den p^H, denn was wir zu wissen glauben, halten wir für wahr). Weil also die p^W eine echte Teilmenge der p^H sind, müssen die p^W nicht zur Basis der Verständigung gehören. Folglich können wir alle p^W auf der Basis hypothetischer Zuschreibungen von „wahr" interpretieren; sie sind auch dann verständlich, wenn wir sie für falsch, oder für weder wahr noch falsch halten – kurz, wenn wir sie bezweifeln.

übrigens auch das Zitattilgungschema (Z) nicht.[15] Wenn aber die Prämisse (d) wegfällt, dann bricht das gesamte Argument zusammen, und wir müssen nicht mehr befürchten, in einer von uns konstruierten Welt zu leben, auch wenn unser Wissen konstruiert ist.

7. Treffen die Überlegungen der Abschnitte 4, 5 und 6 zu, dann ist die Begründungsbedingung das entscheidende Kriterium für Wissenszuschreibungen. Die Begründungsbedingung angemessen zu erläutern, hieße, sich auf das Feld der Wissenschaftstheorie zu begeben. Das ist hier nicht möglich; ich muß mich auf einige wenige, sehr allgemeine Bemerkungen zur Begründungsbedingung beschränken.

(i) Zunächst sei angemerkt, daß die Begründungsbedingung sehr weit gefaßt ist; es sind damit keine Vorentscheidungen darüber gefallen, was als Begründung gilt. Allerdings schränkt die Begründungsbedingung den Wissensbegriff doch in gewisser Weise ein, denn erstens fallen Überzeugungen heraus, die nicht als begründbar gelten, religiöse Offenbarung beispielsweise (wie es auch sein sollte). Zweitens scheiden Überzeugungen aus, die einen festen Hintergrund, ein Weltbild ausmachen, das nicht zur Disposition steht. Diese Einschränkung entspricht einer Voraussetzung, die ich in Abschnitt 2 genannt habe und die mir zumindest den typischen Gegenständen sozialkonstruktivistischer Untersuchungen angemessen erscheint, nämlich, daß Wissen ein *intendiertes Produkt* menschlicher Tätigkeiten ist. Drittens bleibt all das unberücksichtigt, was unter dem Schlagwort des „impliziten Wissens" zusammengefaßt wird. Dieser Begriff ist schillernd und umfaßt eine Vielzahl von Phänomenen, von denen einige für den Sozialkonstruktivismus sicherlich irrelevant sind. Ob sich aus dieser letzten Beschränkung wirklich ein Problem ergibt, ob man den Wissensbegriff, um die Resultate wissenschaftlicher Praktiken zu beschreiben, über die Begründungsbedingung hinaus ausdehnen muß, ist m. E. letztlich eine empirische Frage, denn ihre Beantwortung hängt davon ab, welches Gewicht Begründungspraktiken (die es in jeder wissenschaftlichen Praxis geben wird) tatsächlich spielen, ob sie nur ein Element unter vielen gleichermaßen einflußreichen sind, oder ob sie eine führende Funktion übernehmen, etwa derart, daß nur als wissenschaftliches Wissen gilt, was nach den jeweils gültigen Standards begründbar ist.

(ii) Es ist für meine Argumentation wichtig, daß Begründungen endlich sind und daß man wissen kann, ob eine Behauptung begründet ist oder nicht (vgl. Anm. 16). Dem scheint entgegenzustehen, daß man Begründungen immer weiter treiben kann, beispielsweise, indem man Begründungen für die gerade herangezogenen Prämissen verlangt. Die Vorstellung, daß man für jede Prämisse in einem Argument ein neues Argument benötigt, ist jedoch falsch. Eine Grenze liegt bei Prämissen, die nicht mehr sinnvollerweise bezweifelt werden können; eine andere Grenze liegt bei Prämissen, die zwar im Prinzip angezweifelt werden können, an denen Zweifel jedoch nicht angebracht sind. An der ersten Grenze werden Zweifel zwar vielleicht nicht ausgeräumt werden können; eher sterben sie ab. An der zweiten Grenze, die in der Praxis sehr viel öfter erreicht werden dürfte, wird man oft einen Appell an das Einverständnis finden – mit allen Problemen, die damit verbunden sein können.

(iii) Da Begründungen von Menschen für Menschen gemacht sind, liegt der Verdacht nahe, daß je nach Kontext Begründungen verschieden ausfallen, daß es für eine Behauptung

---

15 Vgl. Wright (1992), S. 19.

16 Um dem Einwand vorzubeugen, daß natürlich nicht *alle* Raben schwarz sind: hier spreche ich nur von bestimmten Rabenarten, beispielsweise der Rabenkrähe (alle Rabenkrähen *sind* schwarz).

in manchen Kontexten keine Begründungen gibt, oder daß es Begründungen gibt, die „wir“ nicht akzeptieren. Wenn nun Wissen allein von Begründung abhängig ist, dann scheint dem Relativismus Tür und Tor geöffnet. Der Status des Wissens scheint so schnell und beliebig zu wechseln wie die Kontexte.

Ich glaube allerdings, daß diese Relativität von Wissen erstens differenziert werden muß und zweitens nicht so dramatisch ist, wie es scheinen mag.

(a) Die Kontextsensitivität von Begründungen kann einerseits Methoden oder Standards der Begründung betreffen, andererseits, was jeweils für wahr gehalten und folglich als Prämisse in Argumenten anerkannt wird.

Die Standards oder Methoden, von denen in der ersten Variante die Rede ist, müssen über basale Rationalitätsstandards wie das Prinzip vom zu vermeidenden Widerspruch hinausgehen, die etwa durch Bedingungen der Verständlichkeit festgelegt werden. Mitunter sind solche Standards so offen, daß sie für die meisten Kontexte gelten, weil sie erst für diese Kontexte instantiiert werden müssen. Ein gutes Beispiel ist die Forderung, alle verfügbare Evidenz für eine Behauptung zu berücksichtigen: Hier hängt offensichtlich alles davon ab, was als Evidenz gilt, und welche Evidenz als verfügbar gilt. Wie weit Standards und Methoden voneinander abweichen, ist letztlich eine empirische Frage, ebenso, wie weit Standards der Wissenschaftlichkeit sich historisch verändert haben. Die zweite Variante des Relativismus reicht von völlig unspektakulären Fällen bis hin zu fundamentalen Überzeugungen, die „Weltbilder“ ausmachen sollen. Für beide Formen des Relativismus ist jedoch entscheidend, daß sie nichts mit Kuhnschen Vorstellungen von radikalen „Paradigmenwechseln“ zu tun haben, da es sich nur um Variationen in epistemischen Standards oder in der epistemischen Bewertung von Überzeugungen handelt, die die Ebene des Verstehens nicht betreffen. Vorausgesetzt, die Basis für das Verstehen einer anderen Kultur ist vorhanden, können wir Äußerungen unabhängig von ihrer epistemischen Rolle in dieser Kultur verstehen (selbstverständlich darf die Bedeutung der Äußerung nicht unmittelbar mit ihrer epistemischen Funktion verknüpft sein; in einem solchen Fall können wir sie nur auf dem Umweg über die Rekonstruktion der epistemischen Praxis – beispielsweise einer Theorie, in der ein theoretischer Begriff seinen Ort hat – verstehen).

(b) Weil Wissensansprüche immer offen sind, können wir uns und anderen immer zuschreiben, daß wir oder sie fälschlich zu wissen glaubten. Weil wir selbst davon ausgehen, daß unsere Begründungen später übertrumpft werden, können wir Kontexte nach ihrer epistemischen Qualität ordnen. Ein simples Beispiel ist das folgende: Die Behauptung, daß alle Raben[17] schwarz sind, ist eine vorzüglich bestätigte Behauptung, die wir uns sicherlich als Wissen zuschreiben können. Dennoch handelt es sich um eine induktiv bestätigte Behauptung, die zu einem späteren Zeitpunkt – in einem neuen Kontext, der allein dadurch erzeugt wird, daß uns neue Raben begegnen – neu geprüft werden kann und muß. Dieser spätere Kontext ist dem jetzigen insofern überlegen, als die Behauptung, daß alle Raben schwarz sind, dort auf einer größeren Belegbasis beruht. Die beiden Kontexte sind in epistemischer

17 Wo eine Ordnung von Kontexten nach ihrer epistemischen Qualität möglich ist, wo es sich also um Behauptungen handelt, die in verschiedenen epistemischen Kontexten auftreten können, kann man auch ein Wissensideal im Sinne einer Superbegründbarkeit formulieren (vgl. zu einem solchen Vorschlag Detel (2001)). Eine Behauptung ist dann superbegründbar, wenn sie in keinem späteren Kontext mehr überboten oder widerlegt wird, bzw. wenn sie in allen späteren Kontexten akzeptiert wird.

Hinsicht ohne weiteres miteinander vergleichbar, weil es um die gleiche Behauptung geht, die begründet werden soll – der Allquantor ist hier nicht kontextsensitiv –, und weil der Standard für die Begründung der Behauptung – die Induktion – die gleiche ist. Sicher sind die Anforderungen an Vergleichbarkeit – gleicher Gegenstand des Wissens und geteilte Standards – nicht immer so einfach zu erfüllen wie in diesem Beispiel. Gelegentlich kann ein späterer Kontext Begründungen für Hintergrundannahmen eines früheren Kontextes liefern und diesem insofern überlegen sein. Doch selbst dort, wo Kontexte sich dadurch unterscheiden, daß Hintergrundannahmen gewechselt haben, ohne daß dabei Begründungen eine Rolle gespielt hätten, ist eine vergleichende epistemische Bewertung nicht ausgeschlossen. Die aristotelische Biologie und Darwins Evolutionstheorie unterscheiden sich fundamental: für erstere ist die Ewigkeit der Arten eine Grundannahme, die gar nicht Gegenstand der Biologie, sondern der Metaphysik ist, während Darwin genau diese Annahme widerlegen wollte; für letzteren ist die Erklärbarkeit aller Phänomene in der biologischen Sphäre durch ein Prinzip ein Standard, an dem eine Theorie sich zu bewähren hat, während es für Aristoteles selbstverständlich war, daß unterschiedliche Phänomene unterschiedliche Theorien erfordern. Dennoch teilen beide nicht nur einen großen Teil ihrer Gegenstände, beide wollen auch Fragen beantworten wie „Warum haben Vögel Flügel?“, und beide gehen davon aus, daß eine adäquate Antwort etwas mit der Funktion der Flügel für das Überleben der Vögel zu tun haben muß. Darwins Theorie ist der Aristotelischen aber darin überlegen, daß sie die Existenz von Phänomenen – beispielsweise Vorformen und Zwischenstadien – erklären kann, die auch Aristoteles als Gegenstände der Biologie hätte akzeptieren müssen. Die Kontextsensivität von Begründungen und die Vorstellung wissenschaftlichen Fortschritts schließen sich also nicht aus, auch wenn die Behauptung, daß ein Kontext einem anderen überlegen ist, nur durch detaillierte empirische Untersuchungen eingelöst werden kann.

8. Um ein Resumée zu ziehen: Ich bin davon ausgegangen,
   (a) daß wir in vielen für die Wissenszuschreibung relevanten Fällen nicht wissen können, ob unsere Überzeugungen wahr sind,
   (b) daß wir Wissen tatsächlich zuschreiben, und daß diese Zuschreibungen nicht dadurch relativiert werden dürfen, daß wir immer nur glauben zu wissen;
   (c) daß Wissenszuschreibungen in vielen Fällen derart offen sind, daß Zweifel sinnvoll (wenn auch nicht immer angebracht) sind, daß wir also damit rechnen, zu einem späteren Zeitpunkt unseren Wissensanspruch revidieren zu müssen.

Wenn man an der Wahrheitsbedingung für Wissen festhält, kann man (a) und (b) nicht gerecht werden; die Begründungsbedingung allein ist hinreichend, um (c) gerecht zu werden, sofern man einen Unterschied zwischen besseren und schlechteren Begründungen anerkennt. Dafür genügt es, daß Begründungen in zwei verschiedenen Begründungskontexten vom Gleichen handeln und anhand eines gemeinsamen Maßstabs vergleichbar sind. Man kann, wenn man will, auch weiterhin an der Forderung festhalten, daß Wissen wahr sein soll, aber diese Forderung sagt nichts darüber aus, was uns am Wissen interessiert. Somit hindert nichts daran, Wissen als für wahr gehaltene, begründete Meinung zu betrachten.

Damit hat die Behauptung, Wissen sei konstruiert, einerseits keine dramatischen metaphysischen Konsequenzen mehr. Andererseits können wir die Begründungen, also die Wege, die zur Wahrheit führen sollen, nicht einfach als zweitrangig abtun, weil sie angeblich wie

Leitern sind, die man wegstoßen kann, wenn man oben angekommen ist. Ein solches Bild ist hier unangebracht. Begründungen sind nicht Leitern oder Wege, die irgendwo hinführen, sondern eher Ordnungs- oder Orientierungshilfen, damit wir uns in der großen Menge unserer Überzeugungen besser zurechtfinden können.

Literatur

Davidson, Donald (1986): *Wahrheit und Interpretation*. Frankfurt/M.: Suhrkamp.

Detel, Wolfgang (2001): „Knowledge and Context", *Philosophical Inquiries* 68.

Dretske, Fred (1987): „Zwingende Gründe", in Peter Bieri (Hg.), *Analytische Philosophie der Erkenntnis*. Königstein: A. Hain, 124–159.

Goldman, Alvin (1987): „Eine Kausaltheorie des Wissens", in Peter Bieri (Hg.), *Analytische Philosophie der Erkenntnis*. Königstein: A. Hain, 150–166.

Wittgenstein, Ludwig (1984): „Über Gewißheit", in *Werkausgabe Bd. 8: Über Gewißheit* u. a. Frankfurt/M.: Suhrkamp.

Wright, Crispin (1992): *Truth and Objectivity*. Oxford: OUP.

Hajo Greif

Versuche, die Welt zurückzugewinnen. Die Kontroverse über die „Handlungsfähigkeit der Dinge" in den Science and Technology Studies

1. Im Westen nichts Neues?

Will man, um sich in den *science wars* zurechtzufinden, die Frontverläufe entlang traditioneller philosophischer Meinungsverschiedenheiten ziehen, wird man mit scheinbarer Leichtigkeit beide Lager sauber nach den Vorgaben eines der ältesten Dispute der Philosophiegeschichte sortieren können. Auf der Seite der Naturwissenschaften finden wir einen hartgesottenen *Realismus*, also den Glauben an natürliche Arten und die Möglichkeit eindeutiger, wahrer Repräsentationen wirklicher Gegenstände, und den Glauben, daß Gesellschaft und Kultur Phänomene sekundärer Ordnung in der physikalischen Welt seien. Die Welt sei entlang naturwissenschaftlicher Methoden im Prinzip eindeutig und vollständig beschreibbar. Soziale Einflüsse auf die Wissenschaft kämen nur als Störfaktoren in Betracht. John Searles *Die Konstruktion der gesellschaftlichen Wirklichkeit* lese ich als ein Plädoyer für diese Position.[1] Die Kritik von der anderen, der „sozialkonstruktivistischen" Seite klingt vertraut: Die naturwissenschaftliche Praxis versuche, den Gottesstandpunkt einzunehmen, immunisiere sich gegen Kritik und ignoriere die besonderen Eigenschaften der sozialen Welt; die Naturwissenschaften dienten im äußersten Falle der ideologischen Verteidigung von Herrschaftsstrukturen, indem sie diese in der Natur der Dinge begründeten. Diese Kritik beruft sich auf einen *Idealismus* der einen oder anderen Art. Im idealistischen Lager wird der konventionelle Charakter von Sprache als gesellschaftlichem Phänomen betont, zusammen mit dem Glauben, daß sprachliche Repräsentationen nicht zu den Dingen selbst vordrängen, sondern nur auf andere Zeichen verwiesen und darum nie den Kreis konventioneller, machtförmiger Setzungen verließen. Alle Ansprüche wissenschaftlicher Objektivität seien in diesem Kreis gefangen. Die Beschaffenheit der Welt jenseits der Beschreibungen habe nur in Form von Grenzbedingungen und Widerständigkeiten einen Einfluß auf den Lauf der Diskurse. Die Welt sei durch eine Vielzahl einander widerstreitender Theorien zu beschreiben, deren Entstehung und Ausformung sozial bestimmt sei. Auch produktive wissenschaftliche Praxis lasse sich dementsprechend entlang sozialer Determinanten beschreiben. Als Fahnenträger wären hier die Wissenschaftssoziologie der *Edinburgh School* und Bruno Latour zu *Laboratory Life*-Zeiten zu nennen.[2] Die schwerwiegenden und wenig überraschenden Vorwürfe, die aus den gegenüberliegenden Schützengräben herüberschallen, machen eine fehlende Wissenschaftlichkeit dieser Wissensbehauptungen geltend, bezichtigen sie des Relativismus und weisen mahnend auf die Spitze des idealistischen Eisbergs: „The world well lost!"

---

1 Die Quellen sind Bloor (1999a, 1999b) und Latour (1999).

2 Vgl. Latour (1987), Callon (1986).

Ganz abgesehen von der Frage, ob die martialische Rhetorik von Kriegen, Lagern und Fronten überhaupt einen Erkenntnisgewinn bringt – oder doch nur einen ästhetischen Verlust –, kann es sich herausstellen, daß diese Sortierung nicht so einfach ist. Möglicherweise ist sie sogar einfach falsch. Ich möchte mich mit den Fragmentierungen innerhalb des Lagers der sogenannten SozialkonstruktivstInnen beschäftigen. Diese Fragmentierungen haben ihr Epizentrum im letzten der eben genannten Vorwürfe an die eigene Partei – nämlich dem des Idealismus: Wenn alle Fakten wissenschaftlicher Theorie und Praxis ihren Ursprung in sozialen Prozessen haben und nicht einmal einfache Beobachtungssätze unbeladen von theoretischen und sozialen Setzungen sind: wie bringt man die materielle Welt zurück ins Bild?

2. Fraktionen

Der Versuch, die materielle Welt zurückzugewinnen, wirbelt die ideologischen Repertoires der Kalten Krieger der *science wars* in überraschender Weise durcheinander. Manchmal zerzaust er auch den Alltagsverstand. Exemplarisch ist dafür die Debatte zwischen zwei Hauptvertretern der Wissenschaftsforschung, David Bloor und Bruno Latour. Versuche der Wiederaneignung des wissenschaftstheoretischen Realismus, politisch-polemische Unterstellungen (wer ist der Radikale? wer der Reaktionär?) und Versuche, einander in den Rückeroberungsversuchen der wirklichen Welt zumindest rhetorisch zu überbieten, verbinden sich in Bloors Papier *Anti-Latour* und Latours Replik zu einem durchaus bedrückenden Bild.[3] Versuchte ich, die bellizistische Metaphorik weiterzuverfolgen, würde ich jetzt sagen, daß hier ein wissenschaftlicher Bürgerkrieg ausgefochten wird, mit der tragischen Note, daß man einander nicht bekämpfen will, sich aber in einem Netz von methodologischen wie ideologischen Verpflichtungen verstrickt sieht, das die Wahl des Glaubensbekenntnisses wie der Waffen vorschreibt. Wenn ich diese Metaphorik ablege, bleibt zu sagen, daß Bloor und Latour sich in einem leidenschaftlich geführten wissenschaftlichen wie wissenschaftspolitischen Disput engagieren, der im eigentlichen und unkontroversesten Sinne sozial konstruiert ist: es geht darum, wer sich im Feld der akademischen Institutionen behaupten wird und wer die Regeln für die Institution der Wissenschaftsforschung schreiben wird.

Fokus der Auseinandersetzung ist der in den letzten Jahren vieldiskutierte und in den *Science and Technology Studies* (STS) mittlerweile dominante Versuch einer Synthese von materieller und sozialer Welt, in der den Dingen der physikalischen Welt, wenn sie in das Reich der Wissenschaften eintreten, eine Handlungsfähigkeit und damit eine soziale Rolle zugeschrieben wird. Latour seit *Science in Action* und Michel Callon haben diesen Versuch unter dem Titel „Akteur-Netzwerk-Theorie" (ANT) seit Mitte der Achtziger unternommen;[4] Pickering gesellte sich mit *The Mangle of Practice* in den Neunzigern hinzu;[5] Donna Haraway erweiterte diese Position um ein feministisches Statement und eine kontroverse literarische Form, welche die Grenzen zwischen wissenschaftlichem Diskurs, kritischer Theorie und literarischer *Science-fiction* bewußt überschreitet.[6] In all diesen Texten tauchen Texte,

3 Die Quellen sind Bloor (1999a, 1999b) und Latour (1999).
4 Vgl. Latour (1987), Callon (1986).
5 Vgl. Pickering (1995).
6 Vgl. Haraway (1991), (1995) und (1997).

Apparate, wissenschaftliche Objekte und natürliche Gegenstände als Akteure auf, die mit eigener Stimme ihre Teilhabe an den sozialen Aushandlungsprozessen in den Wissenschaften einfordern. Warum nimmt die materielle Welt solch einen merkwürdigen Umweg zurück in die Theorien über die soziale Beschaffenheit der Naturwissenschaften?

Die Akteur-Netzwerk-Theorie und ihr metatheoretischer Überbau des *verallgemeinerten Symmetrieprinzips* (von Latour erst in den Neunzigern, insbesondere in *One more Turn after the Social Turn* und *Wir sind nie modern gewesen* nachgeschoben)[7] nehmen ihren Ausgang an einem Unbehagen mit der Wissenschaftssoziologie, wie sie von den ‚Vorfahren' von Mannheim bis Bloor geprägt wurde und die unter dem Titel der *Sociology of Scientific Knowledge* (SSK) rubriziert wird. Dieses Unbehagen läßt sich in drei Kritikpunkte ausdifferenzieren, anhand derer ich die Auseinandersetzung zwischen ANT und SSK rekonstruieren werde:

1. eine Kritik des Sozialkonstruktivismus – d. h. an dem Versuch, wissenschaftliche Praxis und wissenschaftliches Wissen sozial erklären zu wollen; dazu Abschnitt 3.
2. die Ablehnung seiner idealistischen Implikationen – nämlich des Unternehmens, alle Faktoren innerhalb der Wissenschaft, die nicht auf das Handeln von Personen und Institutionen reduzierbar sind (zum Beispiel die natürlichen Dinge und technischen Apparate), zum Verstummen zu bringen; Ausführungen zu diesem, dem zentralen Punkt in Abschnitt 4.
3. die Überwindung des Szientismus der SSK – bestehend in deren Anlehnung an naturwissenschaftliche Methoden. Mit Latours anti-szientistischer Strategie werde ich mich abschließend in Abschnitt 5 beschäftigen.

3. Soziale Konstruktion

Einer der Hauptsätze des *Strong Programme* der Wissenschaftssoziologie ist das Symmetrieprinzip: Sowohl wahre als auch falsche Wissensbehauptungen, sowohl hohe Wissenschaft als auch Aberglaube sollen mit dem selben methodologischen Handwerkszeug anhand der selben Kriterien erklärt werden. Statt einer „Soziologie der Irrtümer",[8] die nur falsche Überzeugungen und Behauptungen auf wissenschaftsexterne soziale Ursachen zurückführt, unternimmt das *Strong Programme* eine Soziologie ganzer Wissenssysteme, gleichgültig gegenüber ihrem epistemischen Status – nicht etwa, um sie zu widerlegen oder ihre soziale Determinierung zum Zwecke einer Ideologiekritik bloßzustellen oder sie der Beliebigkeit preiszugeben, sondern um die sozialen Konflikte über einander widerstreitende Wissensformen zu erklären. Diese seien, ungeachtet der Wahrheit oder Falschheit ihrer Aussagen, qua ihrer Eigenschaft als soziale Konflikte ein legitimer Gegenstand soziologischer Untersuchung.[9] Die Herausbildung von Formen des Wissens und die Entscheidung zwischen widerstreitenden Formen seien von den sozialen Strukturen abhängig, in welche die Institutionen des Wissens eingebunden seien.[10] Den Widerstand gegen diese Behandlung der Wissenschaften

7 Vgl. Latour (1992) und Latour (1995).
8 „*Sociology of error*", Bloor (1976), S. 8.
9 Vgl. Bloor (1976), S. 45f.
10 Vgl. Bloor (1976), S. 46.

(wir reden hier stets von Mathematik und Naturwissenschaften) führt Bloor in einer Interpretation von Durkheims *Die elementaren Formen des religiösen Lebens* auf ein Muster von Überzeugungen zurück, das sich in der Religion wie in der Wissenschaft finde: beide Überzeugungssysteme bezögen und beriefen sich auf eine Reserve von nicht weiter hinterfragten und begründeten Überzeugungen, welche die implizit oder explizit als geheiligt angesehene gemeinsame Quelle ihrer streit- und verhandelbaren Überzeugungen und Aussagen bilde. Es sei nicht einfach nur ein epistemisch nicht eliminierbares Faktum, daß jede Erklärungskette irgendwann aufhört und man von begründetem Wissen zu unbelegten Glaubenssätzen übergeht, sondern die nur um den Preis der Ketzerei zu enthüllende Basis von Glauben und Erkenntnis.[11] Doch genau diese Basis sei selbst das Resultat sozialer Interaktionen. Die *Ressource* der Überzeugungen wird zum *Gegenstand* der Untersuchung.[12]

Der Kern von Latours Kritik am *Strong Programme* ist der Verdacht, daß Bloor und die *Edinburgh School* den szientistischen Spieß einfach nur umdrehten: Der Tendenz, soziale Phänomene naturalistisch zu erklären, setze die SSK den Versuch entgegen, natürliche Fakten sozial zu erklären. Damit bleibe sie in einem Dualismus gefangen, der keinen Erkenntnisgewinn für die Untersuchung der Wissenschaften biete.[13] Diesen Dualismus sieht Latour als das Markenzeichen dessen an, was er die „moderne Verfassung“[14] nennt – die trennscharfe Unterscheidung zwischen Gesellschaft und Natur, Subjekt und Objekt, aktiv und passiv, Zeichen und Referent. Die Trennung zwischen beiden Bereichen sei das Produkt von Prozessen der *Übersetzung* und der *Reinigung*. Dies soll in etwa heißen: es gebe keinen ontologischen Unterschied zwischen Natur und Gesellschaft. Beide seien das Produkt von Interaktionen zwischen später-so-genannten natürlichen und später-so-genannten gesellschaftlichen Akteuren. Diese Hybriden/Mischwesen agierten in einem Raum, in dem die Unterscheidung zwischen Natur und Gesellschaft erst noch gemacht werden müsse. Auf welche Weise diese Unterscheidung in die Welt komme, und wie sie genau aussehe, darauf hätten alle Dinge in diesem Raum Einfluß. Die Unterscheidungen würden anschließend stabilisiert, d. h. auf der eindimensionalen Skala zwischen Natur und Gesellschaft festgeschrieben. Sichtbar machen möchte Latour diesen Prozeß anhand des *verallgemeinerten Symmetrieprinzips*.[15] Die Unterscheidungen auf der Natur/Gesellschaft-Skala, wie sie in den modernen Natur- und Sozialwissenschaften Bestand haben, seien Konsequenzen einer gemeinsamen Ursache und gleichsam die Projektionen besagter vorgängiger Prozesse auf die horizontale Skala.[16] Bloors Symmetrieprinzip wird, ganz bildlich, um 90° gedreht und auf den Dualismus zwischen Natur und Gesellschaft angewandt – unparteiisch gegenüber dem Ort der untersuchten Phänomene auf dieser Skala.[17]

Unklar bleiben bei Latour jedoch zumindest zwei Dinge: zum einen, ob sich diese Beschreibung schlicht auf einen ständig wiederholten Prozeß bezieht – im Sinne von: die Dualismen müssen in der Praxis der Moderne immer wieder reproduziert werden –, oder ob der

---

11 Vgl. Bloor (1976), S. 40ff.
12 Zu dieser Unterscheidung vgl. Bloor (1999a), S. 106ff.
13 Vgl. Latour (1992), S. 279ff.
14 Zu diesem Begriff vgl. Latour (1992), S. 282, 288, Fußnote 3; Latour (1995), S. 19ff, Kapitel 2 passim.
15 Vgl. Latour (1992), S. 281ff, 285f, und Latour (1995), S. 127ff, aber andeutungsweise auch schon in Latour (1987), S. 141ff, 255f.
16 Vgl. dazu Bloors Kritik in Bloor (1999a), S. 95f.
17 Vgl. Latour (1992), S. 281ff, Abb. 19-2.

Kritik am Dualismus letzten Endes die Vorstellung einer mystischen Vergangenheit zugrundeliegt, in der Natur und Gesellschaft, Objekt und Subjekt, Referent und Zeichen, gleichursprünglich, noch vereint waren. Nimmt man die Anzeichen in Latours Texten auf, die für letztere Lesart sprechen,[18] muß man nicht einmal bösen Willens sein, um hinter *diesem* Symmetrieprinzip eine theologische Motivation zu sehen: die Suche nach dem Ursprungspunkt, in dem im λογος, im Wort Gottes, Zeichen und Bezeichnetes eins waren. Entscheidet man sich dagegen für erstere Alternative, ergibt sich das Problem, daß die Grenzziehung, die Reproduktion der Unterscheidung zwischen Gesellschaft und Natur stets in einem Vokabular sozialen Handelns zu beschreiben ist – es sei denn, man sieht sie als natürlichen, kausalen Prozeß an. In jedem Fall handelt Latour sich den Dualismus Natur/Gesellschaft wieder ein. Wenn er sagt, daß „die Dinge selbst eine Geschichte haben"[19], dann gibt es genau zwei Interpretationsmöglichkeiten: haben sie eine Geschichte im konventionellen Sinne, dann gehören sie in einen genuin sozialen Bereich; meint Latour mit Geschichte etwas anderes, so ist er uns die Erklärung schuldig, *was* er damit meint.

Die andere Unklarheit in der Idee des verallgemeinerten Symmetrieprinzips ist in der ersten enthalten: es bleibt offen, ob Latour an diesen Stellen eine *ontologische* oder eine *epistemische* Behauptung macht. Bloor unterstellt ihm, daß er unter der Hand eine Fundamentalontologie betreibe.[20] Vor allem weigere er sich, die erkenntnistheoretisch grundlegende Unterscheidung zwischen Wort und Gegenstand zu machen.[21] In der Tat ist es so, daß Latour, etwa in *Science in Action*, nicht zwischen Tatsachen und Tatsachenaussagen differenziert. In Übersetzungs- und Stabilisierungsprozessen (die im übrigen ganz und gar in soziologischen Terms beschrieben werden) werden aus Aussagen Fakten – und umgekehrt.[22] Damit möchte Latour nicht sagen, daß die Gegenstände der wissenschaftlichen Praxis aus sozialen und linguistischen Elementen im Wortsinne konstruiert werden (das gilt allerdings, trivialerweise, aber auch nur zum Teil, für technische Gegenstände). Vielmehr hätten Dinge und Aussagen den gleichen ontologischen Status und seien gleichermaßen in der Lage, den epistemischen Status wissenschaftlicher Aussagen sowie die materielle Beschaffenheit der Welt zu verändern. Latour reduziert nicht die materielle Welt auf soziale und linguistische Prozesse, sondern umgekehrt: die beiden letzteren sind in der selben Weise Teil der wirklichen, hinsichtlich einer Unterscheidung zwischen ‚natürlich' und ‚sozial', ‚materiell' und ‚sprachlich' zunächst nicht bestimmten Welt wie einfache materielle Dinge.

Ich denke, daß bei Latour zwei Argumentationslinien ineinander verstrickt sind:

1. die Ablehnung der Trennung von Subjekt und Objekt der Erkenntnis – das Wissen und sein Gegenstand sollen mit einem Blick erfaßt werden;
2. der Versuch der Überwindung der Trennung von Natur und Gesellschaft, welche auf die erstere zwischen Subjekt und Objekt abgebildet wird.

---

18 Vgl. das Symmetriediagramm in Latour (1995), S. 117: die y-Achse weist auf einen ungewissen Ursprung, an dem die Übersetzungs- und Reinigungsprozesse konvergieren. Vgl. aber auch Latours Diskurs über den „gesperrten Gott", Latour (1995), S. 47ff, 170ff, 184f; Latour (1992), S. 283, 287.

19 Latour (1988), S. 262; vgl. auch Latour (1995), S. 111.

20 Vgl. Bloor (1999a), S. 95ff.

21 Vgl. Bloor (1999a), S. 87.

22 Vgl. Latour (1987), S. 23ff, 48f, 52ff, 64ff; Latour (1995), S. 138.

Man kann nun das zweite Argument akzeptieren, ohne das erste gutzuheißen: Die Unterscheidung zwischen Natur und Gesellschaft erfolgt stets im Vollzug epistemischer Praxis; sie ist in gewissem Sinne willkürlich, da immer veränderlich und in bestimmten Beschreibungen der Welt sogar obsolet – etwa in Monismen der einen oder anderen Art. Aber gerade diese weist Latour vehement zurück.[23] Mit jener Feststellung ist jedoch *nichts* über die Tatsache gesagt, daß alles Wissen sich auf einen Gegenstand bezieht und von jemandem gewußt wird. Wissen heißt zuallererst, bestimmte Repräsentationen von Zuständen der Welt – und seiner selbst – zu haben; als nächstes heißt es, sie in einer öffentlich zugänglichen Weise formulieren zu können. Dies sind zwei noch nicht einmal hinreichende, aber absolut notwendige Bedingungen für jedes Wissen.[24] Ohne diese Unterscheidung ist eine Rede über Wissen unmöglich – geschweige denn eine Theorie über die Theorie und Praxis der Wissenschaften.[25] Wir können *epistemisch* gesehen Antirealisten sein, d. h. die Unterdeterminierungsthese akzptieren und sagen, daß soziale Faktoren entscheiden, welche Dinge auf welche Weise erkannt werden, und ob und wie sie den Sphären Natur und Gesellschaft zugeordnet werden. In diesem Sinne werden Natur und Gesellschaft ständig ‚vermischt'. *Ontologisch* gesehen dagegen können wir sehr wohl einen Unterschied machen zwischen denjenigen Dingen, die, wie auch immer sie individuiert, beobachtet und erfaßt werden, auch ohne Theorie und Gesellschaft existieren würden, und denjenigen Dingen, deren Existenz *strikt* von Sprache, Bedeutungen, Interaktionen etc. abhängt: Institutionen, Regeln, Verpflichtungen, Gesetze. Nur und genau dort fallen Subjekt und Objekt der Erkenntnis in eins.[26] Diese Unterscheidung wird uns im folgenden weiter beschäftigen.

4. Idealismus

Bloor schlägt – ich habe es gerade angedeutet – eine zweigeteilte Haltung gegenüber den Tatsachen in der Welt vor: einen Realismus in bezug auf natürliche Tatsachen und einen Antirealismus, bzw. ‚linguistischen Idealismus' in bezug auf gesellschaftliche Tatsachen. Darin folgt er teilweise der Argumentation Searles in *Die Konstruktion der gesellschaftlichen Wirklichkeit*.[27] Die Gegenstände wissenschaftlicher Theorien mögen konzeptionell wechselhafte und flüchtige Dinge sein – an der Wirklichkeit der Referenten von Aussagen, Theorien und Konzepten ändert dies nichts. Um die Verwirrung bezüglich der epistemischen und ontologischen Argumente pro und contra Realismus zu erhellen, hier eine kurze Gegenüberstellung der Realismen und Idealismen, die bei Bloor, Latour und Searle eine Rolle spielen:

---

23 Vgl. Latour (1999), S. 125.

24 Nach Bloor erfüllt jede von einer Gruppe von Personen geteilte Überzeugung die Bedingung für Wissen. Vgl. Bloor (1976), S. 2f.

25 Interessanter-, aber nicht überraschenderweise fängt Latour in *Science in Action* erst sehr spät an, überhaupt von Wissen und Überzeugungen zu sprechen: Latour (1987), S. 182.

26 Dies entspricht Bloors Kritik an Latour in Bloor (1999a), S. 108f, und seinem Argument in Bloor (1996). Siehe dazu auch Barnes (1994), S. 31ff.

27 Vgl. Searle (1997).

(i) ontologischer Realismus: die schlichte Behauptung, daß es objektive Tatsachen in der Welt gebe, die auch ohne Sprache und Repräsentation etc. existieren.[28] Dieser Realismus wird von allen drei Autoren akzeptiert. Searle kombiniert ihn mit einer Korrespondenztheorie der Wahrheit als epistemischem Realismus – die jedoch, so gibt er zu, nicht aus dem ontologischen Realismus folgt.[29]

(ii) ein empirischer Idealismus: „the belief that reality is made out of thin air".[30] Dieser entspricht der – falschen – Searleschen Definition von Sozialkonstruktivismus: der Überzeugung, daß es keine Dinge gebe, die unabhängig von Sprache und Geist in der Welt seien.[31] Diesen Idealismus, eine leichte Beute für jedes halbwegs durchdachte philosophische Argument, vertritt jedoch kein Sozialkonstruktivist.[32]

(iii) der transzendentale Idealismus[33] : nach Kant die Annahme, daß die Referenz aller Theorien, die wir über die Welt gewinnen können, niemals durch die Dinge selbst gewährleistet werde. Die Voraussetzung, daß es solche sprach- und geistesunabhängige Dinge in der Welt gebe, ist eine theoretisch notwendige Setzung, der nichts in der Welt entsprechen muß. Diese Setzung nicht (nach-)zuvollziehen würde jedoch jegliche kognitiv gehaltvolle Aussage über die Welt unmöglich machen. Wer diesen Idealismus vertritt, weist die Korrespondenztheorie der Wahrheit zurück, begnügt sich mit empirischer Adäquatheit und induktiver empirischer Gewißheit, verteidigt den epistemischen Holismus und vertritt die Unterdeterminierungsthese. Da Bloor all dies tut, gehört seine Position, allen Bekenntnissen zum *ontologischen* Realismus zum Trotz, im Gegensatz zu Searles Modell als ein *epistemischer* Antirealismus in dieses Lager.[34]

(iv) der linguistische Idealismus im Sinne Bloors, nach G. E. M. Anscombe,[35] der mit dem ontologischen und möglicherweise auch mit dem epistemischen Realismus vereinbar ist: die Ansicht, daß es bestimmte Dinge in der Welt gebe, deren Existenz tatsächlich im *ontologischen* Sinne von Sprache abhänge: „institutions [...] can be thought of as realities created by references to them."[36] Zur Klasse dieser Dinge gehört nach Bloor auch die Wissenschaft als Institution; wie solche Institutionen mit der Welt umgingen und wie mit ihnen Welt repräsentiert werde, sei sozial bestimmt.

---

28 Vgl. Searle (1997), S. 163ff.

29 Vgl. Searle (1997), S. 164.

30 Latour (1999), S. 118.

31 Vgl. Searle (1997), S. 12.

32 Er taucht allerdings in einer Reihe postmoderner Texte auf. Derrida und Baudrillard etwa lassen sich zumindest teilweise so interpretieren. Diese Autoren machen jedoch kein theoretisches Statement zu den sozialen Determinanten von Wissen und Wissenschaft.

33 Vgl. Latour (1999), S. 118. Wenn Latour an dieser Stelle vom „electron in itself" spricht, sitzt er jedoch einem verbreiteten Mißverständnis des kantischen Idealismus auf: daß dieser behaupte, daß man einerseits theoretische Konzepte von Dingen-für-uns habe, denen andererseits die Dinge an sich korrespondierten, zu denen jene Konzepte allerdings nie vordringen könnten.

34 Vgl. dazu seine Ablehnung des Idealismus bei gleichzeitigem ‚Bekenntnis' zur Unterdeterminierungsthese in Bloor (1996), S. 839, 841, 850, seine Zustimmung zum erkenntnistheoretischen Holismus in Bloor (1999a), S. 94, und zur Konventionalität des Wissens in Bloor (1976), S. 38f, sowie seine Kritik am Korrespondenzmodell der Wahrheit in Bloor (1976), S. 32ff, und Bloor (1999a), S. 89f, 94. Zum wissenschaftstheoretischen Antirealismus als Programm vgl. Van Fraassen (1980).

35 Vgl. Anscombe (1976).

36 Bloor (1996), S. 842.

Latour nun möchte einerseits keinen harten epistemischen Realismus szientistischer Art vertreten – schließlich entpuppen sich die von ihm in den Laborstudien beobachteten WissenschaftlerInnen *in der Praxis* oft genug selbst als zumindest temporäre KonstruktivistInnen.[37] Die interne Praxis, die selbstsicher und gezielt zwischen offen sozialen Konstruktionsprozessen und harten Fakten navigiere, sei von den öffentlichen Repräsentationen der Wissenschaft als rationalem Unternehmen, das die Welt so darstelle, wie sie ist, zu unterscheiden. Andererseits ist Latour nicht bereit, die antirealistischen Implikationen des *Strong Programme* zu teilen[38]: Wenn die Unterscheidung zwischen natürlichen und sozialen Elementen des Wissens und der Wissenschaft nicht eindeutig ist und selbst erst hergestellt werden muß, und wenn die Aufgabe der Laborstudien darin besteht, die verschiedenen Stadien der Öffnung und Schließung, der Aushandlung und Stabilisierung einer Wissensform zu verfolgen, und wenn das verallgemeinerte Symmetrieprinzip gelten soll, dann erscheint es als unzureichend, einen Bereich genuin sozialer Interaktionen von den Wechselwirkungen mit den Dingen selbst strikt zu trennen und den Dingen nicht mehr zuzugestehen, als daß sie Sinnesrezeptoren und Meßinstrumente zu Reaktionen veranlassen. Bloor nennt die Fähigkeit, dies zu tun, „*causal agency*", das heißt für ihn: „things have the power to stimulate our sense organs".[39] Sie wirken auch, geht es nicht mehr nur um individuelle sinnliche Wahrnehmung, auf soziale Interaktionen ein, ohne allerdings selbst soziale Akteure zu sein. Bloor kann seine *causal agency* unmißverstanden im Raum stehen lassen.

Dieser kausalen Rolle der Dinge im *Strong Programme* stellt Latour eine ‚echte' Handlungsfähigkeit der Dinge gegenüber. Die *Dinge selbst* sollen einen Unterschied machen und den Lauf der Dinge von sich aus determinieren können. Sie verfolgen Strategien, kooperieren oder verweigern sich, zwingen die WissenschaftlerInnen zu Kurskorrekturen oder durchkreuzen ihre Pläne.[40] Alles, was auf den beobachteten Handlungsablauf einwirkt, kann als Akteur gekennzeichnet werden. Bei Callon etwa, neben Latour Hauptvertreter der Akteur-Netzwerk-Theorie, tauchen als Akteure in einem untersuchten wissenschaftlichen Setting neben den in dem betreffenden Projekt involvierten MeeresbiologInnen und ihren KollegInnen die Fischer eines französischen Küstenorts, aber auch Muscheln der Spezies *Pecten maximus* auf – als die Objekte ihrer Untersuchungen, die letzten Endes die Mitarbeit verweigern.[41]

Die kritischen Fragen liegen auf der Hand:

(a) Was heißt hier Handeln? – schließlich gibt es wissenschaftliche und Alltagsdefinitionen von Handeln, denen ganz offensichtlich widersprochen wird.
(b) Warum dieses so kontraintuitive Modell, und wozu soll es dienen? Mit dieser Frage werde ich mich später (in Abschnitt 5) beschäftigen.

---

37 Vgl. Latour (1987), S. 96ff, 99f, 206 und Latour/Woolgar (1979).
38 Latour verhandelt seinen Versuch, den Mühlsteinen von Realismus und Antirealismus zu entkommen, ironischerweise unter dem Stichwort des „realistischen Realismus"; vgl. Latour (2000).
39 Bloor (1999a), S. 91.
40 Vgl. Latour (1987), S. 83f, 87f, 116, 125f, 129f, 133; Latour (1999), S. 124ff.
41 Vgl. Callon (1986).

Handeln...

Eine etablierte philosophische Definition von Handeln, die sich in weitgehender Übereinstimmung mit dem Alltagsverstand wahrnimmt, beschreibt Handlungen als eine bestimmte Menge von *Ereignissen* in der Welt, und zwar diejenigen Ereignisse, die ein *Verhalten* darstellen, für das sich *Gründe* als Ursachen anführen lassen. Einer Handlung muß eine *Absicht* zugrundeliegen, die einem *Urheber* in der Welt als ein *bewußter Zustand* zuzuschreiben ist.[42] Folgen wir dieser Definition, handelt *Pecten Maximus* also nicht unbedingt, wenn sein Verhalten einen kausalen Effekt X auf Handlungsabläufe hat. Das gilt nur, wenn man ihm eine wie auch immer rudimentäre Absichtlichkeit seines Verhaltens unterstellen kann, über die es verfügt.[43] Absichtlichkeit impliziert: S muß in der Lage sein, X von sich aus zu tun oder nicht zu tun und eine Einstellung zu X einzunehmen. Das ist nichts, was man von *Pecten Maximus* rechtmäßig erwarten könnte. Zumindest müßte eine solche Erwartung als heuristische Annahme rechtfertigbar sein – etwa über einen prognostischen Erfolg hinsichtlich des zukünftigen Verhaltens von S. Es gibt Fälle, in denen man ein Verhalten zu praktischen Zwecken in einem intentionalen Vokabular beschreiben *kann*, dieses aber prinzipiell auf ein physikalisches oder funktionales Vokabular reduzierbar ist. Diese sind jedoch von denjenigen Fällen zu unterscheiden, in denen ein Verhalten in einem intentionalen Vokabular beschrieben werden *muß*. Zum einen wäre dessen intentionaler Gehalt nicht verlustfrei in eines der anderen Vokabulare zu übersetzen; zum anderen wäre eine Interaktion mit dem betreffenden System ohne eine gesicherte Annahme bezüglich seiner Intentionalität unmöglich.[44]

Offensichtlich können Callon und Latour nicht eine Definition von Handeln nach Bewußtsein und Absichtlichkeit im Sinn haben, wenn sie von natürlichen Objekten, technischen Apparaten und wissenschaftlichen Feldern als Akteuren sprechen. Sie beschreiben zwar das Verhalten dieser Dinge in einem intentionalen Vokabular, greifen jedoch auf ein funktionalistisches Verständnis von Handeln zurück, das nicht eindeutig zwischen Handeln samt komplexer sozialer Interaktionen und den Effekten von Ereignisketten verschiedener Art und Ursache auf Handlungszusammenhänge unterscheidet. Bisweilen beschreibt die ANT das Handeln personaler Akteure dementsprechend als funktional beschreibbares Verhalten in einem höherstufigen System (dem Netzwerk). Die ANT möchte, um der Symmetrie des Argumentes willen, nicht klar zwischen Handlungen, Verhalten und einfacher Kausalität unterscheiden, tut es aber implizit dennoch, denn ihre Objekte-als-Akteure tauchen nur in Berichten über das Handeln ‚konventioneller' personaler Akteure auf.

... und Bedeutung:

Die Handlungsfähigkeit, die Callon und Latour meinen, läßt sich eher im Sinne einer Intentionalität als *Bedeutung* ihres Verhaltens verstehen.[45] Um dies zu erläutern, möchte ich meinen Blick zunächst auf die beiden möglichen Bestimmungen von Intentionalität richten:

---

42 Vgl. Davidson (1985).
43 Vgl. zu diesem Punkt Dennett (1981) und (1987).

(a) die *mentale*: eine Absicht als mentalen Zustand zu haben. Absichten können beliebig einfach oder komplex sein; sie müssen aber nicht unbedingt sprachlich sein. Über (1) nicht-sprachliche mentale Repräsentationen von zukünftigen Zuständen oder Ereignissen und (2) die Neigung (Davidsons „Pro-Einstellungen" und Dretskes „*conative states*"),[46] sie zu verwirklichen, zu verfügen, reicht hin, um ein intentionales Wesen zu sein.

(b) die *semantische*: *aboutness* , sich auf etwas zu beziehen, ‚über etwas zu sein' – Intentionalität in diesem Sinne ist eine Eigenschaft von sprachlichen oder anderweitig zeichenförmigen Repräsentationen, nämlich schlicht: Bedeutung. In intentionalen Kontexten können sich beliebige dazu ausersehene Dinge auf etwas beziehen: Gedanken und Sätze ebenso wie Photos oder Ausschläge auf einem Meßgerät.

Nicht alle Absichten müssen semantischen, d. h. sprachlichen Charakter haben, und nicht alle intentionalen Zustände nach (b) müssen die Struktur von Absichten haben. Intentionalität$_{(a)}$ ist offenbar keine notwendige Bedingung für die Handlungsfähigkeit, die in der ANT verhandelt wird. Es geht nicht darum, ein Bewußtsein oder eine Intelligenz hinter dem Verhalten der betreffenden Objekte auszumachen. Vielmehr ist die notwendige und hinreichende Bedingung für die merkwürdige Handlungsfähigkeit dieser merkwürdigen Objekte, daß sie in intentionalen Kontexten in im doppelten Sinne bezeichnender Weise auftreten: ihre Eigenschaften müssen (i) einen Unterschied in der betreffenden Praxis machen; und sie müssen (ii) in deren Kontext eine Bedeutung haben im Sinne von: auf etwas referieren. Das Verhalten von *Pecten maximus* referiert auf das von den MeeresbiologInnen geknüpfte Netzwerk, und es macht einen Unterschied, da *Pecten Maximus* nicht kooperiert. Es zwingt die MeeresbiologInnen zu Anpassungen ihrer Theorie und ihrer Handlungssets und verändert das Netzwerk. Vielleicht zerstört es dieses sogar. In der ANT werden diese semantischen *und* materiellen Transformationen „Übersetzungen" genannt.[47]

Die Frage, ob und was an diesem Modell es rechtfertigen mag, das Verhalten von *Pecten maximus* und den vielen anderen Akteuren der ANT Handeln zu nennen, allein weil es auf etwas referiert, läßt sich über eine Klärung der Frage natürlicher Bedeutungen beantworten.

Es ist im Rahmen naturalistischer Bedeutungstheorien durchaus möglich, sich Indikatorfunktionen vorzustellen, die in der Natur vorkommen und von Bewußtseinszuständen oder gar einem sprachlichen Bewußtsein unabhängig sind.[48] Primitive repräsentationale Systeme S können qua ihrer physikalischen Struktur zwischen zwei Zuständen A und B *unterscheiden* – was nicht mehr heißt, als daß sie diskrete innere Zustände einnehmen, die auf A und B passen – und ein regelmäßiges *Verhalten* bezüglich A bzw. B zeigen, dieses also ein Muster aufweist. In diesen Fällen kann man sagen, daß es die Funktion von S ist, Zustände A bzw. B zu indizieren. Wenn es diese Funktion hat, die Weltzustände also nicht nur einen kontingenten kausalen Einfluß auf S haben, weist das Verhalten von S eine rudimentäre Intentionalität$_{(b)}$

44 Darauf weist Dennett in Dennett (1987) nachdrücklich hin. Intentionale Muster seien durchaus objektive Phänomene.

45 Den prägnantesten Ausdruck findet diese Vorstellung in Latour (1995), S. 36, wenn er von „diesen nichtmenschlichen Wesen, die keine Seele haben, denen man aber Sinn zuspricht" redet.

46 Vgl. Davidson (1985), S. 20, 31, 125ff, bzw. Dretske (1988), S. 109f.

47 Zu den Begriffen „Übersetzung" und „Netzwerk" vgl. auch Latour (1987), S. 108ff, 180.

48 Zum folgenden vgl. Dretske (1988), Kapitel 3: „*Representational Systems*", und Millikan (1984).

auf: es referiert auf etwas. Ein Beispiel zur Klärung[49] : Die Jahresringe eines Baums *indizieren* durch ihre Stärke zwar feuchte oder trockene Jahre, aber sie *repräsentieren* sie nicht. Diese Leistung kann nur durch BeobachterInnen erbracht werden, die ihnen diese Funktion zugewiesen haben. Für den Baum selbst haben die Jahresringe keine Indikatorfunktion – seine inneren Strukturen, welche die Wachstumszyklen steuern, jedoch schon, denn anhand dieser *verhält* er sich in wie auch immer rudimentärer Weise zum Stand der Sonne und des Grundwassers. Doch damit *hat* der Baum immer noch keine Repräsentationen. Er verfügt nicht über sie. Mentale Inhalte und sprachliche Bedeutungen treten erst bei höherstufigen repräsentationalen Systemen auf, die über innere Repräsentationen ihrer Indikatorfunktionen verfügen (Bewußtsein) und über Systeme der Repräsentation von Repräsentationen (Sprache). Ein Muster des Referierens verdient das Etikett „Bedeutung" erst dort, wo es *Regeln* für den *Gebrauch* von *Zeichen* gibt.

Mit den entsprechenden Einschränkungen kann dieses Modell für natürliche oder technische Objekte, wie sie die ANT im Blick hat, durchaus gelten. Weit primitivere Systeme als *Pecten Maximus* sind in der Lage, Zustände in ihrer Umwelt zu identifizieren, sich bezüglich ihrer zu verhalten und damit Weltzustände zu verändern. Die Indikatorfunktionen dieser Systeme können natürlich oder, wie im Falle der Latourschen *inscription devices,*[50] zugewiesen sein, und ihr Verhalten kann die betreffende Praxis in regelmäßiger Weise beeinflussen. Dieses Verhalten Handeln zu nennen, ist allerdings auch aus der Perspektive der Theorie der intentionalen Haltung nicht mehr und nicht weniger als eine konfuse und hochgradig artifizielle Redeweise, denn eine naturalistisch erklärbare *aboutness* ist nicht mit der Intentionalität$_{(a)}$ als Absichtlichkeit von Handeln zu verwechseln und ist im besten Falle ein Verhalten (*doing* nach Dretske), dessen Intentionalität physikalisch und funktional reduzierbar ist. Wenn es in dem hier verhandelten Kontext um Handlungsfähigkeit gehen soll, ist die Frage vielmehr, wie man von der elementaren *aboutness* zu ‚echten' Bedeutungen gelangt – denn diese sind die Bedingung für soziale Interaktionen.

Bloor macht geltend, daß Intentionalität$_{(b)}$ ein *genuin* soziales Phänomen sei. Folglich kann er das Modell der natürlichen Bedeutungen nicht akzeptieren, sondern wird ein anti-individualistisches, konventionalistisches Bild der Bedeutung verteidigen – bis hin zum linguistischen Idealismus. Bloors Argument für diese Position ist in etwa das folgende[51]: Man stelle sich (wie in den erwähnten naturalistischen Bedeutungstheorien) das Funktionieren von Repräsentationen als in bezug auf das repräsentationale System individuellen Mustererkennungsprozeß („*pattern matching process*") vor. Ereignis A löse Äußerung P aus, indem es sich auf ein inneres Muster in System S abbilde. Nun sei man mit dem Problem konfrontiert, daß es keinen Maßstab für das richtige „*matchen*" gebe. Es gebe nur statistische Parameter für das Passen oder Nicht-Passen. Der Mustererkennungsprozeß lasse sich allein über wiederholte Beobachtung identifizieren. S' Indikatorfunktion hat eine rein lokale Gültigkeit.[52] S könnte über den *pattern matching process* zwar vielleicht als Monade in seiner Umwelt navigieren, aber Bedeutung lasse sich so nicht gewinnen: es müsse eine Art der Bezugnahme von Systemen *aufeinander* jenseits der Indikatorfunktion geben, bevor sie et-

49 Nach Dretske (1988), S. 65f.
50 Vgl. Latour/Woolgar (1979) und Latour (1987), S. 64f, 68.
51 Vgl. Bloor (1996), S. 845ff.
52 Vgl. Dretske (1988), S. 57.

was *meinen* können. Damit habe Bedeutung ein irreduzibel normatives Element: Wie kann ich feststellen, ob eine von den bisherigen abweichende P-Äußerung noch zum Muster paßt und ich mich nicht einfach über das Muster geirrt habe oder auch nur die Extension von P größer ist, als die bisher untersuchten P-Äußerungen nahelegten? Bedeutung heiße, P richtig oder falsch gebrauchen zu können. Die Möglichkeit der Mißrepräsentation müsse gegeben sein. Dies lasse sich nur feststellen, wenn verschiedene S_1-S_n und ihre Interaktionen in Betracht gezogen werden; sie müssen in diesen Interaktionen auf das Referieren oder das Nicht-Referieren von P rekurrieren.[53]

Im Zuge des wiederholten Gebrauchs von P bildet sich ein geteiltes Muster dieses Gebrauchs durch S_1-S_n heraus. Dann und genau dann läßt sich die Bedeutung, der intentionale Gehalt von P festlegen. Das heißt: Die Bedeutung folgt dem Gebrauch; sie ist offen und wird schrittweise etabliert. Taufe und explizite Konventionen sind eher die Ausnahme – etwa in Deklarationen. Dies impliziert allerdings, daß Bedeutungen und Institutionen als soziale Phänomene zumindest in elementarer Form bereits etabliert sein müssen, um eine Bezugnahme auf nicht-soziale Entitäten – und damit Wissen über die äußere Welt – zu ermöglichen. S_1-S_n müssen sich bereits *miteinander* verständigen können, um sich *über* etwas zu verständigen. Offenbar haben wir es hier mit einer zirkulären Erklärung zu tun: Bedeutung wird durch eine geteilte Praxis etabliert und muß durch diese Praxis ständig reproduziert werden – denn daß die Bedeutung dem Gebrauch folgt, impliziert nicht, daß der spätere Gebrauch durch die einmal etablierte Bedeutung endgültig fixiert wird. Andersherum beruht die geteilte Praxis wiederum auf bereits etablierten Bedeutungen. Bloor bietet als Lösung für dieses Problem der Selbstreferentialität die *ostensiven Definitionen* an: Eine Bezugnahme wird, wenn die Explikation der Bedeutung durch Definitionen an das Ende ihrer praktischen Möglichkeit kommt, dadurch fixiert, auf etwas zu zeigen.[54] Zeigen kann man jedoch nur auf eine begrenzte Anzahl von Dingen. Dieser Bedeutungs-Finitismus liegt am Herzen von Bloors epistemischem Antirealismus: Kann man Bedeutungen nie endgültig durch Definitionen festlegen, sind sie unterdeterminiert.[55]

Hat Bloor recht, dann gibt es in der Tat einen Bereich genuin sozialer Tatsachen – und zwar genau weil es Sprache gibt. Sprache ist, so gesehen, die erste soziale Tatsache. Sie mag eine natürliche Basis in den biologischen Dispositionen der SprecherInnen haben, aber ohne eine spezifische Art der Bezugnahme der SprecherInnen aufeinander wäre sie nicht da. Ein möglicher Einwand gegen diese Ontologie des Sozialen besteht nun darin, zu sagen, daß sich die Mustererkennungsprozesse in evolutionärer Manier etablieren. Individuelle und kollektive repräsentationale Muster reproduzieren sich erfolgreich – und mit ihnen auch ihre Träger. Die Muster müssen nicht einfach nur passen – sie müssen in ihrer Umwelt reproduktionsfähig sein und einen selektiven Erfolg zeitigen. Gelingt ihnen das und entwickeln sich die Indikatorfunktionen zu immer komplexeren und spezialisierteren Strukturen, ist die Basis für soziale Interaktionsmuster geschaffen. Der Übergang zu diesen Mustern ist in etwa dort zu suchen, wo S_1 in der Lage ist, auf sich selbst zu referieren (etwa sein eigenes Spiegelbild zu erkennen) und sich damit von anderen S_n zu unterscheiden. S kann in seiner Vorstellung

53 Vgl. die These, daß sich die Möglichkeit, etwas falsch zu repräsentieren, nur bei ‚echten', sprachlichen Bedeutungen finde, bei Dretske (1988), S. 64ff, und Millikan (1986), S. 75.

54 Vgl. Bloor (1996), S. 850f.

55 An dieser Stelle grenzt sich Bloor klar von Searles starrem Modell von Bedeutung in Searle (1997) ab; vgl. Bloor (1996), S. 851f.

und öffentlich auf sich, andere S_n und X zeigen.[56] Diese Fähigkeit läßt sich als höherstufige Indikatorfunktion beschreiben. Sie ermöglicht, auf P *und* auf die Akte des Referierens auf P seitens S selbst und anderer Systeme zu referieren. Das genuin normative und soziale Element in Bloors Argumentation wäre auf diese Weise naturalisierbar. Es gäbe allenfalls einen graduellen Unterschied zwischen schlichten kausalen *pattern matching processes* und bedeutungsvollen Sprechakten. Dennoch wäre das Phänomen sozialer Tatsachen nicht verloren, denn es läßt sich immer noch geltend machen, daß es Dinge gibt, zu deren Existenzbedingungen Sprechakte gehören, und daß sie anhand der Intentionalität dieser Sprechakte zu erklären sind. Auch die Tatsache der Veränderung von Bedeutungen in sozialen Prozessen ließe sich in einem Vokabular von Selektion und Anpassung erklären. Die – in der Tat irreduzibel normative – Frage ist nur, ob man so reden *will.*

Haben dagegen Latour und die Akteur-Netzwerk-Theorie recht und die Dinge sind von sich aus bedeutungsvoll, widerlegen sie im Moment des Rechthabens eine ihrer Prämissen, nämlich daß sie weder von der natürlichen noch von der sozialen Welt als gegeben ausgehen wollen. Sie haben sich eine durch und durch naturalistische Bedeutungstheorie eingehandelt, allen gegenteiligen Beteuerungen zum Trotz.[57] Oder sie sind auf den theologischen Ursprung der Bedeutung festgelegt, um dem vermeintlichen Dilemma zwischen koventionalistischen/ sozialen und naturalistischen Erklärungen zu entkommen. Dann aber fällt ihre Position dem Obskurantismus anheim.[58] Damit komme ich auf die Frage zurück, welchen methodologischen Status die Rede der ANT von einer Handlungsfähigkeit der Dinge hat.

5. Szientismus

> „A scientist cannot condemn superstitious practice on the basis of his science. He may do so on the basis of a ‚scientistic' philosophy. But there is no need for him to hold such a philosophy in order to pursue his science."[59]

Ich möchte die abschließenden Betrachtungen mit einer Feststellung beginnen, die zunächst als Randbemerkung erscheinen mag, aber weitreichende Implikationen hat. Diese Feststellung betrifft den Stil der hier diskutierten Texte.

Bloors Arbeiten sind von einer klaren, analytischen Sprache gekennzeichnet, stringent argumentiert und wohlgegliedert. Sie benutzen ausschließlich entweder definierte oder in der Bedeutung dem gängigen Gebrauch entsprechende Begriffe und zeichnen sich in der Entwicklung der Theorie von Text zu Text durch Kontinuität, wenn nicht gar eine gewisse Statik aus. Ihre Selbstgewißheit stützt sich auf eine reiche, etablierte, oft zitierte philosophische Tradition. In seiner philosophischen Orthodoxie geht Bloor zwar nicht so weit wie Searle in seiner glühenden Kampfschrift gegen den Sozialkonstruktivismus.[60] Doch die Auseinandersetzung mit Latour führt Bloor mit einer ähnlichen Strenge und moralischen Em-

56 Zu diesem Modell der Entstehung von Sprache vgl. Hacking (1996), S. 227ff.

57 Vgl. Latour (1999), S. 125. Bloor deutet dieses Problem an in Bloor (1999a), S. 96f.

58 Vgl. Bloors Vorwurf in Bloor (1999a), S. 97.

59 Anscombe (1976), S. 204. Diese Unterscheidung macht Anscombe im Zuge einer Interpretation von Wittgenstein (1984).

phase. Bloors Resumée: „My conclusion, and it has saddened me to reach it, is that for many years he [= Latour] has been unwittingly spreading misinformation about the sociology of knowledge. Given his considerable influence in the field, then goodness knows what damage has been done."[61] Insgesamt jedoch entsprechen Bloors Stil und Argumentationsweise den Standards der akademischen Öffentlichkeit. Bloor legt Wert darauf, das *Strong Programme* als naturalistisches und kausales wissenschaftliches Unternehmen verstanden zu wissen.[62] Dessenungeachtet finden sich bei Bloor keine empirischen Fallstudien, sondern vornehmlich historische Analysen. Obwohl er eine Soziologie auch der wissenschaftlichen Praxis verfolgt, ist sein Vorgehen rein theoretisch.

Latours Replik auf Bloors Kritik zeichnet sich, wie seine anderen Texte, durch einen rhetorisch geschliffenen, an Metaphern und Wortspielen reichen, assoziativen, oft polemischen, immer ironischen und akademisch unorthodoxen Stil aus.[63] Bezugnahmen auf philosophische Traditionen erfolgen nur sehr schematisch anhand von in den Raum geworfenen Kategorien.[64] Politische Labels wie „radikal" oder „reaktionär" sind die Mittel der normativen Bewertung theoretischer Positionen.[65] Die bei genauer Betrachtung offenbar werdenden und zahlreichen inhaltlichen Spannungen verschwinden leicht hinter Latours rhetorischem Feuerwerk. Inmitten der funkelnden Rhetorik finden sich jedoch auch recht konventionelle, empirisch wohlfundierte wissenschaftssoziologische Analysen, die sich inhaltlich nicht wesentlich vom *Strong Programme* unterscheiden,[66] ihm gegenüber jedoch empirisch viel reicher sind. Der metatheoretische Überbau wirkt demgegenüber oft aufgepfropft und irritierend – und genügt in keiner Weise den Standards eines theoretischen Diskurses.[67]

Es wäre ein leichtes, auf diese Feststellungen hin zu folgern, daß wir es im Falle Bloors mit bodenständiger Sozialwissenschaft zu tun haben, die an der Stärke ihrer Argumente zu messen sei, im Falle Latours jedoch mit einem eloquenten, undisziplinierten Irgendwas, das in der akademischen Welt unruhestiftend umhergeistere und unbedarfte, engagierte junge StudentInnen in seinen gefährlichen Bann ziehe – gegen das also in den *science wars* zu Recht die Klinge geführt werde.

Ich sehe keinen Sinn darin, ein Urteil dieser Art zu fällen und mich an akademischen *bloodsports* zu beteiligen. Viel lieber möchte ich den Stil von Latours Argumentation zum Gegenstand einer genaueren Betrachtung machen, die hoffentlich mehr Licht in das Dickicht der bisherigen Auseinandersetzung bringt.

Es gibt möglicherweise zumindest einen guten Grund für die Verwirrung, die Latours Texte produzieren: daß nämlich die dort vorfindlichen Aussagen nicht als theoretische Statements mit Tatsachengehalt im konventionellen wissenschaftlichen Sinne zu verstehen sind.

60 Vgl. insbesondere die rechtgläubige Polemik in Searle (1997), S. 206.

61 Bloor (1999b), S. 132.

62 Vgl. Bloor (1999a), S. 87.

63 Latour nimmt selbst bezug auf seinen Gebrauch von Metaphern – vgl. Latour (1992), S. 284 – und Wortspielen – vgl. Latour (1992), S. 287.

64 Vgl. seine Auseinandersetzung mit dem Idealismus in Latour (1999) und Bloors Kritik an deren Art und Weise in Bloor (1999b), S. 131.

65 Vgl. Latour (1999), S. 126f.

66 Diese Feststellung teile ich mit Bloor (1999a), S. 99f.

67 Auf die merkwürdig symmetrischen Diskrepanzen zwischen dem *Strong Programme* und der ANT auf empirischer und theoretischer Ebene hat mich Christian Mehr in mündlicher Diskussion aufmerksam gemacht.

Wissenschaftliche Standards werden nicht einfach per Unwissen oder antirationalen Ressentiments verfehlt, sondern gezielt mißachtet. Diese Hypothese hat eine *methodologische* und eine *semantische* Variante.

Die methodologische Variante:

„Our slogan ‚follow the agents themselves' is not for the dogs. To it we sacrifice everything. They have priority over all disciplinary loyalties and all claims to stick to common sense."[68] Dieser Priorität opfert Latour auch den Anspruch einer kohärenten Theorie. Theorien sind für ihn schlicht heuristische Werkzeuge mit geringer Halbwertszeit. Sind die Akteure gerade woanders, wird auch die Theorie ausgetauscht. In eine ähnliche Richtung geht Callons methodologisches Statement, daß das von ihm gewählte Modell eine rein subjektive, auswechselbare Erzähltechnik unter dem Diktat der symmetrischen Perspektive sei.[69] Latour deutet in seinen neueren Arbeiten an, daß er ANT und verallgemeinertes Symmetrieprinzip inzwischen schon wieder zugunsten neuer Werkzeuge aufgegeben habe.[70] Dies ist kein nebensächlicher Punkt, sondern von systematischer Wichtigkeit bezüglich des epistemischen Status des ganzen Projekts. Es versteht sich als eine empirische Wissens*praxis*. So verstanden, ist alle Theorie und sind alle Texte, welche im Rahmen der Akteur-Netzwerk-Theorie produziert werden, reine Instrumente zur Positionierung in einem akademischen Feld – ungeachtet ihrer Inhalte. Dies wäre die soziale Konstruktion der Wissenschaft *in action*.

Bloor erscheint demgegenüber als der szientistische Philosoph, der die Unwissenschaftlichkeit des Latourschen Modells darlegen und es auf dieser Basis bekämpfen will. Doch Latours Gegenstand ist die Praxis der Wissenschaft, die selbst nicht auf der Basis einer szientistischen Philosophie ruhen muß, um erfolgreich zu sein. Diesem Gegenstand zu folgen, erfordert möglicherweise gerade, die szientistische Befangenheit abzulegen. Es bleibt allerdings offen, was das Prinzip des „Dabeisein ist alles!" in dieser Lesart mit Wissen zu tun hat. Es kann auch offenbleiben, denn besagtes Motto ist nicht als das fragwürdige Prinzip einer fehlgeleiteten wissenschaftlichen Methodologie zu verstehen, sondern, so offenbart Latour an anderer Stelle, als Handhabe für einen genuin ästhetischen Zugang zur Wissenschaft.[71] Man muß sich entscheiden, ob man ästhetische Formen als Wissensformen akzeptieren will.

Die semantische Variante:

Es gibt ein Problem der Bedeutung, genauer: des Bezugs einer Reihe von zentralen theoretischen Termini in Latours Texten. Wie stellt man sich Tatsachen vor, die im selben Moment Aussagen *und* Gegenstände dieser Aussagen sein sollen?[72] Was sollen die Akteure/Aktanten

---

68 Latour (1999), S. 128.
69 Vgl. Callon (1986), S. 200.
70 Vgl. Latour (1999), S. 115, 128, Fußnote 17.
71 Einen solchen schlägt Latour in *Der Berliner Schlüssel* unter dem Untertitel „Erkundungen eines Liebhabers der Wissenschaften" vor, Latour (1996), S. 7ff.

sein, von denen Latour sagt, daß sie bezüglich ihres natürlichen oder gesellschaftlichen Charakters (als Dinge bzw. menschliche Akteure) nicht festgelegt seien, was aber unter den Bedingungen der Moderne, so wie wir sie kennen, nicht zu erkennen sei?[73] Wie soll ein Ding aussehen, das Latour die moderne Verfassung nennt und das er als ein Dokument beschreibt, das zwar nicht geschrieben ist, das aber von allen unterschrieben wird?[74] Eine Antwort könnte sein, daß wir nicht nach den wörtlichen Bedeutungen dieser Begriffe fragen sollten – denn die Widersprüchlichkeit ihres Gebrauchs ist zu offensichtlich, um unbeabsichtigt zu sein. Vielmehr sollten wir sie als Metaphern verstehen, die dazu eingesetzt werden, gezielt auf Widersprüche zu verweisen. Eine augenscheinlich ähnliche Strategie findet sich bei Derrida, der davon ausgeht, daß jegliche sprachliche Bedeutung sich um Widersprüche herum organisiert, die man in der gegebenen Sprache nicht benennen kann, ohne agrammatisch zu werden. Also gelte es, semantische Fehlleistungen zu produzieren, welche das paradoxe Organisationsprinzip der Sprache offenlegen – eben ohne es benennen zu können und zu *müssen.*[75] Metaphern sind absichtlich produzierte semantische Fehlleistungen dieser Art, die dazu dienen, Dinge zu sagen, die im konventionellen Sprachgebrauch nicht oder nur unter Verlust eines pointierten Ausdrucks zu formulieren wären. Nimmt man die Spuren in Latours Texten auf, die darauf hindeuten, daß die wörtlichen Bedeutungen seiner metatheoretischen Termini keinen kohärenten Sinn ergeben, liegt nun der Schluß nahe, daß wir, um des Nachsichtigkeitsprinzips willen, von einer übertragenen, metaphorischen Bedeutung von Fakten, Akteuren und moderner Verfassung ausgehen sollten.

Metaphern sind nun zwar eine Erweiterung des Sprach*gebrauchs*, aber nicht der *Bedeutung* von Sätzen. Eine metaphorische Beschreibung eines Sachverhaltes bedient sich etablierter Bedeutungen in einem veränderten Kontext des Gebrauchs.[76] Der Witz der Rede von Objekten als Akteuren in der ANT ist, so gesehen, nicht, daß die Bedeutung des Wortes „Akteur" in dem Sinne verändert wird, daß (a) die Bedingungen für die Zuschreibung von Handlungsfähigkeit, die es erlaubten, etwas als Akteur zu bezeichnen, heruntergeschraubt würden, um (b) die Menge der Referenten des Wortes „Akteur" willkürlich zu vergrößern. Würde Latour *dies* versuchen, müßte er nicht nur Neudefinitionen von „Handlungsfähigkeit" und „Akteur" für einen möglichen wissenschaftlichen Gebrauch abgeben. Er müßte auch empirische Belege und theoretische Gründe dafür angeben, die diese Neudefinition rechtfertigten. Oder er müßte in einem Diskurs eine dominante Position einnehmen, die es ihm erlaubte, gängige Begriffe einfach per Autorität neuzudefinieren. Nur wenn man zumindest eine dieser Bedingungen erfüllt, ist man überhaupt erst in der Lage, überlebensfähige neue Bedeutungen in deliberativer Manier zu prägen. Latour tut dies nicht. Er unterwandert vielmehr hartnäckig derartige Gepflogenheiten. Willkürlich Bedeutungen generieren ist allerdings auch nicht das, was man im allgemeinen tut, wenn man Metaphern benutzt. Was man vielmehr tut, wenn man Metaphern benutzt, ist, Wörter und Sätze anders als gewohnt zu gebrauchen, um einen Erkenntnisgewinn qua Wachrufen ungewohnter Assoziationen zu erzeugen und damit Weltsichten zu verändern. Möglicherweise verändert man damit auch Bedeutungen – und zwar langfristig, indem der neue Gebrauch sich in der Sprache ablagert und

72 Vgl. dazu Latour (1987), a. a. O. und Latour (1999), S. 122.
73 Vgl. dazu Latour (1992), S. 288, Fußnote 5, und Latour (1987), S. 83f, 87f.
74 Vgl. dazu Latour (1992), S. 288, Fußnote 3, und Latour (1995), S. 22f, 43ff.
75 Vgl. dazu Bux/Greif (Manuskript), Derrida (1974) und (1976).
76 Dieses Argument ist natürlich entlehnt von Davidson (1986), „Was Metaphern bedeuten", S. 343-371.

irgendwann in eine neue wörtliche Bedeutung übergeht. Dann jedoch ist die Metapher tot. Es ist keineswegs unvorstellbar, daß grundlegend alle, auch die wissenschaftlichen Bedeutungen auf diesem metaphorischen und nicht auf inferentiellem Wege in die Welt kommen.[77]

Wenn es sich mit Latours unorthodoxem Sprachgebrauch tatsächlich so verhält, ist der Urheber dieses Gebrauchs nicht einfach nur ein semantischer Partisan (auch eine Metapher!). Dieser Sachverhalt weist auch auf etwas hin, das Latour in seinen Texten nicht so deutlich ausspricht und das sich hinter der Rede von der „modernen Verfassung" versteckt: Als Handeln und seine Träger wurden, historisch gesehen, ganz verschiedene und uns zum Teil unverständliche Dinge bezeichnet und verstanden. Sprachgebräuche, Bedeutungen und Arten des Zugriffs auf die Welt sind nie ein für allemal fixiert. Unsere Ahnen sprachen und handelten mit ihren Ahnen und ihren Göttern. Man könnte zwar sagen, daß die Altvorderen einfach eine falsche Vorstellung von Handeln hatten und den Begriff auf die falschen, nämlich inexistente Dinge anwandten, aber wir könnten sie *mit unseren Argumenten* für diese Annahme nicht von der Falschheit ihrer Überzeugungen überzeugen.[78] Ertragreicher wäre es, die Veränderungen von Bedeutungen und Redeweisen genauer zu betrachten. Die Zuschreibungen von Handlungsfähigkeit waren und sind offenbar veränderlich. Versteht man die intentionale Haltung nicht nur als theoretisches Werkzeug zur Interpretation des Verhaltens von Computern oder Tieren, sondern grundlegend als ein Programm, um sich unter den Bedingungen unsicheren Wissens in der Welt zurechtzufinden, dann erscheinen die animistischen Ansichten über Götter, Geister, Ahnen und deren Handlungsfähigkeit als ein unter den entsprechenden Bedingungen von Umwelt, Wissen und Handlungsmöglichkeiten angemessener Weg, kognitiv und praktisch in der Welt zu navigieren, die man mit diesen Dingen und Wesen teilt. Zwar bestand das Projekt der Moderne unter anderem darin, alle Dinge außer dem Menschen aus der Menge der als handlungsfähig wahrzunehmenden Wesen zu vertreiben und Handlungsfähigkeit an einen normativ aufgeladenen Subjektbegriff zu binden, aber technische Innovationen und hartnäckige subversive Sprachgebräuche könnten dies durchaus wieder ändern. Vielleicht müssen wir uns in einer Welt zurechtzufinden lernen, die von intelligenten Rechnern, Cyborgs, Hybriden und egoistischen Genen bevölkert ist – weil diese Welt in sozialen und technischen Prozessen so gemacht worden ist. Betrachtet man die Arbeiten von Latour, Haraway und den anderen ,unwissenschaftlichen' Vertretern der *Science Studies* als praktisch-politische Statements literarischer Natur, so lassen sie sich als Handreichungen zu diesem Leben lesen.

Literatur

Anscombe, G. E. M. (1976): „The Question of Linguistic Idealism", *Acta Philosophica Fennica* 28 (No. 1-3, 1976), 188-215.

Barnes, Barry (1994): „How Not To Do the Sociology of Knowledge", in Allan Megill (Hg.), *Rethinking Objectivity*. Durham/London: Duke University Press, 21-35.

Bloor, David (1976): *Knowledge and Social Imagery*. London/Boston: Routledge.

---

77 Dieser Weg ist u.a. von Mary Hesse (1974) vorgedacht worden.

78 Vgl. dazu die Ausführungen in Anscombe (1976).

Bloor, David (1996): „Idealism and the Sociology of Knowledge“, *Social Studies of Science* 26 (No. 4, 1996), 839-856.

Bloor, David (1999a): „Anti-Latour“, *Studies in History and Philosophy of Science* 30 (No. 1, 1999), 81-112.

Bloor, David (1999b): „Reply to Bruno Latour“, *Studies in History and Philosophy of Science* 30 (No. 1, 1999), 131-136.

Callon, Michel (1986): „Some elements of a sociology of translation: domestication ... (etc.)“, in John Law (Hg.), *Power, action and belief.* London/Boston: Routledge.

Bux, Kai-Uwe und Greif, Hajo (Manuskript): *Ja, Der Da hat es gesagt – Über den dekonstruktiven Umgang mit Texten.* Unveröffentlichtes Manuskript.

Davidson, Donald (1985): *Handlung und Ereignis.* Frankfurt/M.: Suhrkamp.

Davidson, Donald (1986): *Wahrheit und Interpretation.* Frankfurt/M.: Suhrkamp.

Dennett, Daniel C. (1981): „Intentionale Systeme“, in Peter Bieri (Hg.) (1997), *Analytische Philosophie des Geistes.* Weinheim: Beltz (3. Auflage), 162-183.

Dennett, Daniel C. (1987): *The Intentional Stance.* Cambridge: MIT Press.

Derrida, Jacques (1974): *Grammatologie.* Frankfurt/M.: Suhrkamp.

Derrida, Jacques (1976): *Randgänge der Philosophie.* Berlin/Wien: Ullstein.

Dretske, Fred (1988): *Explaining Behavior. Reasons in a World of Causes.* Cambridge/London: MIT Press.

Hacking, Ian (1996): *Einführung in die Philosophie der Naturwissenschaften.* Stuttgart: Reclam.

Haraway, Donna (1991): *Simians, Cyborgs and Women: the Reinvention of Nature.* London/New York: Routledge.

Haraway, Donna (1995): *Die Neuerfindung der Natur.* Frankfurt/New York: Campus.

Haraway, Donna (1997): *Modest_Witness@Second_Millennium.FemaleMan©_Meets_OncoMouse(TM).* New York/London: Routledge.

Hesse, Mary (1974): *The Structure of Scientific Inference.* London/Basingstoke: Macmillan Press.

Latour, Bruno (1987): *Science in Action.* Cambridge: Cambridge University Press.

Latour, Bruno (1988): *The Pasteurization of France.* Cambridge: Harvard University Press.

Latour, Bruno (1992): „One more Turn after the Social Turn“, in Ernan McMullin (Hg.), *The Social Dimensions of Science.* Notre Dame: University of Notre Dame Press.

Latour, Bruno (1995): *Wir sind nie modern gewesen.* Berlin: Akademie Verlag.

Latour, Bruno (1996): *Der Berliner Schlüssel: Erkundungen eines Liebhabers der Wissenschaften.* Berlin: Akademie Verlag.

Latour, Bruno (1999): „For David Bloor ... and Beyond; A Reply to David Bloor's ‚Anti-Latour'“, *Studies in History and Philosophy of Science* 30 (No. 1, 1999), 113-129.

Latour, Bruno (2000): *Die Hoffnung der Pandora.* Frankfurt/M.: Suhrkamp.

Latour, Bruno und Woolgar, Steve (1979): *Laboratory Life.* Beverly Hills: Sage.

Millikan, Ruth Garrett (1984): *Language, Thought, and Other Biological Categories.* Cambridge/London: MIT Press.

Millikan, Ruth Garrett (1986): „Thoughts without Laws; Cognitive Science with Content“, *Philosophical Review* 95 (1986), 47-80.

Pickering, Andrew (1995): *The Mangle of Practice.* Chicago/London: University of Chicago Press.

Searle, John R. (1997): *Die Konstruktion der gesellschaftlichen Wirklichkeit*. Reinbek: Rowohlt.

Van Fraassen, Bas C. (1980): *The Scientific Image*. Oxford: Clarendon.

Wittgenstein, Ludwig (1984): „Philosophische Untersuchungen“, in *Werkausgabe Bd. 1: Tractatus logico-philosophicus* u. a. Frankfurt/M.: Suhrkamp.

Alfred Nordmann

Die im Lichte sieht man nicht? (Nackte Tatsachen in der Wissenschaftskritik)

> „Denn die einen sind im Dunkeln
> Und die anderen sind im Licht
> Und man siehet die im Lichte
> Die im Dunkeln sieht man nicht."
> *Bertolt Brecht*[1]

Sozialkonstruktivistischen Ansätzen wird immer wieder vorgeworfen, dass sie die Flucht vor Wissenschaft und Vernunft betreiben, dass ihre undifferenzierte Kritik wissenschaftlichen Wissens in verallgemeinerte Wissenschaftsfeindlichkeit mündet.[2] Dieser Vorwurf ist auch insofern verfehlt, als er dem Sozialkonstruktivismus zuviel zutraut. Zu Wissenschaftskritik, so meine These, gehört nämlich mehr als der Nachweis, dass wissenschaftliche Erkenntnis erst in Bezug auf spezifische Wissenskulturen Gültigkeit erlangt. Stattdessen muss Wissenschaftskritik wie Gesellschaftskritik Kritik an der Wirklichkeit sein, Kritik an den geschaffenen Tatsachen – mit dem Bewusstsein allerdings, dass aus guten Gründen nichts so gut der Kritik standhält wie die Wirklichkeit mit ihren harten, ihren geistes- und willensunabhängigen Tatsachen. Aber auch die Umkehrung des Verhältnisses muss anerkannt werden, dass nämlich die gesellschaftlichen oder naturwissenschaftlichen Tatsachen ihre Entstehungs- und Bedeutungszusammenhänge kritisieren. So wie Sozialstatistiken ein Gemeinwesen anklagen können, so mögen wissenschaftliche Befunde beispielsweise unser Naturverständnis in Frage stellen. Dass ein Deutscher etwa so viel Energie verbraucht wie 500 Nepalesen[3], dass bestimmte Geruchsstoffe Kaufverhalten stimulieren, dass Sonnenstrahlung zu Hautkrebs führen kann – jede dieser Tatsachen kritisiert die Bedingungen, unter denen sie überhaupt erst wahrnehmbar wurde.[4] So verstanden ist „Wissenschaftskritik" sowohl unsere Kritik an der wissenschaftlich-technischen Welt als auch Kritik seitens der wissenschaftlich objektivierten Wirklichkeit an uns.

Diesem Doppelsinn werde ich im Folgenden nachgehen, und zwar aus zwei produktiv entgegengesetzten Blickwinkeln, aus dem Blickwinkel kulturwissenschaftlicher Untersuchun-

---

1 Die Schlussverse der Moritat von Mackie Messer für die Verfilmung der *Dreigroschenoper* in Unseld (1973), S. 116. Pabsts Film endet mit diesen Worten, während sich ein unaufhaltsamer Bettlerstrom zugleich mit dem Lichtspiel in die Schwärze der Nacht auflöst.

2 Besondere Aufmerksamkeit erhielten: Gross (1994); Gross/Levitt/Lewis (1996); Koertge (1998); Sokal/Bricmont (1998).

3 World Overpopulation Awareness Report zitiert in *Aperture* 163 (2001), S. 5.

4 Die Abhängigkeit moralischer und politischer Urteile von kulturellen Voraussetzungen soll damit nicht bestritten sein. „Kritik" meint hier zunächst nur, dass diese Tatsachenbefunde nicht nahtlos in Weltanschauungen aufgehen. Der hier zugrundeliegende Begriff von „Kritik" ist somit von Lukács, Adorno, etc. beeinflusst.

gen einerseits und anderseits mit dem philosophischen Interesse an der Bestimmung und den Bedingungen wissenschaftlicher Objektivität. Mit „kulturwissenschaftlich“ fasse ich hierbei recht vage all diejenigen soziologischen, anthropologischen, feministischen und historiographischen Ansätze zusammen, die Wissenschaft und Technik vornehmlich aus ihrer materialen Praxis heraus zu verstehen suchen, somit von rationalen Rekonstruktionen absehen und kein ideengeschichtliches Interesse an den Absichten, Überzeugungen, regulativen Idealen der Praktiker verfolgen.[5] Entgegen der weitverbreiteten Ansicht, dass die philosophische Beschäftigung mit Objektivität von einer so verstandenen Kulturwissenschaft nur unterminiert, bestritten oder abgelöst werden kann, meine ich, dass die philosophische Frage angesichts kulturwissenschaftlicher Untersuchungen erst Profil gewinnt, durch sie verschärft wird. Nicht als territorialer Streit mit Gewinnern und Verlierern sollte sich die Entgegensetzung der Blickwinkel also gestalten. Da die eine Seite die Fragen der anderen nicht beantworten, ihr nur neue Fragen aufgeben kann, da Wissenschaftskritik derzeit von keiner der Seiten allein aufgebracht wird, ist es gerade die Gegenläufigkeit der Interessen und Perspektiven, die ein weites Forum eröffnet für Wissenschaftskritik in ihrem Doppelsinn.

I.

Ein erstes Beispiel soll dieser These Kontur verschaffen. Sein Ausgangspunkt ist eine von der Wissenschaft mit offenbarer Verspätung entdeckte merkwürdige Forschungslücke. Spätestens seit dem zweiten Weltkrieg steht die schulwissenschaftliche Medizin ganz im Banne der Biologie; die moderne Biologie wiederum ist in der Hauptsache darwinistisch. Warum also gibt es keine darwinistische Medizin? Was populär von Weisheitszähnen oder vom Blinddarm gesagt wird, dass sie nämlich vor langer Zeit einmal unseren Vorfahren im Überlebenskampf geholfen hätten – warum wird das nicht auch von unseren Krankheiten gesagt? Um diese Forschungslücke zu füllen, entstand erst in den späten 80er Jahren die darwinistische Medizin. Eines ihrer ersten Ergebnisse war Margie Profets Untersuchung zur „*Evolution of Pregnancy Sickness*“.[6] Mit *pregnancy* oder, umgangssprachlich, *morning sickness* wird jene Übelkeit bezeichnet, die oft während der Schwangerschaft auftritt, sie bisweilen langfristig begleitet, und die auf Deutsch nicht als Krankheit klassifiziert, sondern etwas unbeholfen als „Schwangerschaftserbrechen“ bezeichnet wird. Laut Margie Profet resultiert diese Übelkeit nun daraus, dass der Embryo den Körper der Mutter zu eigenen Zwecken manipulieren. Es sei nämlich im Interesse des ungeborenen Kindes, sich in der frühen Entwicklungsphase vor einem Gift zu schützen, und darum produziere es Abwehrreaktionen der Mutter gegen bestimmte Pflanzenstoffe. Und während die Mutter in der heutigen Zeit lebt, handelt das Ungeborene aus urzeitlicher Ferne heraus, denn das Gift, vor dem es sich schützt, gehört zur Diät einer nomadischen Jäger- und Sammlerin. Die *pregnancy sickness* signalisiert also archai-

5 Anders als Claus Zittel in seinem Beitrag unterscheide ich also nicht systematisch zwischen sozialer Konstruktion und kultureller Konstitution von Wissen. Inwieweit sich eine „Wissenskultur“ von sozialen Strukturen einerseits, überliefertem Wissensbestand andererseits abhebt, inwieweit sie kenntlich und verfügbar wird, gehört meines Erachtens zur Problemstellung der Wissenschaftskritik.

6 Profet (1988). Einen allgemeineren Überblick verschaffen Williams/Nesse (1991), auch in ihrem Buch Williams/Nesse (1994).

sche Zwietracht in einem gefährlichen Überlebenskampf, der das Leben von Mutter und Kind riskiert, evolutionär gesprochen aber dem *homo sapiens* einen Selektionsvorteil verschaffte.[7]

Soweit also ein wissenschaftlicher Befund der darwinistischen Medizin. Als der im Jahre 1988 das Licht der Welt erblickt, stehen in den Kulissen schon mindestens drei kulturwissenschaftliche Strategien bereit, die diese Tatsachenfeststellung historisch relativieren, kontextualisieren, dekonstruieren.

Zunächst nämlich erscheint dieses Forschungsergebnis als ziemlich durchsichtiger Versuch, als Naturtatsache zu verewigen, was sich erst in den letzten Jahrzehnten hauptsächlich in den USA herausgebildet hat, nämlich ein bestimmtes ideologisches und juristisches Verständnis von Schwangerschaft und Mutterschaft. Während es in der Abtreibungsdebatte noch als offene Frage gilt, ob ein Embryo als Person anzusehen ist, schafft die Rechtsprechung andernorts Präzendenzfälle. So droht einer rauschgiftsüchtigen Schwangeren in South Carolina beispielsweise Haftstrafe wegen Kindesmisshandlung, das heißt Mutter und ungeborenes Kind werden als bereits separate Personen und streitende Parteien mit je eigenen Interessen vor Gericht konfrontiert.[8] Die Theorie der *pregnancy sickness* verhält sich hier also keineswegs neutral und stellt die Wissenschaft in den Dienst eines herrschenden Diskurses, indem sie die Anstrengung von Abtreibungsgegnern legitimiert, das Recht des ungeborenen Lebens den Rechten der Mutter entgegenzusetzen.

Statt die Wissenschaft als bloßes Medium für den Ausdruck herrschender Interessen zu betrachten, würde eine zweite Strategie allgemeiner auf das wissenskulturelle Umfeld eingehen. Wie der Darwinismus im 19. Jahrhundert, so wurde auch die darwinistische Medizin im ausgehenden 20. Jahrhundert erst möglich, als die begrifflichen und technischen Ressourcen dazu bereitlagen. Pille, Gentechnik, Schwangerschaftsvorsorge, die Fotos und Videos, auf denen uns ungeborene Kinder persönlich gegenübertreten – all dies ermöglichte der Wissen-

---

7 Profet (1992): „Dass der Embryo die *pregnancy sickness* in gewissem Grade kontrolliert, bedeutet die Möglichkeit eines Interessenkonflikts zwischen Mutter und Embryo in Bezug auf die Heftigkeit der *pregnancy sickness* – frühe Gelegenheit für einen Konflikt zwischen Eltern und Nachwuchs, der darüber ausgetragen wird, wer Kontrolle über die Blutzufuhr zur CTZ [*chemoreceptor trigger zone*] ausübt. [...] Obwohl das genetische Interesse der Mutter, früh in der Schwangerschaft Teratogene [schädliche Pflanzenstoffe] zu vermeiden, in den meisten Umständen mit den Interessen des Embryos zusammenfällt, ist das Interesse der Mutter in manchen Fällen am besten dadurch gedient, dass sie keine heftige *pregnancy sickness* erleidet, zum Beispiel, wenn sie früheren Nachwuchs stillt und die *pregnancy sickness* für diesen einen Ernährungsverlust bedeuten würde. Der potentielle Konflikt zwischen der Mutter, die ihrem Embryo Giftstoffe zuführen kann, und dem Embryo, der *pregnancy sickness* in der Mutter auslösen kann, mag von gewissen Anzeichen hervorgebracht werden [...]" (S. 340). Auch in dem beschriebenen Interessenkonflikt ist das „Interesse" der Mutter nicht etwa das Interesse der Schwangeren an einer problemfreien Schwangerschaft, sondern von vornherein ihr genetisches Interesse am Leben des Nachwuchses. Eine weitere Konfliktdimension ist auf S. 332f. beschrieben: Die moderne Frau erleidet einen grösseren Nährstoffverlust als ihre Vorfahrinnen im Pleistozän. Obwohl die Gefahr der Vergiftung durch Teratogene heute für den Embryo nicht mehr besteht, kann sich der Embryo die heftige *pregnancy sickness* der Mutter im allgemeinen leisten.

8 Dies nicht etwa nur präventiv, um Geburtsschäden zu verhindern: Am 15. Mai 2001 verurteilte ein Geschworenengericht in Charleston, South Carolina, Regina McKnight zu einer 12-jährigen Haftstrafe wegen Totschlags durch Kindesmissbrauch. Sie hatte ein Totgeburt im 9. Schwangerschaftsmonat, die laut widersprüchlicher Expertenaussagen womöglich von ihrer Kokainsucht verursacht wurde. Vergleiche den Bericht in der *Washington Post* vom 27. Mai 2001, S. A3: „Kritikern zufolge [...] öffnet dieses Urteil die Tür zur strafrechtlichen Verfolgung von Frauen, die rauchen, trinken oder durch andere Verhaltensweisen dem Fötus schaden könnten."

schaftlerin Margie Profet überhaupt erst, das Kind nicht mehr als einen sich über Jahre hinweg langsam ablösenden Teil der Mutter aufzufassen, sondern schon den Fötus als ein eigenständiges Individuum wahrzunehmen, das sich im Überlebenskampf bewähren muss.[9]

Die dritte Strategie bettet die darwinistische Geschichte vom antagonistischen Überlebenskampf zwischen Mutter und Kind schließlich in größere narrative Zusammenhänge ein. Da gibt es einerseits Filme wie Roman Polanskis *Rosemary's Baby* (1968) oder David Finchers *Aliens³* (1992), in denen im Körper der schwangeren Frau ein krebsartig feindseliges Monster heranwächst. Andererseits gehört hierher, was oben bereits zum ideologisch, juristisch, medizinisch-technisch veränderten Schwangerschaftsverständnis gesagt wurde.[10] Hinzu kommt schließlich die Vielzahl feministischer und anti-feministischer Stimmen, in denen es um den Zwiespalt der Mutterrolle geht, um die Frage, ob oder unter welchen Bedingungen sie der weiblichen Selbstverwirklichung im Wege steht. Vor diesem Hintergrund erscheint die wissenschaftliche Theorie der *pregnancy sickness* als einer von vielen Paralleltexten, denen es insgesamt um unser kulturelles Selbstverständnis, um Identität und Mutterschaft geht.

Alle drei Strategien verschaffen eine Art Befriedigung, wie sie gewöhnlich mit erfolgreichen Erklärungen verbunden ist. Auch wenn ihre Anwendung jeweils noch der Überprüfung bedarf, leuchten sie unmittelbar ein, insofern sie das Umfeld scharf erfassen, in dem Margie Profets darwinistische Theorie überhaupt erst formulierbar wurde. Somit erhellen sie den Hintergrund, der diesen unsentimentalen, gar unbarmherzigen Blick auf Schwangerschaft wissenskulturell relativiert, normalisiert, somit aber auch verharmlost.

Hiermit stellt sich nun aber die Frage, was wir eigentlich tun, wenn wir diese Strategien verfolgen. Das Faktum selbst – die nackte, harte wissenschaftliche Tatsache – geht nämlich unangetastet hervor selbst aus der erfolgreichen Bemühung, sie historisch zu relativieren. Sie stützt sich schließlich nicht auf kulturelle Zusammenhänge, sondern führt mancherlei toxikologische, anthropologische, physiologische Evidenz zusammen und keiner meiner Dekonstruktionsversuche hat Fragen der Evidenz auch nur berührt.[11] Sie haben doch eigentlich nur gezeigt, dass wir uns historisch und kulturell an einem Ort befinden, von dem aus gesehen die Welt sich wissenschaftlich *so* darstellt. Margie Profets Fragestellung führt diverse Techniken der Erhebung und Auswertung von Daten zusammen und orientiert sie auf Mutterschaft und Schwangerschaft als einen rohen, gewaltsamen Naturzusammenhang. Mit einer theatralischen Metapher für diese technische Orientierung auf die Welt könnte ich somit sagen: Der Scheinwerfer, den die darwinistische Medizin auf die Frage der *pregnancy sickness* richtet, rückt die Natur in ein hässliches Licht.

Wir stehen also vor einer Wahl. Einerseits können wir eine der kulturwissenschaftlichen Strategien verfolgen, somit eine harte Tatsache scheinbar aufweichen, sie in die Vielfalt der Diskurse auflösen. Indem wir sie als gesellschaftliches Konstrukt darstellen, sie als wissens-

---

9 Der bereits klassische Text hierzu ist Rothman (1986).

10 Im engeren wissenschaftlichen Zusammenhang wurde die These vom „*Parent-offspring conflict*" durch die gleichnamige Arbeit von Trivers (1974).

11 Tatsächlich haben Profets Arbeiten eine teilweise heftig geführte Kontroverse ausgelöst. Zur Klärung trägt ein Beitrag von Flaxman/Sherman (2000). Flaxman and Sherman stellen die Kontroverse dar (S. 116f., 138f.), führen neue Evidenz ein und bestätigen Profets Ansicht, dass *pregnancy sickness* eine evolutionäre Anpassung darstellt, schlagen aber einen anderen Kausalverlauf vor und bestreiten insbesondere, dass ein genetischer Interessenskonflikt vorliegt.

kulturell zeitgebunden geradezu entschuldigen, entwirklichen wir sie auch und konstruieren einen Wirklichkeitsverlust, der mit der Flucht vor einer ästhetisch unliebsamen Tatsache zusammenfällt.

Andererseits können wir die historisch relativierte Tatsache als Tatsache stehenlassen oder sogar stark machen. Anstatt uns kritisch gegen die Wissenschaft zu wenden, sehen wir zu, wie unsere Wissenschaften mit ihren harten Tatsachen den kulturellen Zusammenhang kritisieren, aus dem sie hervorgegangen sind. Vielleicht gibt uns ja die Wissenschaft – wie auf anderer Ebene auch die Kunst oder die Medien – genau die Tatsachen, genau die Erfahrungen und Bilder, die uns gerecht sind, die wir verdienen. Vielleicht ist Margie Profet tatsächlich eine Weissagerin, eine Verkünderin unserer Zukunft. Dass wir den Mutterleib im Brennpunkt von Interessenkonflikten und Überlebenskämpfen vorfinden, sagt etwas über uns aus, das sich nicht leicht mit ebenfalls von uns real produzierten Wunschbildern und sentimentalen Werbebotschaften vereinbaren lässt. Statt diesen Widerspruch in eine unverbindliche Vielfalt der Texte aufzulösen, sollte es vielleicht gerade darum gehen, ihn als schmerzhaften Widerspruch erfahrbar zu machen. Erfahrbar wird er aber nur, wenn wir uns auf Wirklichkeit verpflichten und sagen, dass es mit der *pregnancy sickness* wirklich so ist, wenn wir also unser Tatsachenwissen gemeinsam mit unserem Wunschdenken auf eine einzige, nicht relativierbare Realität beziehen.[12]

Wir stehen somit nicht vor der altbekannten und vieldiskutierten Wahl zwischen postmoderner Dekonstruktion und aufklärerischer Wissenschaftsgläubigkeit, auch nicht zwischen Relativismus und Realismus, zwischen haltloser Skepsis und umsichtiger Dogmatik. Unsere Entscheidungssituation ist neu und wird in ihrem spezifischen Charakter bisher kaum reflektiert. Nachdem uns von der Kulturwissenschaft erfolgreich vorgeführt wurde, inwieweit selbst wissenschaftliche Wahrheit gesellschaftlich konstruiert ist, kann ich sie entweder als bloßes Konstrukt entlarven und somit etwas Neues konstruieren, nämlich ihre Entwirklichung – oder ich kann der wissenschaftlichen Praxis folgen und mein Wissen um die Konstruiertheit des Wirklichkeitsbezugs zu seiner Rekonstruktion einsetzen, also praktische Gegenstrategien entwickeln, über die wir uns auf eine verbindliche Realität einschwören können.

II.

Einem in der Wissenschaftsforschung weitverbreiteten Ansatz ist somit vorgeworfen, er werde der Härte der wissenschaftlichen Tatsachen nicht gerecht. Gegen die kulturwissenschaftlich erarbeitete Wahrheit *über* die Wissenschaft möchte ich offenbar die Wahrheit *der* Wissenschaft ausgespielt wissen. Ist diese Entgegensetzung aber haltbar?

---

12 Wirklichkeit, heisst es, sei die Welt ist, die uns angeht. In Übereinstimmung mit diesem dekonstruktiven Diktum und angesichts seiner Wirksamkeit möchte ich seine konstruktive Kehrseite hervorheben: Profets Ergebnisse gehen uns nur dann etwas an, wenn wir sie der wirklichen Welt zurechnen. In diesem Sinne würde ich auch einem wichtigen Einwand von Uljana Feest begegnen. „Der schmerzhafte Widerspruch," meint sie, „ist doch nicht einer zwischen den von uns produzierten sentimentalen Wunschbildern und der Realität, sondern zwischen den von uns produzierten sentimentalen Wunschbildern und der von uns produzierten Wissenschaft! Was wir akzeptieren müssen ist also nicht die Tatsache, dass die Wirklichkeit wirklich so ist, sondern dass wir wirklich so sind (nämlich dass wir widersprüchliche Modelle des Zugriffs auf die Welt haben)." Auch hier

Die Rede von den harten Tatsachen kann nämlich ihrerseits kulturwissenschaftlich kontextualisiert werden, indem ihr durchaus berechtigt vorgehalten wird, es handele sich hierbei um eine dem späten 19. Jahrhundert eigentümliche Metapher. Niemand hat sie philosophisch so grundlegend und weitreichend artikuliert wie Charles Sanders Peirce. Angeregt von Schellings Unterscheidung zwischen *natura naturans* und *natura naturata* stellt er als Ergebnis aller Forschung die Verhärtung der Wirklichkeit dar. Die Fixierung der Erkenntnis geht mit der Fixierung der Welt einher: Die Unregelmäßigkeiten, die laut Peirce den Zweifel erregen, die Forschung anstiften und das geistige Leben ausmachen, werden zunächst in Gesetzeshypothesen überführt und „kristallisieren" sich schließlich in geist- und leblose Gewohnheiten.[13] Das Leiden an der durch die wissenschaftliche Durchdringung zunehmend vorhersehbaren, determinierenden, verhärteten Welt der Vorstellung ist natürlich auch Schopenhauers Thema. Und während sich der „eiserne Käfig" unerbittlich auf ihn herabsenkt, trägt Max Weber männlich sein Schicksal, die unaufhaltsame Entzauberung der Natur selbst nur befördern zu können.[14] In dieser Hinsicht ganz dem 19. Jahrhundert, Hertz und Schopenhauer verpflichtet, holt sich Ludwig Wittgenstein Beulen beim Anrennen gegen die „Mauern unseres Käfigs", gegen die mit der wissenschaftlichen Sprache eng gesetzten Grenzen der Welt.[15]

Wenn die rückhaltlose Anerkennung der harten Tatsachen eine realpolitische Forderung des Tages im ausgehenden 19. Jahrhundert war, wenn Freud etwa in der Aussöhnung mit der den Wünschen so widerständigen Wirklichkeit eine Hauptaufgabe der Psychotherapie sah, so mag dies für das ausgehende 20. Jahrhundert nicht mehr gelten. Meine veraltete Metapher, ließe sich argumentieren, ist durch die Entwicklung der Wissenschaften selbst überholt worden. Sie belegt die Auflösung der fest umschriebenen Tatsache als Grundeinheit wissenschaftlichen Denkens mit Unschärferelation, sensibler Abhängigkeit von Anfangsbedingungen, autopoetischen Prozessen und dem anthropischen Prinzip. Diesem Argument will ich hier nicht begegnen, nur meinen Zweifel anmelden, ob es durch eine genaue Analyse wissenschaftlicher Praxis und wissenschaftlicher Sprache bestätigt würde.[16]

Ein zweites Argument führt gegen die Anerkennung der nackten Tatsachen ein dem ausgehenden 20. Jahrhundert zeitgemäßeres Metaphernpaar ins Feld – sichtbar zu machen, was uns unsichtbar geworden ist, weil es uns unmittelbar vor Augen steht.[17] Das fängt zunächst bekanntlich mit dem eigenen Körper an, der bei Licht besehen keineswegs eine bloß gegebene Naturtatsache, sondern biopolitisch ge- und verformt ist.[18] Bei Licht besehen, lautet nun

---

stimme ich zunächst zu, möchte aber weitergehend fragen, was diese von uns produzierte Wissenschaft produziert und objektiviert, wenn nicht die Wirklichkeit mit ihren harten Tatsachen. Gerade weil wir wirklich so sind und unser wissenschaftlicher Zugriff auf die Welt unser implizites, bestreitbares Naturverhältnis objektiviert, ist die derart schließlich objektivierte Wirklichkeit auch wirklich so.

13 Dieses Leitmotiv durchzieht das ganze Peirce'sche Werk, findet sich deutlich ausgeprägt aber schon in Peirce (1967).

14 Siehe Weber (1988), S. 612: „Es ist das Schicksal unserer Zeit, mit der ihr eigenen Rationalisierung und Intellektualisierung, vor allem: Entzauberung der Welt, daß gerade die letzten und sublimsten Werte zurückgetreten sind aus der Öffentlichkeit [...]. Wer dies Schicksal der Zeit nicht männlich ertragen kann, dem muß man sagen: Er kehre lieber schweigend [...] in die weit und erbarmend geöffneten Arme der alten Kirchen zurück."

15 Siehe den *Vortrag über Ethik und andere kleine Schriften,* Wittgenstein (1989), S. 19), und Bemerkung 119 in den *Philosophischen Untersuchungen,* Wittgenstein (1984).

16 Ansatzweise begegne ich ihm in Nordmann (2000). Das Gegenstück zur These vom „Ende der Tatsachen" findet sich in Lorraine Dastons Vorschlag von der „Erfindung der Tatsache" im 17. Jahrhundert: Daston (1994).

17 Die umfangreichste Analyse dieser Metapher findet sich bei Jay (1993).

das zweite Argument ganz allgemein, löse sich die Härte der nackten Tatsachen auf. Mein Hinweis beispielsweise auf die toxikologische, anthropologische, physiologische Evidenz für die Tatsachen der darwinistischen Medizin sei ein fragwürdiger Appell an die Autorität einer bloß behaupteten Natur, der Versuch, einem „so ist es nun einmal" das letzte Wort zu geben. So möge man in den USA zwar Präsidenten wählen, aber die Wissenschaftsforschung werde doch wohl näher hinsehen dürfen, wie die sogenannten nackten Tatsachen eigentlich entstanden sind. Und dabei stelle sich dann heraus, dass die Tatsachen nur insoweit nackt und bloß dastehen, als es der Wissenschaft gelingt, sich selbst unsichtbar zu machen, ihren konstruktiven Beitrag zur Darstellung der Tatsachen zu verschleiern. Die traditionelle analytische Wissenschaftstheorie befördere diese Verschleierung, wenn sie beispielsweise das Verhältnis von Evidenz und Hypothese in scheinbarer Isolation betrachtet. Mit meiner theatralischen Metapher sei dieser Vorgang leicht zu verstehen: Wer alle Lichter löscht und dann im Dunkeln einen Scheinwerfer von sich weg ganz allein auf einen Aspekt der Welt richtet, sieht natürlich nur diesen und macht das Publikum leicht vergessen, wie alles künstlich eingerichtet wurde. Die Kulturwissenschaft muss da nur den Schalter finden, dann ist Licht im ganzen Saale und der Theaterzauber entlarvt, die Beleuchter, Maskenbildner und Requisiteure auf frischer Tat ertappt. Indem der Beitrag der Wissenschaft sichtbar gemacht wird, sehen wir endlich auch die vermeintlich harte Tatsache als das, was sie wirklich ist, nämlich ein natürlich-gesellschaftliches Konstrukt. Tatsachen seien wie Kühe, heißt es bei Dorothy Sayers, wenn man ihnen nur gut genug in Gesicht starrt, laufen sie gewöhnlich weg.[19] Bruno Latour empfiehlt uns ein verwandtes Bild:

> „Um etwas respektlos über einen Gegenstand zu sprechen, den man zu hoch erhoben hat: Mit wissenschaftlichen Fakten verhält es sich wie mit gekühlten Fischen; die Kette der Kälte, die sie frisch hält, darf nicht abreißen, nicht einmal für einen Moment."[20]

Latours Metapher ist entlarvend und erlaubt mir, meinen Einwand zu formulieren. Mit ihm rückt der Begriff der Objektivität ins Zentrum des Interesses.

Nach der hier skizzierten kulturwissenschaftlichen Auffassung besteht Objektivität genau so lange wie die Wissenschaft in ihrem über sich selbst hereingebrachten Dunkel belassen wird. Die Kette der Kälte reißt ab, sobald wir des desillusionierenden Entstehungszusammenhangs gewahr werden, sobald das Gerüst unserer Vorurteile ins Licht rückt. Ist beispielsweise der rassistische oder sexistische Zusammenhang einmal aufgedeckt, werden bestimmte Formen und Resultate der Verhaltensforschung, der Physiognomik oder Eugenik unmöglich, ganz so wie in früheren Zeiten die Unbeweglichkeit der Erde oder die Unveränderlichkeit der Arten ihren Status als harte Tatsachen verloren und zu gesellschaftlich bedingten Konstrukten degradiert wurden.

Damit ist meines Erachtens das Phänomen der Objektivität, bzw. der Objektivierung ungenügend erfasst. Wenn ich einmal gelernt habe, eine ins Scheinwerferlicht gerückte Tatsache zu sehen, dann kann ich sie auch noch ausmachen, wenn ihre Umgebung erhellt, ihr

18 Der klassische Text hierzu ist Foucault (2000).

19 Im vierten Kapitel ihres Kriminalromans *Clouds of Witness*, Sayers (1955): „She always says, my lord, that facts are like cows. If you look them in the face hard enough they generally run away."

20 Latour (1995), S. 159.

gesellschaftliches Umfeld ins Licht gerückt wird. So wissen wir nicht nur dank kulturwissenschaftlicher Rekonstruktionen, sondern aus Darwins eigenen Notizbüchern, dass sich die Theorie der natürlichen Auslese den ökonomischen Theorien und Wirklichkeiten des 19. Jahrhunderts verdankt.[21] Darwin und seinen Nachfolgern ist es jedoch offenbar gelungen, die von Malthus abgeleitete Begrifflichkeit derart zu transformieren, dass sie sich von ihren Ursprüngen abgelöst und eine biologische Bestimmung angenommen hat. Nun mag es durchaus sein, dass die Evolutionsbiologie die Natur auch heute noch durch eine spezifisch kapitalistische Linse betrachtet. Während unklar ist, was genau uns dieser Verdacht bedeuten soll, ist klar, dass die Objektivität evolutionsbiologisch etablierter Tatsachen angesichts dieses Verdachts getrost weiterbesteht. Unklar bleibt auch, ob wir nun annehmen sollen, dass wir ohne den Manchester Kapitalismus des 19. Jahrhunderts nie auf eine verlässliche Theorie vom Ursprung der Arten gestoßen wären, während wiederum klar ist, dass wir von den unterschiedlichsten gesellschaftlichen und ideologischen Standpunkten aus auf zeitlos gültige, objektiv verselbständigte Theorien zuarbeiten können. Was Paul Feyerabend die „separability assumption" der Wissenschaft nannte, die Annahme also, dass ihre Resultate sich von ihren Entstehungszusammenhängen ablösen können, wird im Forschungsverlauf bewahrheitet und erweist sich als sich-selbst-erfüllende Prophezeiung.[22] Genau hierin, und jetzt stütze ich mich wieder auf Peirce, besteht die Forschungsleistung: Wenn es der Wissenschaft einmal gelingt, unsichtbar hinter die im Labor oder durch Theoriebildung stabilisierten Tatsachen zurückzutreten, dann nur deshalb, weil sie die Bedingungen geschaffen hat, unter denen sich die Tatsachen in unterschiedlichsten Zusammenhängen verlässlich, wie von selbst, ohne Mithilfe ihrer Entdecker oder Erfinder einstellen.[23] Darum die Bedeutung der Replizierbarkeit von Experimenten, der Konvergenz verschiedener Darstellungstechniken auf eine Tatsache hin, der auf Erhaltungsgesetzen beruhenden Analysemethoden oder Erklärungsschemata. Dass sich diese Objektivierungsleistung nicht durch bloße Wiedersichtbarmachung auflöst, ist meines Erachtens das interessanteste philosophische Problem, das sich aus der konsequenten Durchführung des kulturwissenschaftlichen Ansatzes ergibt. Es ist das Problem eines scheinbar paradoxen *Trotzdem*: Obwohl ich die wissenskulturelle Bedingtheit dieser Tatsache oder Theorie durchschaue, hat sie *trotzdem* auch weiterhin objektive Gültigkeit.[24]

---

21 Siehe sein „aha"-Erlebnis am 28.9.1838 in Barrett (1980), S. 195f. Darwin berichtet darüber in seiner Autobiographie *Ein Leben*, Darwin (1982), S. 93.

22 Feyerabend (1999), S. 133-139.

23 Vergleiche Fleck (1980), S. 132 (vgl. S. 104f.): „Jedes Produkt geistiger Schöpfung enthält also Beziehungen, ‚die gar nicht anders sein können und die den zwangsweisen, passiven Koppelungen in den wissenschaftlichen Sätzen entsprechen. Man kann diese Beziehungen sozusagen objektivieren und als den Ausdruck der ‚Schönheit' oder der ‚Wahrheit' ansprechen: es gibt besondere individuelle und kollektive Bedingungen, die solche Versachlichung fördern."

24 Dieses *Trotzdem* verdankt sich einem systematischen Unwissen, also dem, was etwa (siehe oben) in unserem Verhältnis zur Evolutionstheorie „unklar" bleibt. Welche der jetzt geläufigen Erkenntnisse haben schon wissenskulturelle Invarianz erreicht und welche sind noch konstitutiv abhängig von unserer gegenwärtigen Wissenskultur? Diese Frage ist negativ entscheidbar für wissenschaftlich bereits überholte Erkenntnis, während es zum Begriff der Objektivität zu gehören scheint, dass sie für objektives Wissen nicht entscheidbar ist. Selbst wer der Symmetriethese folgend die Glaubwürdigkeitsbedingungen wahrer und falscher Überzeugungen gleich behandelt, begegnet hier einer (Popper'schen) Asymmetrie, die sich aus unserer historischen Situiertheit gegenüber

III.

Ein zweites etwas ausführlicheres Beispiel, dieses aus der Wissenschaftsgeschichte, soll dies *Trotzdem* und den damit verbundenen Begriff von Objektivität untermauern. Wir werden aber sehen, dass das letzte Wort damit noch nicht gesprochen ist.

Jacques Louis David porträtierte im Jahre1788 Marie-Anne-Pierrette Paulze und ihren Mann Antoine Lavoisier, den Begründer einer rational-quantitativ experimentierenden Chemie mit ihrer Elementenlehre und Sauerstofftheorie der Verbrennung (Abb. 1). Mit größerem Recht als Galileo oder Newton wurde Lavoisier zum ersten modernen Wissenschaftler erklärt.[25] Auf den ersten Blick jedoch widerspricht dieses Porträt ganz augenscheinlich der These, die Leistung moderner Wissenschaft bestehe darin, sich selbst unsichtbar zu machen. Und doch geht es hier sowohl dem Maler als auch den Porträtierten um ihre Unsichtbarkeit. Hierfür ist ein ganz vordergründiger Beleg, dass Lavoisier sich als Wissenschaftler darstellen lässt und somit unsichtbar zu machen sucht, dass er auch Gesellschafter der gehassten Steuerbehörde ist, verdächtiger Hersteller und Verwalter des königlichen Schießpulvers, Initiator einer Paris umgebenden Zollmauer. Dieser Versuch ist bekanntlich nicht gelungen: Das Porträt konnte wegen der Unbeliebtheit des Dargestellten im Salon von 1788/89 nicht ausgestellt werden, und sein Ruf als Wissenschaftler hat Lavoisier sechs Jahre später nicht vor der Guillotine geschützt.

Abbildung 1: Jacques Louis David (1788), *Antoine Laurent Lavoisier und seine Frau Marie-Anne-Pierette Paulze* (Metropolitan Museum of Art, New York)

dem eigenen Wissen ergibt. Die in der vorigen Anmerkung zitierte Passage von Ludwik Fleck fährt dementsprechend fort: „Erst vergleichende erkenntnistheoretische Untersuchung oder ein einfacher Vergleich nach eintretender Veränderung des Denkstils, erlauben die zwangsläufigen Koppelungen einer wissenschaftlichen Behandlung zugänglich zu machen. [...] Erst nach der Denkstilumänderung wissen wir, daß jene Auffassung hauptsächlich durch die angewandte Methodik bedingt war." (S. 133, vgl. 105f.). – Zur Symmetriethese siehe Barnes/ Bloor (1982).

25 Lavoisier betrieb Wissenschaft weitenteils im öffentlichen Auftrag und in Hinblick auf technische Anwendung (siehe etwa seine physiologischen Arbeiten, seine Aufsicht über die Herstellung von Schießpulver). Er setzte seine Auffassungen strategisch innerhalb einer zunächst national definierten Wissenschaftsgemeinschaft durch (siehe seine Rekrutierung der Akademie der Wissenschaften oder die Reform der chemischen Nomenkla-

Aber auch in seiner Rolle als Wissenschaftler geht es Lavoisier immer wieder um den schwierigen Balanceakt, die neue Theorie einerseits als die seinige zu reklamieren, sie andererseits in ein wissenschaftliches Gemeinschaftsprojekt zu überführen. Diese Ambivalenz des modernen Wissenschaftlers hat Robert Mertons *Auf den Schultern von Riesen* erkundet.[26] Hier stellt sie sich im Fortgang der Blicke dar oder, besser gesagt, in der Öffnung des Blicks. Lavoisier sieht von seinem Text auf, Madame Lavoisier gibt seinen Blick an die Betrachter weiter – Betrachter, die ihrerseits unsichtbare, abwesende Teilnehmer am Geschehen sein sollen. Einer dieser unsichtbaren Teilnehmer, Lavoisiers Mitstreiter Fourcroy berichtet von regelmäßigen Treffen im Hause der Lavoisiers. „Ihr Vorteil", schreibt er, „bestand in der Harmonie, die zwischen den Denkweisen der Geometer und der Physiker etabliert wurde. Die Präzision der ersteren, ihre Strenge der Sprache, des Ausdrucks und der philosophischen Methode ging allmählich in den Geist der letzteren über".[27] Diesen allmählichen Übergang, diese Harmonisierung der Geister beschwören auch Lavoisier und sein Maler David. Obwohl Lavoisier darauf besteht, dass „diese Theorie nicht, wie ich habe sagen hören, die Theorie der französischen Chemiker ist – Sie ist *die meinige*", schreibt er im Vorwort zum *Traité Elementaire de Chimie*:

> „Sollte ich, ohne dies kenntlich zu machen, die Experimente und Meinungen anderer übernommen haben, die die gleichen Prinzipien vertreten wie ich, so liegt das an dem Umstand, dass regelmäßiger Verkehr und die Gewohnheit, uns unsere Ideen, Beobachtungen und Denkweisen mitzuteilen, unter uns eine Art Gemeinschaft etabliert hat, in der es oft schwierig ist, die eigene Meinung zu erkennen."[28]

Dass diese harmonische Gemeinschaft der Meinungen nicht nur zwischen den Ehepartnern Lavoisier besteht, sondern den Betrachter unsichtbar und abwesend einbezieht, fällt in die Verantwortung des Malers David. Laut Michael Fried hatte Diderot für David und seine Zeitgenossen ein Darstellungsproblem definiert, das in der Malerei zu lösen sei:

> „Ein Gemälde muss den Betrachter anziehen, ihn in eine vollkommene Trance der Einbezogenheit versetzen. Zugleich aber [...] kann dieses nur erreicht werden, wenn seine Anwesenheit negiert wird. Nur wenn die Fiktion der Abwesenheit oder Nichtexistenz des Betrachters etabliert wird, kann seine tatsächliche Stellung vor oder Verstrickung mit dem Gemälde sichergestellt werden. [...] Was also verlangt ist, ist die gleichzeitige Erfindung eines neuartigen Objekts – ein vollständig realisiertes Tableau – und die Konstitution eines neuartigen Betrachters – eines neuen ‚Subjekts' – dessen innerste Natur darin besteht, dass er sich von der dargestellten Szene abwesend weiß."[29]

---

tur). Er schuf ein neu strukturiertes chemisches Labor, in dem eigens entwickelte Präzisionsinstrumente quantitative Bestimmungen vornehmen.

26 Merton (1980).

27 Aus Fourcroy's *Chimie* (S. 425) zitiert in Perrins (1981), S. 42.

28 „elle est *la mienne*" zitiert von Arthur Donovan in Donovan (1993), S. 182; Lavoisier (1952), S. 6.

29 Fried (1980), S. 103f.

Abbildung 2: Marie-Anne-Pierette Paulze (1790/1791), *Skizze eines Experiments von Antoine Lavoisier zur Chemie der Atmung*

Um dieses zugleich einbezogen-anwesende und sich-abwesend-wissende neue Subjekt sollte es David nicht nur als Maler, sondern später auch als Inszenator republikanischer Feste gehen.[30] Dieses Subjekt ist auch Gegenstand kulturwissenschaftlicher Studien zur Grundlegung modernen Wissenschaft. In Steven Shapin und Simon Schaffers *Leviathan and the Air-Pump*[31] sind es die virtuellen Zeugen des Experiments, also die tatsächlich abwesenden, aber von wissenschaftlichen Texten als jederzeit anwesend implizierten Betrachter, die als virtuelles Publikum dem vorgeführten Experiment die Autorität öffentlicher Bestätigung verleihen. Die tatsächliche Abwesenheit der virtuellen Zeugen ist insofern wesentlich, als das vorgeführte Experiment von allen möglichen Betrachtern, also niemand besonderem bestätigt werden soll. Donna Haraway führt das Gegenstück zum virtuellen Zeugen mit der Figur des bescheidenen Zeugen ein. Der bescheidene Zeuge ist der anwesende Experimentator und Berichterstatter, der seine eigene Person aus dem Zeugnis streicht, also das „ich" aus dem wissenschaftlichen Artikel eliminiert und eben dadurch glaubwürdig wird – gerade weil er selbst nicht aktiv dabeigewesen sei, die Natur nur habe tun lassen und dabei beobachtet hat, ist sein Bericht vertrauenswürdig.[32]

Als bescheidene Zeugin erweist sich Madame Lavoisier, die insbesondere an der Veröffentlichung der neuen Chemie aktiv mitgewirkt hat. Die Kunstmappe im Hintergrund von Davids Porträt zeichnet sie als eine seiner Schülerinnen aus und aus ihrer Hand stammen Skizzen von Lavoisiers Experimenten zur Atmung des Menschen (Abb. 2). Auf diesen Skiz-

30 Vergleiche hierzu Ozouf (1988), insbesondere S. 206.

31 Shapin/Schaffer (1985), S. 60-65.

32 Haraway (1997), S. 23-39; vgl. Shapin/Schaffer (1985), S. 65-69.

zen stellt sie sich selbst als Beobachterin, als Zeichnerin dar, als einen Körper unter anderen also und eliminiert somit ihre Subjektivität, ihren Blick auf das Geschehen. Die Glaubwürdigkeit, der objektive Standpunkt der Skizzen erweist sich nämlich gerade dadurch, dass sie eben nicht die Perspektive der im Labor anwesend beteiligten Zeichnerin einnehmen, sondern das Geschehen von einem fiktiven Nirgendwo und Überall aus betrachten. Der subjektive Blick der Anwesenden wird durch die alles umschließende Außenperspektive objektiviert.

Eine ähnlich objektivierende Strategie verfolgt David. Fragt man nämlich nach seiner Lichtquelle, ergibt ein Studium der Schatten und der Spiegelungen im Glaskolben, dass Licht durch ein Fenster von links hereinscheint. Diese materielle Lichtquelle hat aber nichts mit dem immateriellen Licht der Vernunft zu tun, das die ganze Szene ebenmäßig aufklärt. Während Lavoisiers Gegenspieler Priestley Aufklärung als eine gewaltsame Austreibung von Dunkelheit und Ignoranz versteht, während Kant meint, „dass ein Publikum sich selbst aufkläre, wenn man ihm nur Freiheit läßt", besteht Aufklärung für David und Lavoisier in der Inszenierung und Ästhetisierung der Bedingungen, unter denen es zu einer harmonischen Mitteilung der Denkweisen, zur Bildung einer Meinungsgemeinschaft kommen kann.[33] Die von Lavoisiers Nomenklatur bekanntlich angestrebte Harmonisierung von Tatsache, Begriff und Ausdruck ist ein Indiz hierfür.[34] Das Gleichgewicht der in Davids Porträt diagonal ausbalancierten Bereiche von Schwarz und Weiß, Mann und Frau, Experimentalwissenschaft und Kunst mag als weiteres Indiz dafür gelten. Entscheidend jedoch für die Bildung einer Meinungsgemeinschaft und die Objektivierung der von Lavoisier bewusst betriebenen Revolution ist die Umstrukturierung des chemischen Experimentierens.[35]

Zu Recht wird die Harmonie und Gleichgewicht symbolisierende Waage als paradigmatisches Instrument Lavoisiers bezeichnet – und dies obwohl Lavoisier beispielsweise das Kalorimeter selbst entwickelt hat, während die Waage in Alchemie und Chemie schon lange eine Rolle spielte. Lavoisiers auf dem Masseerhaltungssatz basierende Kunst des Experimentierens wies der Waage jedoch eine neue Rolle, eine neue Autorität zu. In der modernen Chemie dient sie nicht mehr als bloßes Messinstrument zur Feststellung von Gewichten, sondern wie die Waagschalen der Gerechtigkeit entscheidet sie über recht und unrecht, zulässig und unzulässig, wahr und falsch: Die Übereinstimmung von Theorie und Experiment besteht darin, dass beiden zufolge das Gesamtgewicht aller an einer Reaktion beteiligten Stoffe davor und danach gleich sein muss.[36]

Dieser Gebrauch der Waage ist eine Erfindung Lavoisiers wie auch die Fundierung allen Experimentierens auf dem Materieerhaltungssatz, einem Satz, den Lavoisier im Kantschen Sinne Kunst und Natur vorschrieb, ohne ihn etwa für eine empirisch wahre Verallgemeinerung halten zu können.[37] Und doch ist es gerade diese Erfindung Lavoisiers, die es ihm

33 Zu Priestley siehe Nordmann (1994); Kant ist aus seinem Aufsatz „Beantwortung der Frage: Was ist Aufklärung?" zitiert.

34 „Wie drei Eindrücke des gleichen Siegels soll das Wort die Idee produzieren und die Idee ein Bild der Tatsache sein", siehe Lavoisier (1952), S. 1.

35 Siehe hierzu Holmes (1989).

36 Bensaude-Vincent (1992), insbesondere S. 222f.

37 Im *Traité elementaire* (Lavoisier 1952, S. 41) taucht dieses „unbestreitbare Axiom" wie nebenher erst im 13. Kapitel auf. Lavoisier geht davon aus, dass das unwägbare Licht von Stoffen absorbiert werden kann oder dass gleiche Stoffe bei unterschiedlichen Temperaturen anders reagieren können. Dass in chemischen Reaktionen wägbare Materie nur umarrangiert wird, ist somit kein empirisches Gesetz, sondern das „Prinzip, von dem die ganze Kunst des chemischen Experimentierens abhängig ist".

erlaubt, hinter das objektive Urteil der Waage zurückzutreten, sich und seine Erfindungskraft unsichtbar zu machen. Lavoisier konstruiert Objektivität, nicht nur indem er im Labor neue Phänomene demonstriert, sondern vor allem indem er die von seiner Person abgetrennte Gerichtsbarkeit von Waage und Masseerhaltungssatz etabliert: Nicht er, sondern die Waage urteilt, ob das Phänomen die Theorie bestätigt.

Lavoisier – auch unter Mithilfe Davids – hat seine Unsichtbarkeit gelegentlich spektakulär inszeniert. Die Waage spricht Recht in einem von ihnen behaupteten Gemeinwesen, das sich durch den folgenden, von Latour formulierten, Verfassungsgrundsatz auszeichnet: „Auch wenn wir die Natur konstruieren, ist es, als konstruierten wir sie nicht".[38] Zwischen dem Schiedsspruch der Waage und der zur Verhandlung stehenden, von uns unabhängigen Natur, kommen Wissenschaftler nicht mehr vor. Die virtuellen und bescheidenen Zeugen sind in Poppers Erkenntnistheorie ohne erkennendes Subjekt aufgegangen.[39] Durch die erfolgreiche Konstruktion ihrer Unsichtbarkeit haben sie Feyerabends „separability assumption", somit auch die Trennung von Entdeckungs- und Begründungszusammenhang etabliert. Und meine historische Rekonstruktion von Lavoisiers Konstruktion läuft seiner eigenen Bemühung zwar genau entgegen, kehrt sie aber nicht um, relativiert nicht plötzlich, was eben noch objektiv gültig war.

IV.

Der Fall Lavoisier konnte zeigen, dass das bloße Sichtbarmachen ihrer Konstruiertheit nicht hinreicht, um eine Tatsache wie die Zusammengesetztheit des Wassers auszulöschen, wissenskulturell zu relativieren oder auf eine ideologisch bedingte, bloße Meinung zu reduzieren. Damit ist die Wahl zwischen den zwei Auffassungen von Objektivität jedoch nicht quasi-experimentell entschieden. Die strategisch ausgesuchte Fallstudie beweist keinesfalls, dass diese Tatsache durch eine entsprechende Kritik der offenbar heute noch gültigen Lavoisierschen Wissenskultur nicht doch noch abgebaut werden könnte. An Wittgenstein anlehnend läßt sich zunächst nur sagen, dass die Zusammengesetztheit des Wassers als einmal erlernte Fähigkeit, sie theoretisch und experimentell darzustellen, nunmehr in die Naturgeschichte unserer Lebensformen eingeschrieben ist, dass, was nach ihr kam, von ihr ausgeht. Im Gegensatz zu Latours Kette der Kälte bedarf diese naturgeschichtliche Kontinuität keiner eigenen Anstrengung, um aufrechterhalten zu werden.[40] Ob diese Kontinuität abreissen kann, ob eine andere, von dieser Naturtatsache nicht ausgehende Geschichte möglich gewesen wäre,

38 Latour (1995), S. 47.

39 Popper (1975), S. 106-152.

40 Zu unserer von allgemeinen Tatsachen ausgehenden Naturgeschichte vergleiche Abschnitt xii im 2. Teil von Wittgenstein (1984). Siehe auch die erste Abhandlung in Nietzsches *Genealogie der Moral*, in der er zeigt, dass die Kontingenz des Ursprungs nicht mehr wahrnehmbar ist, wenn die Alltagserfahrung ihm den Anstrich der Notwendigkeit verleiht und dieser Ursprung etwas wird, dass „zu allen Zeiten gewesen, Etwas also, das fortwährend immer neu unterstrichen wurde" (1. Abhandlung, Abschnitt 2). – Latour würde diese Gegenüberstellung womöglich zurückweisen. Mit „Kette der Kälte" meint er vielleicht nicht mehr, als dass all unser Denken und Handeln ganz unangestrengt die Zusammengesetzheit des Wassers immer nur bestätigt. Damit würde jedoch unverständlich, was die Metaphorik des Netzes und der Vernetzung im Wiener Kreis, bei Fleck oder Latour ausdrücken soll, nämlich die prekären Abhängigkeitsverhältnisse in einer Struktur, in der sich Tatsachen gegen-

diesen Fragen können wir keinen Sinn verleihen: Eine andere Geschichte als die unsere haben wir nicht.[41]

Gegen diese konservative Auffassung einer nicht revidierbaren Naturgeschichte unserer Lebensformen lässt sich nun ein letztes, allgemein bekanntes Beispiel ins Feld führen. Die jetzt so genannten, aber womöglich schon mit Otto Weininger beginnenden *gender studies* führen vor, dass die scheinbar naturgegebenen männlich/weiblichen Geschlechtskategorien in ein Kontinuum aufgelöst und vielleicht durch ganz andere Kategorien ersetzt werden können.[42]

Dass es sich bei der Einteilung des Menschen in Frau und Mann, männlich und weiblich um eine harte Tatsache, nicht nur für Heranwachsende um eine der allerhärtesten Tatsachen handelt, kann kaum bestritten werden. Als Beispiel für die Entwirklichung einer entfremdenden Kategorie belegen die *gender studies* somit, dass auch die allgemeinsten Instanzen natürlicher Determiniertheit kritisierbar, dekonstruierbar sind. Doch ist auch dieser Beleg Anlass für divergierende Deutungen.

Da ist einerseits die weitreichende Deutung Donna Haraways. Wenn Tatsachen wie gefrorene Fische sind, dann meint sie, dass die Kette der Kälte durch die kritische Intervention der *gender studies* durchbrochen wurde und die entfremdende Begrenzung der Geschlechter also schon ein Ding der Vergangenheit ist. In die erfolgreich geschlagene Bresche strömt bei Haraway nun eine ansteckende Freiheitseuphorie. Nach der Auflösung fest gefügter Geschlechterrollen eröffnet sich eine Epoche der Entgrenzungen und – im Wortsinn – der Selbstbestimmung. Nicht nur die Trennung der Geschlechter ist nunmehr unserem gestalterischen Willen, unseren Techniken des Selbst unterstellt, sondern ähnlich auch die Trennung zwischen Mensch und Tier, von Mensch und Maschine, von erkennendem Subjekt und zu untersuchendem Objekt, von Natur und Kultur, schließlich auch von Wissenschaft und Technik, deren Nachfolgerin die von Haraway (nach Latour) so genannte „technoscience" ist.[43]
Durch diese Entgrenzungen werden in Windeseile neue Handlungsspielräume erschlossen, die uns auch auf neue Weise in die Pflicht nehmen sollen.[44] Nichts wäre auszusetzen an

---

seitig stützen müssen, um nicht gemeinsam abzustürzen. Wittgenstein und Nietzsche nehmen die Tatsache dagegen als Anfang, auf den sich das Folgende zwar nicht aufbaut, von dem es aber buchstäblich ausgeht. Einen Brückenschlag zwischen diesen Metaphern versucht Bloor (1997). Der Begriff der Institution nimmt auch eine zentrale Rolle in Latour (2000) ein.

41 „Denn da wir nun einmal die Resultate früherer Geschlechter sind, sind wir auch die Resultate ihrer Verirrungen, Leidenschaften und Irrthümer, ja Verbrechen; es ist nicht möglich, sich ganz von dieser Kette zu lösen. Wenn wir jene Verirrungen verurtheilen und uns ihrer für enthoben erachten, so ist die Thatsache nicht beseitigt, dass wir aus ihnen herstammen." Friedrich Nietzsche, *Vom Nutzen und Nachtheil der Historie für das Leben*, Abschnitt 3.

42 Während Weininger „Mann" und „Weib" höchst fragwürdig gegeneinander ausspielt, betont er, dass es empirisch nur Übergangsformen zwischen diesen Idealen gibt, siehe Weininger (1980), S. 7-13.

43 Diese verkürzte Darstellung charakterisiert einen Großteil der von Harding, Fox Keller und Haraway angeregten Diskussion. Haraways Texte widersetzen sich dieser Verkürzung, indem sie die Bedeutung der „harten Tatsache" zwar anerkennen, die entstehende Spannung aber nicht aufzulösen suchen. Siehe Haraway (1997), S. 35f. und Haraway (1991), S. 197, 250, und das Zitat in der folgenden Anmerkung.

44 Besonders eloquent (leider unübersetzbar) in Haraway (1991), S. 187: „I think my problem and ‚our' problem is how to have simultaneously an account of radical historical contingency for all knowledge claims and knowing subjects, a critical practice for recognizing our own ‚semiotic technologies' for making meanings, and a no-nonsense commitment to faithful accounts of a ‚real' world, one that can be partially shared and friendly to earth-wide projects of finite freedom, adequate material abundance, and limited happiness. Harding calls this

Haraways diesbezüglichen Forderungen, ein entferntes Echo übrigens auf Diskussionen, die hier schon vor Jahren geführt wurden[45], wenn nicht das Projekt einer Nachfolgewissenschaft womöglich prinzipiell uneinlösbar wäre. Ungeklärt ist beispielsweise, wie wir uns eine Demokratisierung der Wissenschaft vorzustellen haben, insbesondere wenn das Stimmrecht auf nicht-menschliche Akteure ausgedehnt werden soll.[46] Zugedeckt wird durch den Begriff „technoscience" die grundlegende Differenz zwischen Darstellung und Eingriff, somit der unüberbrückbare Abstand zur Natur, der mit ihrer theoretisch-beschreibenden Darstellung einhergeht, im Gegensatz zur Einbeziehung der Natur, wie sie im experimentell-technischen Eingriff möglich ist. Und sollte dem Projekt einer theoretischen Weltbeschreibung von vornherein ein entfremdetes Verhältnis zu Natur und Gesellschaft eingeschrieben sein, sind schließlich der ökologischen Ausrichtung einer Nachfolgewissenschaft womöglich enge Grenzen gesetzt.[47]

Der kulturwissenschaftlichen Begeisterung an den wissenschaftlich-technischen Entwicklungen der Gegenwart möchte ich eine vorsichtig sympathisierende Skepsis entgegensetzen, die sich aus einer anders gewichteten Einschätzung der *gender studies* ergibt. Die längst nicht abgeschlossene Geschichte, auch die ersten Erfolge der *gender studies* bedeuten zwar, dass harte Tatsachen demontierbar sind, vor allem aber auch, wieviel Energie, Geschick, Geduld es dafür bedarf. Die Kette der Kälte ist zwar überall schon eingerissen, aber anders als Fische tauen hartgefrorene Tatsachen eben nicht sofort wieder auf. Die Lehre der *gender studies* scheint mir stattdessen hierin zu bestehen: Es gilt, die Entwirklichung der entfremdeten Wirklichkeit – wo nötig – sorgfältig zu erarbeiten. Hier kommt das von Alexander Kluge oft beschworene Feinheitsgefühl, das breit ausdifferenzierte Expertenwissen ins Spiel: Wie nimmt man eine komplizierte, mit uns eng verwobene Begriffsapparatur auseinander, ohne die Grundlagen kritischen Handelns zu zerstören? Und wie jede gute Bürgerbewegung bedarf eine solche Anstrengung der Zusammenarbeit von Verhaltensbiologen, Familienpolitikern, Kirchenvertretern, Transsexuellen, Psychotherapeuten, Familienangehörigen, Genetikern, Kulturwissenschaftlern, Künstlern, Kinderärzten, usw. – und insbesondere an der Kritik von Geschlechterrollen muss bekanntlich auch Hollywood kräftig mitwirken.[48]

---

necessary multiple desire a need for a successor science project and a postmodern insistence on irreducible difference and radical multiplicity of local knowledges." Vergleiche Haraway (1997), S. 267-271.

45 Siehe die sogenannte Finalisierungsdebatte und deren Dokumentation in Schäfer (1983).

46 Haraways differenzierte Darstellung in Haraway (1997), S. 94-97, verdient einen Vergleich mit Latour (1995), S. 192: Im Parlament der Dinge gebe es „keine nackten Wahrheiten mehr, aber auch keine nackten Bürger. Die Mittler haben den ganzen Raum für sich. Die Aufklärung hat endlich eine Bleibe. Die Naturen sind präsent, aber mit ihren Repräsentanten, den Wissenschaftlern, die in ihrem Namen sprechen. Die Gesellschaften sind präsent, aber mit den Objekten, die ihnen schon immer Gewicht gegeben haben." – Vorsichtig und genau untersucht Steve Epstein, wie über den Begriff des Expertenwissens die Autorität der Wissenschaften neu verhandelt wird: Epstein (1996).

47 Solange die anvisierte Nachfolgewissenschaft eine theoretische Darstellung der Welt intendiert, sind ihrem Naturverhältnis Grenzen gesetzt (siehe zum Beispiel Nordmann (2000)). Falls es dieser Nachfolgewissenschaft nicht mehr um Repräsentation geht, entsteht die Frage nach ihrer Möglichkeit und was an ihr „Wissenschaft" sein soll.

48 Kluge/Negt (1981) und Kluge (1984). Wie zuvor muß einschränkend anerkannt werden, dass sich Haraways Darstellung nicht in eine schlichte Gegenüberstellung fügt, sondern gerade in dieser zweiten Richtung ergänzt und ausgearbeitet werden kann.

Während im Fall der darwinistischen Medizin ein vage verallgemeinerter Wirklichkeitsverlust durch Einsatz relativierender Strategien rasch herbeigezaubert werden sollte, verpflichtet uns die kollaborativ, mit Sorgfalt produzierte Entwirklichung der Geschlechterkategorien auf eine verbindliche, verbindende Wirklichkeit.

Kulturwissenschaftliche und philosophische Ansätze leisten eine derartige Wissenschaftskritik, die Kritik an den wissenschaftlich untermauerten Tatsachen ist, derzeit nicht. Während Haraway, Pickering, Latour u. v. a. die als gegeben erkannte konstruktivistische Öffnung der Wissenschaft zelebrieren[49], träumt die Philosophie nostalgisch oder utopisch von einer ganz anderen Wissenschaft – und wo sie dies nicht tut, überstellt sie die kritischen Fragen der angewandten Ethik.[50] Konfrontiert mit BSE freut sich beispielsweise Bruno Latour, dass sich mit dem Slogan „Rinder sind Pflanzenfresser" eine neue Ordnung ankündigt, in der nicht mehr nur Politiker und Experten das Sagen haben: „Alle Stimmen müssen sich zu Gehör bringen können – die meiner Nachbarn, der Viehzüchter in Bourbonnais, ebenso wie der Kühe und der Liebhaber kurz gebratener Steaks."[51] Inzwischen untersuchen die philosophischen Diskussionen der Feuilletons die Möglichkeit einer ganz anderen, nicht-entfremdeten Wissenschaft, die das Verhältnis von Pflanze, Tier und Mensch angemessen würdigt.

Wenn Wissenschaftskritik aber Kritik an der Wirklichkeit sein soll, müssen wir erst einmal nachfragen, was für ein Wissen unser Wissen um BSE eigentlich ist, also auch: vor welchem Wissenshorizont politisch und wissenschaftlich mit BSE umgegangen wird. Eine derartige Untersuchung würde die gesellschaftlichen und wissenskulturellen Bedingungen erhellen, die die Wahrnehmung von BSE und seinen Übertragungswegen überhaupt erst ermöglichten. Dabei könnte herauskommen, dass unser vorbehaltliches „Wissen" um BSE genau die kulturelle Situation voraussetzt, die wir derzeit so aufmerksam diagnostizieren, nämlich die „Wissensgesellschaft", die zugleich „Risikogesellschaft" ist. Diese Einsicht würde die harten Tatsachen nicht auflösen. Die Kritik an der Wirklichkeit könnte jetzt jedoch eine Kritik an BSE im Zusammenhang unserer Wissens-/Risikogesellschaft sein. Vorbild hierfür wäre die unter ähnlichen Bedingung entstandene Tatsache von AIDS.[52] Als hinderlich und geradezu gefährlich erwies sich beispielsweise im Umgang mit AIDS das scheinbare Wissen, es handele es sich bei dieser Krankheit um eine Art Strafe für homosexuell „sündhaftes" Leben. Dies mag ebenso auf BSE zutreffen: Unsere Befürchtung, hier räche sich unsere Mißachtung der Natur, steht dem Verständnis der wirklichen Kausalzusammenhänge und Über-

---

49 Für Haraway und Latour wurde dies bereits angedeutet. In Pickering (1998) zeigt Andrew Pickering, dass die Konstruktion wissenschaftlicher Tatsachen aus einem „dance of agency" besteht. Somit ist die Wissenschaft jetzt schon das, was er für eine zukünftige Wissenschaft fordert (siehe auch sein Vortrag „In the Thick of Things" bei der Tagung *Taking Nature Seriously*, Eugene, Oregon, 26.2.2001). Vergleiche Latour (1995), S. 192: „Dieses Parlament [der Dinge] müssen wir nicht von A bis Z erschaffen, indem wir zu einer weiteren Revolution aufrufen. Wir müssen bloß bestätigen, was wir alle seit jeher tun [...]"

50 Nostalgisch orientiert sie sich an Goethe, an Schelling und der romantischen Naturphilosophie, an alternativen, oft „holistischen" Entwürfen aus der Kultur- und Wissenschaftsgeschichte. Utopisch widmet sie sich Chaos und Komplexität, selbst-organisierenden Systemen, dem anthropischen Prinzip und dergleichen. Diese beinhalten das Versprechen einer nicht entfremdeten, nicht mehr an einem „linearen" Kausalitätsbegriff orientierten Naturerkenntnis.

51 Latour (2001).

52 So ließe sich auch sagen, dass die auf den Umgang mit AIDS bezogenen Tatsachen nun unseren Umgang mit BSE kritisieren.

tragungswege vermutlich im Weg. Und so wie die zunächst GRID, dann AIDS genannte wissenschaftliche Tatsache[53] inzwischen einer allgemeineren Untersuchung von Retroviren gewichen ist, werden vermutlich auch die auf BSE und seine Übertragungsweisen bezogenen Tatsachen neu konstituiert werden. Einhergehend mit diesen neu konstituierten Tatsachen wird es zu diziplinären Grenzziehungen kommen, wird verhandelt werden, wer die Experten sind und was sie dazu macht.[54]

Und wenn Wissenschaftskritik somit auch die Kritik der wissenschaftlich geschaffenen Tatsachen an uns sein soll, so beschränkt sich dies im Fall von BSE nicht auf unser in Wissenschaft und Gesellschaft entfremdetes Naturverhältnis oder auf die Folgen einer industrialisierten Landwirtschaft. Diese Kritik zielt auch (wiederum wie bei AIDS) auf Fragen der angemessenen Ressourcenverteilung, unsere Fähigkeit der Risikoeinschätzung und das Erlernen von sozial vertretbarem Risikoverhalten.

Die sozialkonstruktivistische Entlarvung der gesellschaftlichen und wissenskulturellen Bedingtheit unserer Tatsachen ist somit nicht selbst schon Wissenschaftskritik, sondern nur ihr Anfang oder Ausgangspunkt. Anstatt sich vom kulturwissenschaftlichen Ansatz und seinen dekonstruktiven Ergebnissen zu distanzieren, muss Wissenschaftsphilosophie von diesem Ausgangspunkt kritisch ausgehen. Die philosophische Würdigung der harten Tatsachen, ihrer Objektivität, ist immer auch normativ, sei es indem sie unauflösbare Widersprüche zwischen Tatsachen, Wünschen, Werten stark macht, sei es, indem sie an der fragwürdig gewordenen Tatsache vorführt, dass wir sie genau so verdienen, wie wir sie geschaffen haben, oder sei es schließlich indem sie traditionelle Prinzipien der Rationalität auf die Bewertung von Erkenntnisansprüchen, Grenzziehungen, Maßnahmen anwendet.

Schön wäre es in der Tat, wenn wir die geschaffenen Tatsachen bezüglich BSE wieder abbauen könnten. Das dürfte nicht viel einfacher, aber auch nicht schwerer sein als der Abbau der Kategorisierung des Menschen in die zwei Geschlechter männlich und weiblich. Auf dem Weg dahin gibt es noch viel zu lernen, denn ohne Verpflichtung auf Wirklichkeit lassen sich die harten Tatsachen nicht entwirklichen.[55]

Literatur

Aperture 163 (2001).

Barnes, Barry und Bloor, David (1982): „Relativism, Rationalism, and the Sociology of Knowledge", in Martin Hollis und Steven Lukes (Hg.), *Rationalism and Relativism.* Cambridge: MIT Press, 21-47.

Barrett, Paul (Hg.) (1980): *Metaphysics, Materialism, and the Evolution of Mind: Early Writings by Charles Darwin.* Chicago: University of Chicago Press.

Bensaude-Vincent, Bernadette (1992): „The Balance: Between Chemistry and Politics", *The Eighteenth Century* 33:2 (1992), S. 217-237.

Bloor, David (1997): *Wittgenstein, Rules and Institutions.* London: Routledge.

53 Bevor „AIDS" als „*Acquired Immune Deficiency Syndrome*" definiert wurde, bezogen sich die ersten Forscher auf „GRID" oder „*Gay-Related Immune Deficiency*". Siehe Shilts (1988), S. 121.

54 Für den Fall von AIDS siehe Epstein (1996).

55 Für Anregung und Kritik danke ich Stephan Hartmann, Lothar Schäfer, Uljana Feest und Claus Zittel.

Darwin, Charles (1982): *Ein Leben*. München: Deutscher Taschenbuch Verlag.

Daston, Lorraine (1994): „Baconian Facts, Academic Civility, and the Prehistory of Objectivity", in Alan Megill (Hg.), *Rethinking Objectivity*. Durham: Duke University Press, S. 37-63.

Donovan, Arthur (1993): *Antoine Lavoisier: Science, Administration, and Revolution*. Oxford: Blackwell.

Epstein, Steve (1996): *Impure Science: AIDS, Activism, and the Politics of Knowledge*. Berkeley: University of California Press.

Feyerabend, Paul (1999): *The Conquest of Abundance*. Chicago: University of Chicago Press.

Flaxman, Samuel und Sherman, Paul (2000): „Morning Sickness: A Mechanism for Protecting Mother and Embryo", *The Quarterly Review of Biology* 75:2 (2000), S. 113-148.

Fleck, Ludwik (1980): *Entstehung und Entwicklung einer wissenschaftlichen Tatsache*. Frankfurt/M.: Suhrkamp.

Foucault, Michel (2000): *Geburt der Klinik*. Frankfurt/M.: Fischer.

Fried, Michael (1980): *Absorption and Theatricality: Painting and Beholder in the Age of Diderot*. Berkeley: University of California Press.

Gross, Paul (1994): *Higher Superstition*. Baltimore: Johns Hopkins University Press.

Gross, P., Levitt, N. und Lewis, M. (Hg.) (1996): *The Flight from Science and Reason*. New York: New York Academy of Sciences.

Haraway, Donna (1991): *Simians, Cyborgs, and Women*. New York: Routledge.

Haraway, Donna (1997): *Modest_Witness@Second_Millenium*. Routledge: New York.

Holmes, Frederic (1989): *Eighteenth-Century Chemistry as an Investigative Enterprise*. Berkeley: Office for History of Science and Technology, University of California.

Jay, Martin (1993): *Downcast Eyes: The Denigration of Vision in 20th Century French Thought*. Berkeley: University of California Press.

Kluge, Alexander und Negt, Oskar (1981): *Geschichte und Eigensinn*. Frankfurt/M.: 2001.

Kluge, Alexander (1984): *Die Macht der Gefühle*. Frankfurt/M.: 2001.

Koertge, Noretta (Hg.) (1998): *A House Built on Sand*. New York: Oxford University Press.

Latour, Bruno (1995): *Wir sind nie modern gewesen*. Akademie Verlag.

Latour, Bruno (2000): *Die Hoffnung der Pandora*. Frankfurt/M.: Suhrkamp.

Latour, Bruno (2001): „Weiser Wahn – Tierschwemme und neue Kosmologien", *Frankfurter Rundschau* vom 24.1.2001.

Lavoisier, Antoine (1952): *Elements of Chemistry*. Chicago: Encyclopaedia Britannica.

Merton, Robert (1980): *Auf den Schultern von Riesen*. Frankfurt: Syndikat.

Nordmann, Alfred (1994): „Der Wissenschaftler als Medium der Natur", in Karin Orchard und Jörg Zimmermann (Hg.), *Die Erfindung der Natur: Max Ernst, Paul Klee, Wols und das surreale Universum*. Freiburg: Rombach, S. 60-66.

Nordmann, Alfred (2000): „Blinded to History? Science and the Constancy of Nature", in M. Carrier, G. Massey und L. Ruetsche (Hg.), *Science at Century's End: Philosophical Questions on the Progress and Limits of Science*. Pittsburgh/Konstanz: University of Pittsburgh Press/Universitätsverlag Konstanz, S. 150-178.

Ozouf, Mona (1988): *Festivals and the French Revolution*. Cambridge: Harvard University Press.

Peirce, Charles S. (1967): „Die Festlegung einer Überzeugung (*The Fixation of Belief*)", in ders., *Schriften*, Bd. 1, hg. von Karl-Otto Apel. Frankfurt/M.: Suhrkamp, 293-325.

Perrins, C. E. (1981): „The Triumph of the Antiphlogistians", in H. Woolf (Hg.), *The Analytic Spirit*. Ithaca: Cornell University Press.

Pickering, Andrew (1998): *The Mangle of Practice: Time, Agency, and Science*. Chicago: University of Chicago Press.

Pickering, Andrew (2001): „In the Thick of Things", gehalten auf der Tagung *Taking Nature Seriously*, Eugene, Oregon, 26.2.2001.

Popper, Karl R. (1975): *Objective Knowledge*. Oxford: Clarendon.

Profet, Margie (1988): „The Evolution of Pregnancy Sickness as Protection to the Embryo against Pleistocene Teratogens", *Evolutionary Theory* 8 (1988), S. 177-190.

Profet, Margie (1992): „Pregnancy Sickness as Adaptation", in J. Barkow, L. Cosmides und J. Tooby (Hg.), *The Adapted Mind*. New York: Oxford University Press, S. 327-365.

Rothman, Barbara K. (1986): *The Tentative Pregnancy: Prenatal Diagnosis and the Future of Motherhood*. New York: Norton.

Sayers, Dorothy (1955): *Clouds of Witness*. New York: Harper.

Schäfer, Wolf (Hg.) (1983): *Finalization in Science: The Social Orientation of Scientific Progress*. Dordrecht: Kluwer.

Shapin, Steven und Schaffer, Simon (1985): *Leviathan and the Air-Pump: Hobbes, Boyle and the Experimental Life*. Princeton: Princeton University Press.

Shilts, Randy (1988): *And the Band Played On*. New York: Penguin.

Sokal, Alan und Bricmont, Jean (1998): *Fashionable Nonsense*. New York: Picador.

Trivers, R. L. (1974): „Parent-offspring conflict", *American Zoologist* 14 (1974), S. 249-264.

Unseld, Siegfried (Hg.) (1973): *Bertolt Brechts Dreigroschenbuch*. Frankfurt/M.: Suhrkamp 1973.

Weber, Max (1988): „Wissenschaft als Beruf", in ders., *Gesammelte Aufsätze zur Wissenschaftslehre*. Tübingen: Mohr.

Weininger, Otto (1980): *Geschlecht und Charakter*. München: Matthes und Seitz.

Williams, George und Nesse, Randolph (1991): „The Dawn of Darwinian Medicine", *Quarterly Review of Biology* 66:1 (1991), S. 1-22.

Williams, George und Nesse, Randolph (1994): *Why We Get Sick: The New Science of Darwinian Medicine*. New York: Times Books.

Wittgenstein, Ludwig (1984): „Philosophische Untersuchungen", in ders., *Werkausgabe Bd. 1: Tractatus logico-philosophicus* u. a. Frankfurt/M.: Suhrkamp.

Wittgenstein, Ludwig (1989): *Vortrag über Ethik und andere kleine Schriften*. Frankfurt/M.: Suhrkamp.

Wolfgang Detel

Der Sozialkonstruktivismus und die Wissenschaftsgeschichtsschreibung des 17. Jahrhunderts

In neueren Publikationen zur Wissenschaftsgeschichte des 17. Jahrhunderts gibt es Anzeichen für eine Tendenz zu sozialkonstruktivistischen Positionen. Darunter verstehe ich im wesentlichen die Annahmen,

- daß die Produktion und Akzeptanz von wissenschaftlichen Theorien und von Konstatierungen von Fakten von methodologischen Regeln abhängt, die historisch auf kontingente Weise wechseln,
- und daß die Differenz von internalistischer und externalistischer Wissenschaftsgeschichte zusammenbricht.

Eine schärfere, idealistische Variante des Sozialkonstruktivismus behauptet zusätzlich,

- daß es auch einen historischer Wechsel von Fakten in Abhängigkeit von wechselnden epistemischen Praktiken gibt.

Ich möchte im folgenden zwei der einflußreichsten Bücher diskutieren, die den Anspruch erkennen lassen, den Sozialkonstruktivismus (zumindest in der nicht-idealistischen Version) wissenschaftshistorisch untermauern zu können. In beiden Fällen handelt es sich um Studien zum 17. Jahrhundert. Ich werde die wichtigsten Thesen und Argumente dieser Studien kurz skizzieren und dann kritisch kommentieren. Dabei gehe ich davon aus, daß die Wissenschaftsgeschichte in der Tat wesentlich zu einer soliden Antwort auf die Fragen beitragen kann, ob die methodologischen Regeln in der Geschichte der Wissenschaften tatsächlich wechseln, ob dieser Wechsel dramatisch und kontingent ist oder ob sich rationale Relationen im Rahmen dieses Wechsels feststellen lassen.

1.

Im Jahre 1993 veröffentlichte Mario Biagioli eine neue Studie über Galilei, die auch über wissenschaftshistorische Fachkreise hinaus starke Beachtung fand.[1] Der englische Originaltitel deutet an, worum es allgemein in diesem Buch geht: The Practice of Science in the Culture of Absolutism. Die originelle und provozierende These ist, daß die absolutistischen Höfe der Spätrenaissance und der frühen Neuzeit in Italien, also das Ancien Regime, mit

1 Biagioli (1993). Das Buch ist mittlerweile in deutscher Übersetzung erschienen: Biagioli (1999).

ihrer Kultur und Etikette, mit ihrem Ehrenkodex und ihrem Patronage-System, maßgeblich zum Aufstieg der neuen Physik, zur Legitimation einer mathematischen Physik und zur Ausbildung einer neuen sozioprofessionellen Identität mathematischer Physiker und „objektiver" Wissenschaftler beigetragen haben. All das wird überzeugend gezeigt anhand der Karriere Galileis an den Höfen der Medici in Florenz und des Papstes in Rom – einer Karriere, die Galilei die Möglichkeit bot, seine Selbstformierung als mathematischer Physiker gerade im Rahmen des absolutistischen Patronage-Systems weitgehend erfolgreich zu betreiben und sogar zum höfischen Favoriten der Medici und des Papstes aufzusteigen, bis ihm gegen Ende seines Lebens ein Prozeß gemacht wurde, der nach dem typischen Schema eines höfischen Favoritensturzes ablief. Im Zentrum der Analyse steht das absolutistische Patronage-System, das in Renaissance und früher Neuzeit eine grundlegende Form sozialer Bindung und Hierarchie darstellte. Schirmherr und Klient stellten ihre Beziehung zwar gern als freiwillig und frei von Interessen dar, handelten aber in Wahrheit unter starken sozialen Zwängen. Das Buch analysiert die Struktur dieser sozialen Zwänge.

Aus der Perspektive einer Mikrophysik der Patronage zeigt Biagioli, daß der Schirmherr (Patron) seine Macht deutlich werden ließ, indem er Bindungen herstellte zwischen Klienten und noch höheren Schirmherren. Schirmherren und Klienten hatten gestaffelten, hierarchisierten sozialen Status, und die Bindungen mußten diese Hierarchie spiegeln (Klienten mit geringem Status konnten nicht an zu hohe Schirmherren herantreten, usw.). Hohe Schirmherren demonstrierten ihre Macht auch dadurch, daß sie zu Personen außerhalb des Hofes nur instabile Patronagebeziehungen zuließen, die immer wieder neu gewährt und etabliert werden mußten. Klienten mit anfänglich geringem Status wie Galilei mußten daher erst langsam vielfältige Patronagebeziehungen zu Schirmherren als Mittlern aufbauen. Aber Schirmherren und Klienten waren auch aufeinander angewiesen. Denn die Macht der Schirmherren beruhte auch auf dem Erfolg und der Sichtbarkeit ihrer Klienten bei Hofe. Die Schirmherren brauchten Klienten, um ihre Macht zu testen und zu beweisen. Über Briefe mit dem Angebot von Freundschaft und Hilfestellung bzw. der Bitte um Schutz und Förderung wurden Patronagebeziehungen eingefädelt und stabilisiert. Die beste und entscheidende Förderung erfolgte durch einen großen Schirmherren – einen Fürst, der einen Hof unter sich hatte.

Die Logik dieser Patronage wurde bestimmt durch den Austausch von Geschenken, zu denen auch Dienste und Privilegien gehörten, die ökonomisch nicht quantifizierbar waren. Die Geschenke, die der Klient dem Schirmherren anbot, konnten vom Schirmherrn zurückgewiesen oder angenommen werden; nahm er sie an, war es ein Gebot seiner Ehre und ein Zeichen seiner Macht, sie mit noch großzügigeren Gegengeschenken zu beantworten, idealer Weise für den Klienten mit einer festen Anstellung bei Hofe, die im Falle von wissenschaftlichen Klienten die Freiheit von Lehraufgaben bedeutete, wie sie an Universitäten üblich waren. Für einen Schirmherren bedeuteten Geschenke von Klienten und von anderen Schirmherren daher stets eine Herausforderung. Oft mündeten diese Herausforderungen in einen regelrechten Wettbewerb. Für eine erfolgreiche Karriere mußte ein Klient das fein abgestufte System von Geschenken und Gegengeschenken sorgsam beachten und austarieren. Von seiten Galileis waren z. B. die Versendung seiner Fernrohre oder die Widmung der Jupiter-Monde als Mediceische Gestirne hochwertige Geschenke, die er Fürsten und anderen Schirmherren in ganz Europa anbieten konnte (niemals verkaufte er Fernrohre) und für die diese Schirmherren ihn z. B. nicht nur ökonomisch, sondern auch mit der Einbindung in Debatten mit anderen hochgradig sichtbaren Wissenschaftlern belohnten. Allerdings waren hohe Fürsten prinzipiell frei von allen Verpflichtungen zu Gegengeschenken. Ihre Macht bestand gerade darin, daß sie Gegengeschenke als Ausdruck freiwilliger Gunst und Gnade hinstellen konnten. Der hohe Fürst ähnelte insoweit einem protestantischen Gott.

Schirmherren bemühten sich insbesondere oft darum, ihre wissenschaftlichen Klienten in wissenschaftliche Netzwerke und wissenschaftliche Kommunikation mit berühmten anderen Wissenschaftlern einzuspannen und sie auf diese Weise sichtbar zu machen, und zwar unter Ausnutzung ihrer Beziehungen zu anderen Schirmherren. Aber die Einbettung wissenschaftlicher Netzwerke in Patronagenetzwerke war nichts Äußerliches – vielmehr verlieh die Vermittlung wissenschaftlicher Kommunikation über Schirmherren den beteiligten Wissenschaftlern erst Glaubwürdigkeit und Legitimation (um so mehr, je höhergestellt die Schirmherren waren). Nicht nur rationale Argumentation zählte hier für wissenschaftliche Glaubwürdigkeit und die Durchsetzung und Anerkennung wissenschaftlicher Resultate, sondern auch höfische Machtrelationen im Rahmen absolutistischer Patronage.

Dieser Hintergrund prägte auch die Dynamik wissenschaftlicher Diskurse. Schirmherren von Wissenschaftlern erwarteten von ihren Klienten, daß sie auf Kritik im Sinne einer Herausforderung und einer Verteidigung der Ehre (auch des Schirmherren selbst) zeitig und wirksam antworteten, aber sie erwarteten nicht unbedingt eine Beendigung des Disputs über wissenschaftliche Selbstregulation. Im Gegenteil, wenn ein Klient in der Lage war, den Disput auf amüsante und allseits sichtbare Weise fortzusetzen und renommierte Gegner zur Kritik zu reizen, war dies das beste Zeichen des Erfolgs und beförderte das Ansehen seines Schirmherren auf die deutlichste Weise. Hohe Schirmherren förderten Klienten nicht, weil sie ihre Ansichten für wahr hielten (sie konnten die Inhalte der Debatten sachlich meist gar nicht beurteilen), sondern weil ihre Brillanz, Sichtbarkeit und Galanterie sie beeindruckte. Im Rahmen der Patronage waren wissenschaftliche Dispute also nicht unbedingt auf Beendigung im Sinne der Klärung der Wahrheit angelegt. Dazu gehörte auch, daß vor allem hohe Schirmherren in der Sache niemals Partei ergriffen, auch nicht für ihre eigenen Klienten, um das Risiko des Ehrverlustes im Falle einer vorläufigen Niederlage ihrer Klienten zu vermeiden. Allerdings mußte auch im Falle wissenschaftlicher Dispute der soziale Status gewahrt bleiben – ein Klient durfte sich nicht mit einem Kritiker mit minderem Status einlassen. In diesen Grenzen gab es jedoch eine sehr starke Verpflichtung für wissenschaftliche Klienten, sich auf wissenschaftliche Kritik und Debatten einzulassen und auch selbst Kritik zu üben, möglichst auf amüsante und brillante Weise (wozu Galilei z. B. sehr gut in der Lage war). Auf diese Weise legitimierten und förderten absolutistische Fürsten und niedere Schirmherren wissenschaftliche Netzwerke und Debatten.

In herausragenden Fällen entwickelte sich eine Patronagebeziehung zwischen brillanten, streitbaren, galanten, hochgradig sichtbaren Klienten und sehr hohen Schirmherren. In diesen Fällen wurde kein Gehalt gezahlt, sondern es wurden Gratifikationen gewährt, und die Schirmherren gingen ein höheres Risiko ein, indem sie ihren „Stars" auch in der Sache vertrauten und beisprangen. Galileis erstaunliche Karriere führte ihn von einem anfänglich eher niederen Status (u. a. als Mathematiker) zum Status eines solchen Stars und Favoriten sowohl bei den Medici als auch später (anfänglich) bei Papst Urban II. Erst durch die scheinbare Freiheit der Klienten von ökonomischen Interessen an einem guten Gehalt und das sachliche Einlassen und damit das Legitimieren von wissenschaftlichen Ansichten seitens des Fürsten entstand so etwas wie ein Anspruch auf Objektivität in der Wissenschaft. Im übrigen kam es oft vor, daß Klienten erst im Rahmen der von ihren Schirmherren erwarteten

Dispute mit dem Zwang zur Sichtbarkeit und Herausforderung sich genötigt sahen, eindeutig theoretische Positionen zu beziehen. So war es z. B. anfangs mit Galileis kopernikanischer Einstellung. Insofern war das Einnehmen theoretischer Überzeugungen nicht unabhängig von der Struktur wissenschaftlicher Dispute im Rahmen der Patronage. Auch der Druck, weitere Entdeckungen zu produzieren, wurde dadurch enorm verstärkt. In jedem Fall erlangte Galilei, wie schon erwähnt, sowohl in seiner Beziehung zu den Medici in Florenz als auch später zu Papst Urban II. in Rom eine solche herausragende Stellung als Star und Favorit. Das hatte zwei bedeutsame Konsequenzen: Galilei konnte an der Selbstformung der sozioprofessionellen Identität als freier Wissenschaftler erfolgreich arbeiten, und es gelang ihm, seinen ursprünglich niederen Status als Mathematiker zu höheren Status des Philosophen zu erheben und dadurch die mathematische Naturphilosophie sozial zu etablieren.

Biagioli verbindet mit diesen wissenschaftshistorischen Interpretationen allerdings auch weitergehende theoretische und historiographische Ansprüche.

Die zentrale Botschaft für unser historisches Bild von der wissenschaftlichen Revolution im 17. Jahrhundert ist, wie bereits erwähnt, daß nicht nur die Handwerkerkulturen, sondern auch die aristokratische Kultur den Aufstieg der neuen Naturwissenschaften befördert hat, indem sie die neuen Wissenschaften kognitiv legitimierte und die neuen Wissenschaftler sozial legitimierte und indem sie einen starken sozialen Druck auf die Aufnahme hitziger wissenschaftlicher Debatten ausübte.

Biagioli glaubt aber auch – ganz im Sinne der von Foucault inspirierten Archäologie und Genealogie des Wissens – nachweisen zu können, daß es eine komplexe Verzahnung von Macht, Wissen, Selbstformung, sozialen Ritualen und Diskursformen gibt, die zeigt, daß die Macht dem Prozeß der Wissenserzeugung nicht äußerlich ist, sondern durch soziale Handlungsmuster erst konstituiert wird, die ihrerseits mit der Wissensproduktion auf intime Weise verknüpft sind.[2] Das läßt sich am Fall Galilei historisch demonstrieren. Die Patronage war für ihn und andere frühneuzeitliche Wissenschaftler nicht nur eine ökonomische Ressource, sondern Bestandteil der Selbstformung, die den wissenschaftlichen Diskurs, die Motive und die theoretischen Wahlentscheidungen beeinflußte. Damit will Biagioli allerdings nicht leugnen, daß auch die Lösung technischer Probleme in manchen Fällen zur Glaubwürdigkeit der neuen Wissenschaft beitrug und daß Figuren wie Galilei nicht nur Sklaven des Systems der Patronage waren. Aber der absolutistische Hof bot im Gegensatz zu den Universitäten insbesondere Mathematikern die Chance, den höheren Status eines Philosophen zu erlangen, der allein berechtigt war, nicht nur Hypothesen, sondern Aussagen über die Realität zu formulieren. Der Aufstieg der mathematischen Physik lief über den absolutistischen Hof.

Biagioli ist der Meinung, daß seine Studie die klassische Unterscheidung zwischen einer internen rationalen und einer externen sozialen Wissenschaftsgeschichte als problematisch erscheinen läßt. Dieser Unterscheidung zufolge soll die Entstehung einer wissenschaftlichen Überzeugung möglichst als natürliche Folge der rationalen Überzeugungskraft der Theorie erklärt werden und nicht auf den historischen Kontext der Theorie bezogen werden. Der soziale Kontext gilt nur als ein Mittel zur Beförderung oder Behinderung der internen rationalen Prozesse. Andererseits ist, wie Biagioli betont, der Paradigmabegriff der Wissenschaft, der diese Unterscheidung angreift, auf die frühneuzeitliche Wissenschaft vor 1660 nicht an-

2 Zu einer rationalen Rekonstruktion der Thesen Foucaults zur intrinsischen Verknüpfung von Wissen und Macht vgl. Detel (1997).

wendbar, weil es bis dahin keine wissenschaftlichen Gemeinschaften im kuhnschen Sinne gab.[3] Hier könnte eine Untersuchung des Patronagesystems weiterhelfen, um die begriffliche und soziale Dimension der frühneuzeitlichen Wissenschaft zu integrieren. Wenn die Patronage nicht nur als ökonomische Ressource für Wissenschaft betrachtet wird, sondern als prägend für die Selbstformung, professionelle Identität und den sozialen Status der Wissenschaftler, dann wird eine solche Integration sichtbar. Insbesondere die Inkommensurabilität zwischen verschiedenen wissenschaftlichen Ansätzen kann auf neue Weise interpretiert werden – nicht als bloße Gesprächsverweigerung zwischen prinzipiell interpretierbaren Gegnern und auch nicht als Zusammenbruch des Gesprächs zwischen semantisch unzugänglichen Bereichen, sondern als diachrone Entwicklung von einer sozioprofessionellen Identität zu einer anderen. Die Aristoteliker konnten z. B. nicht mit Galilei „rational" und verständigungsorientiert reden, weil sie ihm als professionellem Mathematiker jede Fähigkeit absprechen mußten, über die Realität mit Wahrheitsanspruch überhaupt reden zu können, während Galilei gerade erfolgreich an einer sozioprofessionellen Identität arbeitete, die ihm genau das als Mathematiker ermöglichte.

Das weitere historische Schicksal der Verbindung von Patronage und Wissenschaft bestand, wie Biagioli am Ende seines Buches zeigt, darin, daß in der Mitte des 17. Jahrhunderts das höfische System der Patronage der Wissenschaften und Wissenschaftler in ein Sozialsystem überging, das sein Zentrum in wissenschaftlichen Institutionen hatte und das eine neue wissenschaftliche Praxis einführte, die, wie Shapin und Schaffer gezeigt haben, durch Experimente und eine kollektive Beglaubigung experimenteller Tatsachen geprägt war. Damit wurde der wissenschaftliche Disput weniger streitanfällig. Wissenschaftliche Glaubwürdigkeit war nun nicht länger an die persönliche Beziehung zu einem Schirmherren, sondern an die Mitgliedschaft in wissenschaftlichen Körperschaften wie den frühen Akademien gebunden. Der neutrale Schirmherr trat von der Bühne wissenschaftlicher Entwicklungen ab, die Akademien entschieden in parteiischer Weise über Tatsachenfragen. Nun legitimierte die Distanz zwischen wissenschaftlicher Institution und einzelnem Wissenschaftler die Glaubwürdigkeit seiner Thesen. Jetzt erst, mit der Aufgabe der Neutralität des neuen anonymen „Schirmherren", also der wissenschaftlichen Institution, kann es so etwas wie positivistische Tatsachen überhaupt geben. Die Anwendung experimenteller Verfahren und damit einer neuen wissenschaftlichen Praxis eröffnete einen Ausweg aus der Sackgasse der unendlichen, unentscheidbaren Dispute der höfischen Patronage. Dazu mußte aber der Fürst als Patron der Wissenschaft gänzlich von der Bühne abtreten.

2.

Biagiolis Nachweis, daß das absolutistische, höfische Patronagesystem keineswegs nur eine vorübergehende ökonomische Ressource für viele frühneuzeitliche Wissenschaftler und damit auch für die neue Wissenschaft selbst war, sondern darüberhinaus, und vor allem,

---

3 Vgl. Kuhn (1962).

- zu einer neuen wissenschaftlichen Praxis des wissenschaftlichen Disputs führte, die den Druck auf wissenschaftliche Auseinandersetzung und auf neue Entdeckungen enorm verstärkte und so zum Aufschwung der neuen Naturwissenschaften enorm beitrug,
- und die Ausbildung neuer sozioprofessioneller Identitäten ermöglichte, insbesondere die des freien, interesselosen, objektiven Wissenschaftlers und des mathematischen Physikers, wie dies in den zeitgenössischen Universitäten nicht möglich war,

ist zweifellos sehr interessant und aufschlußreich, insbesondere in historischer Hinsicht. Hier wird tatsächlich ein Muster einer Verzahnung einer sozialen Umwelt mit einer bestimmten Wissenskultur im Sinne einer bestimmten epistemischen Praxis deutlich.

Aber die Frage ist, wie diese Verzahnung genauer zu interpretieren ist und ob ihr konkreter historischer Nachweis die weitergehenden theoretischen und historiographischen Thesen des Buches trägt. Um es drastisch zu formulieren: Gibt uns das Buch gute Hinweise darauf, das Patronagesystem der absolutistischen Höfe *nicht* als gigantische (und im Prinzip verabscheuungswürdige) Mafia-Maschinerie zu sehen, die lediglich aus Interessen der Machterhaltung in gebotenem Rahmen Wissenschaften förderte und in ganz und gar archaischer Weise wissenschaftliche Glaubwürdigkeit und die Akzeptabilität von Theorien an sozialen Status band? Und gibt uns diese Struktur Aufschluß über eine *intrinsische* Verbindung von Macht und Erkenntnis, von Kontext und Rationalität? Tritt das Buch z. B. erfolgreich dem fast trivialen und bekannten Einwand entgegen, daß selbst wenn es *faktisch* der Fall sein sollte, daß Wissenschaft historisch in vielen Fällen an Macht und sozialen Status gebunden war, dieser Umstand in keiner Weise dazu beiträgt, die guten Gründe für die These auszuräumen, daß es so nicht sein *sollte*? Es scheint mehr als zweifelhaft, daß sich eine negative Antwort auf diese Fragen vermeiden läßt. Und dann hätten wir weniger gewonnen, als uns das Buch verspricht.

Macht ist immer dann intrinsisch mit dem Wissen verbunden, wenn sie eine Fähigkeit darstellt, bestimmte Personen, die als anerkannte Wissenschaftler gelten wollen, dazu zu bringen, bestimmten epistemischen Praktiken der Wissensproduktion zu folgen. Dies war im Patronagesystem offenbar der Fall – allerdings nur in einem eingeschränkten Sinn, denn dieses System war nicht primär darauf aus, tatsächliches positives Wissen zu produzieren, sondern amüsante, sichtbare und brillante Dispute in Gang zu setzen und in Gang zu halten, und es nahm auch keinerlei Einfluß auf die Argumentationspraktiken im einzelnen, also z. B. auf Beweis, mathematische Techniken, Tests und Experimente. Vor allem aber impliziert eine intrinsische Verschränkung von Macht und epistemischen Praktiken nicht notwendig, daß diese Praktiken in allen Fällen solcher Verschränkungen gleich gute Resultate hervorbringen. Die Unterscheidung unterschiedlich guter Argumentationen und Resultate bleibt immer möglich, wie die Einflußnahmen der Eliten in Nationalsozialismus und Protosozialismus auf Praktiken der wissenschaftlichen Tests und Akzeptanz zu Genüge zeigen. So beschreibt auch Biagioli selbst, daß vor allem eher niedere Schirmherren, die Galileis Kontakt zu den Medici schließlich vermitteln konnten und die eher auch etwas von Physik verstanden, durchaus Galileis sachliche und argumentative Brillanz erkannten. Die intrinsische Qualität von Wissenschaftlern spielte bei der stets riskanten Wahl der Klienten durch Schirmherren und Patrone eine sehr wichtige Rolle. Eine andere Seite desselben Punktes ist, daß das Patronagesystem nicht erklären kann, warum gerade Galilei auch heute noch, also außerhalb des Patronagesystems, als erfolgreich gelten kann und nicht irgendein anderer der ebenfalls geförderten Favoriten. Der Ansatz des Buches muß diese Umstände zu einer Sache der reinen Kontingenz machen. Zweifellos ist ein entscheidender Punkt hier, ob es berechtigt ist, von einem *Fortschritt von Rationalität* zu sprechen (davon gehen Foucault oder Biagioli natürlich *nicht* aus).

Bricht der Unterschied zwischen interner und externer Wissenschaftsgeschichte in der Story über Galilei und das Patronagesystem wirklich zusammen? Biagioli selbst unterscheidet offenbar ebenfalls noch zwischen sozialen Faktoren und technischen Problemlösungen, zwischen höfischer Kultur und physikalischen Erklärungen. Der Punkt, den er tatsächlich zu machen versucht, ist, daß in den Prozessen der *Akzeptanz und Durchsetzung wissenschaftlicher Thesen* interne *wie* externe Aspekte eine Rolle spielen. Diese beiden Aspekte bleiben weiterhin getrennt und unterschieden, aber die These ist, daß die Wissenschaftsgeschichte *auch* extern bestimmt ist, und zwar nicht nur in der Wahl und Anwendung der Forschung, sondern auch *in der Legitimierung des wissenschaftlichen Status und der Etablierung wissenschaftlicher Glaubwürdigkeit,* und auf diesem indirekten Wege *auch* im Verteidigen, Ablehnen, Testen und Prüfen vorgeschlagener Hypothesen und Theorien, also dem Kern rationaler wissenschaftlicher Aktivität. Die mehr oder weniger guten internen Gründe, die die Wissenschaftler auch im höfischen Diskurs für ihre Thesen hatten, blieben solche Gründe, auch wenn sie nicht akzeptiert – oder besser goutiert – wurden, wenn sie z. B. nicht amüsant und launig oder nicht zeitig genug vorgetragen wurden. Aber es ist kaum überzeugend zu behaupten, daß im Rahmen des höfisch-mafiösen Patronage-Systems beispielsweise Thesen über den Auftrieb schwimmender Körper tatsächlich *nur dann* begründet *waren* und *auf Tatsachen verwiesen*, wenn sie launig vorgetragen oder formuliert werden konnten, auch wenn ihre Formulierung auf die *Akzeptanz bei Hofe* einen Einfluß hatte. Eine solche Behauptung widerspricht im übrigen auch dem Selbstverständnis der beteiligten Wissenschaftler und entbehrt daher nicht einer gewissen *Arroganz*. Erst recht ist es problematisch, im Ernst zu behaupten, daß eine Person *tatsächlich* gute Gründe *nur dann* hatte, wenn politisch mächtige Eliten, die von der Sache selbst so gut wie nichts verstanden, diese Person aus *politischen* Gründen (die überwiegend mit der *Sicherung und Legitimierung ihrer eigenen Macht* zu tun hatten) mit wissenschaftlichem Status und wissenschaftlicher Glaubwürdigkeit ausstatteten. Etwas ganz anderes und *weit weniger zynisches* ist es, einfach festzustellen, daß es zuweilen *historisch der Fall war,* daß gute Gründe *öffentlich nur dann wahrgenommen und allgemein nur dann akzeptiert werden konnten, wenn politische Eliten aus Gründen der Machterhaltung entsprechende Legitimationen und Förderungen verteilten.* Und mehr als Letzteres kann Biagioli mit seiner Fallstudie faktisch nicht zeigen.

Ist schließlich Biagiolis anthropologische Umdeutung der Kommensurabilität durchschlagend? Auch hier sind Zweifel angebracht. Biagioli wendet sich mit Recht gegen die semantische Variante der Kommensurabilität (wenn er auch Unrecht hat mit seiner These, daß Kuhn stets die semantische Variante betont hat); aber er scheint davon auszugehen, daß seine diachrone anthropologische Version die einzige gute Alternative ist. Es sollen vor allem die Schranken sein, die durch *sozioprofessionelle Identitäten der individuellen Wissenschaftler* gesetzt sind, die zur Zweisprachigkeit und zum Zusammenbruch der Kommunikation führen. Wenn – um Biagiolis wichtigstes Beispiel aufzunehmen – die Aristoteliker keine ernsthaften Debatten mit Galilei führen konnten, weil sie ihm aus ihrer Sicht als Mathematiker die Kompetenz absprechen *mußten*, über die Natur *selbst* Wesentliches sagen zu können, dann mag dieses Manöver auch Ausdruck des Versuches gewesen sein, ihre sozioprofessionelle Identität als wahre und einzige Naturphilosophen zu wahren und zu retten – eine Identität, die im Lehr- und Disziplinen-System der damaligen Universitäten fest sozial verankert war. Aber diese Beschreibung ist eher äußerlich. Nichts, was Biagioli vorzubringen vermag, hindert uns, eine andere und tiefere Beschreibungsebene hinzuzubringen, auf der es letztlich um ein *schwerwiegendes sachliches und methodisches Problem* ging, nämlich um den *Status der Mathematik in der Beschreibung der Natur* – ein Problem, das seit der klassischen Antike (und übrigens über Kant bis heute) immer wieder heftig diskutiert wurde und *u. a.* bei Aristoteles einen Lösungsvorschlag gefunden hatte, der nicht unintelligent, aber selbst in der Antike nicht unumstritten war. Wenn Leute wie die Aristoteliker einerseits und Galilei andererseits sich über den Status der Mathematik in der Naturbeschreibung und Naturerklärung zutiefst uneinig waren, dürfte dies ein guter Grund sein, um zu erklären, warum die wissenschaftliche Debatte zwischen Galilei und den Aristotelikern zusammenbrechen und in diesem Sinne inkommensurabel werden mußte. Aber wir können dieses Phänomen dann in gut Kuhnschen Kategorien beschreiben: der Status der Mathematik gehört schlicht zu wesentlichen Elementen eines Paradigmas, und wir haben daher einfach eine Paradigma-Differenz vor uns. Biagiolis Hinweis, daß der Paradigma-Begriff auf Wissenschaften im höfischen Patronage-System der frühen Neuzeit nicht anwendbar ist, weil es zu dieser Zeit noch keine wissenschaftlichen Gemeinschaften im neuzeitlichen Sinne gab, ist wenig plausibel. Denn bei Kuhn gibt es nicht diese Engführung im Begriff der wissenschaftliche Gemeinschaften, wie Biagioli sie im Sinn hat, obgleich Kuhn die neuzeitlichen scientific communities oft als Beispiele heranzieht. *Vielmehr konstituiert die Patronage der Höfe ebenfalls eine wissenschaftliche Gemeinschaft, ebenso wie die mittelalterlichen und frühneuzeitlichen Universitäten*; für die Patronage hat Biagioli selbst dies auf brillante Weise gezeigt. Zu Paradigmen gehören daher sozioprofessionelle Identitäten, aber diese Identitäten werden *angekoppelt* oder *verknüpft* mit anderen Elementen des Paradigmas, wie der Ontologie, der Methode oder eben dem Status der Mathematik. Es macht wenig Sinn und ist extrem unplausibel, den Versuch zu machen, den sozioprofessionellen Identitäten eine solche theoretische Priorität zuzuschreiben, daß aus ihnen alle anderen Paradigma-Elemente folgen oder abgeleitet werden können. Damit werden wichtige begriffliche Differenzierungen und theoretische Optionen ohne Not aufgegeben.

Endlich ist auch die Art und Weise, wie Biagioli, mit Verweis auf die Studien von Shapin und Schaffer[4], den Übergang vom Patronagesystem zum System der wissenschaftlichen Akademien und Institutionen beschreibt, einigermaßen heikel. Denn einerseits betont er, daß damit der Wissenschaft mehr Autonomie zufiel, und andererseits versucht er, diesen Übergang als bloßen Austausch zweier kultureller Diskurse hinzustellen, die nur eine *Änderung*, nicht aber eine *Verbesserung* im Verhältnis von politischer Macht und wissenschaftlicher Erkenntnis gebracht hat. Biagiolis Position ist in diesem Punkt *theoretisch ambivalent*. Eine Klärung ist hier dringend erforderlich. Außerdem übernimmt Biagioli die (offenbar von Shapin und Schaffer verteidigten) holzschnittartigen – und entsprechend groben – Thesen, daß erst mit diesem Übergang um 1660 die experimentelle Praxis um sich griff und dementsprechend von positiven wissenschaftlichen Tatsachen gesprochen werden konnte. Es ist aber auf jeden Fall falsch, die experimentelle Praxis zur entscheidenden und notwendigen Grundlage des

4 Siehe dazu unten, Abschnitte (3) und (4)

Redens über positive Tatsachen zu machen, denn Wahrnehmung und Beobachtung sind andere, oft durchaus wichtige und gleichwertige Grundlagen für das berechtigte Sprechen über positive Tatsachen, wie dies seit der Antike üblich war. Und es gibt auch gute Gründe anzunehmen, daß seit der Antike immer auch experimentiert wurde. Vielleicht wandelte sich um die Mitte des 17. Jahrhunderts die Art und der Stellenwert der Experimente, aber dies müßte dann genauer beschrieben werden. Die von Biagioli benutzte Formel *Patrone hinaus, Experimente hinein* ist auf jeden Fall eine Übersimplifikation.

3.

Biagiolis anregende Galilei-Studie ist, wie bereits erwähnt, historiographisch inspiriert von einem Buch der beiden Ko-Autoren Simon Schaffer und Steven Shapin zur naturphilosophischen Kontroverse zwischen Robert Boyle und Thomas Hobbes, das acht Jahre zuvor publiziert wurde.[5]

Ziel des Buches ist ein besseres methodologisches Verständnis des Experimentes. Aber die Fragen und Antworten zur experimentellen Praxis, die Schaffer und Shapin präsentieren wollen, sollen *historisch* sein. Untersucht wird daher, in welchen historischen Umständen die experimentelle Praxis als Mittel zur Generierung wissenschaftlicher Wahrheit entstand und wie diese Praxis institutionalisiert wurde, so daß experimentell produzierte Fakten zum Fundament des Wissens in der Naturwissenschaft werden konnte. Dahinter steht auch die Frage, warum in der Wissenschaft überhaupt Experimente angestellt werden und ob dies eine privilegierte Art der Erzeugung wissenschaftlicher Wahrheiten ist oder ob es auch Alternativen gibt bzw. hätte geben können. Dazu wird Boyles experimentelle Praxis untersucht, denn damit begann historisch die experimentelle Praxis. Genauer: die Kontroverse zwischen Boyle und Hobbes über die experimentelle Gerätepraxis Boyles und der sich formierenden Royal Society ist Gegenstand der Studie. Hobbes' naturphilosophische Methodologie ist die konkrete historische Alternative zur experimentellen Praxis, die analysiert werden soll.

Wie Schaffer und Shapin zu Beginn ihres Buches betonen, haben Boyle und die experimentelle Praxis in der historischen Retrospektive triumphiert; Hobbes dagegen verschwand als Naturphilosoph aus der Wissenschaftsgeschichte und der wissenschaftshistorischen Literatur, obgleich er im 17. Jahrhundert neben Descartes und Gassendi zu den drei wichtigsten mechanistischen Naturphilosophen gerechnet wurde. Dazu hat die Wissenschaftsgeschichte nach Schaffer und Shapin erheblich beigetragen, weil sie die Debatte zwischen Boyle und Hobbes aus der Perspektive der heutigen Auffassungen von wissenschaftlicher Praxis und Methode interpretierte. Zentral für die Position von Hobbes ist sein *Dialogus physicus* von 1761, der jedoch bis heute kaum intensiv studiert wurde. Heute gehört die experimentelle Praxis und Boyles Sieg wie selbstverständlich zur etablierten wissenschaftlich-epistemischen Praxis. *Diese Selbstverständlichkeit muß nach Schaffer und Shapin unbedingt gebrochen werden.* Die Methode ist, aus der Perspektive des Fremden an die Kontroverse zwischen Boyle und Hobbes heranzutreten, für den der Streit noch nicht entschieden ist. Und es soll nachgewiesen werden, *daß Boyles Sieg keineswegs selbstevident oder unvermeidlich war.*

5 Shapin/Schaffer (1985).

Die Serie von Argumenten und Diskursen, die schließlich historisch zu Boyles Triumph führte, *hätte durchaus auch anders ausgehen können.* Dies gilt vor allem dann, wenn Fakten menschengemacht sind. Was menschengemacht ist, kann auch von Menschen rückgängig oder anders gemacht werden. Mit diesem *Kontingenzproblem* rückt die Frage nach der Beziehung zwischen epistemischer Praxis und wissenschaftlicher Wahrheit in den Mittelpunkt.

Wie beschreiben nun Shapin und Schaffer Boyles Programm einer experimentellen Naturphilosophie? Boyles generelle und zentrale methodologische Idee war in ihren Augen, daß Fakten epistemologisch sicher, andere Wissenselemente (z. B. Erklärungen von Fakten, also Annahmen über die Ursachen von Fakten) dagegen fallibel sind. Boyle war daher einer der wichtigsten Vertreter der englischen Bewegung um die Mitte des 17. Jahrhunderts in Richtung auf den Probabilismus und Fallibilismus; vor der Mitte des 17. Jahrhunderts wurden Wissen und Meinung strikt getrennt und das Wissen mit absoluter Sicherheit nach dem Vorbild der Geometrie verbunden. Die Etablierung der Fakten wurde von Boyle in Begriffen der Aggregation von Zeugen der Ergebnisse von Experimenten konzeptualisiert, also in Begriffen der Aggregation individueller Meinungen zum Ausgang von Experimenten. Die Vervielfältigung der Zeugen war dabei ausschlaggebend. Insofern waren *Fakten* zugleich eine epistemologische und eine soziale Kategorie. Fakten wurden *nicht* einfach als gegeben betrachtet. Genauer enthielt die Etablierung der wissenschaftlichen Fakten in Boyles Programm *drei verschiedene Technologien*: eine *materielle* Technologie, die eingebettet war in die Konstruktion und Verwendung des für Boyle entscheidenden paradigmatischen Instruments, der Luftpumpe; eine *literarische* Technologie, die die Ergebnisse der Experimente mit der Luftpumpe an interessierte Kreise verbreitete, die nicht selbst Zeugen der Experimente sein konnten; und eine *soziale* Technologie, die die sozialen Konventionen etablierte, nach denen die experimentellen Wissenschaftler ihre Behauptungen kommunizieren und klären sollten.

Die *materielle Technologie* bestand natürlich im Kern in einer zuverlässigen Konstruktion der Luftpumpe, die ihre physikalische Integrität und eine stark begrenzte Einschränkung ihrer Durchlässigkeit gegenüber Luftbewegungen gewährleisten sollte. Die Etablierung experimenteller Fakten hing offensichtlich weitgehend von der Zuverlässigkeit des experimentellen Apparats ab. Die *literarische Technologie* war fokussiert auf die *bildlich* ausgestattete Beschreibung der Experimente. Das Bild der Luftpumpe wurde einerseits zum Emblem des Programms der experimentellen Naturphilosophie stilisiert, und es diente andererseits dem Versuch, den Adressaten den Eindruck zu vermitteln, sie wären ebenfalls so etwas wie Augenzeugen der Experimente gewesen, um so den Kreis der Augenzeugen zu erweitern. Dahinter stand jedoch der tiefere methodologische Punkt, daß Boyle und Co. nicht an einer expliziten Methodologie des Experimentes interessiert waren, sondern das experimentelle Programm ostensiv und exemplarisch tradieren wollten, sowohl in der konkreten Arbeit in Gresham College als eben auch in der piktoral orientierten gedruckten literarischen Verbreitung der Experimente.

Am wichtigsten war jedoch die *soziale Technologie* des Boyle-Programms:

(a) Eines ihrer Elemente war die Verbreitung der Ansicht, experimentelle Apparate seien eine *Erweiterung der Sinne,* d. h. könnten sowohl die Kapazitäten der Sinne verbessern als auch die Defizite und Unsicherheiten der Sinne mildern. Schon dieser Umstand begründete die *Regel,* experimentelle Apparate zu benutzen, um Fakten zu etablieren. Zugleich wurde damit auch die Finanzierung der (damals extrem teuren) Geräte begründet (die Gründung der Royal Society erfolgte nicht zuletzt deshalb, um diese Finanzierung auf mehr private Schultern zu verteilen).

(b) Ein weiteres Element war die Konvention, daß die Experimente prinzipiell in einem *öffentlichen Raum* stattzufinden hatten (anders als z. B. die geheimen alchemistischen Versuche) (diese Regel wurde nicht nur konkret durch Aufstellung und Operieren der Luftpumpe in einem öffentlich zugänglichen Raum in Gresham College realisiert, sondern im Rahmen der literarischen Technologie durch Bilder, die diesen Raum tatsächlich abbildeten, programmatisch verbreitet). Zugleich war an dieser Stelle natürlich auch die *Konvention der Multiplikation der Augenzeugen* zentral. Diese Konvention wurde ergänzt und präzisiert durch die Forderungen, daß die Augenzeugen *verläßlich und qualifiziert* sein und die Experimente samt ihrer Resultate *replizierbar* sein mußten.

(c) Besonders wichtig war nach Auffassung von Schaffer und Shapin dabei die *Verbannung großer metaphysischer Fragen* als *illegitimer, weil experimentell nicht entscheidbarer* Problemstellungen. Ob z. B. in der Luftpumpe „wirklich" ein Vakuum im idealisierten metaphysischen Sinne (ein Raum ohne *jedes* materielles Teilchen) hergestellt wurde, galt einfach als illegitime Problemstellung: die Experimente mit der Luftpumpe durften nicht als geeignet angesehen werden, den metaphysischen Streit zwischen Plenisten und Vakuisten zu entscheiden. Das zentrale Ziel war, wissenschaftliche Kontroversen *entscheidbar* zu machen, d. h. die methodologischen Voraussetzungen für eine *Beendigung endloser Streitigkeiten und intellektueller Kriege* und für die *Herstellung von Konsens* zu schaffen. Die These war, daß dies innerhalb der Naturphilosophie *nur* über die experimentelle Technik zu realisieren war.

(d) Zum Sprachspiel der sozialen Technologie des Experimentes gehörte auch die Aufrechterhaltung der scharfen Grenze zwischen sicher etablierten wissenschaftlichen Fakten und hypothetischen kausalen Erklärungen dieser Fakten. Aber diese Grenzerhaltung war im Detail und in Hinsicht auf die einzelnen Experimente selbst nicht mehr als eine *Konvention*, die die *Lebensform* der experimentellen Naturphilosophen entscheidend prägte.

(e) Ein wichtiger Punkt war auch die Selbststilisierung der experimentellen Naturphilosophen als *Männer, die zugleich glaubwürdig und bescheiden* waren. Eines der Mittel, um Glaubwürdigkeit und Bescheidenheit zu demonstrieren, waren Berichte über Fehlschläge von Experimenten; ein anderes Mittel war die Zurücknahme steiler wissenschaftlicher Ambitionen und Theorien, also eine explizite Reflexion darauf, was sich anhand der Experimente wirklich zeigen ließ und was nicht, und welche Wahrscheinlichkeit oder Unsicherheiten vorgeschlagene Erklärungsversuche von experimentellen Ergebnissen mit sich brachten. Zugleich mußte der Stil der Berichte über Experimente möglichst karg sein – er mußte den Eindruck einer interessenfreien objektiven Beobachtung machen (vgl. Boyles „nackten" Stil).

(f) Zugleich wurde auch ein *neuer Stil der wissenschaftlichen Auseinandersetzung* propagiert: die ad hominem-Argumente wurden verbannt. Dispute über Entdeckungen, nicht über Menschen – das war die neue Devise. Entsprechend *moderat* sollte die Form der Auseinandersetzung sein – auch mit dem Ziel, möglichst viele Interessierte und wissenschaftlich Kundige, so sehr sie vielleicht auch hinsichtlich ihrer Thesen kritisiert werden mußten, zur Lebensform des experimentierenden Naturphilosophen zu bekehren. Das wird deutlich in Boyles *Sceptical Chymist*, der Dialoge zwischen moderaten gleichberechtigten Rednern präsentiert, deren Konsens im gemeinsamen Gespräch entsteht.

Shapin und Schaffer ziehen daraus die Folgerung, daß die Idee Boyles, daß sich durch experimentelle Techniken Fakten sicher etablieren ließen, und damit sein gesamtes Programm der experimentellen Naturphilosophie, auf einer Reihe von *Konventionen* beruhte, die letztlich einfach einen neuen wissenschaftlichen Diskurs und eine neue wissenschaftliche Lebensform repräsentierten. Ein Angriff auf dieses Programm konnte daher darin bestehen, die konventionellen Grundlagen dieses Programms aufzuzeigen und sodann seine Ziele und Effizienz zu bestreiten, u. a. durch Skizzierung eines alternativen Programms. In seiner langen Auseinandersetzung mit Boyle unternahm Hobbes genau diesen Versuch.

Schaffer und Shapin weisen zunächst darauf hin, daß es im England des 17. Jahrhunderts unter allen Intellektuellen eine gesteigerte politische Sensibilität für das Problem des Dissenses und für die Wichtigkeit von Konsens gab. Vor diesem Hintergrund hatte Hobbes seinem eigenen Selbstverständnis nach eine Naturphilosophie entwickelt, die Ordnung und Konsens sicherte und die Ziele der Philosophie zu erreichen gestattete. In seiner Auseinandersetzung mit Boyle versuchte Hobbes deshalb seine Reputation als *Naturphilosoph* zu verteidigen. Er behauptete,

- daß die Abgrenzung von sicheren Fakten und unsicheren kausalen Erklärungen eher Dissens und Unordnung als Konsens und Ordnung fördert,
- daß Konsens und Ordnung nur durch eine angemessene metaphysische Sprache gesichert werden kann, und nicht durch eine Dispension der metaphysischen Sprache,
- daß Boyle in seinen Experimenten mit der Luftpumpe nicht das Recht hatte, von einem Vakuum zu sprechen und zugleich den metaphysischen Diskurs als illegitim anzusehen,
- und daß daher Boyles Anspruch, daß seine Maschine ein Vakuum herstellen kann, und alle Experimente mit der Luftpumpe, die auf dieser Prämisse beruhen, hinfällig sind.

Hobbes‘ naturphilosophische Ansichten hinsichtlich Plenismus und Vakuum waren nicht besonders originell zu seiner Zeit, sondern im Gegenteil gut verankert in einer Reihe von Theorien, die in Frankreich vertreten wurden, wo sich Hobbes im Mersenne-Kreis einige Zeit aufgehalten hatte. Er war insbesondere gut informiert über die Debatte um Torricellis Experimente mit der Quecksilbersäule und über verschiedene Interpretationen hinsichtlich der Frage, ob dabei ein Vakuum produziert wurde oder nicht. In seinen Kommentaren zu Boyles Luftpumpen-Experimenten argumentierte Hobbes (vor allem im *Dialogus physicus*),

(a) daß die Entscheidung über die Produzierbarkeit eines Vakuums nicht von unsicherer Sinneswahrnehmung abhängt, sondern von einer angemessenen metaphysischen Sprache,
(b) daß der Glaube an die Existenz eines Vakuums politisch gefährlich ist, weil er dazu verleitet, an die Existenz nicht-körperlicher Dinge und Geister zu glauben,

(c) und daß Boyles Experimente auch ohne die Annahme eines Vakuums physikalisch interpretiert werden können.

In bezug auf (c) wies Hobbes vor allem darauf hin, daß die Luftpumpe gegenüber Luftbewegungen nicht dicht war und daß die Vorgänge bei den Experimenten durch Austausch von Luftpartikeln und feineren Ätherpartikeln erklärt werden konnten. In Hinsicht auf (b) betonte er im *Leviathan*, daß der Glaube an nicht-körperliche Dinge gerade von offiziellen Vertretern der Kirche propagiert wurde, um ihre politische Macht zu sichern und eine zweite politische Gewalt neben der Staatsgewalt aufrechtzuerhalten – eine direkte Ursache für politische Zwietracht und militärische Auseinandersetzungen. Insofern wird auch im *Leviathan* eine nominalistische und materialistische Ontologie als Zentrum der Naturphilosophie propagiert – der *Leviathan* läßt sich u. a. auch als naturphilosophischer Traktat lesen. Die *materialistische Naturphilosophie* ist auch *politisch korrekt*. Der *Leviathan* enthält außerdem eine *politische Epistemologie*. Nicht nur ist das Wissen naturalisierbar, sondern es gibt auch eine scharfe Unterscheidung zwischen infallibler erster Philosophie und fallibler Meinung und Sinneswahrnehmung. Auf der Ebene des metaphysischen Diskurses gibt es also absolute epistemische Sicherheit, und daher kann mit Recht gefordert werden, daß die Sprache der Physik den Bedingungen der metaphysischen Sprache genügen muß. Erst das ist *Philosophie* im eigentlichen Sinne. Wenn demgegenüber der individuellen Meinung und Beobachtung epistemologische Priorität zukommen soll, so ist diese methodologische Forderung Ausdruck des Protestantismus, der seinerseits Unfrieden und Disharmonie stiftet. Wissen, Philosophie, Wissenschaft und Sicherheit stehen auf der einen Seite und sind politisch korrekt; Fallibilismus, Sinneswahrnehmung, experimentelle Auswertung und individuelle Meinung stehen auf der anderen Seite und sind politisch inkorrekt. Aus dieser Sicht ist insbesondere die Abgrenzung zwischen Fakten und ihren Ursachen *unphilosophisch*. Das experimentelle Programm Boyles ist einfach nicht Philosophie, sondern etwas, das epistemisch minderwertig ist.

Insgesamt sind also nach Shapin und Schaffer die wesentlichen Kritikpunkte, die Hobbes Boyles exprimentellem Programm gegenüber ins Spiel brachte, die folgenden:

(d) Der Raum des Bezeugens der Experimente und ihres Ausgangs ist nicht wirklich öffentlich, weil der Zugang beschränkt ist; die experimentelle Praxis kann daher nicht Konsens herstellen, sondern fördert im Gegenteil Dissens, selbst innerhalb der Regeln der experimentellen Praxis. Denn selbst Augenzeugen von Experimenten können nicht mehr produzieren als individuelle innere Erfahrungserlebnisse, deren Vorkommen zwar sicher ist, von denen aber nicht sicher auf entsprechende externe Ereignisse geschlossen werden kann. Gerade wenn nur verhältnismäßig wenige Augenzeugen anwesend sind, ist folglich die Zuverlässigkeit der Beobachtungen eingeschränkt, vor allem gegenüber Ereignissen, die alle Menschen beobachten können.

(e) Das experimentelle Programm mit seiner Replikationsforderung ist witzlos, denn *wenn* man Ursachen eindeutig aus ihren Effekten erschließen kann (was nicht immer der Fall ist), dann genügt ein einziges Experiment. Die Kombination der Replikationsforderung mit der These von der prinzipiellen Fallibilität aller Aussagen über Ursachen, also vom grundsätzlichen Nichtwissen der Ursachen, führt dazu, daß die wissenschaftliche Konstatierung der Ergebnisse von Experimenten nicht den Status der Philosophie haben. Denn die Philosophie als epistemische Praxis ist die Demonstration, wie Effekte aus ihren Ursachen folgen. Die experimentelle Praxis erfüllt diese Definition nicht. Daher ist der Experimentator kein Philosoph, sondern ein Mechaniker, der Experimente als amüsante Spektakel inszeniert. Die experimentelle Praxis gehört nicht zur philosophischen Haltung und Lebensform. Die Experimentalisten machen Naturphilosophen zu Quacksalbern.

(f) Die zentrale These der Experimentalisten, daß es eine klare prozedurale und methodologische Grenze zwischen der Beobachtung positiver Regularitäten, die durch Experimente produziert wurden („Fakten") und der Identifizierung von Ursachen für gegebene Effekte gibt, ist falsch. Wenn die Experimentalisten über Hypothesen und Vermutungen sprechen, handelt es sich faktisch um Ursachen.

(g) Alle experimentellen Ergebnisse, die Boyle mit seiner Luftpumpe produzierte, können von einem plenistischen Standpunkt aus interpretiert werden; sie sprechen daher keineswegs für den Vakuismus und müssen nicht unter Benutzung des Vakuum-Begriffes gedeutet werden. Da die Experimente nicht zwischen Vakuismus und Plenismus entscheiden können, muß unabhängig von Experimenten, also im Rahmen einer apriorischen ersten Philosophie, darüber entschieden werden, welche Grundbegriffe man in der Physik auf welche Weise benutzt, und hier spricht alles für den Plenismus. Naturphilosophie impliziert stets das Vokabular und die Theoreme einer korrekten ersten Philosophie. Deren Methode, und nicht experimentelle Fakten, ist die entscheidende Grundlage für eine angemessene Naturphilosophie.

(h) Die Ergebnisse der Experimente sind prinzipiell fallibel und unsicher, d. h. repräsentieren kein Wissen – einerseits, weil der Bau der experimentellen Apparate eine Fülle theoretischer Voraussetzungen enthält, die ihrerseits angefochten werden können, und andererseits weil die experimentellen Apparate selbst, insbesondere die Luftpumpe, selten zuverlässig arbeiten. Die Luftpumpe enthält Lecks, besser *muß* Lecks enthalten, weil die Experimentalisten nicht ausschließen können, daß sie Lecks enthält, und weil dies eine Implikation der korrekten ersten Philosophie ist.

(i) Das Verhältnis der Wissenschaften zueinander impliziert nicht, wie die Experimentalisten behaupten, eine klare Trennung zwischen Naturphilosophie und politischer Philosophie. Geometrie und politische Philosophie können vielmehr, im Gegensatz zur Naturphilosophie, absolut sicheres Wissen produzieren, weil ihre Gegenstände von Menschen selbst gemacht sind. Sicherheit ist eine Funktion von Konventionen. Innerhalb der Naturphilosophie ist zwar die Ermittlung von Ursachen nicht absolut sicher, wohl aber die erste Philosophie, und deren Einsichten haben durchaus Relevanz für die Grundlagen der politischen Philosophie.

Mit diesen sechs Punkten ist die alternative epistemische Praktik und wissenschaftliche Lebensform umschrieben, die Hobbes gegenüber Boyle verteidigte. Es ist diese alternative epistemische Praktik, von der Schaffer und Shapin behaupten, daß sie zwar historisch untergegangen ist, aber nur kontingenterweise, so daß es im Prinzip auch hätte geschehen können, daß Hobbes sich durchsetzt und Boyle unterliegt.

4.

Es fällt zunächst auf, daß die Zielbeschreibung des Buches nicht übermäßig genau ausfällt. Damit droht die Beschreibung des Boyle-Programms unterkomplex zu werden. Denn es geht bei Boyle nicht um das Experimentieren allgemein, dies ist vielmehr eine alte, z. T. antike Praxis; es geht nicht einmal primär um das Experimentieren mittels Geräten wie z. B. Teleskop und Mikroskop; vielmehr ist es das *gerätegestützte Experimentieren, das über die Geräte neue wissenschaftliche Fakten produziert*, das Boyle erstmals einführt und methodologisch reflektiert. Die Entstehung der experimentellen Praxis allgemein ist also nicht Gegenstand der Untersuchung, sondern die Entstehung einer speziellen, allerdings wichtigen und folgenreichen experimentellen Praxis. Es ist allerdings wichtig, schon an dieser Stelle zu betonen, daß daraus allein keineswegs schon sozialkonstruktivistische Konsequenzen folgen, denn im Prinzip können experimentell produzierte Fakten so objektiv wie nur möglich sein. Nirgends im Buch wird eine Reflexion über das entscheidende Potential gerätegestützten Experimentierens angestellt – nämlich das Potential, *tiefe* Theorien über *nicht-beobachtbare* Bereiche durch Herstellung *artifizieller* Versuchsbedingungen testbar zu machen. Schaffer und Shapin melden gleich zu Beginn ihres Buches das Interesse an, die Natur und den Status des Experimentes zu verstehen. Dafür ist jedoch ein viel ausgefeilterer und komplexerer Begriff des Experimentes vonnöten, den das Buch offenbar vermissen läßt.

Eine offensichtliche Problematik in der unqualifizierten Betonung der Kontingenz wissenschaftlicher Diskurse – eine Kontingenz, von der das Buch von Anfang an als einer Arbeitshypothese ausgeht – liegt darin, daß die Vorstellung der *Beliebigkeit* dieser Diskurse absurd ist. Die *Diskurskontingenz muß daher zumindest theoretisch eingeschränkt werden*, aber genau für diese Einschränkung werden im postmodernen oder sozialkonstruktivistischen Umfeld keinerlei begriffliche Ressourcen angeboten. Denn es ist mehr als klar, daß die Einschränkung nicht allein politischen oder sozialen Bedingungen geschuldet sein kann, sondern *in einem Bezug der Diskurse zu Wahrheit und objektivem Erfolg* begründet sein muß, und genau dieser Bezug wird von der Postmoderne und vom Sozialkonstruktivismus strikt geleugnet. Ein verwandtes Problem ergibt sich aus der Rede von menschengemachten Fakten: daß Menschen Fakten machen (z. B. sich in bestimmten Diskursen auf die Feststellung von Fakten einigen), ist für sich genommen noch keinerlei Einwand gegen die Objektivität dieser Fakten. Diese Problematik läßt sich genaugenommen sogar zu einem *internen* Problem der von Schaffer und Shapin propagierten Wissenschaftsgeschichtsschreibung verschärfen. Denn wenn sie gegenüber Boyle den Standpunkt von Hobbes als ernsthafte Alternative stark machen wollen, müssen sie zeigen, daß dieser Standpunkt unter den Bedingungen des 17. Jahrhunderts nicht völlig beliebig und aus der Luft gegriffen war, sondern eine *nachvollziehbare und durchaus nicht unvernünftige Position repräsentierte*, und diesen Nachweis versuchen Schaffer und Shapin auch anzutreten. Aber das heißt, daß sie *selbst* gezwungen sind, die epistemischen Konventionen und ihre Kontingenz *rational einzuschränken*, während ihre allgemeine offizielle Position diese Einschränkung überhaupt nicht zuläßt. Räumt man nämlich erst einmal rationale Einschränkung ein, dann können deren Standards u. U. auch zu *rationalen Vergleichen* von Methodologien Anlaß geben, und genau das ist der zentrale Gegenstand der Attacke des Buches.

Die historische Einschätzung des Boyleschen Programms der experimentellen Naturphilosophie, die Schaffer und Shapin vornehmen, ist von Anfang an belastet durch die These, daß vor der Mitte des 17. Jahrhunderts Wissen und Meinung strikt getrennt wurden und Wissen mit Infallibilität verbunden wurde. Dies ist eine dramatische und für das Buch folgenreiche historische Fehleinschätzung und Simplifizierung, die dazu führt, Boyles Strategie als methodologisches Novum und Hobbes als Vertreter einer eingespielten wissenschaftlichen Wissenskultur zu sehen. In Wahrheit war der Probabilismus und Fallibilismus seit der Antike präsent und erlebte gerade seit dem 16. Jahrhundert im Skeptizismus eine Wiederbelebung, wie z. B. die Werke von Charron, Vives und Gassendi deutlich zeigen. Es war eher der strikte Fundamentalismus, der eine Minderheitenposition darstellte, *wenn* es ihn überhaupt gab.[6] Zudem muß man aus moderner wissenschaftshistorischer Sicht begrifflich zwischen der Formulierung von Wissensidealen und der Beschreibung menschlicher epistemischer Situationen unterscheiden.

Bereits an dieser Stelle klingen die Formulierungen Schaffers und Shapins verführerisch und, wie es scheint, gezielt sozialkonstruktivistisch – ganz zu Unrecht, denn daß z. B. *Fakten* im beschriebenen Sinne auch eine soziale Kategorie sind, hat *keinerlei* Implikationen für die Einschränkung ihrer Objektivität; im Gegenteil könnte man ebensogut sagen, daß die Einschränkung der individuellen Perspektivität durch Vervielfältigung der Zeugen ein Zug zur *Konsolidierung der Objektivität* ist. Das ist ein *epistemologisches* Argument, das die grundsätzliche Perspektivität der Feststellung von Fakten nicht leugnet, aber zugleich damit rechnet, daß diese Perspektivität durch Multiplikation und Konvergenz der Perspektiven in menschenmögliche Objektivität überführt werden kann.[7] Im übrigen sind die Wittgenstein-Anleihen in der Darstellung des Boyle-Programms durchaus äußerlich. Was z. B. die wichtige Grenze zwischen Fakten und kausalen Erklärungen angeht, so wird in den Detailstudien nur gezeigt, daß die Grenze zwischen Fakten und kausalen Erklärungen zuweilen in konkreten Forschungssituationen nicht immer leicht und eindeutig gezogen werden kann. Aber daraus folgt in keiner Weise, daß sie nicht oft problemlos gezogen werden kann, und es folgt erst recht nicht, daß die Grenzziehung als programmatisches methodologisches Ziel absurd ist. Im übrigen ist es historisch falsch, so zu tun, als sei diese Grenzziehung ein Novum, das erst mit Boyles Programm der experimentellen Naturphilosophie in die Welt gekommen ist, denn diese Grenzziehung ist fest eingebunden in das aristotelische Bild von wissenschaftlicher Methode.

Ganz allgemein wird gerade anhand der Punkte (a)-(f)[8] die *generelle Problematik des wissenschaftshistorischen Ansatzes von Shapin und Schaffer* mehr als deutlich. Es ist weitgehend *trivial,* eine *Neubeschreibung* der wichtigsten Elemente des Boyleschen Programmes der experimentellen Naturphilosophie in postmodernen Begriffen der Technologie und Konventionen zu liefern. Natürlich ist es unbestreitbar, daß es sich bei den in (a)-(f) genannten Aspekten des Programms um *Regeln* und *Konventionen* handelt – schließlich reden wir hier über wissenschaftliche Methodologie und epistemische Praktiken. Der *zentrale Schwachpunkt* der Analyse besteht in dem einfachen und leicht durchschaubaren Schachzug, aus der bloßen Konventionalität der Regeln epistemischer Praktiken und ihrer Tradierung (also von

6 Siehe unten, wo darauf hingewiesen wird, daß es allenfalls *gemischte* Positionen gab, die Infallibilismus für einen bestimmten *Teil* der Naturphilosophie reklamierten.

7 Vgl. dazu neuerdings Goldman (1999).

8 Vgl. oben, Abschnitt (3), S. 76-78

Wissenskulturen) auf die Kontingenz dieser Konventionen zu schließen – also auf ihre Beliebigkeit, ihre Veränderbarkeit und ihre Abkoppelung von Wahrheit und universeller Rationalität. Vielleicht weisen alle Regeln und Konventionen epistemischer Praktiken und ihrer Tradierung diese radikale Kontingenz auf, *aber diese Hypothese müßte erst noch solide begründet werden.* Sie folgt *keineswegs*, wie Schaffer und Shapin zu unterstellen scheinen, *allein* aus der Tatsache, daß es sich um Regeln und Konventionen handelt. Die Position Schaffers und Shapins ist vergleichbar mit dem verbreiteten *vulgären* Verständnis der Machttheorie Foucaults. Diesem vulgären Verständnis zufolge soll allein aus der Tatsache, daß die Wissensproduktion intrinsisch mit Machtverhältnissen durchschossen ist, die Kontingenz und Konventionalität des Wissens, also seine Abkoppelung von Wahrheit folgen. Das ist klarer Weise falsch. Es kann Machtverhältnisse geben, und es gibt sie auch, die die Rationalität und Wahrheitsproduktion wissenschaftlicher Konventionen befördern.

So ist es auch mehr als offensichtlich, daß es die naheliegende Möglichkeit gibt, die unter (a)-(f) skizzierten Elemente des Boyleschen Programms *sämtlich* als Konventionen zu lesen, die das Ziel haben, *die Perspektivität individueller Beobachter zu mildern und möglichst zu objektivieren, die Fallibilität kausaler Erklärungen zu etablieren und die Reflexion auf die menschliche epistemische Situation explizit in die wissenschaftliche Methodologie zu etablieren.* Aus der Perspektive dieser Lesart *fördern* Boyles Konventionen die Wahrheitsfähigkeit und die Fehlervermeidung der Wissenschaft und sind insofern gerade *nicht kontingent.* Schaffer und Shapin versuchen ihre These über die Kontingenz der Boyle-Konventionen dadurch zu plausibilisieren, daß sie behaupten, es handele sich um ein *historisch neues* Sprachspiel der Naturwissenschaft. Das ist jedoch ein eklatantes historisches Fehlurteil: viele der in (a)-(f) genannten Punkte sind vielmehr fest in einer langen und starken methodologischen Tradition verankert; einzig die experimentelle *Produktion* von Fakten unter theoretisch interessanten, aber gezielt artifiziellen Bedingungen ist vielleicht im Boyle-Programm ein Novum, obgleich auch dies erst noch näher untersucht werden müßte.

Die Beschreibung der Hobbesschen Argumente (g)-(i) oben[9] ist zunächst nicht viel mehr als eine Anzahl sehr elementarer Feststellungen: Es gab für Boyles Experimente keine eindeutige theoretische Interpretation (wie bei so vielen Experimenten und Beobachtungen in einer theoretisch offenen Situation); Hobbes vertrat einen apriorischen metaphysischen und insofern dogmatischen Fundamentalismus; und er verband metaphysische und epistemologische Fragen mit Aspekten politischer Korrektheit. Gerade die letzten beiden Punkte werden von Schaffer und Shapin typischerweise kommentarlos konstatiert, obgleich sie allen Anlaß zur Problematisierung bieten könnten. Es ist z. B. bezeichnend, wie deskriptiv Hobbes' „sprachanalytische" Begründung der infalliblen Grundlagen der ersten Philosophie, die auch unter zeitgenössischen Standards alles andere als überzeugend und konsistent war, en passant dargestellt wird. Das Buch ist zumindest bis hierhin auch nicht wirklich ein *historischer* Traktat: die historischen und sozialen Hintergründe verschiedener Methodologien und Philosophien treten nicht klar hervor, sondern werden uns allenfalls en passant hinter vorgehaltener Hand zugeraunt – z. B. die hohe Sensibilität der Intellektuellen gegenüber Dissens nach der Erfahrung der Bürgerkriege. *Die Aufarbeitung des sozialen und historischen Hintergrundes der dominanten Wissenskulturen des 17. Jahrhunderts steht noch aus,* soweit es das Buch von Schaffer und Shapin betrifft.

9 Siehe oben Abschnitt (3), S. 11.

Insgesamt ist es zu einfach, die von Hobbes und Boyle vertretenen epistemischen Praktiken einander holzschnittartig und en bloc gegenüberzustellen, wie es Schaffer und Shapin zu tun versuchen. Denn es gab, zumindest aus der interpretatorischen Perpektive der heutigen Wissenschaftsgeschichte, durchaus auch eine Reihe von Gemeinsamkeiten, obgleich die Kontrahenten nicht in der Lage waren, sie zu sehen:

- Hobbes wie Boyle vertraten einen Fallibilismus in Hinsicht auf die Identifizierung von Ursachen in der Naturphilosophie, und sie waren auch beide der Meinung, daß, wenn Ursachen hypothetisch identifiziert waren und diese Identifizierung konsistent war mit anerkanntem Wissen, die zu erklärenden (ggf. experimentellen Fakten) aus diesen Ursachen notwendig folgen müssen.
- Boyle stimmte mit Hobbes grundsätzlich darin überein, daß es oft der Fall sein kann, daß in einer bestimmten Forschungssituation (experimentelle) Fakten durch verschiedene Theorien erklärt werden können, d. h. daß die (experimentellen) Fakten keineswegs immer zwischen theoretischen Alternativen entscheiden können.
- Boyle erkannte an, daß die Frage der Zuverlässigkeit experimenteller Apparate prinzipiell legitim ist und daß ein Nachweis fehlerhafter Arbeitsweise der Apparate die experimentellen Ergebnisse wertlos macht – wie Hobbes es reklamiert hatte.

Nur wenn man die Gemeinsamkeiten zwischen Hobbes und Boyle sieht, lassen sich ihre Differenzen schärfer fokussieren. Eine der entscheidenden Differenzen ist aus dieser Perspektive, daß Hobbes eine apriorische erste Philosophie als Grundlage der Physik für erforderlich hielt und daß er eine analytische nicht-empirische Methode als verfügbar betrachtete, die nicht nur hinreichend war, um die Grundbegriffe und Theoreme der ersten Philosophie zu etablieren, sondern die auch sicherer war als jede Etablierung empirischer und insbesondere experimenteller Fakten. Genau dies wurde von Boyle und den Experimentalisten strikt abgelehnt: sie verteidigten den Grundsatz, daß jede wissenschaftliche Behauptung der Überprüfung durch empirische und experimentelle Daten zugänglich sein muß und daß jede Behauptung, für die das nicht gilt, unwissenschaftlich ist und einfach nicht zum wissenschaftlichen Argumentationsspiel gehört. Kurzum, der überzogenen Versuch, Argumentationsspiele, epistemische Praktiken, Wissenskulturen bei Boyle und Hobbes en bloc zu identifizieren, verdeckt eher die wahren epistemologischen und methodologischen Differenzen zwischen ihnen. Ein weiterer Aspekt, der für Hobbes z. B. auch gegenüber Descartes spezifisch ist, der aber von Schaffer und Shapin kaum erwähnt wird, ist Hobbes' *strikter Physikalismus*.

Entscheidend ist aber vor allem, daß Schaffer und Shapin die von Hobbes verteidigte epistemische Praxis historisch unzureichend einordnen. Sie erwähnen nur en passant gewisse Ähnlichkeiten zur Methodologie bei *Descartes*. Diese Ähnlichkeit besteht in der Tat, verdiente aber viel stärker herausgearbeitet zu werden. Denn trotz aller Unterschiede zwischen Descartes und Hobbes auf vielen Ebenen sind doch *beide* der Meinung, daß die Wissenschaft von der Natur aus einem infalliblen apriorischen Teil und einem falliblen aposteriorischen Teil besteht, derart daß der aposteriorische Teil in den begrifflichen Rahmen des apriorischen Teils integrierbar sein muß. Beide Autoren erkennen darüberhinaus auf der allgemeinsten methodologischen Ebene die analytisch-synthetische Methode an und glauben, daß die Methoden der Etablierung des apriorischen und des aposteriorischen teils der Naturphilosophie grundverschieden sind. Es handelt sich hier also um eine *für das 17. Jahrhundert durchaus gewichtige und repräsentative Wissenskultur*, die dem radikaleren, empirischer orientierten Probabilismus und Fallibilismus eines Gassendi oder Boyle gegenübersteht (bei Anerkennung auch gewisser Gemeinsamkeiten). *Das sind*, wie es scheint, *die beiden entscheidenden Wissenskulturen des 17. Jahrhunderts.* Dazu kommt aber, daß es auf der Hand liegt, wie stark auch *Kant* von der von Descartes und Hobbes vertretenen Wissenskultur beeinflußt ist, denn bei Kant liegt offenbar dieselbe Einteilung zwischen apriorischem und aposteriorischem Teil der Physik vor (am besten zu studieren nicht in der *Kritik der reinen Vernunft*, sondern in Kants kleiner, wenig beachteter Schrift *Metaphysische Anfangsgründe der Naturwissenschaft*). Und dieses Programm setzt sich fort bei den Neukantianern, bei Dingler bis zur Protophysik des deutschen (Erlanger) Konstruktivismus (dabei sollen die Unterschiede zwischen diesen Varianten natürlich keineswegs geleugnet werden). Und natürlich hat auch der scharfe Physikalismus, den Hobbes verteidigt hat und der auch zur Hobbesschen Wissenskultur gehört, bis heute seine Attraktivität nicht verloren. Schaffer und Shapin stilisieren das Hobbes-Programm zu einer kontingenten historischen Episode einer Wissenskultur, die sich zwar im Prinzip auch hätte durchsetzen können, die aber eher kontingenterweise (zumindest nicht aus wissenschaftsinternen Gründen) untergegangen ist. *Dieses historische Bild ist falsch – es überzieht erneut das Gewicht von historischer Kontingenz in der Wissenschaftsgeschichte.*

Dieser Punkt läßt sich aus der Perspektive der heutigen Wissenschaftstheorie sogar noch verschärfen. Denn die gegenwärtig vielleicht einflußreichsten wissenschaftstheoretischen Ansätze, die zugleich – bezeichnenderweise – die Wissenschaftsgeschichte in die Wissenschaftstheorie zu integrieren suchen, können so verstanden werden, *daß sie die zentralen Einsichten beider Wissenskulturen des 17. Jahrhunderts und ihrer historischen Nachfolger zu einer interessanten Synthese vereinen.* Es handelt sich natürlich um Thomas Kuhns Paradigma-Ansatz, um Imre Lakatos' Methodologie der Forschungsprogramme[10]; auch die pragmatistische Wissenschaftstheorie ließe sich hier anführen.[11] Diese Ansätze unterscheiden *drei* verschiedene Ebenen der wissenschaftlichen Praxis: die Etablierung eines für lange Zeit unantastbaren *Kerns* eines Forschungsprogramms, dessen Vokabular und Grundsätze alle anderen Elemente des Forschungsprogramms als Rahmen einschränken (in der Funktion einer „ersten" Philosophie); dann die Produktion von falliblen Theorien im Rahmen des Kerns (in der Funktion der Ermittlung von Ursachen); und schließlich die Erhebung von empirischen Daten, die z. T. selbst durch bereits etablierte Theorien interpretiert sind (in der Funktion der Feststellung von Fakten). Die beiden entscheidenden zusätzlichen Punkte gegenüber dem Hobbes-Programm *und* dem Boyle-Programm sind die Unterscheidung zwischen Kern und einzelnen Theorien sowie die langfristige Fallibilität auch des Kerns. Aus dieser Perspektive hatte Boyle „recht" mit seinem Insistieren auf der prinzipiellen Fallibilität *aller* theoretischen Annahmen der Physik aufgrund empirischer Daten, aber er hat den *langfristigen* Einfluß eines für lange Zeit infalliblen Kernvokabulars unterschätzt. Hobbes dagegen hatte „recht" mit seinem Insistieren auf der theoretischen Relevanz eines weitgehend von empirischen Daten unabhängigen Basisvokabulars, aber er hat die Möglichkeit eines *langfristigen* Durchschlagens der Fallibilität selbst auf die erste Philosophie unterschätzt. Diese historische Perspektive der *weiteren Geschichte maßgeblicher Wissenskulturen des 17. Jahr-*

10 Vgl. z. B. Lakatos (1970).
11 Vgl. z. B. Laudan (1990).

hunderts könnte aufgespannt werden. Darin liegt prima facie *nichts Absurdes*, es ist vielmehr durchaus *naheliegend*, die Dinge so zu sehen. Diese Perspektive ließe sich mit der Annahme einer *Kontinuität* und sogar einer *evolutionären Entwicklung* der entscheidenden Wissenskulturen des 17. Jahrhunderts vereinbaren. Vielleicht sprechen einige Gründe auch *gegen* diese Perspektive. Aber wenn es so ist, dann müssen diese Gründe unter Einbeziehung einer *weiten* historischen Perspektive auch explizit vorgelegt werden. Das ist bei Schaffer und Shapin nicht einmal in Andeutungen der Fall. Ihr postmodernes sozialkonstruktivistisches Bild von Wissenschaftsgeschichte ist daher *vollständig unbegründet* und wird ganz gewiß nicht durch ihre Studie der Hobbes-Boyle-Kontroverse substanziiert. Schaffer und Shapin zeigen sich weder in Hinsicht auf einen weiteren historischen Horizont der Wissenschaftsgeschichte und der Methodologie-Geschichte (Antike, Moderne) noch in wissenschaftstheoretischen Hinsicht ausreichend informiert, um auch nur beginnen zu können, ein sozialkonstruktivistisches Bild von Wissenschaftsgeschichte ernsthaft zu verteidigen.

Literatur

Biagioli, Mario (1993): *Galileo, Courtier. The Practice of Science in the Culture of Absolutism*. Chicago/London: Chicago UP.

Biagioli, Mario (1999): *Galilei, der Höfling. Entdeckungen und Etikette: Vom Aufstieg der neuen Wissenschaft*. Frankfurt/M.: Fischer.

Detel, Wolfgang (1997): „Foucault and the Will to Power and Knowledge", *European Journal of Philosophy* 1997.

Goldman, Alvin (1999): *Knowledge in a Social World*. Oxford: Oxford University Press.

Kuhn, Thomas (1962): *Die Struktur wissenschaftlicher Revolutionen*. Frankfurt/M.

Lakatos, Imre (1970): „Falsifikation und die Methodologie wissenschaftlicher Forschungsprogramme", in Imre Lakatos und Alan Musgrave (Hg.), *Kritik und Erkenntnisfortschritt*. Braunschweig, 89-190.

Laudan, Larry (1990): *Science and Relativism: Some Key Controversies in the Philosophy of Science*. Chicago: University of Chicago Press.

Shapin, Steven und Schaffer, Simon (1985): *Leviathan and the Air-Pump: Hobbes, Boyle and the Experimental Life*. Princeton: Princton University Press.

Claus Zittel

Konstruktionsprobleme des Sozialkonstruktivismus[1]

I. Wissenschaftsgeschichte und Geschichtswissenschaft

Einleitung

Wie jeder Blick in die Tagungsprogramme wissenschaftsoziologischer Kongresse oder in die einschlägigen Zeitschriften und Sammelbände lehrt, hat der Sozialkonstruktivismus de facto gesiegt, in der Biologie, den Naturwissenschaften, und in den Geisteswissenschaften ohnehin. Einzig einige Theologen und fundamentalistisch gesinnte Philosophen wollen dies nicht wahrhaben. Die großen Theorie-Kontroversen um die ‚Wahrheit' der sozialkonstruktivistischen Positionen liegen Jahrzehnte zurück,[2] die entscheidenden Streitpunkte drehen sich heute darum, *wie* wir konstruieren (oder konstruiert werden), ob überall, also auch in den Wissenschaften, oder nur in der Gesellschaft, ob sozial oder nicht, mit den Dingen als Akteuren oder nicht usw. Ansonsten betreibt man gewöhnlich konstruktivistische Fallstudien, ohne sich weiter um die Begründungsprobleme zu kümmern, zumeist zufrieden in der Überzeugung, damit einen weiteren kleinen Mosaikstein zum großen Bild, wie Wissenschaft oder Gesellschaft oder Kultur hergestellt werden, hinzuzufügen.

In den folgenden Ausführungen werde ich daher nicht mehr diskutieren, was für oder gegen den Konstruktivismus spricht. Ebensowenig strebe ich an, verschiedene sozialkonstruktivistische Ansätze durchzuhecheln, um einen Überblick oder gar eine Synthese ihrer zu geben. Stattdessen möchte ich den epistemischen und kulturellen Status von historisch (re)konstruierten Wissenschaften beleuchten und dabei ein offenes Panorama einzelner problematischer Aspekte vor Augen führen, die sich speziell in kulturhistorischer Perspektive zeigen. Meine Fragestellung ist zunächst praktischer Natur: Es soll für einige Schwierigkeiten sensibilisiert werden, die sich bei der wissenschaftshistoriographischen Anwendung von sozialkonstruktivistischen Methoden auf Wissenskulturen ergeben. Diese Schwierigkeiten resultieren unter anderem aus den unterschiedlichen Gegenstandsbereichen der verschiedenen historisch arbeitenden Disziplinen, aus den durch die Kontextualisierung unterschiedlich stark tangierten Geltungsansprüchen der historisch rekonstruierten Wissenschaften und den jeweils anders zu unterstellenden Evolutionsmodellen von Wissen. Dann will ich aber

---

1 Für hilfreiche Kommentare der ersten Fassung meines Textes danke ich Alexander Becker, Hajo Greif und Katrin Koehl.

2 Die beste neuere Reformulierung der klassischen sozialkonstruktivistischen Wissens-Theorie findet sich in Barnes/Bloor/Henry (1996). Vgl. auch Barnes (1994) und Barnes (1990). Einen Eindruck der neueren Kontroversen kann man sich verschaffen bei dem selbst etwas unentschieden bleibenden Hacking (1999). Theoretisch konsequente und zugleich praxisnahe neuere Studien sind z. B. Pickering (1995) und Kitcher (1993). Klassische Fallstudien sind u. a. Latour (1987), Latour/Woolgar (1986).

auch versuchen, philosophisch den implizit von vielen Sozialkonstruktivisten beim Konstruieren in Anschlag gebrachten Wissensbegriff zu reformulieren. Dies wird selbstverständlich nicht ohne starke Stilisierungen vonstatten gehen können.

Konstrukte und natürliche Arten

Zunächst sei kurz der Hintergrund meiner Problemstellung beleuchtet: Wird die *historische* Perspektive eingenommen, fragt es sich, ob wir je nach Gegenstandsbereich verschiedene Konstruktionen vornehmen sollen, also die Wissenschaftsentwicklung anders beschreiben müssen als etwa die der Kunstgeschichte.

Welchen Status und Gegenstand hat also die Naturwissenschaft und was folgt aus der jeweiligen Bestimmung für die Konstruktionsmethode? Die Wissenschafts-Philosophen formulieren diese Frage – nicht ganz stilsicher – oft so: Ist Naturwissenschaft eine natürliche Art?[3] Damit meinen sie, man solle überlegen, ob die Naturwissenschaften durch eine besondere Methode oder einen priviligierteren Zugang zur Realität sich vor anderen Kulturbereichen auszeichne. Gesteht man dies nämlich zu, dann wird die Wissenschaftsgeschichte als von sozialen Faktoren zwar kontaminierte, aber doch nach und nach sich nach autonomen Gesetzen entfaltende dargestellt werden. Behauptet man hingegen, die Wissenschaft sei nur ein Bereich der Kultur wie die anderen auch, wird man sie stärker gesellschaftlich kontextualisieren, ihre Kontingenz[4] behaupten und vor allem ihre Einheitlichkeit auflösen: Wissenschaftliche Tätigkeit wird dann in ihren Resultaten und Normen als kulturell variant betrachtet und zwar *sowohl zwischen den Disziplinen als auch innerhalb ihrer.*[5] Man unterscheidet nun z. B. zwischen nationalen Eigenarten in der Ausrichtung, Stilen und Standards von Wissenschaft. Die erste Position wird von Wissenschaftshistorikern meiner Einschätzung nach explizit inzwischen immer seltener vertreten. Bei der zweiten gibt es jede Menge Schwierigkeiten theoretischer und praktischer Art und vor allem bei der Vermittlung von Theorie und Praxis, und von diesen handelt mein Essay. Theoretisch, so viel vorab und allgemein gesagt, tendiert man mehr und mehr zur Auflösung von Wissenschaft in kleine kulturelle Einheiten, praktisch versucht man dann doch jeweils immer wieder größere Einheiten zu konstruieren. Einerseits folgt aus der Prämisse, daß die Naturwissenschaft keine natürliche Art sei, daß die Wissenschaftsgeschichte eine Teildisziplin der Geschichtswissenschaft ist und damit unter deren allgemeinen Rahmenbedingungen steht. Wissenschaftsgeschichte wird dann einfach als Kulturgeschichte zu betreiben sein. Andererseits werden auch bei sozi-

3 Vgl. dazu Rorty (1993), S. 13ff.

4 Dies ist z. B. die radikale Pointe der Position Pickerings, der davon ausgeht, es hätte auch ganz andere, ebenfalls erfolgreiche alternative Physiken geben können, die Entstehung der jetzigen Physik sei deshalb keineswegs unvermeidlich gewesen: Pickering (1985). In späteren Arbeiten wird diese Position ausdifferenziert. Nun operiert Pickering (1995) mit Kategorien ‚Anpassung' und ‚Widerstand', wobei seiner Auffassung nach es immer mehrere verschiedene Möglichkeiten gibt, sich gegenüber Widerständen zu verhalten, und das führe zu einer unvorhersehbaren Wissenschaftsevolution.

5 Scharfe Kritik an den Konzeptionen einer einheitlichen Wissenschaft, sei sie metaphysisch, qua praktischer Übereinstimmung oder via geteilter Rationalitätsstandards unterstellt, wird aus verschiedenen Perspektiven in den Aufsätzen geübt aus dem hochklassigen Sammelband von Galison/Stump (1996).

alkonstruktivistisch gesinnten Historikern bei der konkreten Rekonstruktion die harten Naturwissenschaften unter der Hand dann doch meist anders behandelt als ihre Nachbardisziplinen in den Human-, Geistes-, oder Sozialwissenschaften.[6]

Rekonstruktion und Konstruktion

Welche Probleme zeigen sich nun, wenn man genauer betrachtet, wie einige Sozialkonstruktivisten wissenschaftshistorisch arbeiten? Die klassischen sozialkonstruktivistischen Fallstudien zur Wissenschaft erarbeiteten ihre Modelle als Laborstudien. Sie nahmen daher eine synchrone Perspektive auf ihren Forschungsgegenstand ein, konnten Umfang und Art der gesammelten Daten selbst bestimmen und soziologisch auf die Konstruktionsbedingungen des lokalen und historischen Kontextes beziehen.

Wie jedoch sieht es aus, wenn diese Perspektive historisiert wird? Um herauszufinden, wie etwa im 17. Jahrhundert das Wissen von Wissenschaftlern sozial konstruiert wurde, muß zunächst der damalige Konstruktionszusammenhang historisch rekonstruiert werden. Man richtet somit eine historische Perspektive auf eine sozialwissenschaftliche. Umgekehrt formuliert: Man versetzt ein in synchroner Betrachtung gewonnenes sozialwissenschaftliches Erklärungsmodell für Wissenschaftspraxis diachron in einen fernen historischen Kontext, unterstellend, daß die Verortung ähnlich verlaufen kann wie bei rezenten Untersuchungen. Dies ist jedoch prekär, denn man dockt das Wissenschaftsmodell an einem unsicheren Gelände an, das abzuschreiten und zu erschließen ganz anderer Methoden bedarf, tut aber meist so, als sei die Situierung im historischen Kontext stabil zu leisten.

Die historische Rekonstruktion insbesondere von Wissenschaftsgeschichte und die soziale Konstruktion operieren indes mit verschiedenen Konstruktionsprämissen. Kurz gesagt, arbeitet die Soziologie[7] szientifischer als die mit offenen Konstruktionen operierende Historie.[8] Der historisch arbeitende Wissenschaftssoziologe nimmt darauf jedoch bei seinem Kombinieren verschiedener Perspektiven meist wenig Rücksicht.

Noch mehr in Schieflage gerät die Betrachtung, wenn man sich zudem klar macht, daß bei diesen Studien die soziologische Perspektive häufig auf eine wissenschaftliche und/oder philosophische Theorie gerichtet wird. Dies kommt einer weiteren Brechung gleich: Historiker untersuchen mit szientistisch-soziologischen Methoden philosophische und wissenschaftliche Texte.

Man hat somit: 1. Die historische Perspektive (offene Konstruktion des lokalen Settings); 2. die soziologische Perspektive (vom als objektiv rekonstruiert behaupteten, lokalen Setting ausgehende, mehr oder weniger strikt kausale, synchrone Konstruktion der Theorie); und

6 Dazu analog blendet die traditionelle Wissenssoziologie von Mannheim und Simmel die Wissenschaften aus, und auch Foucault meidet die ‚harten' Naturwissenschaften. Wissenschaftshistoriker hingegen wie Peter Dear orientieren sich erklärtermaßen primär an den mathematischen Wissenschaften, da sie dort die ihrer Auffassung nach wichtigen Neuerungen ausmachen und beschreiben so, im Gegensatz zu Shapin und Schaffer, weiterhin das 17. Jahrhundert als Zeit der wissenschaftlichen Revolution.

7 Nützliche Überblicke über verschiedene Ansätze der sociology of scientific knowledge (SSK) unter spezieller Berücksichtigung der Wissenschaftsgeschichte bieten Shapin (1995) und Golinski (1998).

8 Vgl. z. B. Southgate (1996), Rossi (1987); Rüsen (1986); LaCapra (1987), LaCapra/Kaplan (1988).

3. die Theorieperspektive (traditionell internalistisch ideengeschichtlich, hier: äußerliche Betrachtung der Theorie, diese wird auf historisch-soziale Faktoren zurückgeführt).

Bedenkt man, daß jedoch die Ebenen dieser drei Perspektiven niemals klar zu trennen, sondern in komplexen Interdependenzverhältnissen miteinander verflochten sind, ist leicht erkennbar, wie stark derartige Schieflagen bei den methodischen Vorentscheidungen die Resultate verhängnisvoll simplifizierend vorstrukturieren werden.

In der Tat sind die meisten Wissenschaftshistoriker entweder Historiker (speziell zur Frühen Neuzeit z. B.: Shapin, Schaffer, Biagioli, Schiebinger, Hunter, Pumfrey, Dear, Golinski, Henry) oder Soziologen (Latour, Collins, Pinch), die wenigsten sind Philosophen (Hacking, Garber). Während man von modernen Wissenschaftssoziologen verlangt, daß sie sich in den von ihnen untersuchten Wissenschaften auch auskennen, und bei Historikern, daß sie sich mit den neuesten Methoden ihrer Disziplin vertraut gemacht haben, ist man bei Wissenschaftshistorikern gelegentlich kulanter. Bei der Beurteilung von Wissenschaftshistorikern, die sich mit der frühen Neuzeit befassen, einer Zeit in welcher Wissenschaft und philosophische Diskussionen untrennbar miteinander verknüpft waren, muß man sich daher immer vor Augen halten, daß die Darstellungen gewöhnlich von philosophischen Laien und/oder historisch eher unvorsichtigen Soziologen erfolgen, wodurch es nicht selten zu fatalen Verzerrungen und eklatanten Fehlurteilen kommt. Überdies fällt bei solchen soziologischen Untersuchungen auf, daß viele der Laborstudien den kausalen Nexus zum sozialen Umfeld zwar postulieren, tatsächlich ihn aber historisch nie in den Blick nehmen, da sie die Laborräume in ihren Analysen nur äußerst selten verlassen.

Wird nun die Wissenschaftsgeschichte rekonstruiert oder konstruiert? In der Geschichtswissenschaft sind sich, wie ich hoffe, ihre reflektierten Vertreter größtenteils einig, daß es keine historischen Quellen per se gibt. Quellen werden nicht gefunden, sondern gemacht: die jeweilige Fragestellung definiert ein Objekt erst als Quelle und das Forschungsinteresse wird die Selektion und Verknüpfung dieser Quellen bestimmen; jede Selektion stellt somit bereits eine Interpretation dar. Die Vergangenheit wird konstruiert. Dies ist bei geschichtlichen Fakten auch nicht weiter dramatisch. Für die Wissenschaftshistorie allerdings überaus, denn mit dem Eingeständnis des Konstruierens droht der Geltungsanspruch der untersuchten Wissenschaft und der eigenen Wissenschaftlichkeit hinfällig zu werden. Vor diesen Schritt, welcher die methodologischen Konsequenzen aus den eigenen theoretischen Postulaten zöge, scheuen die meisten Wissenschaftshistoriker zurück. Historisch arbeitende Wissenschaftssoziologen, z. B. Shapin und Schaffer, tendieren daher von Haus aus dazu, die bisherigen Wissenschaftslegenden zu ‚demystifizieren', um dann aber endlich zu erzählen, wie es wirklich gewesen ist, etwa daß es im 17. Jahrhundert eigentlich keine wissenschaftliche Revolution gab. Sie beanspruchen zu rekonstruieren (auch wenn speziell Shapin gelegentlich anderslautende Bemerkungen dazwischenschaltet). Hand in Hand geht bei diesen Autoren damit ein erstaunlich positivistisches Quellenverständnis; gesammelt wird alles erreichbare Material, dem neutrale demonstrative Evidenz zugeschrieben wird. Ein kritisch reflektierender Historiker würde indes betonen, daß es von unserem Erkenntnisinteresse, unserer Interpretation abhängt, ob wir die Vorgänge im 17. Jahrhundert als eine wissenschaftliche Revolution beschreiben oder nicht. Je nach dem (er)finden und gewichten wir dann die passenden Fakten. Wir konstruieren. Analysiert man jedoch in diesem Licht die für innovative Wissenschaftsgeschichte durchaus exemplarische Vorgehensweise von Shapin und Schaffer, erhält man den Befund: Historisch arbeitende Wissenschaftssoziologen treten mit Blick auf die soziologische Dimension ihres Gegenstandes zwar zuweilen als Konstruktivisten auf, wenn sie jedoch in die Historikerrolle schlüpfen, operieren sie unversehens als fröhliche Positivisten.

Shapin ist hier ein besonders aufschlußreicher Sonderfall, weil er selbst immer wieder metareflexive Studien angestellt hat.[9] Seine praktischen Arbeiten garniert Shapin jedoch lediglich mit offen paradoxalen oder ironischen Erklärungen, die zwar einerseits sein Methodenbewußtsein signalisieren, andererseits aber sich auf seine Darstellungsweise der Wissenschaftsgeschichte nicht weit genug auswirken.[10] Diese sei nun im Folgenden genauer betrachtet:

II. Soziale und kulturelle Konstruktion von Wissen. Praktische Schwierigkeiten am Beispiel von Shapin und Schaffers Rekonstruktion der englischen Experimentalkultur

Die skizzierte Problemlage wird spezifischer, und komplizierter zugleich, wenn der Kulturbegriff als dritte Größe zwischen Wissen und Gesellschaft ins Spiel kommt. Überhaupt ist es höchst schwierig eine gute Definition von Kultur zu finden. Man weiß nicht so recht, wie die Makroeinheiten wie etwa Christlich-abendländische-Kultur und kleinere Kultureinheiten präzise differenziert und untereinander sowie zur jeweiligen gesellschaftlichen Situation ins Verhältnis gesetzt werden können. Bei allen Veränderungen überdauerte als unscharf bestimmte Einheit die sogenannte abendländische Kultur ja offenkundig die Abfolge ganz verschiedener sozialer Konstellationen und kann somit nicht direkt kausal von einer bestimmten gesellschaftlichen Formation abgeleitet werden. Andererseits wäre es ebenso verfehlt, dieser Wissenskultur eine freischwebende Autonomie zuzusprechen. Hängt die Wissenskultur an der gesellschaftlichen Basis wie der Mantel am Nagel? Oder sind die Abhängigkeiten wechselseitig und verwickelter zu denken?

Shapin und Schaffer untersuchen in ihrer klassischen Studie *Leviathan and the Air-Pump* die Art und Weise, wie ihrer Ansicht nach Boyle eine neue experimentelle Validierung von Wissen gegen traditionelle Wissenskonzeptionen durchsetzte. Sie beschreiben minutiös, mit

---

9 Shapin (1995), (1992) und (1982).

10 Shapin eröffnet seinen Bestseller *Die wissenschaftliche Revolution* beispielsweise mit den Worten: „Die sogenannte wissenschaftliche Revolution hat es nie gegeben, und davon handelt dieses Buch'"“(ebd., S. 9). Durchsichtig wird Shapins paradoxales Feigenblatt wenige Seiten später S. 15: „Schon der Gedanke der wissenschaftlichen Revolution ist daher zumindest zum Teil Ausdruck ‚unseres‘ Interesses an unseren Vorfahren, wobei ‚wir‘ die Wissenschaftler des 20. Jahrhunderts und all jene sind, denen die Aussagen der heutigen Naturwissenschaften als wahre Aussagen über die natürliche Welt gelten [...] Das ist gewiß richtig, sollte uns jedoch keineswegs von dem Wunsch abhalten, wissen zu wollen, wie wir von dort nach da gelangt sind, wer unsere Vorfahren waren und welche Abstammungslinien uns mit der Vergangenheit verbinden. In diesem Sinne kann eine Geschichte der wissenschaftlichen Revolution des 17. Jahrhunderts eine Darstellung jener Veränderungen sein, von denen wir annehmen, daß sie – natürlich niemals direkt oder auf einfachen Wegen – zu bestimmten Aspekten der Gegenwart führten, für die wir uns aus irgendwelchen Gründen interessieren. [...] Es ist keineswegs falsch, solche Geschichten erzählen zu wollen, solange wir uns davor hüten, ihnen allzu große Aussagekraft beizumessen.“ Kurz darauf heißt es: „Ich möchte hier eine recht kanonische Darstellung jenes Überzeugungswandels geben, der als weithin charakteristisch für die wissenschaftliche Revolution gilt [...] pragmatische Gründe zwingen mich gelegentlich zu einer künstlich kohärenten Darstellung einzelner Entwicklungen“ (ebd. S. 22; vgl. dann bes. S. 187-191).

welchen diskursiven und technischen Praktiken Boyle experimentelle Fakten erzeugte: den demonstrativen Gebrauch der Luftpumpe, die sozialen und rhetorischen Disziplinierungstechnologien, mit welchen die Zeugen des Experiments zur gewünschten Beurteilung der Resultate gebracht wurden, und wie Boyle eine neue Grenzlinie zwischen bloßer Theorie und faktischer Evidenz zog. Entsprechend untersuchen Shapin und Schaffer das lokale Setting, das zuerst etabliert werden mußte, damit innerhalb dessen der neue Rechtfertigungstyp zur Geltung gelangen konnte: Etwa wie das Vertrauenssystem der Zeugen durch die *Royal Society* institutionalisiert oder mit dem Buchdruck ein Art virtueller Zeugenschaft möglich wurde. Dargestellt werden soll so, wie die kollektive Beglaubigung von Tatsachen zentral für den wissenschaftlichen Diskurs in der frühen Neuzeit wurde, das Experiment eine Schlüsselrolle in der wissenschaftlichen Praxis erhielt und die Beglaubigung nach und nach vom Vertrauen in die sozialen Reputation der Zeugen zum Vertrauen auf wissenschaftliche Reputation überging.

Um in der Terminologie eines der Paten von Shapin und Schaffer, nämlich Ludwik Fleck, zu sprechen (der andere ist Wittgenstein), kann man sagen, die beiden Historiker beschreiben wie Boyle mit und innerhalb eines Denkkollektivs einen neuen Denkstil[11] kreiert. Diese Begrifflichkeit hat zwar das Manko, sich nur auf das Denken zu beziehen, ist aber bequemer handhabbar, weshalb ich sie in der Folge benutzte. Fleck definiert ein Denkkollektiv als eine: „Gemeinschaft der Menschen, die im Gedankenaustausch oder in gedanklicher Wechselwirkung stehen; so besitzen wir in ihm den Träger geschichtlicher Entwicklung eines Denkgebietes, eines bestimmten Wissensbestandes und Kulturstandes, also eines besonderen Denkstils.“[12] Diesen Denkstil begreift Fleck als ein „gerichtetes Wahrnehmen, mit entsprechendem gedanklichen und sachlichem Verarbeiten des Wahrgenommen“[13] woraus er folgert: „Erkennen heißt also vorerst, bei gewissen gegebenen Voraussetzungen die zwangsläufigen Ergebnisse feststellen“.[14] Ich werde auf Fleck weiter unten noch zurückkommen.

Die Schwierigkeiten, die sich jetzt zunächst ergeben sind:

1. Kultureller und sozialer Kontext

Ist Wissen nun sozial oder kulturell konstruiert, oder beides, bzw. wie verhalten sich soziale und kulturelle Konstruktion zueinander?

Es sollte klar sein, daß die Teilhaber eines Denkstils in der Regel nicht zugleich auch Mitglieder einer bestimmten sozialen Gruppe sein müssen, und auch nicht der gleichen Disziplin angehören müssen. Man findet z. B. unter der sozial einigermaßen homogenen Gruppe der Dozenten an einem beliebigen Fachbereich Philosophie einer deutschen Universität ganz unterschiedliche Denkstile. Als soziale Gruppe konstituieren sie sich, da sie innerhalb der Universität als Akteure in einem gemeinsamen Feld interagieren, nach außen einen ähnlichen sozialen Status haben, und dazu sich noch zumeist aus ähnlicher sozialer Schicht

11 Modernere, im Verhältnis zu Fleck aber gemäßigtere, Varianten des Denkstilmodells finden sich bei Hacking (1996) und Davidson (1996).

12 Fleck (1980), S. 54f.

13 Fleck (1980), S. 130.

14 Fleck (1980), S. 56,

rekrutieren. Betrachtet man ihren Denkstil, so zeigt sich ein anderes Bild. Die Dozenten gehören auf diese Weise jeweils sehr verschiedenen Denkkollektiven an, die einen sind eher in Amerika beheimatet, die anderen im Mittelalter usw. Auch kann man zugleich mehreren verschiedenen Denkkollektiven angehören. Der Denkstil ist eine kulturelle Einheit und somit weder einfach eine individuelle Eigenart, noch lassen sich die ihm verpflichteten Denkkollektive nahtlos auf soziale Gruppen oder Institutionen abbilden. Gleichwohl ist das Teilen eines Denkstils verknüpft mit handfesten individuellen Karrierestrategien und deren objektiven institutionell und gesellschaftlich sanktionierten oder beförderten Möglichkeiten. Wie sind sie dann zu konstruieren? Und was heißt dies für eine historisch-systematische Untersuchung von Wissenskulturen? Darf man dann noch einfach von *dem* Diskurs der Universitätsgelehrten, der Royal Society, der Mediziner etc., sprechen? Oder ist dies nur in seltenen Ausnahmefällen zulässig?

Was Schapin und Schaffer anbelangt, so ergibt sich aus diesen Überlegungen, daß man sich vor Augen halten sollte, daß das durch einen bestimmten Denkstil verbundene Denkkollektiv, also einige der Experimentatoren um Boyle, eher eine *kulturelle* Einheit als eine soziale darstellen. Die Institutionalisierung qua Royal Society allein erklärt daher noch nicht hinreichend die erfolgreiche Etablierung einer neuen Gemeinschaft von Erfahrungswissenschaftlern, wie gemeinhin behauptet wird. Überdies waren die Fellows der frühen Royal Society eine extrem bunte Truppe. Wissenschaftler wie Boyle, Digby oder More brachten extrem verschiedene, auf keinen gemeinsamen Nenner zu bringende kulturelle Deutungsmuster für die Experimente in Anschlag. Der institutionelle Zusammenschluß war in dieser Hinsicht ein gänzlich äußerliches Phänomen. Man müßte daher genau zwischen verschiedenen Denkkollektiven innerhalb der Royal Society unterscheiden, da bei allem Austausch untereinander, das „gerichtete Wahrnehmen" der einzelnen Fellows bei der Beobachtung und gedanklichen Aufarbeitung der Fakten von höchst unterschiedlichen Standpunkten aus je anders sich ausformte.

Das wissenschaftssoziologische Modell Shapins und Schaffers, welches sich vordringlich auf die Institutionalisierung fokussiert, ist deshalb dramatisch unterkomplex. Shapin und Schaffer beschreiben die *Praktiken und Methoden mit deren Hilfe Wissensansprüche geprüft, d. h. wie das jeweils erreichbare Wissen erworben, organisiert, legitimiert, tradiert und angewendet wird,* also *wissenskulturelle* Faktoren, vereinheitlichen und verallgemeinern diese jedoch stark, und identifizieren dann das so gewonnene Bild fatalerweise komplett mit dem sozialen Setting. Auf diese Weise gelingt es ihnen, Wissen als sozial konstruiert darzustellen. Somit betreiben sie eine Kulturgeschichte des Wissens, meinen aber, sie schrieben dessen Sozialgeschichte, wodurch sie zu einseitigen Fixierungen und kausalen Reduktionismen verleitet werden.

2. Methodische Schwierigkeiten

Hat man erkannt, daß man Kulturgeschichte treibt, und will die eben benannten Fehler vermeiden, fragt es sich, welche Methoden der Kulturanalyse man anwenden soll, um der kulturellen Dimension von Wissen gerecht werden zu können. Der Wissenschaftshistoriker kann hierfür unter vielen ihm sich darbietenden Modellen für Kulturanalyse wählen, die jedoch allesamt mit schwerwiegenden theoretischen Vorannahmen belastet sind, die er sich jeweils miteinzuhandeln droht. Mentalitätsgeschichtliche, aber auch diskursanalytische Ansätze etwa, operieren auf der Basis eines starken Holismus, sie betonen die strukturelle Homogenität der untersuchten Phänomene und spielen im Gegenzug die Vielschichtigkeit, Brüchigkeit und Heterogenität kultureller Praktiken herunter. Um diese Nachteile zu vermeiden, werden daher oft eher ethnographische und anthropologische Modelle favorisiert.[15] Auch Shapin und Schaffer erklären, obgleich sie dessen ungeachtet dann strikt soziologisch operieren, es sei nötig den „Fremden zu spielen"[16], Latour und Woolgar mimen die Ethnologen im Labor.[17] Sharon Traweek[18] immerhin, beläßt es keineswegs beim rhetorischen Bekenntnis zur Ethnographie, sondern macht bei ihren Beobachtungen bei High-Energy-Physikern damit auf ironische Weise Ernst und untersucht konsequent deren Sozialsystem mit ethnologischem Instrumentarium.

Cultural Studies und sozialkonstruktivistische Ansätze unterscheiden sich jedoch, wie Joseph Rouse[19] herausgearbeitet hat, in einigen wesentlichen Punkten. ‚Playing the stranger' kann daher für Wissenschaftssoziologen, gesetzt sie nehmen ihr eigenes ethnographisches Bekenntnis ernst, leicht zum Bumerang werden. Klassische Sozialkonstruktivisten haben einen explanatorischen Anspruch, auch Shapin und Schaffer bekennen sich dazu[20]; Wissensformen werden kausal auf ihre gesellschaftlichen Bedingungen zurückgeführt.[21] Kennzeichnend sind für diese Untersuchungen ein signifikanter *Beschreibungs-, Verstehens- und Erklärungsoptimismus,* sowie damit einhergehend *unzulässige Generalisierungen* in bezug auf die untersuchten Gegenstände als auch auf die historischen Schlußfolgerungen. Anders ist es zumindest bei reflektierteren Vertretern der Cultural-Studies, die sich dazu regelrecht subversiv verhalten, das Bewußtsein der Fremdheit selbstreflexiv wenden, das Verstehen in seiner Reichweite sowie in seinem kolonialistischen Anspruch problematisieren, die ‚Logik' der eigenen Beschreibung und narrativen Sinnproduktion thematisch machen, und bei kausalen Erklärungen sowie Generalisierungen vorsichtig sind.

3. Schwierigkeit: Lokales Wissen

Womit ich beim nächsten Punkt bin, dem Problem der Konstruktion von *Lokalem Wissen*[22]. Ethnologische Untersuchungen haben damit keine Schwierigkeit, denn sie beschränken sich auf eine kulturelle Form. Sozialkonstruktivistische Fallstudien haben jedoch den Anspruch, exemplarisch zu sein. Sobald jedoch die jeweilige Untersuchung zum Modell erklärt wird,

---

15 Manche denken, sie hätten ihrer soziologischen Position damit zugleich reflexiven Status verschafft: Woolgar (1988).

16 Shapin/Schaffer (1985), S. 6.

17 Latour/Woolgar (1979).

18 Traweek (1988) und (1992).

19 Rouse (1993). Siehe auch Dear (1995a) und ferner Potter (1996).

20 Shapin/Schaffer (1985), S. 12.

21 Häufig stellt die sozialkonstruktivistische Anwendung des Kausalmodells im Bereich der Gesellschaftstheorie einen Rückfall hinter die methodischen Errungenschaften des marxistischen Strukturalismus dar, insbesondere hinter Althussers Konzept einer strukturalen Kausalität.

wird es fatal. Shapin und Schaffers Untersuchung gilt nur (und auch das mit vielen Einschränkungen) für Boyle und seinen Kontext, die Experimentalpraxis in der auf fürstlicher Patronage basierenden *Academia del Cimento*[23] in Italien müßte völlig anders rekonstruiert werden, ebenso die Situation der Akademie in Paris[24]. Genausowenig ist das Modell, mit dem Boyles Wissensdiskurssystem beschrieben wird, übertragbar auf Descartes Umgang mit Experimenten[25], bei welchem etwa die Zeugen keine Rolle spielen, oder auf Leibniz, der Experimente mit dem Mikroskop nahtlos als Beleg für sein universalwissenschaftliches Programm nutzen konnte, da die entdeckte kleine Welt in ihrer Vollkommenheit der sichtbaren Welt entspreche und so die Vollkommenheit der göttlichen Ordnung offenbare. Von Paracelsus oder Kircher ganz zu schweigen. In Europa, aber auch selbst im unmittelbaren englischen Kontext gibt es im 17. Jh. ungemein verschiedene Vorstellungen von Experimenten[26], vor Boyle unter anderen natürlich bei Bacon, Gilbert[27] oder Harvey, welcher z. B. meinte, seine Hypothesen eher zu sehen, als zu testen[28]. Bacons Methodologie[29] war zudem philoso-

---

22 Lokales Wissen firmiert auch unter der Bezeichnung „situiertes Wissen". Das beste Plädoyer für eine partiale Perspektive in der Wissenschaftsforschung wird gekonnt gehalten von Haraway (1995), S. 73-97 (Kap.: „Situiertes Wissen").

23 Biagioli (1992). Und allgemein Biagioli (1999a). Aber auch Biagiolis Patronagemodell eignet sich nicht, was diesem auch bewußt ist, als Modell, das auf andere Kontexte nahtlos übertragbar wäre. Die Patronagesituation von Hobbes z. B. war gänzlich anders als die von Galilei, denn die Patrone von Hobbes hatten selber wissenschaftliche Interessen und waren somit nicht interessiert, die wissenschaftliche Diskussion offen zu lassen. Die Vergleichbarkeit mit Hobbes behauptet allerdings Sarasohn (1999), wobei sie entscheidende Punkte von Biagiolis Position nicht begriff und hier als weiteres Belegbeispiel für unzulässige Generalisierungen in der Wissenschaftsgeschichte einstehen kann. Zu Biagioli vgl. den Beitrag von Detel in diesem Band, zur Patronage siehe besonders Moran (1991).
Das Patronagemodell verkompliziert sich, wenn man ‚outstanding scholars', Wissenschaftlerinnen wie Margaret Cavendish oder stärker im Handwerkerkontext stehende Astronomen wie Hevelius hinzuzieht. Letztgenannter war zunächst ja als Bierbrauer und Bürgermeister in der Lage, sich selbst und sein Observatorium finanzieren zu können, kam ganz anders als Hobbes oder Harriot nie in eine Domestikenposition und konnte auch unabhängig von universitären Zwängen vorgehen. Nachdem sein Observatorium niedergebrannt war, fanden sich für Hevelius gleich mehrere Patrone, der König von Polen und Colbert, die ihm im Austausch seiner Resultate Rentenzahlungen bewilligten, und dies unabhängig von konfessionellen Rücksichten. Hevelius als von Gassendi beeinflußter Baconianer in der freien Hansestadt Danzig, umgeben vom frühaufklärerischen Preussen: Wenn Hobbes als Beispiel für eine rationalistische Konzeption im empiristischen Kontext gelten mag, steht Hevelius für eine kulturell isolierte empiristische Position in der aufkommenden rationalistischen Wissenskultur. Wissenskulturellen Anschluß fand Hevelius daher im Ausland. Er wurde Mitglied der *Royal Society*, blieb aber wie Hobbes im eigenen Land wissenschaftlicher Außenseiter. Sein wissenskultureller Kontext, die englische Experimentalkultur, war somit von seinem sozialen Kontext sehr verschieden und auch sein Patronagehintergrund kann mit seiner Wissenskultur nicht in so enger Weise verknüpft werden, wie dies bei Galilei möglich ist. Zu Hevelius siehe Winkler/Helden (1993) und Zittel (2002b). Zu Margaret Cavendish Battigelli (1998).
Bezeichnende Differenzen gibt es z. B. auch zur Patronagesituation Harriots, der nicht publizierte, oder zu Harvey, bei welchem auch noch Heiratsstrategien mit berücksichtigt werden müßten. Vgl. dazu neuerdings Dear (2001), S. 108-122.

24 Dazu Licoppe (1994).

25 Vgl. dazu Garber (2001b).

26 Vgl. dazu Garber (2001c), sowie Dear (1991), sowie Dear (1995b).

27 Zu Gilbert siehe Dear (2001), S. 49ff., sowie die Artikel von Stephen Pumfrey und James R. Bennett in Taton/Wilson (1989).

28 Vgl.: Wear (1983).

29 Zu Bacon vgl. Zittel (2002a).

phisch weit ausgefeilter und problembewußter als Boyles hypereklektischer Empirismus und dies Jahrzehnte zuvor. Experimentiert wurde selbstverständlich auch extensiv in magisch-alchimistischen Kontexten[30], in deren Tradition Boyle mit seinem *Sceptical Chymist*[31] offenkundig auch steht. Diese eminent wichtigen Kontexte werden auch in neueren Arbeiten Shapins[32] zu Boyle gänzlich unterschlagen. Weitere grob vernachlässigte wissenskulturelle Kontexte bei der Stilisisierung Boyles zum neuen ‚Wissenschaftsparadigmatiker' sind die voluntaristischen Einflüsse Gassendis,[33] aber auch die zuvor ebenfalls bereits schon wohletablierten literarischen Darstellungsstrategien von Wissenschaft, die bei den Jesuiten in ausgefeilter Form Praxis war und von Boyle daher keineswegs erst neu erfunden werden mußte[34] sowie sein protestantischer Hintergrund.[35] Entsprechendes gilt für die Darstellung des Kontrahenten Boyles, Hobbes, dessen Position von Shapin und Schaffer zu einem fundamentalistischen Gegendiskurs aufgebaut wird, der sich in der damaligen historischen Situation allerdings nicht hätte durchsetzen können. Hierzu ist zweierlei zu sagen. Erstens ist wieder nicht klar, was denn der fundamentalistische Diskurs der Frühen Neuzeit sein soll. Weder werden klare Kriterien für fundamentalistische Positionen formuliert, noch eine genaue Situierung Hobbes' in einem de facto unterstellten fundamentalistischen Kontext vorgenommen. Daß etwa Descartes Fundamentalist war, ist womöglich nicht mehr als eine zum Klischee erstarrte historiographische Chimäre.[36] Zweitens verdankt sich die Interpretation des (historisch kontingenten) Scheiterns von Hobbes Wissenskonzeption als Scheitern des Fundamentalismus überhaupt, ihrerseits bestimmten britischen Traditionen und Vorlieben für empiristische Positionen. (Umgekehrt gilt allerdings auch, daß die Traditionslinien in der kontinentalen Philosophie in größerer Distanz zur empirischen Forschung verlaufen, was mit zum traurigen Zustand der Wissenschaftsforschung besonders in Deutschland beitrug.)

Es war das (vermeintliche) Scheitern von Hobbes in England in der Mitte des 17. Jahrhunderts, nicht mehr. Aus kontinentaler Perspektive ergibt sich ein ganz anderes Bild sowohl im Hinblick auf Descartes' Wirken in Frankreich, als auch auf die Tradition Leibniz', Kants, Hegels und so fort.[37] Daraus folgt, daß die jeweilige Wissenschaftsgeschichtsschreibung ihrerseits lokal geprägt ist und je nach Perspektive und regionalen Untersuchungsschwerpunkten zu anderen Darstellungen gelangen wird.

30 Eine neuere Arbeit, die den Einfluß der magisch-okkkulten Strömungen bei der Ausbildung des Wissenschaften im 17. Jh. berücksichtigt, ist Henry (1997).

31 Vgl. Principe (2000) und Hunter (1990). Zu Boyles Experimentverständnis siehe auch Wilson (2002) und Sargent (1995).

32 Shapin (1999) und (1994).

33 Vgl. Osler (1992).

34 Vgl. Dear (1987).

35 Vgl. dazu die Kritik Michael Hunters an Shapin und Schaffer in Hunter (2000), S. 8-12. Positiv schließen an Shapin und Schaffers Untersuchungen hingegen Barnes/Bloor/Henry (1996), S. 142ff., an.

36 Zum wissenskulturellen Kontext des jungen Descartes vgl. Zittel (2000). Wichtige erste Schritte hin zur Kontextualisierung Descartes in der medizinischen Wissenskultur seiner Zeit machen Shapin (2000) und Dear (1998). Was Descartes, Hobbes, Gassendi und viele mehr anbelangt, wäre unbedingt die bislang noch kaum erforschte Wissenskultur des Mersenne-Kreises zu untersuchen und zu den anderen Wissenskulturen ins Verhältnis zu setzen. Zu Mersenne siehe Dear (1988).

37 Selbst in England sieht die Lage viel verwickelter aus, als sie von Shapin und Schaffer beschrieben wird, insbesondere wenn man die eminent starke Descartesrezeption auf der Insel berücksichtigt. Dies kann neuerdings überprüft werden anhand der Edition bezeichnenderweise bislang weitgehend unbekannter Dokumente von Garber (2002).

Da Wissenschaft nach Shapin und Schaffers Ansicht sich nicht autonom entwickelt, sondern immer je an soziale Kontexte gebunden bleibt, als Wissenschaft daher nicht objektiv, sondern stets historisch und sozial relativ ist, hätte es folglich, so eine ihrer Pointen, auch keine wissenschaftliche Revolution gegeben.[38] Doch auch sie erliegen, obgleich sie antreten den Mythos von der wissenschaftlichen Revolution im 17. Jahrhundert zu entzaubern, der Versuchung ‚großer Erzählungen'. Denn was Shapin und Schaffer konstruieren, ist einzig die Wissenskultur Boyles aus der parteiischen Perspektive britischer Historiker. Gleichwohl erheben sie den Anspruch, den sie dann keinesfalls erfüllen, zu zeigen, daß mit Boyle eine *neue* Art von wissenschaftlichem Diskurs für die Frühe Neuzeit *generell* etabliert wurde.[39]

III. Folgerungen: Für eine kulturhistorisch-komparatistische Epistemologie

Ich halte zunächst als alternativen Vorschlag fest: Es sollte weg von Modellen der sozialen Konstruktion hin zu Modellen der kulturellen Konstitution von Wissen vorangeschritten werden. Anders formuliert: gefordert ist eine kulturalistische Dekonstruktion des Sozialkonstruktivismus.[40]

Bei der Untersuchung von Wissenskulturen sollte bedacht werden, daß jede Wissenskultur ihren eigenen Wissensbegriff definiert, die Pluralität verschiedener Wissensbegriffe nicht per Konstruktion nivelliert werden sollte, noch sollten irgendwelche *teleologisch*-evolutionistischen Vorstellungen auf die Wissenschaftsgeschichte appliziert werden (s. u.), sondern die je spezifische Ausformung z. B. nach dem Vorbild ethnographischer Studien via dichter Beschreibung auf dem Problematisierungsniveau der cultural studies in den Blick genommen werden. Zuerst wäre eine *Topologie der Wissenskulturen* zu entwerfen. Primär ginge es dabei darum, unser Bild von Wissenschaftsgeschichte radikal aufzusplittern und die Diversität der Wissenskulturen herauszuarbeiten, dann könnten in einem nächsten Schritt die Beziehun-

---

38 Zu diesem Punkt siehe Pumfrey (1992).

39 Ähnliches trifft auch auf Latour zu, der sich zwar als Chefkritiker des Ansatzes von Shapin und Schaffer versteht, mit Recht dabei auch eine fundamentale Asymmetrie zwischen Epistemologie und Soziologie in deren Erklärungsansatz moniert, im Hinblick auf die Generalisierung seiner Fallstudien aber ebenso nonchalant verfährt. Vgl. Latour (1998), S. 25-50. Latours Untersuchung des Pasteurschen Netzwerkes würde ganz anders angelegt werden müssen, wenn man, worauf wiederum Schaffer zu Recht hinwies, das semiotische System, bzw. den Denkstil seines Rivalen Robert Koch ins Auge fassen würde. Vgl. Schaffer (1988).
An gleicher Stelle wirft Schaffer Latour vor, dieser vertrete, wenn er Dingen Handlungsfähigkeit zuschreibe, einen Hylozoismus. Auch wenn dieser Vorwurf überzogen ist, da Latours Terminologie strukturalistisch geprägt ist und somit mit der Rede von Aktanten eher die Menschen funktionalistisch den Dingen angeglichen werden, als umgekehrt, weist er auf die Schwierigkeiten hin, die auch Latour bei seinen Modellen mit Allgemeinheitsanspruch hat oder besser: haben sollte. Hylozoistisch verfährt Latour jedoch in der Tat auf der Systemebene selber, insbesondere in seinen neueren Publikationen, wenn er im Namen eines „realistischeren Realismus" seine Netzwerke als Blutkreislauf beschreibt mit einem begrifflichen Herz als Knotenpunkt in der Mitte von 5 Kontext-Schleifen. (Latour (2000), S. 25 und S. 96ff.). Die Selbstverständlichkeit mit der Latour dieses aberwitzige Modell, das die Welt im Innersten zusammenhält, als generelles für Wissenschaft im Kontext überhaupt verkauft, frappiert, täuscht aber schwer über den hohlen Schematismus seines Vorschlags hinweg.

40 Eine eher interne Dekonstruktion des Sozialkonstruktivismus wird geleistet von Fine (1996).

gen, Abhängigkeiten und Konkurrenzen einzelner Wissenskulturen untereinander, sowie die jeweiligen Bündnisskonstellationen mit gesellschaftlichen Institutionen untersucht werden.

Gesellschaft und Wissenskulturen werden so als heterogenes dynamisch-antagonistisches Geflecht von *Macht*relationen begriffen. Für die philosophische Untersuchung von Wissen und Wissenskulturen ergibt sich dadurch vordringlich die Aufgabe, zentrale Befunde aus der zumeist epistemologisch höchst defizient reflektierten sozialkonstruktivistischen Wissenschaftsgeschichte konzeptuell einzufangen. Hierfür könnte daran gearbeitet werden, Theorien der (lokalen) Macht (z. B. Rouse)[41] und kontextualistische Wissens-Theorien[42] zu verknüpfen, und in eine Theorie der Wissenskultur zu überführen, die anvanciertere moderne postkuhnianische Wissenschaftstheorien mit einbezieht. Sehr viele der neueren Wissenschaftsphilosophen[43] untersuchen ähnliche Problemstellungen, sie operieren mit Begriffen wie ‚kontextuelle Wissenschaft', ‚social epistomology'[44] oder ‚epistemic culture'.[45] Gleichwohl werden dabei kaum je theoretische Anleihen bei aktuellen epistemologischen Debatten in der Philosophie gemacht. Die bedeutendste kontextualistische Wissenstheorie von Michael Williams etwa hat den engeren Kreis philosophischer Diskussion noch nicht verlassen. Ich halte es daher für überaus dringlich, zu versuchen, sowohl die Grenzlinien der Theoriediskussion zu überschreiten und hinzuschauen, wie konkret einzelne lokale Wissenschaftspraktiken aussehen, als auch umgekehrt, die neuesten Resultate der science studies mit Hilfe aktueller kontextualistischer Wissensepistemologien theoretisch einzufangen.

Kontingenzprobleme: Konstruktionen von Objektivität

Hat man ein derartig relativistisches Verständnis von Wissenskultur, treten Kontingenzprobleme auf. Diese Probleme versuchen Wissenschaftssoziologen, die mit dem Konzept von lokalem Wissen operieren, zu lösen, indem sie insbesondere die Kommunikationsprozesse zwischen Wissenskulturen zum Untersuchungsgegenstand machen, so auch Shapin und Schaf-

---

41 In Auseinandersetzung mit Foucault formuliert insbesondere Joseph Rouse seine Wissenschaftstheorie auf der Basis einer Theorie lokaler Macht in Rouse (1987). Macht wird von Rouse jedoch im Unterschied zu Shapin/Schaffer nicht als an ein spezifisches lokales Setting fix gebunden gedacht, sondern dynamisch. Weiter ausgebaut und philosophisch reflektierter ist seine Position inzwischen in Rouse (1996b); ferner Rouse (1996a).

42 Vor allen Williams (1991). Weiter Annis (1978); Cohen (1987); DeRose (1992). Lewis (1996); Schiffer (1996). Diese Beiträge versuchen fast ausnahmslos mit Hilfe des kontextualistischen Wissensbegriff einem radikalen Skeptizismus zu begegnen. Im Unterschied dazu werde ich im Folgenden die Position vertreten, daß durch sonst vermiedene Verknüpfung kulturhistorischer und epistemologischer Perspektiven im Hinblick auf den Wissensbegriff ein skeptischerer Kontextualismus favorisiert werden kann, der ohne die üblichen idealistischen Unterstellungen auskommt.

43 Vgl. außer dem bereits erwähnten Band von Galison/Stump (1996) die einschlägigen Sammelbände zu neuen Trends in der Wissenschaftsforschung von Biagioli (1999b); Daston (2000); Pickering (1992). Eine kritische Abrechnung mit der analytisch orientierten Tradition der Wissenschaftsgeschichtsschreibung wurde jüngst vorgelegt von McGuire/Tuchanska (2000).

44 Ein anderer Ansatz, der kulturellen Vielfalt von Wissenschaft Rechnung zu tragen, ist der Versuch Fullers, empirische Wissenssoziologie mit einer normativen Epistemologie zu verbinden. Wissenschaft wird dabei nicht an eine Wahrheitssuche gebunden, sondern an ethische und politische Normen. Dies ist natürlich auch wieder prekär, verflicht aber immerhin die Wissenschaft untrennbar mit anderen Lebensbereichen: Fuller (1988); (vgl. auch die mit dem Titel gleichnamige Zeitschrift); Fuller (1995). Auch Schmitt (1994). Ferner Klein (1996).

fer, und neuerdings insbesondere Golinski[46]. Oder man untersucht sogenannte *boundary objects* als Objekte, die gleichzeitig für verschiedene Denkkollektive aus verschiedenen Gründen wichtig sind (Ein aktuelles Beispiel für ein solches boundary object wäre eine deutsche BSE-Kuh). Weitere Strategien bestehen in der Untersuchung der Koordinationbemühungen verschiedener wissenschaftlicher Praktiken durch die Ausbildung von sogennannten ‚local trading zones'.[47]

Daraus folgt, daß kulturalistische oder sozialkonstruktivistische Wissenschaftsforschung durchaus mit einem Begriff von *allgemeinen, lokale Kontexte transzendierendem Wissen* operieren kann. Doch ist es entscheidend, daß hierbei die Übersetzung von Wissen aus einer phänomenalen Mikrowelt (Rouse)[48] in eine andere nicht unter Verweis auf allgemeine Gesetze oder eine reale Welt erfolgt, sondern durch Übernahme etablierter Praktiken in andere Kontexte. *Allgemeinheit kommt also (eher) durch Stabilisierung und nicht (oder weniger) durch Rationalität zustande.*

Die kontexttranszendierende Allgemeinheit muß folglich nicht, wie häufig unterstellt wird, zwangsläufig mit (mehr oder weniger starken) universalistischen Rationalitätsbegriffen kurzgeschlossen werden, um zu verhindern, daß der Wissensbegriff völlig der Kontingenz überantwortet wird. Der Vorteil dieser Konzeption liegt auf der Hand. Sie setzt nicht eine der kulturell beschreibbaren Rationalitätsauffassungen als allen anderen überlegen an; sie beschreibt nicht mit dieser Richtschnur die historische Entwicklung von Wissenschaft normativ-selektiv und sie kann deshalb andere Faktoren für das Durchsetzen von bestimmten Wissenskonzeptionen in den Blick bekommen.

Zum Beispiel wird im Unterschied dazu von Detel[49] im Anschluß an Foucault die Pluralität verschiedener Machtdiskurse durchaus akzeptiert, jedoch dann als undramatisch und durchaus kompatibel mit dem Versuch betrachtet, unsere Moral- und Rationalitätskriterien als allgemeine zu verteidigen. Hier scheiden sich die Denkstile. Vertreter der Cultural Studies nehmen ihre Auseinandersetzung mit fremden Kulturen zum Anlaß, die eigenen Wissensformen zu hinterfragen und ihre Relativität zu reflektieren. Die Zielrichtung ist (heute zumeist) von vornherein, das Operieren mit totalisierenden Vernunftkonzepten zu vermeiden (daß die Aufklärung gescheitert ist, ist dabei – nach historischen Erfahrungen wie Kolonialismus und Faschismus – immer schon vorausgesetzt). Man betont die Unterschiede zu anderen Wissenskulturen und akzeptiert die mögliche Koexistenz einander widersprechender Wissenskonzeptionen. Umgekehrt wird wer von der prinzipiellen Überlegenheit der eigenen Wissenskultur überzeugt ist, diese vordringlich verteidigen und hinsichtlich anderer Wissenskulturen die Gemeinsamkeiten herausstellen. Auch wenn Detel zugesteht, daß sich ‚unsere' Rationalitätsmaßstäbe im Lichte historischer und kultureller Analysen wandeln könnten, also fallibel sind, fällt selbstverständlich diese Fallibilismusvorstellung gänzlich in die eigene Wissenskultur, und operiert z. B. mit einem Progreßmodell. Daß diese Maßstäbe jeweils nur in Relation zu bestimmten kulturellen Kontexten gültig sein könnten, es also verschiedene, miteinander möglicherweise (partiell) inkompatibler Rationalitäten (und Wahr-

45 Vgl. z. B. Knorr-Cetina (1999). Siehe auch die Sammelbände von Schatzki (2001) und Gibbons/Limoges/Nowotny/Schwartzman/Scott/Trow (1995).

46 Golinski (1998).

47 Galison (1996).

48 Dazu Rouse (1993).

49 Detel (1998), insbesondere S. 72ff.

heiten = Fürwahrhaltungen) geben könnte, die sich auch gegenseitig nicht falsifizieren können, wird durch eigenkulturelle, universalistische Präsuppositionen hinsichtlich zu teilender Vernunftstandards ausgeschlossen. Nicht zuletzt kommt dies auch in der rhetorischen Strategie zum Ausdruck, von „unseren" Standards, die „wir" alle teilen, zu sprechen, also einen *pluralis cannibalis* zu verwenden.

Konstruktionen von Kontinuität

Dies wirft selbstverständlich Fragen in bezug auf die Behauptung eines Fortschritts der Wissenschaften auf.

Eingangs wurde erwähnt, daß viele Wissenschaftsphilosophen den ‚harten' Naturwissenschaften einen Sonderstatus gegenüber anderen Kulturbereichen einräumen. Nicht nur bei diesen Theoretikern, sondern ganz allgemein dominiert die Tendenz, sich die Wissenschaftsentwicklung evolutionistisch vorzustellen. Selbst Pragmatisten wie Peirce gehen davon aus, daß die diversen wissenschaftlichen Weltzugänge à la longue doch einander sich annähern und untereinander kompatibel werden, wodurch sie eben allen anderen Wissensbereichen überlegen seien. Oder Thomas Kuhn[50] betont die normative Autonomie und Einheitlichkeit der scientific communities (und viele Sozialkonstruktivisten sind ihm in diesem Punkt gefolgt.).[51] Dies sind selbstverständlich jeweils starke und einander fordernde Präsuppositionen, im ersten Fall evolutionistischer, im zweiten kohärentistischer bzw. holistischer Art, die ebenso schwer zu verteidigen wie auszurotten sind.

Doch gibt es sehr verschiedene Verständnisse von Evolution, die auseinandergehalten werden sollten, da die verschiedenen Modelle ganz unterschiedliche Konstruktionsprämissen zur Basis haben.

Für eine in wörtlichem Sinne aufzufassende Evolution qua Selektion aus einem wissenschaftlichen Innovationsspool plädiert z. B. Stephen Toulmin[52]. Toulmin setzt die Autonomie und teleologischen Fortschritt als Kennzeichen von Wissenschaft voraus und diese hyperszientifische Auffassung entspricht dem allgemeinen populären Bild von Wissenschaft.

Pickering hingegen operiert – wie bereits erwähnt – gemäß dem biologischen Evolutionsbegriff mit den Kategorien ‚Anpassung' und ‚Widerstand'. Für eine pragmatisch-methodische Handhabung des Evolutionsmodell für epistemologische Theorien, das somit Entwicklung nach dem Vorbild der biologischen Evolution zwar als fallibel, aber dennoch nicht zielgerichtet sondern kontingent, begreift, spricht sich neuerdings auch Mario Biagioli[53] aus. Biagioli kritisiert hierbei heftig Schaffers Ansatz, der den eigenen Standpunkt der Wissenschaftsbetrachtung nicht reflektiere, also den eigenen Kontext vernachlässige, zu stark die

50 Thomas Kuhn, dessen Einfluß in der modernen Wissenschaftstheorie immer mehr schwindet (dafür außerhalb ihrer um so mehr anwächst), ist inzwischen seinerseits Objekt wissenschaftssoziologischer Forschung geworden. Steve Fuller rekonstruiert Kuhns Wissenschaftstheorie vor dem Hintergrund des Kalten Krieges als zutiefst konservativen Versuch, das Reich der Wissenschaft vor fremdem Einflüssen abzuschotten und gegen Kritik von außen immun zu machen Fuller (2000).

51 Im Jahre 1987 zählten Crane und Small 8530 unterscheidbare Wissensspezialgebiete. Vgl. Crane/Small (1992).

52 Toulmin (1974).

53 Biagioli (1996).

Einheitlichkeit der untersuchten Kanonisierungen herausstreiche und dabei die Diversität leugne. Schaffers Konzentration auf Boyle etwa wäre in Biagiolis Augen Ausdruck eines hegemonialen Denkens. Man gelange so zu einem aus wenigen Fallstudien zusammengesetzten konformen Bild der Wissenschaftsgeschichte. In der Tendenz kommt er meiner Argumentation dabei sehr nahe.

Kontextualisierte Epistemologie und epistemologischer Kontextualismus

An dieser Stelle will ich allmählich die Richtung meiner Gedanken ändern und den sozialkonstruktivistischen Wissensbegriff noch mehr in den philosophischen Fokus rücken, um die eben angestellten kulturdiagnostischen Betrachtungen auf ihre Konsequenzen für epistemologische Begründungsanstrengungen von Wissen zu befragen.

Zunächst ist klar, daß man wissenschaftssoziologisch und historisch den Wissensbegriff nur deskriptiv verwendet. Kein Wissenschaftshistoriker meint, daß etwa Galilei die Überzeugung vertrat, daß sich die Erde um die Sonne dreht, weil diese „wahr" sei, sondern daß er aus verschiedenen, historisch herauszufindenden Gründen annahm, dies sei so. Von der klassischen Wissensdefinition: „Wissen ist wahre und gerechtfertigte Meinung", wird also zuerst die Wahrheitsbedingung[54] herausgekürzt, an der Rechtfertigungsbedingung wird aber üblicherweise festgehalten. Doch was kann als Grund gelten?

Bei der Analyse der historischen Beschreibung, wie und wodurch Überzeugungen als Wissen anerkannt werden, wird man häufig feststellen, daß nicht die Rationalität der Rechtfertigung, die Qualität der Begründung, es ist, die eine Überzeugung zu Wissen werden läßt, sondern ein diffuses Gemenge aus Interessen, Hintergrundannahmen und Konventionen, die zu einer Stabilisierung der Überzeugung führen: Wissen als *fixation of belief*.

Selbst wenn man daher die klassische epistemologische Wissensdefinition kritisch überprüft und zu liberaleren Varianten gelangt, wie es in den Beiträgen von Becker und Detel im vorliegenden Band geschieht, droht gemäß den eigenen disziplinspezifischen Konventionen und Zwängen (von mir aus auch: Idealen) an einem engeren philosophischen Begriff von Begründung kleben zu bleiben. Etwa wenn epistemologisch vertreten wird, daß eine Überzeugung in einem bestimmten Kontext auf für andere verstehbare Weise gerechtfertigt werden muß und diese Rechtfertigung durch andere anerkannt werden muß, damit sie als Wissen gelten kann. Denn aus reflektiert konstruktivistischer Perspektive wäre dies keine zureichende, weil nicht praktikable Definition, sondern vielmehr die optimistische Konstruktion einer kontrafaktischen Idealsituation, welche insbesondere der uns Philosophen so alltäglichen Erfahrung nicht Rechnung zu tragen vermag, daß wir vernünftig argumentieren, aber niemand uns verstehen will, geschweige denn die Begründungen akzeptiert. Es gibt zahlreiche wirkmächtige Faktoren, die de facto weitestgehend verhindern, daß gerechtfertigte Überzeugungen als Wissen akzeptiert werden, die, will man die Nicht-Verstehenden nicht einfach als Idioten abstempeln, analysiert werden müssen.

54 Als historisch zu untersuchendes Wissensideal ist die Wahrheitsbedingung selbstverständlich eminent wichtig. Meinungen, die für wahr gehalten und begründet wurden, haben eine ganz andere Wirkmacht und Status

Ein Beispiel: Ein Ernährungswissenschaftler kann mich noch solange über den Nährwert von Insekten aufklären, deren Zusammensetzung erläutern, meine kulturellen Widerstände werden mich vom Verzehr ebenso konsequent abhalten, wie einen kontinentalen Philosophen von der Lektüre analytischer Texte, wenn er darin Formeln und Schalttafeln erblickt.

Auch Beckers[55] Position fußt noch auf einer Reihe idealistischer Unterstellungen. Zunächst wird zugestanden: 1. Man stellt eine Überzeugung in den logischen Raum der Gründe. 2. Es gibt mehrere Räume der Gründe.

Daraus ergibt sich die Frage nach dem Verhältnis der verschiedenen Begründungsdiskurse zueinander. Becker geht implizit von der Annahme aus, daß sich bessere, im Sinne von rational besser argumentierende Begründungsspiele durchsetzen, und schaltet unzulässigerweise die Akzeptanz von Überzeugungen und die Qualität der Argumentation gleich. Entsprechend impliziert ist ein Metadiskurs, in welchem der Vergleich verschiedener Begründungsspiele erfolgen kann sowie als Leitidee ein Gerechtigkeitsideal. Orientiert bleibt er an überholten traditionellen und hegemonialen Vorstellungen des Wissenschaftsparadigmas. Er setzt den klassischen Wissenschaftsdiskurs als anderen kulturellen Diskursformen von vornherein als überlegen und gültig voraus.

Koppelt man die Akzeptanz von der besseren Argumentation ab, dem Umstand Rechnung tragend, daß Begründungen aus den unterschiedlichsten, bewußten und unbewußten Motiven gemäß verschiedener Interessenlagen und Bedürfnisstrukturen akzeptiert werden, stellen sich Fragen, inwieweit diese der Argumentation äußerlichen Faktoren der Macht in das Begründungsspiel selbst mit hineinregieren und dieses determinieren, und wie Art und Grad der Macht eines Begründungsspiels konkurrierende Begründungsspiele in ihren Reichweiten beschränkt und bestimmt.

Die rationale Analyse eines Begründungsspiels reicht niemals hin, um zu erklären, warum bestimmte Meinungen des Status von Wissen zuerkannt bekommen.[56]

Den Kreis meiner Argumentation vollendend, kehre ich nochmals zu den Überlegungen Flecks zurück. Man erinnere sich an seine Ausgangssituation:

„Jedes denkende Individuum hat also als Mitglied irgendeiner Gesellschaft seine eigene Wirklichkeit, in der und nach der es lebt. Jeder Mensch besitzt sogar viele, zum Teil einander widersprechende Wirklichkeiten: die Wirklichkeit des alltäglichen Lebens, eine berufliche, eine religiöse, eine politische und eine kleine wissenschaftliche Wirklichkeit. [..] Jedem Erkennen, jedem Erkenntnissysteme, jedem sozialen Beziehungseingehen entspricht eine eigene Wirklichkeit. Dies ist der einzige gerechte Standpunkt. Wie sollte ich sonst begreifen, daß z. B. der humanistisch Gebildete die Wissenschaft des Naturforschers nie vollständig versteht? [...] Jedes Wissen hat seinen eigenen Gedankenstil mit seiner spezifischen Tradition

---

und Funktion innerhalb von Wissenskulturen als bloße Meinungen. Was für ein Mechanismus ist ‚Wahrheit' könnte somit die historisch-systematische Frage lauten.

55 Vgl. den Beitrag Beckers in diesem Band.

56 Sehr instruktive Beispiele liefern Collins und Pinch dafür, wie bei der Bewertung von experimentellen Daten externe Faktoren konstitutiv den Beurteilungsdiskurs determinieren. Von ihnen hängt ab, was bei nie eindeutige Ergebnisse liefernden Experimenten als Abweichung und was als zulässiges Resultat betrachtet wird, wann ein Experiment als abgeschlossen anzusehen ist, warum diesmal die Theorie nicht falsifiziert wurde obwohl das Experiment mißlang und/oder nicht wiederholbar ist usw. Collins/Pinch (1999).

und Erziehung. In beinahe unendlichem Reichtum des Möglichen wählt jedes Wissen andere Fragen, verbindet sie nach anderen Regeln und zu anderen Zwecken. Mitglieder differenter Wissensgemeinschaften leben in eigener wissenschaftlicher oder auch beruflicher Wirklichkeit."[57] „Der fremde Gedankenstil mutet als Mystik an, die von ihm verworfenen Fragen werden oft als eben die wichtigsten behandelt."[58] Das Denkkollektiv teilt insbesondere bestimmte Leitideen und je nach Leitidee wird man andere Elemente auswählen, sie anders verbinden. Betrachtet man, so Flecks Beispiel, Syphyllis als Lustseuche (oder im vorliegenden Band Alfred Nordmanns Margie Profet-Beispiel: der Fötus als aus archaischer Urzeit operierender Gegenspieler zur Mutter), wird man alles sammeln was für diese Leitideen als Fakt fungieren kann und alles widersprechende ignorieren und dem entsprechend das Wissenssystem organisieren.

Die Übersetzung von Überzeugungen innerhalb eines Stils in einen anderen ist in Flecks Konzeption als kaum möglich begriffen, und das ist für ‚uns' Philosophen, weil wir gerne und zwanghaft auf allgemeine Verstehungsvoraussetzungen rekurrieren, dabei die größte Zumutung. Eine Argumentation von einem Kontext in einen anderen zu übersetzen, also etwa einen traditionellen philosophischen Text zum ‚besseren' Verständnis logisch zu rekonstruieren, nimmt sich als vergleichbar mit dem Unterfangen aus, ein impressionistisches Bild in ein expressionistisches ‚übersetzen' zu wollen.

Die Fixierung von Überzeugungen wird nach Fleck durch interne und externe Prozesse vollzogen. Innerhalb des Denkkollektivs entstehe ein „gewisses Gefühl der Denksolidarität im Dienste einer überpersönlichen Idee" eine „Stimmungskameradschaft", die sofort nach einigen Sätzen „fühlbar" werde und allererst die Kommunikation ermögliche. Im intrakollektiven Denkverkehr herrsche ein spezielles Abhängigkeitsgefühl, dieser führe daher „ipso sociologico facto – ohne Rücksicht auf den Inhalt und die logische Berechtigung- zur Bestärkung der Denkgebilde"[59]. Was dem analytischen Philosophen die Formel, ist dem Ästhetiker die gelungene Formulierung, durch diese fassen sie jeweils Vertrauen in die Überzeugungen, nicht durch die Inhalte. Leitideen sind in diesen Fällen etwa Klarheit und Komplexität. Das Überzeugtwerden ist folglich ein ziemlich bewußtloser Vorgang: „Das Individuum hat nie, oder fast nie das Bewußtsein des kollektiven Denkstiles, der fast immer einen unbedingten Zwang auf sein Denken ausübt und gegen den ein Widerspruch einfach undenkbar ist."[60]

Es bleibt jedoch nicht nur bei den internen Verstärkungen. Fleck konstatiert: „Um jedes Denkgebilde, sei es ein Glaubensdogma, eine wissenschaftliche Idee, ein künstlerischer Gedanke, bildet sich ein kleiner esoterischer und ein größerer exoterischer Kreis der Denkkollektivteilnehmer."[61]

Der exoterische Kreis hat nun seinerseits eine erkenntnistheoretische Bedeutung. Für ihn wird das *zweifelbehaftete* interne Wissen popularisiert und aus seinem Entdeckungskontext gelöst:

„Charakteristisch für eine populäre Darstellung ist der Wegfall der Einzelheiten und hauptsächlich der streitenden Meinungen, wodurch eine künstliche Vereinfachung erzielt wird. Sodann die künstlerisch angenehme, lebendige, anschauliche Ausführung [...] An Stelle des

---

57 Fleck (1929), S. 48.
58 Fleck (1980), S. 143.
59 Fleck (1980), S. 140.
60 Fleck (1980), S. 56.
61 Fleck (1980), S. 138.

spezifischen Denkzwanges der Beweise [...] entsteht durch Vereinfachung und Wertung ein anschauliches Bild. [...] Aus dem fachmännischen (esoterischen) Wissen entsteht das populäre (exoterische). Es erscheint dank der Vereinfachung, Anschaulichkeit und Apodiktizität sicher, abgerundeter, fest gefügt. Es bildet die spezifische öffentliche Meinung und wirkt in dieser Gestalt auf den Fachmann zurück."[62] „Gewißheit, Einfachheit, Anschaulichkeit entstehen also erst im populären Wissen, den Glauben an sie als Ideal des Wissens holt sich der Fachmann von dort." Eine entsprechende Wirkung hat Fleck zufolge etwa die Standardisierung von experimentellen Verfahren. Fleck thematisiert allerdings nicht oder kaum die jeweiligen gesellschaftlichen Machtkonstellationen, die die Popularisierung dieses und nicht jenes Denkstils begünstigen. Doch schafft er genau für diese historische und soziologische Untersuchungsaufgabe, welche nun die Fixierungsbedingungen und -mechanismen in Blick nimmt, die theoretischen Voraussetzungen.

So gelangt man schließlich doch noch zu einer Reformulierung des Wissensbegriffs, die der historischen Arbeit zugrundegelegt werden kann: Wissenssoziologisch betrachtet rekurriert der Ausdruck ‚Wissen' auf eine starke, von der Wissenskultur erzwungene *Gewißheitsempfindung*. Noch stärker wird diese Empfindung, wenn die Überzeugung in simplifizierter Gestalt kanonisch wurde. Kurzum und paradox: Wissen ist konventionell fixierte Meinung; d. h. aus traditioneller Sicht: Wissen ist schlecht begründete Meinung.

Literatur

Annis, D. (1978): „A Contextualist Theory of Epistemic Justification", *American Philosophical Quarterly* 15 (1978), 213-219.

Barnes, B., Bloor, D. und Henry, J. (1996): *Scientific Knowledge. A Sociological Analysis*. Chicago.

Barnes, Barry (1990): „Sociological Theories of scientific Knowledge", in R. C. Olby (Hg.), *Companion to the history of modern science*. London, 60-76.

Barnes, Barry (1994): „How Not To Do the Sociology of Knowledge", in Allan Megill (Hg.), *Rethinking Objectivity*. Duke, 21-35.

Battigelli, Anna (1998): *Margaret Cavendish and the Exiles of the Mind*. Lexington.

Biagioli, Mario (1992): „Scientific Revolution, Social Bricolage, and Etiquette", in Roy Porter und Mikolas Teich (Hg.), *The scientific revolution in national context*. Cambridge, 11-54.

Biagioli, Mario (1996): „From Relativism to Contingentism", in Galison/Stump (1996), 189-206.

Biagioli, Mario (1999a): *Galilei, der Höfling*. Berlin.

Biagioli, Mario (Hg.) (1999b): *The Science Studies reader*. New York.

Cohen, S. (1987): „Knowledge, Context, and Social Standards", *Synthese* 73 (1987), 3-26.

Collins, Harry und Pinch, Trevor (1999): *Der Golem der Forschung. Wie unsere Wissenschaft die Natur erfindet*. Berlin.

Crane, Diana und Small, Henry (1992): „American Sociology since the Seventies: The Emerging Crisis in the Disciplines", *Sociology and its Publics* (1992). Chicago, 197-234.

Daston, Lorraine (ed.) (2000): *Biographies of Scientific Objects*. Chicago.

Davidson, Arnold I. (1996): „Styles of Reasoning, Conceptual History, and the Emergence of Psychiatry“, in Galison/Stump (1996), 75-100.

Dear, Peter (1987): „Jesuit Mathematical Science and the Reconstruction of Experience in the Early Seventeenth Century“, *Studies in History and Philosophy of science* 18 (1987), 133-175.

Dear, Peter (1988): *Mersenne and the Learning of the Schools*. Ithaca.

Dear, Peter (1991): „Narratives, Anecdotes, and Experiments: Turning Experience into Science in the Seventeenth Century“, in ders. (Hg.): *The Literary Structure of Scientific Argument*. Philadelphia, 135-163.

Dear, Peter (1995a): „Cultural History of Science: An overview with reflections“, *Science, Technology, and Human Values* 20 (1995), 150-170.

Dear, Peter (1995b): *Disciplines and Experience. The Mathematical Way in the Scientific Revolution*. Chicago.

Dear, Peter (1998): „A Mechanical Microcosm: Bodily Passions, Good Manners, and Cartesian Mechanism“, in Christopher Lawrence und Steven Shapin (Hg.), *Science Incarnate: Historical Embodiments of Natural Knowledge*. Chicago, 51-82.

Dear, Peter (2001): *Revolutionizing the Sciences. European Knowledge and Its Ambition, 1500-1700*. Princeton.

DeRose, Keith (1992): „Contextualism and Knowledge Attributions“, *Philosophy and Phenomenological Research* 52 (1992), 913-929.

Detel, Wolfgang (1998): *Macht, Moral, Wissen*. Frankfurt/M..

Detel, Wolfgang und Zittel, Claus (Hg.) (2002): *Ideals and Cultures of Knowledge in Early Modern Europe / Wissensideale und Wissenskulturen in der Frühen Neuzeit*. Berlin.

Fine, Arthur (1996): „Science made up. Constructivist Sociology of Scientific Knowledge“, in Galison/Stump (1996), 231-254.

Fleck, Ludwik (1929): „Zur Krise der ‚Wirklichkeit‘“, *Erfahrung und Tatsache* (1983), Frankfurt.

Fleck, Ludwik (1980): Entstehung und Entwicklung einer wissenschaftlichen Tatsache (1935). Frankfurt/M.

Fuller, Steve (1988): *Social Epistemology*. Indiana.

Fuller, Steve (1995): *Philosophy of Science and Its Discontents*.

Fuller, Steve (2000): *Thomas Kuhn. A philosophical History for Our Times*. Chicago.

Galison, Peter (1996): „Computer Simulations and the Trading Zone“, in Galison/Stump (1996), 118-157.

Galison, Peter und Stump, David J. (Hg.) (1996): *The Disunity of Science. Boundaries, Contexts, and Power*. Standord: Stanford UP.

Garber, Daniel (2001a): *Descartes Embodied*. Cambridge: Cambridge UP.

Garber, Daniel (2001b): „Descartes and Experiment in the ‚Discourse‘ and ‚Essays‘“, in ders. (2001a), 85-110.

Garber, Daniel (2001c): „Experiment, Community, and the Constitution of Nature in Seventeenth Century“, in ders. (2001a), 296-328.

Garber, Daniel (Hg.) (2002): *Descartes in Seventeenth-Century England*, 9 Bde.

Gibbons, M., Limoges, C., Nowotny, H., Schwartzman, S., u. a. (Hg.) (1995): *The New Production of Knowledge*. Sage.

Golinski, Jan (1998): *Making Natural Knowledge. Constructivism and History of Science*. Cambridge: Cambridge UP.

Hacking, Ian (1996): „The Disunities of the Sciences“, in Galison/Stump (1996), 37-75.

Hacking, Ian (1999): *Was heißt ‚soziale Konstruktion‘?* Frankfurt.

Harraway, Donna (1995): *Die Neuerfindung der Natur. Primaten, Cyborgs und Frauen.* Frankfurt/M.

Henry, John (1997): *The Scientific Revolution and the Origins of modern Science.* London.

Hunter, Michael (1990): „Alchemy, Magic and Moralism in the thought of Robert Boyle“, *British Journal of the History of Science* 23 (1990), 387-410.

Hunter, Michael (2000): *Robert Boyle: Scrupolusity and Science.* Woodbridge.

Kitcher, Philipp (1993): *The Advancement of Science. Science without Legend, Objectivity without Illusions.* Oxford.

Klein, Julie Thompson (1996): *Crossing Boundaries: Knowledge, Disciplinarities, and Interdisciplinarities.* Virginia.

Knorr-Cetina, Karin (1999): *Epistemic Cultures: How the Sciences Make Knowledge.* Harvard UP.

LaCapra, Dominick (1987): *Geschichte und Kritik.* Frankfurt/M..

LaCapra, Dominick und Kaplan, Steven L. (1988): *Geschichte denken.* Frankfurt/M.

Latour, Bruno (1998): *Wir sind nie modern gewesen.* Frankfurt/M.

Latour, Bruno (2000): *Die Hoffnung der Pandora.* Frankfurt/M.

Latour, Bruno und Woolgar, Steve (1979): *Laboratory Life: The social construction of scientific fact.* London.

Latour, Bruno und Woolgar, Steve (1986): *Laboratory life. The construction of scientific facts.* Princeton.

Latour, Bruno (1987): *Science in Action. How to follow scientists and engineers through society.* Cambridge, Mass.

Lewis, David (1996): „Elusive Knowledge“, *The Australasian Journal of Philosophy* 74 (1996), 549-567.

Licoppe, Christian (1994): „The Crystallization of a New Narrative Form in Experimental Reports (1660-1690): Experimental Evidence as a Transaction between Philosophical Knowledge and Aristocratic Power“, *Science in Context* 7 (1994), 205-244.

McGuire, J. E. und Tuchanska, Barbara (2000): *Science unfettered. A Philosophical Study in Sociohistorical Ontology.* Ohio.

Moran, Bruce T. (Hg.) (1991): *Patronage and institutions: science, technology, and medicine at the European court, 1500-1750.* Rochester, NY.

Osler, Margaret J. (1992): „The Intellectual Sources of Robert Boyle's Philosophy: Gassendi's Voluntarism and Boyle's Physico-Theological Project“, in R. Kroll, R. Ashcraft und P. Zagorin (Hg.), *Philosophy, Science and Religion in England, 1640-1700.* Cambridge: Cambridge UP, 178-198.

Pickering, Andrew (Hg.) (1992): *Science as practice and culture.* Chicago.

Pickering, Andrew (1985): *Constructing Quarks.* Edinburgh.

Pickering, Andrew (1995): *The Mangle of Practice. Time, Agency and Science.* Chicago.

Potter, Jonathan (1996): *Representing Reality. Discourse, Rhetoric and Social Construction.* London.

Principe, Lawrence M. (2000): „The Alchemies of Robert Boyle and Isaac Newton: Alternate Approaches and Divergent Deployments“, in Margaret J. Osler (Hg.), *Rethinking the Scientific Revolution.* Cambridge: Cambridge UP, 201-220.

Pumfrey, Stephen (1992): „No Science, Therefore No Scientific Revolution?“, in Dominique Pestre (Hg.), *L' etude sociale des sciences*. Paris, 61-86.

Rorty, Richard (1993): „Ist Naturwissenschaft eine natürliche Art?“, in ders., *Eine Kultur ohne Zentrum*. Stuttgart.

Rossi, Pietro (Hg.) (1987): *Theorien der modernen Geschichtsschreibung*. Frankfurt.

Rouse, Joseph (1987): *Knowledge and Power*. Cornell UP.

Rouse, Joseph (1993): „What are Cultural Studies of Knowlegde?“, *Configurations 1.1* (1993), 57-94.

Rouse, Joseph (1996a): „Beyond Epistemic Sovereignty“, in Galison/Stump (1996), 398-416.

Rouse, Joseph (1996b): *Engaging Science: How to Understand Its Practices Philosophically*. Cornell UP.

Rüsen, Jörn (1986): *Rekonstruktionen der Vergangenheit*. Göttingen.

Sarasohn, Lisa T. (1999): „Thomas Hobbes and the Duke of Newcastle. A Study in the Mutuality of Patronage before the Establishment of the Royal Society“, *Isis* (1999), 715-737.

Sargent, Rose-Marie (1995): *The Diffident Naturalist: Robert Boyle and the Philosophy of Experiment*. Chicago.

Schaffer, Simon (1988): „The Eighteenth Brumaire of Bruno Latour“, *Studies of History and Philosophy of Science* 22 (1988), 174-192.

Schatzki, Theodore R. (Hg.) (2001): *Practice Turn in Contemporary Theory*. Routledge.

Schiffer, Stephen (1996): „Contextualist Solutions to Scepticism“, *Proceedings of the Aristotelian Society* 96 (1996), 317-333.

Schmitt, Frederick (Hg.) (1994): *Socializing Epistemology*. Lanham.

Shapin, Steven und Schaffer, Simon (1985): *Leviathan and the Air-Pump: Hobbes, Boyle and the Experimental Life*. Princeton: Princeton University Press.

Shapin, Steven (1982): „History of Science and Its Sociological Reconstructions“, *History of Science* 20 (1982), 157-211.

Shapin, Steven (1992): „Discipline and Bounding: The History and Sociology of Science as Seeb Through the Externalism-Internalism Debate“, *History of Science* 30 (1992), 333-369.

Shapin, Steven (1994): *A Social History of Truth*. Chicago.

Shapin, Steven (1995): „Here and Everywere: Sociology of Scientific Knowledge“, *Annual Review of Sociology* 21 (1995), 289-321.

Shapin, Steven (1999): *Die wissenschaftliche Revolution*. Frankfurt/M.

Shapin, Steven (2000): „Descartes the doctor: rationalism and its therapies“, *The British Journal of History of Science* 33 (2000), 131-154.

Southgate, Beverly (1996): *History, What and Why? Ancient, Modern, and Postmodern Perspectives*. London.

Taton, René und Wilson, Curtis (Hg.) (1989): *The General History of Astronomy, 2a: Planetary Astronomy from the Renaissance to the Rise of Astrophysics*. Cambridge.

Toulmin, Stephen (1974): „Die evolutionäre Entwicklung der Naturwissenschaft“, in Werner Diederich (Hg.), *Theorien der Wissenschaftsgeschichte*. Frankfurt/M., 249-275.

Traweek, Sharon (1988): *Beamtimes and Lifetimes. The world of High-Energy Phycists*. Harvard UP.

Traweek, Sharon (1992): „Border Crossings: Narrative Strategies in Science Studies and among Physicists in Tsukuba Scinece City, Japan", in Andrew Pickering (Hg.), *Science as practice and culture*. Chicago, 429-466.

Wear, A. (1983): „William Harvey and the ‚way of the anatomists'", *History of science* 21 (1983), 223-249.

Williams, Michael (1991): *Unnatural Doubts: Epistemological Realism and the Basis of Scepticism*. Oxford.

Wilson, Catherine (2002): „Corpuscular Effluvia. Between Imagination and Experiment", erscheint in Detel/Zittel (2002)

Winkler, Mary G. und Helden, Albert van (1993): „Johannes Hevelius and the visual language of astronomy", in J. V. Field und Frank A. J. L. James (Hg.), *Renaissance and Revolution: Humanists, Scholars, Craftsmen and Natural Philosophers in Early Modern Europe*. Cambridge, 97-116.

Woolgar, Steve (1988): „Reflexivity is the Ethnographer of the text", in ders. (Hg.), *Knowledge and Reflexivity*. London, 14-34.

Zittel, Claus (2000): „*Mirabilis scientiae fundamenta*. Die Philosophie des jungen Descartes (1619-1628)", in Jörg J. Berns und Wolfgang Neuber (Hg.), *Seelenmaschinen. Gattungstraditionen, Funktionen und Leistungsgrenzen der Mnemotechniken vom späten Mittelalter bis zum Beginn der Moderne*. Wien, 309-262.

Zittel, Claus (2002a): „‚Truth is the daughter of time'. Zum Verhältnis von Theorie der Wissenskultur, Wissensideal und Wissensordnungen bei Bacon", erscheint in Detel/Zittel (2002).

Zittel, Claus (2002b): „Begründungsprobleme empirischer Wissenschaft an der Schwelle zur Aufklärung: Der Fall Hevelius", in Chr. Marx, B. Sapala und W. Zientara (Hg.), *Preussen in der Frühaufklärung*. Olsztyn.

Trevor Pinch

Emulating Sound. What Synthesizers can and can't do: Explorations In the Social Construction of Sound

The topic of this chapter, the social construction of sound, is one aspect of what I increasingly see as a new field, "Sound Studies". Sound Studies extends the insights of Science and Technology Studies to the arena of music, sound, noise and silence.[1] The materiality of sound, its embeddedness not only in history, society and culture but also in science and technology and its machines and ways of knowing and interacting, is a topic which I think is not yet addressed sufficiently by other fields like musicology and the history and sociology of music.[2]

I want to discuss the emulation of sound in the history of the electronic music synthesizer as an element in the social construction of sound. My particular focus is on the period 1964-1975 when the best known early synthesizer, the Moog Synthesizer (see figure 1), was developed and manufactured. This modular, transistorized, voltage-controlled device was much smaller than the existing room-sized tube synthesizers such as the RCA Mark II (built in 1958) housed at the Columbia-Princeton Electronic Music Studio.

Figure 1: Moog Modular System

The synthesizer is one of the few successful innovations in the history of musical instruments. Although the history of musical instruments is littered with all sorts of inventions very few of them get to be taken up in widespread use – that is move from being *inventions* to

1 See, for instance, Braun (1992), (1994) and (2000a); Bijsterveld (2000); Hennion (1989); Kraft (1994) and (1996); Pinch/Trocco (1999); Pinch (2001); Pinch/Trocco (2002); Siefert (1995); Thompson (1995), (1997) and (2002); Ungeheuer (1991); and Morton (2000).

2 Some notable exceptions are, however, Born (1995); Frith (1998); Jones (1992); Prieberg (1960); Raymond Murray Schafer (1994); Théberge (1997); Waksman (1999); and Sudnow (2001).

Figure 2: Mini Moog

innovations. Indeed arguably the last successful new instrument before the synthesizer was the saxophone invented by Adolphe Antoine Sax in 1840. Of course there have been electronic instruments before the synthesizer which have made some impact like the massive 200 tons telharmonium, the Theremin, the Trautonium and the Ondes Martenot (still used in classical repertoire in France).[3] One should note here also the successes of the Hammond Organ (which, like the telharmonium, uses a electro-mechanical source of sound – the spinning tone wheel) which was very popular in churches in the 1950s and then later as a pop instrument.[4] The electric guitar is of course a massively successful instrument – the addition to the guitar of amplification, feedback and effects pedals transformed it into a new instrument.[5] The synthesizer is, however, a more radical innovation because it uses a completely new source of sound, electronics. Indeed arguably the synthesizer presents us with more than just a case of a successful musical innovation it is also a crucial point in the revolution in the very way that music is produced and consumed – a revolution that is still underway. The synthesizer and closely aligned technologies like the digital sampler when coupled with the digital computer and internet allow all sorts of new possibilities for making, manipulating, storing, and moving music around the world. It is now possible to bypass the recording studio completely and music can be made as a process of distributed cognition across space and time. Synthesizers now built into sound chips are everywhere. Indeed for many years Stanford University's biggest earning patent was one held on a form of synthesizer, FM synthesis, which formed the guts of the Yamaha DX7 synthesizer – the first commercially successful digital synthesizer – and later generations of computer sound cards like "Sound Blaster".[6] Today Japanese Multinational Corporations like Roland, Yamaha, Korg and Casio dominate the market for synthesizers. They are today used in every genre of music and can be found in games, children's books and in novelty children instruments.

3 For overviews see, Harold Bode (1984); Chadabe (1997); Rhea (1972); Roads (1996); Simms (1986); Braun (2000b); and Davies (2000). For a detailed account of the history of the telharmonium, see Weidenaar (1995); for the theremin, see Glinsky (2000).

4 See Théberge (1997) for more details.

5 See Waksman (1999) and McSwain (2000).

6 On the DX7 see Johnstone (1998).

The role of the Moog Synthesizer in particular is increasingly being recognized. In 2001 Bob Moog was awarded the Polar Prize for music, for his 1970 invention of the Minimoog synthesizer, a portable keyboard instrument (see figure 2, page 110). And in 2002 the Moog Synthesizer and the Apple Computer received Grammy awards for their contributions to the music industry. I have just completed a book on the history and impact of the synthesizer.[7] The book is mainly based upon interviews conducted with engineers and musicians.

If one looks at the history of the Moog synthesizer one finds the following key events which I show here on a timeline:

Timeline

1963: Moog meets experimental composer Herb Deutsch. Moog builds prototype voltage-controlled modules.
1964: Moog attends Audio Engineering Society meeting in New York and sells his first modules.
1964-7: Moog develops more modules and adopts One-Volt-Per-Octave Standard and keyboard controller.
1966: The Beach Boys release "Good Vibrations" which uses electronic sound of Theremin.
1967: Moog's first sales catalog featuring standardized 900 series "SYNTHESIZER".
1967: Moog hires sales reps in NYC and LA.
1967: Moog synthesizers demonstrated and sold at Monterey Pops festival. Used in making the psychedelic music of Byrds, Doors and Beatles.
1968: Wendy Carlos releases *Switched-On Bach*.
1968-69: Hundreds of "artists" release copycat Switched-On records on Moog Synthesizers – e. g. *Switched-On Santa*, *Switched-On Baccarach*, etc.
1970: Emerson Lake and Palmer release, "Lucky Man".
1970: Minimoog produced.
1970: Synthesizers sold in retail music stores and demonstrated at music trade shows.
1971: Moog company sold and moves to Buffalo.
1970s: ARP of Boston and EMS of London make synthesizers used by major recording artists like Pete Townshend, Stevie Wonder and Pink Floyd. Synthesizers used for many movies including *Star Wars*, *Close Encounters*, *The Exorcist*, *Apocalypse Now*.
1983: Yamaha DX7, the first commercially successful digital synthesizer, produced.
1980s-today: Market dominated by Japanese multinationals – Roland, Korg, Yamaha and Casio. Old analog synthesizers made by Roland used in techno and rave music.

Today, synthesizers are digital machines, they invariably are portable keyboard instruments, with a menu of "stored sounds", "sound effects" or "factory sounds" and many of these sounds include acoustic instruments like snare drum, marimba, harpsichord, clarinet etc.; they also include sounds of earlier electronic instruments such as the Hammond B3 organ, or the Moog Synthesizer (often referred to as the M sound) and they include "natural" sound effects – like

7 Pinch/Trocco (2002).

"handclaps" or "thunder", and "synthetic" "made up sounds" sounds which are given new names which must try and capture the sound – on my daughter's Korg 707 synthesizer, these sounds include "Mr Analog", and "Laser Synth". As well as sounds there are often whole accompaniments with different combinations of instruments in different beats. One of the latest developments is software companies who produce digital emulations of old analog synthesizers. You can buy software which not only emulates the sounds of old synthesizers but even emulates the knobs and wires (you still have to use the mouse to set the wires and remove patch cords).

Some Important Changes in Synthesizers

Table (1): Some Rough Numbers of Synthesizers Sold

- Moog and Buchla Modular (lifetime): few hundreds
- Minimoog (lifetime): 12,000
- Yamaha DX 7 (1983-86): 200,000
- Casios (1980-1990): 15,000,000

As can be seen from Table (1) the synthesizer market has expanded rapidly from 1963 to present days. The prices of the instruments have also fallen dramatically. Modular Moogs cost about $15,000 in 1968 – the price of a small house. Today you can buy a Casio for under $100.

It is difficult to comprehend now, but back in 1963 people were hardly ever exposed to electronic sounds. The main electronic sounds available were the Theremin (and Trautonium and Ondes Martneot) used in Hollywood movies (and a very few classical performances), and the experimental and avant garde music of composers like Cage and Stockhausen. But today we are saturated with electronic sounds (from films, TV, popular and dance music and electronic devices). It's almost impossible to escape.

Table (2): Where Can you See and buy synthesizers?

1963-1970: Moogs sold direct from the company (2 sales reps). Demonstrated at Audio Engineering Society.
1970-today: Korg, Yamaha, Roland sold in retail music stores (vast sales networks). Demonstrated at NAMM (National Association of Music Merchants) or Frankfurt Music Messe.

Table (3): Transformation in Architecture of Sound

1963: Knobs and Wires – open architecture of sound.
Today: Digital interfaces – prepackaged sounds.

Other interesting transformations have happened including where synthesizers are bought and sold (see Table (2)) and in the architecture of sound (see Table (3)). Modular Moogs had open architecture, you could connect patches up in infinitely flexible ways to make many, many different sorts of sounds. Musicians at the time would say that the tape recorder was your "best friend". Emulation of acoustic instruments was difficult to do, not very convincing, and rarely attempted. Today most synthesizers play prepackaged sounds – including a range of acoustic instruments and emulations of earlier electronic instruments.

The Minimoog was an important way station in these changes – it was the first instrument sold in retail music stores and was hardwired and had "standard sounds" which were described for the first time with "*sound charts*" (invented by a Moog salesman – David Van Koevering). By the time of the first digital synthesizer, the Yamaha DX7 in 1983, users were not programming their own sounds. A separate cottage industry for programming sound cards had arisen.[8]

Today there is an analog revival: old analog machine, known as "Vintage Synthesizers", command top prices, companies are still manufacturing and selling some old analog machines, and these analog machines are used in a variety of genres, like pop, rock, rap, and rave.[9] Part of the Analog Revival is nostalgia but also there is something else going on – some musicians prefer the old interface of "knobs and wires" (most modern digital synthesizers use digital menus and LEDs), also they feel that modern synthesizers don't have such an interesting range of sounds.[10] They miss the sounds "between the knobs" as it were. They often use digital samplers to sample the sound of old analog synthesizers.

In order to understand these changes and how the synthesizer became a very special sort of instrument, one that could *emulate or imitate* other instruments, we need to delve a little more into the design of Moog's synthesizer.

Moog and Music

The spur to Moog's invention of the synthesizer was a 1963 chance meeting with Herb Deutsch, an avant garde electronic music composer. Deutsch worked in the standard way at the time with oscillators and tape recorders – the oscillators were used as sources of sound and Deutsch laboriously assembled electronic music by recording such sounds and splicing the tapes together. Deutsch told Moog that he and other composers wanted a more portable and affordable studio on which to make such compositions. Also making electronic music was a time-consuming business and it would be great if there was some way to make the process more dynamic – as Deutsch put it a way "so sounds could move".[11] Moog set to work to help Deutsch.

Moog's goal in developing the synthesizer was not just to produce an electronic box that produced sounds – he wanted to make a musical instrument. He had learnt piano as a kid and built Theremins; he came out of the radio hobbyist tradition working in his father's basement workshop (his father was an engineer for Con Edison). With a degree in electrical engineering at Columbia he knew also about developments in transistors. When he encountered Deutsch in 1963 he knew how to make certain sorts of sounds and how to control them. He had

8 See Théberge (1997) and Pinch/Trocco (2002).
9 See Mark Vail (2000).
10 See Pinch/Trocco (2002) for more details.
11 See Pinch/Trocco (2002) for more details.

worked with sound and knew the shapes of different waveforms and the sounds they made. He was an inveterate tinkerer. The musicians played the instruments, but the engineers played the circuits. To play them well they needed to have good eyes, ears and hands. Different instruments and senses combined in the way Moog worked. With the aid of an oscilloscope he used his *eyes* to *see* the shape of the waveform, with the aid of a loudspeaker he used his *ears* to *hear* the sound of the waveform, and with the aid of a voltmeter he used his *hands* to *tinker* with the circuit producing the waveform.

Moog knew that cheap silicon transistors had become widely available, replacing the bulky and expensive vacuum tubes. One newly introduced form of the silicon transistor was of particular interest to him. It had an exponential (logarithmic) relationship between its input voltage and output current over the frequency range of musical interest (several octaves). Exponentially varying properties are common in music; for instance, the frequency of the tones in a scale in the lower range increases exponentially in the higher registers (an octave increase is a doubling of pitch), as does loudness which is measured by the exponential decibel scale. So Moog thought that he might be able to make something *musically* useful if he used these new transistors.

Moog now had a key insight – voltage control. He built oscillators and rather than varying the pitch of an oscillator manually by turning a knob or, as in the case of the Theremin, by moving a hand, he could make the pitch change electrically by using a "control voltage" to vary it. A larger voltage fed into the oscillator as a "control" would produce a higher pitch. This meant that an oscillator could be swept through its total pitch range (several octaves) simply by increasing the voltage. Similarly a voltage controlled amplifier could be swept through the complete dynamic range of human hearing. By building "exponential converter" circuits into his devices – circuits which converted a linearly varying parameter like a voltage into an exponentially varying parameter like frequency or intensity – Moog made these control voltages musically useful. It enabled him to design all his modules around a single standard – the volt-per-octave standard – such that a change of a control input of one volt produced a change in the output pitch of one octave.[12] Some form of the volt-per-octave standard was adopted by other synthesizer manufactures in the 70s like ARP and EMS.[13]

At this stage what Moog had built didn't look very impressive – a few transistors wired together, along with a couple of potentiometers. Moog:[14]

> "I had this little breadboard with three different circuits on it: two voltage control oscillators and a voltage control amplifier. They weren't accurate and they weren't a lot of things, but they had the advantage of voltage control. You could change the pitch of one oscillator with the other oscillator. You could change the loudness."

---

12 The voltage controlled oscillators were built around a "relaxation" oscillator. The output shape of the waveform is a sawtooth. In addition to the oscillator circuit itself, the key elements of the voltage controlled oscillators were an "adder" for summing the input voltages into the oscillator, an "exponential converter" for converting the linear summed output into an exponential output and "wave shapers" for converting the sawtooth output into triangle, sine or pulse waveforms.

13 On the importance of standardization in technology in general and the social, cultural and economic assumptions built into standardization see Alder (1997). In the adoption of the player piano developing a standard roll was crucial, see Théberge (1997), p. 29. For later digital instruments the development of the MIDI standard was also crucially important see ibid., pp. 145-153.

Moog compared that breadboard to a hot rod, "It's an electronic circuit that's all hanging out so you can get in and change things quickly. So it's like a hot rod without any body on – everything is sticking out."[15]

Having two voltage controlled oscillators as opposed to one doesn't sound like very much, but it was the breakthrough. The two oscillators were designed such that the output from one (itself a varying voltage) could be used to control the pitch of the other or the loudness of the signals via the voltage controlled amplifier. By adding a slowly varying sine wave as an input to an oscillator a vibrato effect could be obtained. Feeding the same input into a voltage controlled amplifier could produce a tremolo effect. But this was only the start. Many, many more interesting sonic effects could be obtained by experimenting and feeding back signals which in turn could be used as new controls. This was the secret to making sounds move. The hot rod now was ready to roar. Moog describes what happen when Deutsch came to visit him in remote Trumansburg where he had his first shop:[16]

> "Herb, when he saw these things sorta went through the roof. I mean he took this and he went down in the basement where we had a little table set up and he started putting music together. Then it was my turn for my head to blow. I still remember, the door was open, we didn't have air conditioning or anything like that, it was late Spring and people would walk by, you know, if they would hear something, they would stand there, they'd listen and they'd shake their heads. You know they'd listen again – what is this weird shit coming out of the basement?"

The "weird shit" was historic. It was the first sounds from the very first Moog synthesizer.

In terms of making a musical instrument Moog had embedded a key design concept into his instrument. By thinking in terms of octaves Moog had embedded an element of conventional musical culture into his machine: music was to be thought of in terms of intervals and octaves. Even more crucially Moog and Deutsch soon wired up an organ keyboard as a controller – with the exponential converter circuits in his oscillators the linear varying voltage output from a chain of resistors and switches could be converted into a useful musical control – a monophonic keyboard.

This was a much more immediate way of working with electronic music than in a classical studio – the potentiometers and patch wires provided immediate changes in the timbre of the sound in *real time* in dynamic ways. With just a twist of the knob or the plugging in of a wire you could cover the full frequency of human hearing and the timbral qualities of these sounds could be varied at a much faster rate and with much more dramatic effects than had proved possible before.

The importance of thinking about how sound was produced in conventional musical instruments was evident in Moog's next invention – the "envelope generator", which later became a standard device on all synthesizers. An envelope generator allows the loudness of

---

14 Interview with Bob Moog, June 5, 1997.

15 Interview with Bob Moog by Joan Thomson, February 2, 1979. Yale Archive for the History of American Music.

16 Interview with Bob Moog, June 5, 1997.

sound to be structured or contoured to produce, say, the effect of a string being plucked, where the loudness builds up rapidly and then decays away slowly. Deutsch:[17]

> "I said, 'It would be great if we could articulate the instrument,' and Bob said, 'What do you mean?' I said ...'You play a key, it was on and you lift your finger off and it was off.'...And he thought about it and he said, 'Okay, that's easy enough to do.' So he said, 'Listen, do me a favor. Go across the street to the hardware store and buy me a doorbell button.' So I went across the street and I bought a doorbell button for 35 cents ... and he took out a yellow piece of paper and he started throwing a few formulas and things down ..."

Moog had found a way using a doorbell and a capacitor to store and slowly release a voltage produced at the same time as hitting a key. He soon refined this early design so as to avoid the need to push a separate button with every key press. He put two switches on every key; one to produce the control voltage and the other to trigger the envelope generator. This envelope shaper could be used to contour the sound's amplitude.

The Moog instrument was based on a process known as *subtractive synthesis*. Moog's sources of sound, for instance, oscillators, produced complex waveforms, such as sawtooth, and square wave which had many overtones. By using devices like filters (which could remove a certain range of frequencies) you could filter these overtones to make the sounds even more sonically interesting. Most classical studios worked with *additive synthesis* – since any sound can by Fourier analysis be broken down into sine waves of different frequencies (a fundamental and overtones), it should be possible to assemble any sound by adding together sine waves.

It was noted early on that some of the waveforms the Moog synthesizer produced sounded a bit like acoustic instruments. For instance, the sawtooth waveform makes a bright, full, brassy sound; a triangle waveform sounds much thinner and purer, like a flute; and the pulse wave produces a nasal, "reedy" sound. However, the early composers and musicians who used Moog's instrument were ambiguous about attempting to emulate conventional instruments with this new instrument. Many electronic music composers (like Stockhausen, Ussachevsky and Cage) saw little point in trying to make sounds which imitated or emulated acoustic instruments. They thought that electronic music should develop its own aesthetics working with this radical new source of sound.

Buchla's Radical Vision

The interesting thing in terms of the development of the synthesizer is that there was another pioneer electronic music inventor, Don Buchla, who worked on the West Coast at the same time as Moog who was much more influenced by this avant-garde tradition. Buchla, like Moog, came from the hobbyist tradition and like Moog had a background in electronic engineering (at Berkeley). He met avant-garde music composers Mort Subotnick and Ramon

17 Interview with Herb Deutsch, April 19, 1997.

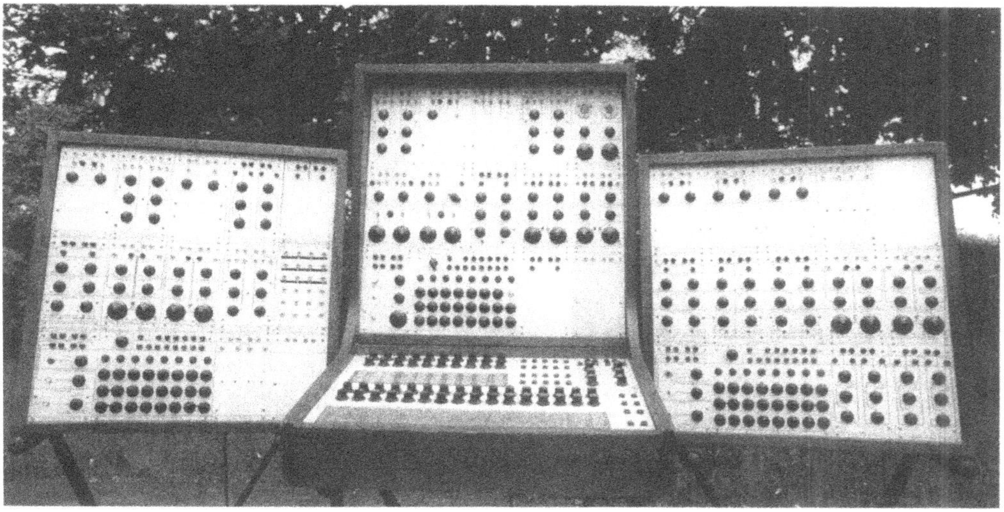

Figure 3: Buchla Modular System

Sender at precisely the same time that Moog met Deutsch. Sender and Subotnick had just founded the San Francisco Tape Music Center and wanted to use electronics to make a more portable and affordable electronic music studio. The design that Buchla came up with independently from Moog's was very similar: it was modular, used patch wires and voltage control – but there was one crucial difference – Buchla rejected the standard keyboard altogether and did not build oscillators that followed the volt-per-octave standard (see figure 3 and 4, page 118). (Buchla also invented a new device, which became known as the "sequencer" which was a means of repeatably generating a sequence of different voltages, and thus a way of avoiding tape splicing altogether).[18]

Buchla reasoned that here was a new source of sound – electronics – but why be stymied by an old technology based upon hammers and wires. He wanted something more imaginative as a controller that would better enable the performer to connect to the new source of sound. He designed arrays of touch-sensitive metal pads housed in wooden boxes that he called the "Kinesthetic Input Ports". Although these pads could, with extreme difficulty, be tuned to play the twelve-note chromatic scale, Buchla's whole design philosophy was to get away from the standard keyboard.

His attitude was shaped by the avant-garde composers he met at the Tape Center. John Cage and his collaborator David Tudor were exactly the sort of artists with whom Buchla identified. Cage used Buchla's touch pads to control one of his favorite pieces of equipment, the voltage controlled FM radio receiver (which he used as a source of electronic sound for musical performance). Each pad was used to control a different station. Buchla's first ever sale was in fact to David Tudor for whom he designed a set of five circular pads that when coupled with the appropriate module could move sound around a space, from speaker to speaker.

18 There are other subtle differences between the Moog and Buchla synthesizers, see Pinch/Trocco (2002) for full details.

In Buchla's vision of a keyboardless synthesizer the operator would be stimulated to explore the new sounds of which the new instrument was capable:[19]

> "A keyboard is dictatorial. When you've got a black and white keyboard there it's hard to play anything but keyboard music. And when's there not a black and white keyboard you get into the knobs and the wires and the interconnections and the timbres, and you get involved in many other aspects of the music, and it's a far more experimental way. It's appealing to fewer people but it's more exciting."

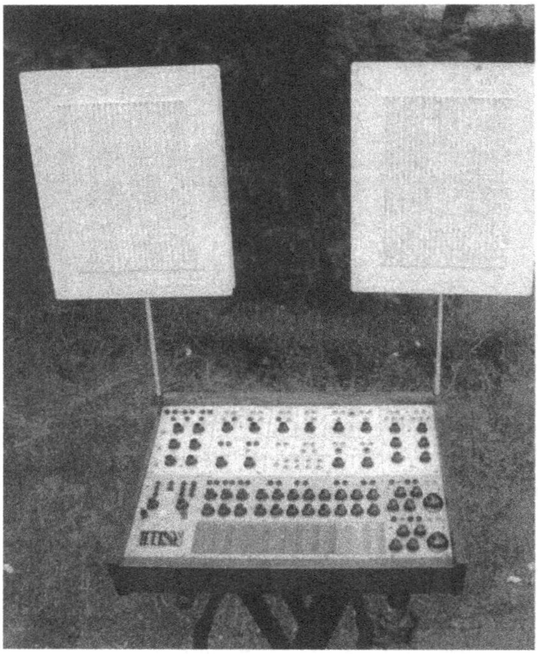

Figure 4: Buchla Portable

Electronic music composers like Vladimir Ussachevsky found Buchla's way of working more appealing than Moog's and another of Buchla's earliest orders was for three identical systems for each of the three studios that Ussachevsky ran at the Columbia-Princeton electronic music studio. Interestingly enough at this time the only module that Ussachevsky bought from Moog was his envelope generator. But Ussachevsky did not want this module to work in real time with a keyboard. Instead he got Moog to redesign it so with a push of a button it could be used to add dynamic contours to taped sounds in the studio.

The argument I am building here is that the different design choices made by Moog and Buchla gave affordance to different sorts of musical usages.[20] Moog's design was much more attuned to conventional musical use – the sort of music which could played on keyboards – while Buchla's designs gave affordance to the sort of experimental electronic music compositions favored by the avant-garde. Moog did not know it yet, but he was on the path towards an instrument that could emulate other instruments.

I want to stress here that one should not essentialize the technology and the sort of music it could make. In terms of the sociology of technology there was "interpretative flexibility".[21] Buchla's keyboardless synthesizers could with a degree of effort be used to make conventional melodic music and Moog's keyboard synthesizers could be used to make unconventional music. Indeed, it is worth pointing out that as well as the keyboard, Moog developed a new

19 Interview with Don Buchla, April 4, 1997.

20 The notion of affordance is developed by Boczkowski (2001).

21 For "interpretative flexibility" see Pinch/Bijker (1984). See also the essays in Bijker/Hughes/Pinch (1987).

form of controller the "stringer" or "ribbon controller" – a taut metal resistance strip which produced a continuously varying voltage depending on where it was pressed down.

Keyboards Mean Music

But there is no doubt that over time Moog's synthesizer became a keyboard device. There were several reason for this – primarily the answer is to be found in the "context of use". Just as Wittgenstein famously argued that the meaning of language comes from use – so too the meaning of musical instruments is to be found in their use. Moog's explicit design philosophy was to learn from his customers and from the very start he wanted to mass produce for many different sorts of customer – not just avant garde musicians. His second ever sale was to Eric Siday, a classically-trained musician who had turned to making commercial music and in particular "sound signatures" (such as the CBS logo and a Maxwell House coffee advert). The synthesizer Moog delivered to Siday was his first ever complete system and had a fully tunable keyboard (with each separate note tunable).

It is clear that in promotional photographs of the synthesizer from around this period the keyboards are clearly displayed. We asked Moog about this. He told us:[22]

> "The keyboards were always there, and whenever someone wanted to take a picture, for some reason or other it looks good if you're playing a keyboard. People understand that then you're making music. You know [without it] you could be tuning in Russia! This pose here [acts out the pose of the left arm extended] graphically ties in the music and the technology. So there are probably a zillion pictures like that."

The keyboard through its association with the piano carried one of the most symbolic meanings in music. It was also what many musicians were most familiar with. In order to reach more users and sell more product Moog adapted to what most users wanted – keyboards.

How Musicians Used the Synthesizer

Despite the use of keyboards, envelope shapers and waveforms conducive to imitating some acoustic instruments the early Moog synthesizers were not used much to emulate or imitate other instruments. The vast range of sounds and new sonic effects found in the Moog encouraged more the genre of exploration. Many of the early users were interested in producing sounds that had never been heard before and in general it was much easier to produce new sounds than to produce recognizable instrumental sounds. The instrument was also complex to use and rather unstable. Different modules could be patched together in a bewildering number of combinations and there were a vast number of different parameters that could be adjusted – change a knob setting by only a minute amount and you would get a totally differ-

---

22 Interview with Bob Moog, June 5, 1997.

ent sound. Often analog synthesists reported getting the most fantastic sounds on their instruments which were "lost" when they returned the next day and tried to set everything up the same way – the early instruments were notoriously unstable with oscillators going out of tune and being highly temperature sensitive. Your "best friend" in those early days was your tape recorder. If you got a sound you liked you would try and capture it on tape as soon as possible before you lost it.

Many early synthesists were rather disparaging of any attempt to imitate other instruments. Here is Jon Weiss a Moog studio musician who was trained as a violinist:[23]

> "I had no interest in using the synthesizer to create instrumental sounds. Because as far as I'm concerned even when you are using the modern digital generation stuff, the sounds are never as good as the original acoustic sounds, they are so many degrees more complex. I figured what's the point of that – if you wanted something to sound like a French horn then play a French horn ... Why use this machine to do just that?"

Others saw the use for imitation as simply the wrong use of the instrument. For them the synthesizer is an "independent" instrument with its own sound, as David Borden, an early pioneer in electronic minimalism who used the Moog for live performance, told us, "I wanted the Moog to be Moog."[24]

Contributing to this use of the Moog for exploring new sounds and sound washes was the whole development of psychedelic rock of which the synthesizer was an integral part. New instruments like the mellotron, unusual instruments like the sitar, and new effects like feed back, distortion, phasing and echo were all part of the psychedelic exploration. One of the first uses of the Moog was by the Doors on their *Strange Days* (1967) album where synthesist Paul Beaver treated Jim Morrison's voice through the Moog filter for the title track.

Despite the disdain and the practical difficulties, early synthesists found ways to emulate some of the sounds of conventional instruments. Bernie Krause and Paul Beaver were two of the best known early users of the synthesizer. They were commercial musicians who did countless studio sessions with their Moog for West Coast musicians like the Byrds and the Doors and used the Moog on dozens of Hollywood movies. They made new sounds as well as doing imitative synthesis. Here is how Bernie Krause described their approach towards emulation:[25]

> "Now, if you were to create a trumpet, what of the four available wave forms that Moog has on the synthesizer would you use? ... If you could hear it in your mind and could hear what it would do, and then you had to filter it in such a way so that you got the feeling of the tone. So you wanted to be able to articulate the attack and decay of the tone, and other aspects of it, which would create that timbre ... We knew that clarinet and, for instance, some of the reed instruments were from the rectangular or square wave school, and so we'd fool with that, what does that sound like, how does that – if we make that right, flute sounds and things as well."

23 Interview with Jon Weiss, May 8, 1996.
24 Interview with David Borden, May 3, 1966.
25 Interview with Bernie Krause, August 24, 1998.

Things like flute sounds, and woodwind sounds were some of the easiest acoustic sounds to make because the standard waveforms produced had these sort of sounds. Strings were much harder because of subtleties in the white noise component which the bow produces and Beaver and Krause would struggle to produce a credible string sound.[26]

Even artists wedded to the idea of using the synthesizer for making new sorts of sound were known to derive pleasure from successfully imitating an acoustic instrument or sound. Here is Malcolm Cecil of the early 70s cult synthesizer group Tonto's Expanding Head Band talking about how he made his first gong sound used on a track called "River Song" on their album *Zero Time* (1971). It was unusual for Tonto to make a sound like a conventional instrument because they rejected "imitative synthesis" and their goal was to try and capture the instrument for its own sounds. They were also purists and did not want to use conventional instruments on their all-synthesizer recording:[27]

> "...we wanted this bell sound. And we figured out the envelope okay, that wasn't hard, you know, the strike and all that. But nothing sounded like a bell when we did it. So I said, 'You know what, I've got this book, Helmholtz [*Sensations of Tones*], that I've been reading for years.' I said, 'I seem to remember ... he analyzed the sound of the big bell in Kiev, the harmonics, and he wrote them down.' ... So we dialed up the harmonics from the great bell of Kiev, exactly as Helmholtz had written ... fed them into the mixer, put them through the filter, put the envelope on there that we'd already figured out, pressed the key, and out came this bell. I'm telling you, it happened! It was unbelievable! We were hugging each other, dancing around the studio. 'We did it, we did it, we did it, we did it!'"

Another early success was the use of the synthesizer by the Beatles on *Abbey Road* (1969), in particular on tracks like "Here Comes the Sun", where the increasing brightening in timbre of the Moog reflects the brightening of the sun as the song progresses. On another *Abbey Road* track, "Because", George Harrison uses a Moog emulation of a horn sound (made by noise added to a sawtooth waveform passed through a low-pass filter with envelope generator).

In terms of the history of the Moog the best known record is Wendy Carlos's *Switched-On Bach* (1968). This album went platinum and is one of the best-selling classical records of all-time. Carlos started off as a studio engineer and was very adept at over-dubbing and tape splicing. She used the Moog to make Bach keyboard music but she added in many new timbres. It is Bach, but sounds very different to Bach played on conventional instruments.

The success of *Switched-On Bach* made Carlos and Moog famous and further reinforced the synthesizer as a keyboard instrument on which to play conventional music albeit with unconventional timbres. It also led the record industry to try all sorts of Moog gimmick albums. A whole genre of "Switched On" records appeared, such as *Switched-On Baccarach*, *Switched-On Beatles*, *Switched-On Santa*, etc. None of these had the artistry of Carlos and often used the Moog to play a solo line from a standard pop tune. None were hits.

---

26 Indeed throughout the 1970s the quality of a synthesizer's string sound would be the benchmark for its emulation capabilities.

27 Interview with Malcolm Cecil, March 31, 2000.

The use of the synthesizer for emulation was, as I have said, rejected by many early musicians. Certainly for those who worked in the experimental tradition or who used the keyboardless Buchla synthesizer, emulation or imitation was seen as missing the point. An example here would be Mort Subotnick's use of the Buchla on his album *Silver Apples of the Moon* (1967) – a minor underground hit with some significant classical sales.

Many early synthesists like Carlos strove to produce sounds that were somehow familiar but which were different enough to be interesting. Here is Edgar Froese of Tangerine Dream:[28]

> "The idea is not to use this machine to duplicate a flute or a violin ... What you do is use those characteristics ... which will give you a flute or a violin that hasn't been heard before."

One of the characteristic sounds of the Moog is the low-pass filter which produces the fat, "squelchy" sound (it is the only module which Moog actually patented). When the filter is used with an envelope generator in the bass range, the resonant deep sound is particularly appealing and was soon discovered by synthesists.[29] Over the years it has become a staple of pop and rock music, as has the bass sound of the Minimoog (which uses a similar filter). Moog was himself a witness to the power of his bass sound when he was invited to bring his synthesizer to a New York studio session where Simon and Garfunkel were recording their album, *Bookends* (1968). Moog set up the bass sound himself for the track "Save the Life of a Child", which opens with the sound: "One sound I remember distinctly was a plucked string, like a bass sound. Then it would slide down – it was something you could not do on an acoustic bass or an electric bass ... a couple of session musicians came through. One guy was playing a bass and he stops and he listens, and listens. He turned white as a sheet."[30] The significance of the Moog bass sound was not lost on this session musician. The Moog not only sounded like an acoustic or electric bass, but it also sounded *better*. Moog liked to repeat this story, he felt that at last he was "getting somewhere". Where he was getting was that at last the Moog was finding a home amongst musicians at large, rather than being merely an instrument for the avant garde. Session musicians were some of the first to see the writing on the wall; their livelihoods were under threat. This threat was something that the powerful musicians' union (the AFM) eventually took up but they failed in their attempts to limit the spread of the synthesizer.[31]

There is no doubt that over time there was a change in the way the Moog synthesizer was used. Bernie Krause was in a position to see this change over time. At sessions he worked on, rather than explore sounds, he was asked to get particular sounds:[32]

> "Well, can you get us the sound that you got on the Stevie Wonder album? Can you get us the sound you did on the Byrds? ... So it's usually they would dig a little bit, but not terribly deep, and so we found ourselves with this limited repertoire of 20 or 30 sounds

---

28 Interview with Edgar Froese in Darter/Armbruster (eds.), *Art of Electronic Music*, p. 173.
29 A good example is the Tonto track "Cybernaut" on *Zero Time* (1971).
30 Interview with Bob Moog, June 5, 1996.
31 For more details see Pinch/Trocco (2002).
32 Interview with Bernie Krause, August 24, 1998.

that we got, that were very easy to patch and do. Finally, it just got to the point where it was becoming so simple and ridiculous that we were able to replicate those sounds even on a Minimoog or a Model 10 [a smaller modular synthesizer], and we didn't even bring the big synthesizer with us because nobody wanted to explore, check out and see what could possibly happen with their music."

What was happening was that over time a series of sounds were becoming associated with the synthesizer. Furthermore the technology wass itself evolving with the Minimoog hardwiring in certain sounds and making available through sound charts the reproduction of particular sounds. The use of the Minimoog for live performance further stabilized certain sorts of sounds. Sound charts enabled the users to reproduce those sounds. Well-known progressive rock keyboardists like Rick Wakeman and Keith Emerson had their own sound inscribed in such sound charts – with things like the "Lucky Man" sound to produce the familiar Minimoog yowelling sound.[33]

As the technology became more miniaturized with ICs and microprocessors facilitating the use of polyphonic keyboards, the sound charts were eventually replaced on later generations of synthesizers with presets and factory sounds. By 1983, with digital synthesizers like the DX7, the making of sound was so complex that users found they could not program new sounds themselves and came to rely only on factory sounds and new sounds provided by the new cottage industry that arose in sound programming.

Sound Effects

Similar processes that I have described for musical sounds can be found in the arena of sound effects. It was, for instance, quickly apparent that the Moog synthesizer with its white noise and filter could produce "natural sounds" like wind, rain, the sound of thunder and waves. It was also easy to produce the sounds of explosions. Indeed Don Buchla used his synthesizer at a 1966 happening "Whatever it is" to stage a performance of an atomic apocalypse using his synthesizer and hundreds of photography flash bulbs going off together. Indeed the power of the synthesizer to produce weird alien-like sounds was discovered early on. Don Buchla himself used to set up his synthesizer in the open at hippy communes. He took delight in watching stoned hippies appear from the bushes convinced that the UFOs had arrived![34]

The use of the Moog's sound spectaculars was pioneered by a former TV evangelist David Van Koevering. He constructed a special Moog venue, including a "Happening Stage" on a man-made island off the Coast of Florida, the "Island of Electronicus". One of his most spectacular sonic effects was staging a crash between a car and a motor bicycle:[35]

---

33 The Emerson, Lake and Palmer, hit single "Lucky Man" (1970) with its Moog solo at the end is one of the best-known uses of Moog in rock during this period.

34 See Pinch/Trocco (2002) for more details.

35 Interview with David Van Koevering, January 30, 1999.

"And we'd start a motorcycle up – you'd hear a Minimoog sound like a motorcycle, you'd hear 'em kick it over, and then we'd take noise, and you'd hear 'em choke it ... and by overloading the filter, causing the filter to feedback from the keyboard with the switches, you could cause that sucker to make it shift gears, and you could hear that filter screech and like a wheel would chirp ... with the Doppler effect ... we'd have this motorcycle flying around the room ... now, we did this with two Minimoogs – a four-cylinder sports car would start its engine ... And you'd hear the motorcycle going one way and you'd hear the sports car go the other way, and a horrendous crash would happen over the stage and parts were rolling all over the room. And the audience would go nuts. They'd stand and they'd cheer and they'd clap, and it was an awesome, sonic sound effect event. A sonic picture, we'd painted a picture with synthesizers ..."

In the area of sound effects for radio and movies the issue of emulation is particularly interesting. It turns out that the most convincing sound effects are made "unnaturally". Here is George Martin the producer of the Beatles and who used many sounds effects with Peter Sellers on early BBC "Goon Show" records:[36]

"In fact you generally never use the real thing for a sound-effect, unless it's a frightfully good recording – and in any case people have their own ideas of what things should sound like."

One important use of the synthesizer for sound effects was its use in *Star Wars* (1976) where the ARP 2600 was used to make the R2D2 voices. A particularly interesting sound in that movie is the Space Bypass sound – the sound of the rocket engines of the giant space ships passing by. In this case the synthesist, Ben Burtt, found the sorts of sounds that he liked by experimenting on the ARP. However, he found the synthesized sound to be "too pure" so he went out into the real world to record the sound which he then modified electronically:[37]

"A lot of times what I would do is find a sound on the synthesizer and say, 'This is the kind of sound I'm looking for'.And then I'd go out into the real world and try to find something that would match that sound.For what I'm doing, I feel the sounds the synthesizer produces are too pure ... compared to sounds generated in the real world ...You can do very musical things with synthesizers, but you can't create a pickup truck crashing into a brick wall. Like for the pass-bys of the space ships I used one of my favourite sound sources, the Goodyear Blimp. It's got this low groan and two engines that beat against each other. It's a terrific sound. I slowed it down and flanged it to get the doppler effect as it went across the screen."

This is an interesting case of emulation, because physicists tell us that a space ship flying past in a vacuum produces no sound at all. So what counts as a "real" or "credible" sound here depends upon what sonic expectations are generated in listeners – a sonic expectation reinforced by the visual dimension and by the success of *Star Wars*.[38] Indeed the success of *Star*

36 Martin (1979), p. 94.
37 Interview with Ben Burtt, in Darter/Armbruster, *Art of Electronic Music*, p. 241.

Wars was felt by other synthesists who now had a vocabulary to describe sounds like space ship sounds, which they could produce on demand on other synthesizers.[39] In this way the new sound was further reinforced and became part of our sonic culture.

Conclusion

What I hope to have begun to explore in this paper as how the process of emulation of sound in the synthesizer is one that slowly evolves in a complex socio-technical environment. The story is one of the interweaving of this technology with different "contexts of use" in the social construction of sound. Certain sounds predominate, they are recognizable sounds, sounds which are materially built into the technology and which can be reproduced. This process whereby the *meaning* of certain sounds stabilize can be described as a process of social construction.

It is worth pointing out that there is nothing natural or inevitable about the process of emulating sound. At stake are issues like, is the emulated sound similar or different to the original, if it is different is it similar enough to count as an emulation or is it a new sound? When it comes to the emulation of acoustic instruments what exactly is being emulated? Is it the *sound*, or is it the *performance* of the sound on a particular occasion or is it a whole performance genre and *quality of musicianship* associated with the sound?[40] Sometimes it seems that the sound of a whole class of instruments is being emulated – such as "brass", or "strings". Sometimes it gets more specific and refers to a particular instrument like a snare drum or a clarinet. But then one could ask more – which particular instrument? Do all clarinets sound the same? Is it a violin sound or a stradavariius violin sound? And then *who* is the performer – a saxophone sound in general or a saxophone blown by Charlie Parker? And where is it being blown – in a smoky jazz club or in the Central Concert Hall Amsterdam? And lastly what about the emulation of synthesizers by other synthesizers? How is it that a machine, such as Moog, that is capable of emulating lots of other instruments can itself be emulated, as if it had only one distinctive sound? Last, but not least, does our perceptions of what counts as a "real" or "authentic" sound itself change through listening experiences? With most movies using synthesizers can listeners today tell what "real" strings sound like anyway? These issues are fascinating ones and I am aware I have barely touched upon them in the present chapter. The field of Sound Studies is still in its infancy.

---

38 Also part of its credibility rests on other renditions of spaceship sounds in earlier movies and Science Fiction TV shows.

39 For more details see Pinch/Trocco (2002).

40 Some of these issues are further explored in Trevor Pinch and Karin Bijsterveld, "'Should one applaud?' Breaches and Boundaries in the Reception of New Technology in Music", submitted to *Technology and Culture*.

References

Alder, Ken (1997): *Engineering thw Revolution: Arms and Enlightenment in France, 1763-1815*. Princeton: Princeton University Press.

Bijker, W, Hughes, T. and Pinch, T. (eds) (1987): The Social Construction of Technological Systems. Boston: MIT Press.

Bijsterveld, Karin (2000): "A Servile Imitation. Disputes about Machines in Music, 1910-1930", in Braun (2000a), 121-147.

Boczkowski, Pablo (2001): *Affording Flexibility: Transforming information practices in on-line newspapers*. Unpublished doctoral dissertation, Cornell University, to be revised and published by MIT Press.

Bode, Harold (1984): "History of Electronic Sound Modification", *Journal of the Audio Engineering Society* Vol. 32 (1984), 730-739.

Born, Georgina (1995): *Rationalizing Culture: IRCAM, Boulez, and the Institutionalization of the Musical Avant-Garde*. Berkeley/Los Angeles: University of California Press.

Braun, Hans-Joachim (1992): "Technik im Spiegel der Musik des frühen 20. Jahrhunderts", *Technikgeschichte* Vol. 59, No. 2 (1992), 109-131.

Braun, Hans-Joachim (1994): "'I sing the body electric'. Der Einfluss von Elekroakustik und Elektronik auf das Musikschaffen im 20. Jahrhundert", *Technikgeschichte* Vol. 61, No. 4 (1994), 353-373.

Braun, Hans-Joachim (2000b): "Introduction: Technology and the Production and Reproduction of Music in the 20th Century", in Braun (2000a), 9-32.

Braun, Hans-Joachim (ed.) (2000a): *"I Sing the Body Electric". Music and Technology in the 20th Century*. Hofheim: Wolke Verlag (and forthcoming Johns Hopkins U. P., 2002).

Chadabe, Joel (1997): *Electric Sound. The Past and Promise of Electronic Music*. New Jersey: Prentice Hall.

Davies, Hugh (2000): "Electronic Instruments: Classifications and Mechanisms", in Braun (2000a), 43-58.

Frith, Simon (1998): *Performing Rites. On the Value of Popular Music*. Cambridge, Mass.: Harvard U. P.

Glinsky, Albert (2000): *Theremin: Ether Music and Espionage*. Urbana/Chicago: University of Illinois Press.

Hennion, Antoine (1989): "An Intermediary Between Production and Consumption: The Producer of Popular Music", *Science Technology and Human Values* Vol. 14 (1989), 400-424.

Johnstone, Bob (1998): "The Sound of One Chip Clapping", in *We were Burning: Japanese Entrepreneurs and the Forging of the Electronic Age*. New York: Basic Books.

Jones, Steve (1992): *Rock Formation. Music, Technology, and Mass Communication*. London/Beverley Hills: Sage.

Kraft, James P. (1994): "Musicians in Hollywood: Work and Technological Change in Entertainment Industries, 1926-1940", *Technology & Culture* Vol. 35, No. 2 (1994), 289-314.

Kraft, James P. (1996): *Stage to Studio. Musicians and the Sound Revolution, 1890-1950*. Baltimore/London: The Johns Hopkins University Press.

Martin, George (1979): All You Need is Ears. London: Pondview.

McSwain, Rebecca (2000): "The Social Reconstruction of a Reverse Salient in Electric Guitar Technology: Noise, the Solid Body and Jimi Hendrix", in Braun (2000a), 198-211.

Morton, David (2000): *Off the Record: The Technology and Culture of Sound Recording in America*. New Jersey: Rutgers University Press.

Pinch, Trevor and Bijker, Wieber (1984): "The Social Construction of Facts and Artifacts", *Social Studies of Science* 14 (1984), 339-441.

Pinch, Trevor and Trocco, Frank (1999): "The Social Construction of the Electronic Music Synthesizer", *ICON Journal of the International Committee for the History of Technology* Vol. 4 (1999), 9-31.

Pinch, Trevor and Trocco, Frank (2002): *Analog Days: The Invention and Impact of the Moog Synthesizer*. Cambridge, MA.: Harvard University Press.

Pinch, Trevor (2001): "Why You Go to a Piano Store to Buy a Synthesizer: Path Dependence and the Social Construction of Technology", in Raghu Garud and Peter Karnoe (eds), *Path Dependence and Creation*. New Jersey: LEA Press, 381-401.

Prieberg, Fred K. (1960): *Musica ex machina. Über das Verhältnis von Musik und Technik*. Berlin: Verlag Ullstein.

Rhea, Thomas (1972): *The Evolution of Electronic Musical Instruments in the United States*. PhD Dissertation, George Peabody College for Teachers.

Roads, Curtis (1996): "Early Electronic Music Instruments: Time Line 1899-1950", *Computer Music Journal* Vol. 20, No. 3 (1996), 20-23.

Schafer, Raymond M. (1994): *The Soundscape. Our Sonic Environment and the Tuning of the World*. Rochester, Vermont: Destiny Books (originally published as: *The Tuning of the World*. New York: Knopf 1977).

Siefert, Marsha (1995): "Aesthetics, Technology, and the Capitalization of Culture: How the Talking Machine Became a Musical Instrument", *Science in Context* Vol. 8, No. 2 (1995), 417-449.

Simms, Bryan R. (1986): "Electronic Music", in *Music of the Twentieth Century*. New York/ London: MacMillan.

Sudnow, David (2001): *Ways of the Hand*. Boston: MIT Press.

Théberge, Paul (1997): *Any Sound You Can Imagine. Making Music/Consuming Technology*. Hanover NH: Wesleyan University Press.

Thompson, Emily (1995): "Machines, Music, and the Quest for Fidelity: Marketing the Edison Phonograph in America, 1877-1925", *The Musical Quarterly* Vol. 79, No. 1 (1995), 131-171.

Thompson, Emily (1997): "Dead Rooms and Live Wires. Harvard, Hollywood, and the Deconstruction of Architectural Acoustics, 1900-1930", *Isis* Vol. 88 (1997), 597-626.

Thompson, Emily (2002): *The Soundscape of Modernity: Architectural Acoustics and the Culture of Listening in America, 1900-1933*. Boston: MIT Press.

Ungeheuer, Elena (1991): "Ingenieure der Neuen Musik. Zwischen Technik und Ästhetik. Zur Geschichte der elektronischen Klangerzeugung", *Kultur & Technik* Vol. 15, No. 3 (1991), 34-41.

Vail, Mark (ed.) (2000): Vintage Synthesizers (2nd Edition). San Francisco: Miller Freeman.

Waksman, Steve (1999): *Instruments of Desire: The Electric Guitar and the Shaping of Musical Experience*. Cambridge: Harvard University Press.

Weidenaar, Reynold (1995): *Magic Music from the Telharmonium*. Methchuen, N.J.: Scarecrow Press.

Uljana Feest

Die Konstruktion von Bewußtsein: Eine psychologiehistorische Fallstudie

1. Einleitende Bemerkungen zur (sozialen) Konstruktion von Tatsachen

Der Begriff der wissenschaftlichen Tatsache ist von einer inhärenten Zweideutigkeit. Einerseits verbinden wir damit gemeinhin die Vorstellung einer Wirklichkeit, die vom menschlichen Geist oder sozialen Praktiken unabhängig ist, einer Wirklichkeit, die zu erfassen und beschreiben Gegenstand wissenschaftlicher Forschung ist. Andererseits beziehen wir uns jedoch auch oft auf die Ergebnisse wissenschaftlicher Forschung als Tatsachen. In diesem letzteren Sinne ist alles, was zu einem gegebenen Zeitpunkt als gesichertes Wissen gilt, eine Tatsache.[1] Die Bedeutung der Rede von der *Konstruktion* von Tatsachen hängt daher offenbar entscheidend davon ab, in welchem der beiden eben genannten Sinne der Tatsachenbegriff verwendet wird. Mit anderen Worten, sie hängt davon ab, ob damit die Konstruktion von Sachverhalten und Phänomenen in der Welt gemeint ist, oder die Konstruktion von Tatsachenaussagen über die Welt. Darüber hinaus hängt die Bedeutung der Rede von der Konstruktion von Tatsachen davon ab, um was für Arten von Sachverhalten es sich handelt. Sehen wir uns beispielsweise die These an, daß Sachverhalte in der Welt ihre Existenz allererst der Existenz menschlicher Gesellschaft verdanken. Diese These ist trivialerweise richtig, wenn es sich um gesellschaftliche Phänomene handelt, etwa um sexuellen Mißbrauch (vgl. Hacking 1999). Sie ist außerdem trivialerweise richtig, wenn es sich um Phänomene der natürlichen Welt handelt, die durch menschliche Handlungen verursacht werden, etwa globale Klimaveränderung. Auf der anderen Seite wird die Behauptung, daß die Gültigkeit von Naturgesetzen auf menschliche Handlungen zurückzuführen ist, vielen Leuten als anthropozentrisch und *prima facie* unplausibel erscheinen. Die Behauptung, daß Naturgesetze einen wichtigen Stellenwert in wissenschaftlichen Theorien haben, und daß Theorien Produkte einer sozialen Praxis (Wissenschaft) sind, ist dahingegen wiederum trivial. Die Frage ist somit, ob sich mit der Rede von der sozialen Konstruktion von Tatsachen eine These verbinden läßt, die weder unplausibel noch trivial ist.

Ian Hacking (1999) hat darauf hingewiesen, daß eine sozialkonstruktivistische These dann Biß bekommt, wenn sie nicht nur behauptet, daß manche Phänomene sozial verursacht

1 In Anlehnung an Alexander Beckers Verwendungsweise des Wissensbegriffes (in diesem Band) meine ich mit „gesichertem Wisen" *gerechtfertigte Meinung*. Mit diesem Wissensbegriffes verhalte ich mich neutral gegenüber der Frage (1) was für *Standards* vorliegen müssen, damit eine Meinung als gerechtfertigt gelten kann, (2) ob solchen Standards in der wissenschaftlichen Praxis tatsächlich genüge getan wird, und (3) unter was für Umständen gerechtfertigte Meinungen als *wahr* gelten können. Erstere Frage gehört in das philosophische Gebiet der Erkenntnistheorie. Zweitere Frage ist eine empirische Frage, und kann jeweils nur am Einzelfall beantwortet werden. Die dritte Frage gehört in das Gebiet der philosophischen Wahrheitstheorien. Diese drei Fragen sind nicht Gegenstand des vorliegenden Aufsatzes.

sind, oder daß wissenschaftliche Beschreibungen Produkte einer sozialen Aktivität sind, sondern darüber hinaus, daß wissenschaftliche Beschreibungen von (sowohl sozialen als auch natürlichen) Phänomene bestimmten *gesellschaftlichen Interessen* unterliegen. Insofern wir bestimmte Beschreibungen gegenwärtig für wahr halten, handelt es sich bei solchen Beschreibungen um *Tatsachen* (in der zweiten der eingangs umrissenen beiden Bedeutungen des Begriffes der Tatsache). Die Rede von der sozialen Konstruktion von Tatsachen heißt somit, daß *die Art und Weise*, wie Wissenschaftler ihren Forschungsgegenstand beschreiben, durch gesellschaftliche Interessen oder Debatten beeinflußt ist.[2]

Der vorangegangene Absatz legt nahe, daß Wissenschaftsgeschichte insofern „sozialkonstruktivistisch" zu sein hat, als sie darum bemüht ist, die sozialen und politischen Einflußfaktoren aufzudecken, die die Formulierung einer bestimmten wissenschaftlichen Tatsache ermöglichen. Mir scheint jedoch, daß der Frage nach den *sozialen* Faktoren bei der Konstruktion einer wissenschaftlichen Tatsache eine andere Frage vorangeht, nämlich die Frage, was genau mit dem Begriff der *Konstruktion* gemeint ist. Die oben verwendete Redeweise von Tatsachen als Beschreibungen ist insofern irreführend, als sie nahelegt, daß Wissenschaft ein der Beschreibung vorgeordnetes Verständnis des *Gegenstandes* der Beschreibung hat. Demgegenüber verfolge ich im vorliegenden Text die These, daß *im wissenschaftlichen Wandel „Konstruktionen" stattfinden, die sich nicht lediglich als bestimmte Beschreibungen eines Forschungsgegenstandes charakterisieren lassen, sondern vielmehr den Forschungsgegenstand allererst individuieren und konzeptualisieren*. Was konstruiert wird ist somit nicht lediglich die Formulierung einer Tatsachenaussage *über* ein Phänomen, sondern die Konzeptualisierung des Phänomens *selbst*.[3] Es erscheint mir von großem wissenschaftshistorischen Interesse, die *je spezifischen* Umstände des Zustandekommens solcher Konzeptualisierungen zu untersuchen. Obgleich ich davon überzeugt bin, daß hierbei nicht zuletzt soziale Faktoren eine Rolle spielen, greift eine bloße Konzentration auf diese sozialen Faktoren zu kurz.[4] Die These der Konstruktion eines wissenschaftlichen Gegenstandes kann erst empirisch gehaltvoll werden, wenn wir (a) ein genaues Verständnis des *wissenschaftlichen Gegenstandes* haben, und wenn wir (b) ein genaueres Verständnis des *praktischen Forschungskontextes* haben, in dem dieser Gegenstand konstruiert wird. Ein solcher Forschungskontext ist als komplexes Zusammenspiel materieller, instrumenteller, experimenteller, ideengeschichtlicher und methodologischer Faktoren zu charaktersisieren.[5] Diese Faktoren sind jeweils in einen weiteren sozio-kulturellen Kontext eingebettet. Eine weitere Grundthese des vorliegenden Aufsatzes ist somit, *daß eine historische Untersuchung der Konzeptualisierung eines wissenschaftlichen Gegenstandes das spezifische Zusammenwirken der genannten Faktoren, als auch deren Situiertheit in einem weiteren Kontext sozialer Interessen und Ermöglichungsbedingungen zu analysieren hat.*

---

2 Vgl. Alfred Nordmanns „morning-sickness"-Beispiel in diesem Band.

3 Diese These weckt natürlich die Frage, was es heißt, einen Gegenstand unterschiedlich zu konzeptualisieren (ist es noch der selbe Gegenstand, wenn wir etwas anderes darunter vertehen?). Je nachdem, wie diese bedeutungstheoretische Frage beantwortet wird, kann die vorliegende These weitreichende relativistische Konsequenzen haben. Im vorliegenden Aufsatz wird jedoch nicht darauf eingegangen, ob ein solcher Relativismus tatsächlich impliziert ist.

4 Ebenso zu kurz greift die bedeutungsholistische Ansicht, daß sich die Konzeptualisierung eines Forschungsgegenstandes aus ihrem Platz in einer *Theorie* des Gegenstandes ergibt.

5 Diese Liste erhebt keinen Anspruch auf Vollständigkeit.

Im vorliegenden Aufsatz möchte ich diese These mit einer psychologiehistorischen Fallstudie illustrieren. Ich verorte die Fragestellung dieses Aufsatzes im Kontext einer wissenschaftsphilosophischen und wissenschaftshistorischen Literatur der vergangenen 20 Jahre, welche ihre Aufmerksamkeit auf Status, Ziele und Probleme *experimenteller Forschung* gelenkt hat (vgl. Hacking 1983), und dabei insbesondere die *materiale Kultur* des praktischen Forschungszusammenhanges hervorgehoben hat (vgl. etwa Galison 1997; Latour/Woolgar 1986). Mein Interesse gilt dabei insbesondere der Interaktion zwischen experimentellen Praktiken und wissenschaftlichen Konzeptualisierungen.[6]

Meine Fallstudie handelt von Stanley Smith Stevens (1906-1973), einem experimentellen Psychologen, der heutzutage insbesondere für seine meßtheoretischen Aufsätze bekannt ist (vgl. Stevens 1946, 1951), obgleich sein Hauptforschungsgebiet die Psychophysik war.[7] Im vorliegenden Aufsatz werde ich mich auf Stevens intellektuelles Schaffen in den 1930er Jahren konzentrieren. In den Jahren zwischen 1934 und 1939 veröffentlichte Stevens erstens die Ergebnisse seiner psychophysikalischen Doktorarbeit (über die Wahrnehmung der Eigenschaften von Tönen), und schrieb zweitens eine Reihe von Aufsätzen, in denen er sich für einen *Operationismus* in der Psychologie aussprach. Nach meiner Interpretation (die im folgenden erklärt und belegt werden soll) handelt es sich bei Stevens Operationismus um eine *methodologische* Position, welche den Status der Psychologie als experimentelle Wissenschaft betonte, und deren Anliegen darin bestand, die Legitimation theoretischer Begriffe in der Psychologie eng an die Durchführbarkeit experimenteller Operationen zu knüpfen. Eine Konsequenz dieser methodologischen Position, so meine These, bestand darin, bestimmte Begriffe als unwissenschaftlich zu verwerfen. Sie hatte somit einen unmittelbaren Einfluß auf die Konzeptualisierung des Forschungsgegenstandes. Meine Behauptung lautet jedoch nicht lediglich, daß Stevens theoretische Begriffe durch seinen Operationismus diktiert waren, sondern darüber hinaus, daß Stevens Operationismus *selbst* das Resultat ganz spezifischer experimenteller Traditionen und philosophischer Debatten war. Konkret werde ich zeigen, daß Stevens Operationismus (a) ihm einen bestimmten experimentellen Zugriff auf sein eigenes Forschungsprojekt über das Erleben von Tönen ermöglichte, und (b) aus der Auseinandersetzung mit Debatten über den Status und die Meßbarkeit von *Bewußtsein* entstand. Des weiteren werde ich argumentieren, daß die historischen Bedingungen für einen Wandel des Bewußtseins-Begriffes und der Standards wissenschaftlicher Methoden durch verschiedene soziale Faktoren begünstigt wurden, nämlich (1) einerseits durch die Notwendigkeit, sich innerdisziplinär zu behaupten, sowie durch die Bemühungen der akademischen Psychologie, sich institutionell von der Philosophie zu emanzipieren, und (2) andererseits durch die gesellschaftliche Erwartung an die Psychologie, anwendungbezogenes Wissen zu produzieren.

6 Lenoir spricht in diesem Zusammenhang von der „Symbiose von Praktiken und Konzepten" (Lenoir (1988), S. 13). Rheinberger (1997) lenkt unsere Aufmerksamkeit auf den experimentellen Zusammenhang, in dem „epistemische Gegenstände" experimentell erzeugt und konzeptualisiert werde.

7 Eine Charakterisierung der Psychophysik folgt weiter unten.

2. Einige Verständnisse und Mißverständnisse des Operationismus

Die eben umrissenen Thesen beinhalten ein Verständnis des Operationismus, welches in mehrfacher Hinsicht von herkömmlichen Ansichten über Ursprünge und Anliegen des Operationismus abweicht. Im vorliegenden Abschnitt möchte ich daher damit beginnen, die ideengeschichtliche Relevanz meiner Lesart von Stevens Operationismus zu verdeutlichen, indem ich sie in Abgrenzung von diesen anderen Lesarten charakterisiere. Insbesondere wende ich mich gegen die Lesart, daß der psychologische Operationismus eine *semantische* These war, welche ihren Ursprung in den Schriften von Percy Bridgman oder dem logischen Positivismus hatte.[8] Stattdessen behaupte ich, daß der Operationismus hauptsächlich (wenn auch nicht ausschließlich) eine *methodologische* These war, die auf eine Auseinandersetzung mit verschiedenen psychologischen Problemen und Debatten zurück ging. Sodann werde ich einen kurzen Überblick über Stevens psychophysikalische und methodologische Schriften geben, um meiner eigenen These etwas mehr Kontur zu verleihen.

Der Begriff „Operationismus" (oder „Operationalismus") wird gemeinhin mit dem Physiker Percy Bridgman (1882-1961) in Verbindung gebracht.[9] Dieser schrieb: „[I]n general, we mean by a concept nothing more than a set of operations; the concept is synonymous with the corresponding sets of operations" (Bridgman 1927, S. 5). Die Idee des Operationismus war innerhalb der Physik nie besonders einflußreich, erfreute sich jedoch in der Psychologie und den Sozialwissenschaften einer beträchtlichen Popularität (vgl. Smith 1997, S. 668). Noch heute spielt der Operationismus eine wichtige Rolle für das methodologische Selbstverständnis der akademischen Psychologie. Die meisten einführenden Psychologielehrbücher erwähnen diese Position (dieser Punkt wird auch von Green 1992 hervorgehoben). Interessanterweise herrschte jedoch innerhalb der Psychologie bereits frühzeitig große Uneinigkeit darüber, was mit dem Begriff des Operationismus überhaupt gemeint ist. So belegt etwa ein Symposium, welches 1945 von der *Psychological Review* veranstaltet wurde, daß der Operationismus breite Unterstützung fand, jedoch wenig Übereinstimmung darüber bestand, was diese Position eigentlich beinhaltete (Boring/Bridgman/Feigl/Israel/Pratt/Skinner 1945, Green 1992). Diese Tatsache legt nahe, daß sich wissenschaftshistorische Untersuchungen des Operationismus auf spezifische Vertreter dieser Position konzentrieren sollten. Wenden wir uns also S. S. Stevens zu.

Im allgemeinen gilt der Operationismus heutzutage als philosophisch überholt (vgl. Suppe 1977; Leahey 1980; Green 1992). Diese Einschätzung beruht auf einer Lesart des Operationismus, die diesen mit einer verifikationistischen Bedeutungstheorie identifiziert. Diese Lesart scheint mir jedoch, was Stevens anbelangt, zu kurz zu greifen (ich gehe darauf weiter unten ein). Obgleich Stevens zur selben Zeit in Harvard tätig war wie Bridgman, gibt es außerdem Hinweise darauf, daß Stevens Operationismus weder durch Bridgmans Theorie beeinflußt wurde, noch mit dieser identisch war. Im weiteren Verlauf werde ich zeigen, daß die Grundideen von Stevens Positionen bereits vorlagen, bevor er mit Bridgmans Schriften in

8 Damit soll jedoch keinesfalls bestritten werden, dass es Überschneidungen zwischen diesen diversen Positionen gab.

9 Diese Position wird heutzutage gemeinhin als „Operationalismus" bezeichnet. Stevens selbst hingegen verwendete den Begriff „Operationismus". Ich betrachte diese beiden Begriffe als synonym, werde im folgenden aber Stevens eigener Termonologie treu bleiben und ausschließlich den Begriff „Operationismus" verwenden.

Berührung kam. Nachträglich versuchte Stevens, seiner eigenen Position mit Verweis auf Bridgman Legitimität zu verschaffen. Dieser Versuch wurde von Bridgman jedoch bereits im Jahre 1935 explizit abgelehnt (vgl. Hardcastle 1995, S. 417).

Nachdem ich einige naheliegende Thesen über die Natur und Herkunft von Stevens Operationismus also für unzutreffend halte, stellt sich somit die Frage, worin diese Position wirklich bestand, und was für historische Ursprünge sie wirklich hatte. Ich möchte mich zunächst der ersteren Frage zuwenden und Stevens Position auf der Grundlage seiner methodologischen und wissenschaftlichen Schriften rekonstruieren.

Stevens Operationismus

In Stevens eigenen Worten war der Operationismus eine Reaktion auf die mangelnde Rigorosität bei der Formulierung fundamentaler Begriffe. (Stevens 1935b, S. 323). Er fügt die folgende Erläuterung hinzu: gebraucht werde

> „a straightforward procedure for the definition and validation of concepts. [...] Such a procedure is one which tests the meaning of concepts by appealing to the concrete operations by which the concept is determined. We may call it *operationism*". (Stevens, *ebend.*)

Die Rede vom *Testen von Bedeutung* ist auf den ersten Blick verwirrend. Wissenschaftler testen keine Bedeutungen, sondern sie testen entweder Hypothesen über die Existenz bestimmter Gegenstände/Phänomene, oder aber sie testen die Frage ob ein bestimmter Gegenstand (ein bestimmtes Phänomen) in die Extension eines Begriffes fällt. In der Tat glaube ich, daß es Stevens um beide Fragen ging. Zunächst sollten wir uns jedoch über den Unterschied zwischen diesen Fragen im klaren sein. Bei der ersteren Frage geht es um die *Entdeckung*, bei letzterer um *Klasssifikation*. Ein Resultat neuer Entdeckungen ist die Einführung neuer Begrifflichkeiten. Klassifikation hingegen setzt bereits Begriffe voraus. Operationalistische Positionen werden im allgemeinen so charaktersiert, daß sie den Gegenstand der Klassifikation (oder Messung) mit Hilfe der Methode der Klassifikation definieren (siehe hierzu das obige Zitat von Bridgman). Dies hat einige unplausible Implikationen, wie etwa die Unmöglichkeit, einen Gegenstand zu entdecken, der nicht bereits operational definiert worden ist, oder die Konsequenz, daß jede neue Methode einen neuen Gegenstand individuiert (vgl. Hempel 1956; Bergmann 1956). Diese Implikationen werden gemeinhein als *Reductio*-Argumente gegen den Operationismus betrachtet. Im vorliegenden Aufsatz geht es mir nicht darum, Stevens Operationismus zu verteidigen. Ich behaupte jedoch, daß die eben genannte Kritik seiner Variante des Operationismus nicht gerecht wird. Ziel von Stevens Operationismus war es *einerseits*, Bedingungen der forschungspragmatischen Nützlichkeit von Hypothesen zu formulieren (sie müssen operationalisierbar sein), und *andererseits*, neue klassifikatorische Begrifflichkeiten durch Angabe bestimmter Anwendungsbedingungen zu legitimieren (ihre Referenten müssen experimentell individuierbar sein). Diese Lesart möchte ich im folgenden kurz erläutern und anhand von Stevens Forschung illustrieren.

Stevens Operationismus liegt die Einsicht zugrunde, daß eine experimentelle Wissenschaft in der Regel Hypothesen testet. Dies setzt voraus, daß die Hypothese in ein Experiment überführt (also operationalisiert) werden kann. Wenn eine solche Operationalisierung nicht möglich ist, ist die Hypothese in einem forschungspraktischen Sinne bedeutungslos (im Sinne von „unbrauchbar“). So paraphrasiert Stevens etwa Bridgman folgendermaßen: „[I]f a specific question has meaning, [...] it must be possible to find operations by which an answer may be given to it“ (Stevens 1939a, S. 224/5). Das heißt, es müssen Kriterien fomulierbar sein, die einen Test der Hypothese darstellen. Diese Kriterien, so Stevens, „are essentially operational tests“ (Stevens 1939a, S. 233).[10] Damit meint Stevens die Prozedur kraft derer eine bestimmte Operation durchgeführt wird, und sodann beobachtet wird, ob ein bestimmtes Verhalten resultiert: „The essence of the procedure is the performance of a known operation on the system and the observation of the resulting changes“ (Stevens 1936b, S. 328). *Nachdem* das Experiment durchgeführt (und die Hypothese bestätigt) worden ist, stellt das Experiment jedoch in der Tat eine Art (operationaler) Definition dar, indem es mindestens hinreichende *Anwendungsbedingungen* eines bestimmten Begriffes liefert.

Sehen wir uns diese Bemerkungen im Lichte von Stevens Forschung an. Stevens Forschungsinteresse zum Zeitpunkt seiner Operationismus-Artikel bestand darin, nachzuweisen, daß Menschen nicht nur die Lautstärke und Tonhöhe, sondern auch die „Dichte“ und das „Volumen“ von Tönen wahrnehmen (vgl. Stevens 1934a, 1934b, 1934c, 1935c). Um die Frage nach der Existenz eines bestimmten Phänomens (etwa dem Erleben von Tondichte) operationalisieren zu können, muß natürlich ein Begriff des Phänomens vorausgesetzt werden. Stevens arbeitet hier mit einem alltagssprachlichen Begriff von *Erfahrung*, welcher für den wissenschaftlichen Zweck der Operationalisierbarkeit eingegrenzt wird: Der Begriff, so Stevens, „implicitly at least, denotes the sum total of the discriminatory reactions performed by human beings, for *to experience* is, for the purpose of science, *to react discriminatively*“ (Stevens 1935c, S. 521).[11] Dies ist zwar eine Definition, aber keine operationale Definition. Sie legt nahe, daß der Nachweis der Existenz eines bestimmten Phänomens darin zu bestehen hat, bestimmte diskriminative Reaktionsmuster nachzuweisen. Dementsprechend führte Stevens Experimente durch, deren Ziel darin bestand, bestimmte Erfahrungs*weisen* zu individuieren, nämlich als mathematisch quantifizierbare funktionalen Zusammenhänge zwischen bestimmten experimentellen Operationen und bestimmten Verhaltensveränderungen des untersuchten Systems. Während man die resultierenden Funktionen durchaus als opera-

10 Nebenbei gesagt gibt es meines Erachtens eine enge Verbindung zwischen Stevens Ansichten über Klassifikation und seinen Ansichten über Messung, doch kann diese Verbindung im vorliegenden Aufsatz nicht näher behandelt werden.

11 Dieser Punkt wirft einige Fragestellungen auf, die innerhalb der Philosophie diskutiert worden sind: (1) Zum einen denke ich hier an die Frage, ob wissenschaftliche Begriffe der Psychologie überhaupt auf die selben Zustaende referieren wie ihre alltagspsychologischen Korrelate (vgl. etwa Stich (1983), welcher dies im Hinblick auf den Begriff der Überzeugung bestreitet). Auf diese Frage soll hier nicht eingegangen werden. (2) Zum anderen denke ich an die allgemeinere Frage nach dem Prozess der Verwissenschaftlichung, Metrisierung und und Objektivierung alltagssprachlicher Begriffe. Vergleiche hierzu etwa Gernot Böhmes Untersuchungen zur Bildung eines wissenschaftlichen Gegenstandes (Böhme (1993)). Interessanterweise wählt auch Böhme die Forschung von S. S. Stevens als wissenschaftshistorisches Fallbeispiel (allerdings mit einer stärkeren Betonung von Stevens meßtheoretischen Arbeiten). Obgleich ich mit einigen Grundintuitionen von Böhme übereinstimme, ist mein Anliegen im vorliegenden Aufsatz weniger programmatisch und mehr auf den historischen Einzelfall konzentriert.

tionale Definitionen auffassen kann, hatte Stevens bei näherem Hinsehen einen recht flexiblen Begriff von „Definition“: experimentelle Operationen stellten für ihn weder notwendige, noch unveränderliche Anwendungsbedingungen für Begriffe dar. So bestand etwa ein Teil seiner Forschungstätigkeit zu dieser Zeit darin, physiologische Korrelate von Erfahrungsweisen zu identifizieren (vgl. Stevens/Davis 1936). Dies legt nahe, daß er der Meinung war, daß der Referent eines Begriffes langfristig auch durch physiologische Kriterien individuiert werden könne. Außerdem war er der Meinung, daß sich die Anwendungskriterien eines Begriffes im wissenschaftlichen Wandel verändern können.

> „[Definitions] take into account the state of factual knowledge at a given time. It is for good reason that the discovery of new related facts may make a revision of the criteria necessary so that we may include or exclude the new observation from the class denoted by the original definition.“ (Stevens 1935a, S. 519)[12]

Stevens Erfahrungsbegriff im Kontext der Psychophysik

Nachdem ich Stevens Operationismus im vorangegangenen Abschnitt bereits ansatzweise mit Stevens psychophysikalischer Forschung illustriert habe, möchte ich nun etwas mehr zu dieser Forschung sagen. Das psychologische Gebiet der Psychophysik geht auf Fechner (1860) zurück, und besteht darin, bewußt wahrgenommene Sinneserfahrung (beispielsweise Lautstärke) mit physikalischen Stimuli (beispielsweise Reizintensität) zu korrelieren und eine mathematische Beschreibung der Beziehung zwischen den beiden aufzustellen. Die klassische Formulierung einer solchen mathematischen Beziehung ist das sogenannte Weber/Fechner-Gesetz, demzufolge die subjektive Intensität des Stimulus dem Logarithmus der Reizintensität (mit einer Konstante mal genommen) entspricht (vgl. Fechner 1860). Fechner wird im allgemeinen angerechnet, unter Beweis gestellt zu haben, daß sich bewußte Erfahrung messen läßt, und die Psychologie somit (im Widerspruch zu Kants Diktum der Unmöglichkeit einer wissenschaftlichen Psychologie eine Wissenschaft sein kann; vgl. Fancher 1996). Stevens Beitrag zur Psychophysik bestand darin, zu zeigen, daß es sich beim psycho-physischen Gesetz nicht um eine logarithmische, sondern um eine Potenzfunktion („power-function“) handelt (vgl. Stevens 1974b).[13] In seiner Dissertation widmete Stevens sich einer bestimmten Art bewußter Erfahrung, nämlich der Erfahrung akustischer Stimuli, und zeigte, daß Töne verschiedene „Erfahrungsdimensionen“ haben (vgl. Abschnitt 5 des vorliegenden Aufsatzes).

Während die traditionelle Psychophysik also versuchte, bewußte Erfahrung zu messen, war Stevens der Meinung, daß der Erfahrungsbegriff selbst in dieser Tradition nicht hinreichend thematisiert worden war, und somit zunächst einer klaren *Definition* bedürfe. Diese Meinung, so meine Behauptung, steht in einem engen Zusammenhang mit Stevens Forderung nach der Operationalisierbarkeit wissenschaftlicher Hypothesen. Wie im vorangegangenen Abschnitt bereits erwähnt, definierte Stevens Erfahrung als diskriminatives Verhalten,

---

12 Vgl. auch Stevens (1934c), S. 527.

13 Ich bedanke mich bei Dirk Schlimm für seine mathematische Übersetzungshilfe

und legte damit nahe, wie eine Operationalisierung von Hypothesen über bestimmte Erfahrungsmodi vonstatten zu gehe hat. Eine Operationalisierung der Hypothese, daß „Tondichte" eine Form des Erlebens von Tönen ist, muß etwa die Operation angeben, welche eine einzigartige funktionale Beziehung zwischen bestimmten Reizen und einem bestimmten diskriminativen Verhalten individuiert. „Operationism requires that we deal only with the reportable aspects of experience. Operational psychology knows precisely nothing of unreported consciousness" (Stevens 1935b, S. 327).

Nach dieser kurzen Analyse des systematischen Zusammenhanges zwischen Stevens Operationismus und der Konzeptualisierung seines Forschungsgegenstandes stellt sich nun die Frage nach dem *historischen* Zusammenhang zwischen diesen beiden Aspekten von Stevens Schaffen. Eine mögliche These wäre, daß Stevens seinen Operationismus unabhängig von seiner psychophysikalischen Forschung entwickelte und sodann auf diese Forschung anwendete. Dieser These zufolge hätte Stevens Operationismus ihn also sozusagen dazu gezwungen, den Begriff des Bewußtseins als diskriminatives Verhalten zu definieren. Diese These halte ich jedoch für historisch unzutreffend. Vielmehr glaube ich, daß Stevens Operationismus *selbst* das Resultat einer Reihe von verschiedenen Debatten über den Bewußtseinsbegriff war. Stevens Konzeption wissenschaftlicher Methode und Stevens Konzeptualisierung seines Forschungsgegenstandes *ko-evolvierten* also. Diese These werde ich im folgenden belegen. Zunächst ein kurzer Überblick über biographische und historische Eckdaten.

3. Stevens und die amerikanische Psychologie in den 30er Jahren

Im Herbst 1931 kam S. S. Stevens als Doktorand zur Harvard University, und schrieb sich in der *School of Education* ein. Während seines ersten Semesters belegte er ein Seminar über Wahrnehmung bei E. G. Boring und führte einige Experimente zur Farbwahrnemung durch. Einige Monate später wechselte er seinen Forschungsschwerpunkt, als ein anderer Student von Boring, P. M. Zoll, zum Fachbereich Medizin wechselte. Stevens übernahm Zolls Forschungsprojekt über die subjektiv wahrgenommenen Eigenschaften von Tönen (Zoll 1934), und verteidigte seine Dissertation über tonale Eigenschaften im Frühling 1933.[14] Im akademischen Jahr 1934/5 wurde Stevens als Borings Forschungsassistent übernommen. Im folgenden Jahr kollaborierte er mit Halowell Davis im Fachbereich Medizin (vgl. Stevens/Davis 1936). Diese Zusammenarbeit führte zu dem gemeinsam verfaßten Buch *Hearing: It's Psychology and Physiology* (Stevens/Davis 1938). Während dieser Zeit veröffentlichte Stevens außerdem seine Resultate über die Psychophysik des Hörens (1934a, 1934b, 1934c, 1935c) sowie zwei der bereits erwähnten Artikel über den Operationismus (1935a, 1935b). Nachdem er ein weiteres Jahr als Forschungsassistent im Fachbereich Physik verbracht hatte, wurde Stevens im Jahre 1936 schließlich eine Stelle im Fach Psychologie angeboten. Im folgenden veröffentlichte Stevens zwei weitere Artikel über den Operationismus (1936b, 1939a), sowie zwei weitere Artikel über die Psychophysiologie des Hörens (Stevens 1937;

14 Diese Forschung wird in Abschnitt 7 genauer beschrieben werden.

Stevens/Jones 1939). Außerdem begann er, systematisch über Meßtheorie nachzudenken (1936a, 1939b; Stevens/Volkmann/Newman 1937).[15]

In Stevens intellektuellem Umfeld der 30er Jahre spielte sein Doktorvater Edwin Boring (1886-1968) eine besonders wichtige Rolle. Als der einzige Psychologieprofessor im Fachbereich Philosophie sah Boring es als seine Aufgabe, die Psychologie als wissenschaftliche Disziplin, außerhalb der Reichweite seiner fünf philosophischen Kollegen zu etablieren (Stevens, 1968, S. 592). Darüber hinaus verfaßte er mehrere einflußreiche Bücher über die Geschichte der experimentellen Psychologie (Boring 1929, 1942), die vermutlich nicht zuletzt das Ziel verfolgten ein gewisses wissenschaftliches Selbstverständnis innerhalb der Psychologie zu etablieren (vgl. Smith 1997).[16] Die im S. S. Stevens Archiv der Harvard University gelagerten Briefe und kommentierten Manuskripte zeugen von einer bemerkenswert engen intellektuellen Beziehung zwischen Stevens und Boring.[17] Boring beschreibt seine Beziehung zu Stevens als „paternal" und „genuinely rewarding" (Boring 1960, S. 68). Boring selbst scheint eine ähnlich enge Beziehung zu seinem eigenen Lehrer Edward Titchener (1867-1927) gehabt zu haben, bei dem er in Cornell studiert, und im Jahre 1924 seinen Doktortitel erworben hatte. Titchener war ein Schüler von Wilhelm Wundt (1832-1920) gewesen, und führte eine Art Wundt'scher introspektiver Psychologie in den Vereinigten Staaten ein.[18] Stevens schreibt: „The line of descent from Wundt to Titchener to Boring was more than direct; it resembled successive incarnations" (Stevens 1968, S. 594). Obgleich Stevens sich hier auf Ähnlichkeiten in Persönlichkeit und akademischem Stil bezieht, bin ich der Meinung, daß es auch eine intellektuelle Linie gab, und daß ein genaues Verständnis dieser intellektuellen Linie wichtig für ein Verständnis von sowohl Stevens Operationismus als auch seinem Bewußtseinsbegriff ist. Damit soll nicht gesagt sein, daß die drei genannten Psychologen in allem übereinstimmten. Im Gegenteil, wie wir sehen werden, müssen Borings Kritik an Titcheners Vorstellungen über Bewußtsein und Introspektion, sowie seine Zurückweisung von Titcheners psychophysischem Dualismus, als wesentliche Faktoren angesehen werden, die zu Stevens Operationismus beitrugen.

4. Boring und die physikalischen Dimensionen des Bewußtseins

Eine wichtige Quelle für ein historisches Verständnis von Stevens Operationismus ist Borings Buch *The Physical Dimensions of Consciousness* (1933). In diesem Buch argumentiert Boring für eine Geist/Hirn-Identitäts-Theorie, und versucht, eine Mittelposition zwischen der *eliminativistischen* Position des Behaviorismus und dem Dualismus der *introspektivistischen* Tradition zu etablieren.[19] Mehreren Quellen zufolge war Stevens eng mit dem Schaf-

15 Ich beschränke mich hier auf Stevens Veröffentlichungen der 1930er Jahre.

16 Ich werde in Abschnitt 9 näher auf den Kontext dieses Anliegens eingehen.

17 In diesem Artikel verwende ich unveröffentlichtes Material von sowohl Stevens als auch Boring. Dieses Material findet sich im Archiv der Universität Harvard (shelf number HUG (FP)-2.45, box 1 and box 2). Ein Teil dieses Materials wurde mir vom Harvard Archiv zugänglich gemacht (Box 1), ein anderer Teil von Gary Hardcastle (Box 2). Ich werde mich auf die entsprechenden Stellen beziehen, indem ich die Box-Nummer angebe. An dieser Stelle möchte ich mich herzlich sowohl beim Harvard Archiv als auch bei Gary Hardcastle bedanken.

18 Vgl. Boring (1927), O'Donnell (1985).

fensprozeß dieses Buches verbunden. So erinnert sich Stevens beispielsweise, daß Boring ihn im Jahre 1932 bat, das Manuskript zu lesen. „Chapter by chapter, I worked through it, a bit overeager perhaps" (Stevens 1968, S. 596). Boring schreibt im Vorwort des Buches, daß Stevens viele hilfreiche Vorschläge gemacht habe, die er übernommen habe (Boring 1933, viii). Und Stevens privates Notizbuch kurz vor Erscheinen von Borings Buch enthält den folgenden Eintrag: „Prof. Boring's book on the physical nature of consciousness will be out tomorrow, Jan. 23, 1933. He refered [sic] to it in conversation as *our* book. I acknowledge the compliment" (Stevens, *Private Notebook*, 1933).[20]

Sowohl Boring als auch Stevens berichten retrospektiv, daß in diesem Buch der Versuch gemacht worden sei (wenn auch nicht ganz erfolgreich), eine methodologische Position zu formulieren, die Stevens wenig später „Operationismus" nennen würde. So nennt Stevens etwa *The Physical Dimensions of Consciousness* „an effort (a part of Boring's enduring effort) to achieve clarity of meaning of the basic terms of psychology, terms like consciousness, sensation, and the rest" (Stevens 1968, S. 596). Boring schreibt rückblickend: „P. W. Bridgman [...] had expounded ‚operationism' in 1927. [...] Later he had great influence on American psychologists, but neither they nor I knew about his book then. In an unclear way my book was using this new ‚operationist' logic" (Boring 1960, S. 52/3). Doch weder Stevens noch Boring waren mit dem Resultat so recht zufrieden.

> „Then in 1935 a series of papers on operationism began to appear, and it now seems clear that an operational restatement of psychology's basic concepts was Boring's real target" (Stevens 1968, S. 597).

Die Artikel auf die Stevens sich hier bezieht sind seine eigenen, aber er geht so weit, zu behaupten, „[I]t can be proven from page upon page of editorial criticism that large segments of those papers were generated more by Boring than by me" (Stevens, *ebend.*). Vermutlich sollten wir in Betracht ziehen, daß dieses Zitat aus Stevens Nachruf auf Boring stammt, und somit die Errungenschaften Borings vermutlich etwas übertreibt.[21] Für die gegenwärtige Fragestellung ist es jedoch nicht so wichtig, wie nahe Boring einer Formulierung von Stevens Operationismus kam. Es reicht aus, festzustellen, daß es Ähnlichkeiten zwischen der von Boring 1933 formulierten Position und Stevens Artikeln über Operationismus gab, daß Stevens die Gedanken von Boring wohlvertraut waren, und daß er seinen Operationismus als eine Explikation oder zumindest Weiterentwicklung von Borings Position sah. Wir können daher wohl davon ausgehen, daß Stevens Position durch Borings Sicht der Dinge informiert war. Dies gibt meiner Behauptung Glaubwürdigkeit, derzufolge Stevens Operationismus eine Antwort auf, und Weiterentwicklung von, einigen Themen war, die Boring in seinem Buch behandelt. Diese Themen lassen sich grob folgendermaßen unterscheiden: (1) Die *wissenschaftliche* Frage nach den Dimensionen des Bewußtseins, (2) *philosophische* und *methodologische* Debatten bzgl. (a) des psycho-physischen Dualismus, und (b) der Möglichkeit einer wissenschaftlichen Psychologie, die am Vorbild der Physik orientiert ist.

19 Ich werde weiter unten näher auf den historischen Kontext dieser Themen eingehen.
20 Shelf number: HUG (FP)-2.45, box 1.
21 Hardcastle (1995) hat etwa argumentiert, daß Borings Kommentare weitgehend editorisch sind, und daß daher nicht davon ausgegangen werden kann, daß Boring einen wesentlichen Einfluß auf Stevens Operationismus hatte.

Im folgenden Abchnitt werde ich mit einer Analyse der ersten Frage beginnen und zeigen, daß Stevens Operationismus aus einer sehr spezifischen Forschungstradition kommt, und daß der Operationismus einen *positiven* Beitrag zur experimentellen Untersuchung von Sinneswahrnehmung zu machen hatte.

5. Die operationale Behandlung von Eigenschaften der Sinneswahrnehmung

In diesem Abschnitt soll gezeigt werden, inwiefern Stevens Forschung einen Beitrag zu einer ganz spezifischen Forschungstradition leistete. Darüber hinaus soll die These plausibilisiert werden, daß Stevens *Operationismus* nicht zuletzt eine Antwort auf bestimmte konzeptuelle Unklarheiten innerhalb dieser Forschungstradition darstellte. Es geht mir hier also um eine weitere Konkretisierung meiner bereits erwähnten These, daß Stevens methodologische Herangehensweise in einer bestimmten wissenschaftlichen Frage verwurzelt ist. Es handelt sich um *die Frage nach der Konzeptualisierung und Erforschung der Dimensionalität bewußter Erfahrung*. Im folgenden werde ich mit einem historischen Überblick über das wissenschaftliche Interesse an Dimensionen des Bewußtseins beginnen.

Eine kurze Geschichte der Eigenschaften von Sinneserfahrungen

Wilhelm Wundt wird es im allgemeinen zugute gehalten, die Grundlagen einer Richtung innerhalb der wissenschaftlichen Psychologie gelegt zu haben, welche später von Titchener unter dem Namen „Strukturalismus" weiter entwickelt wurde. Ziel dieser Tradition war es, die *Grundelemente des Bewußtseins* empirisch zu beschreiben (Boring 1933, bezieht sich auf dieses Projekt unter dem Titel „mentale Chemie"). Das Kernproblem dieser Forschungsrichtung bestand in der Frage, was die Grundelemente des Bewußtseins sind, und wie eine Taxonomie dieser Elemente organisiert werden sollte. In Anbetracht des Fokusses der frühen experimentellen Psychologie auf die Untersuchung von *Sinneswahrnehmung*, ist es nicht weiter überraschend, daß *Sinnesmodalitäten* zu Kanditaten für die Grundelemente des Geistes wurden (vgl. Boring 1933, 1942). Darüber hinaus wurde jedoch auch die Frage behandelt, ob sich Erfahrung *innerhalb* jeder Sinnesmodalität weiter ausdifferenziert, ob es beispielsweise veschiedene *Aspekte* der Erfahrung eines Tones oder eines Farbflecken gibt.

Wilhelm Wundt (1893, 10. Kapitel) beantwortete dies Frage, indem er Sinneserfahrung durch bestimmte *Eigenschaften* charakterisierte (Qualität und Intensität), ohne jedoch eine systematische Analyse dieser Unterscheidung zu geben. Um ein Beispiel zu geben: Ein Ton kann sowohl im Hinblick auf seine Lautstärke (Intensität), als auch im Hinblick auf seine Tonhöhe (Qualität) erlebt werden. Der Wundt-Schüler Külpe gab eine systematischere Behandlung von Eigenschaften, indem er (für alle Sinnesmodalitäten) zwischen Qualität, Intensität, und Dauer unterschied, und die Eigenschaft der Ausdehnung für den Gesichts- und Tastsinn hinzufügte (Külpe 1893). Zusätzlich gab es Versuche, andere, nicht-sensorische, Grundelemente des Geistes einzuführen. So suchte beispielsweise Külpe nach Elementen (bildlosen) Denkens, und Titchener postulierte (und verwarf kurz darauf), daß es drei Klassen mentaler Elemente gibt: Sinneswahrnemungen, innere Bilder, und Gefühle (Titchener 1910).

In Titcheners Nachfolge schloß die strukturalistische Tradition der amerikanischen Psychologie Bilder und Gefühle als Grundelemente des Bewußtseins aus, und setzte Bewußtsein somit mit Sinneswahrnehmung gleich.[22] Diese strukturalistische Konzentration auf Sinneserfahrungen als Grundelemente des Bewußtseins wurde mit dem Aufkommen der Gestaltpsychologie angegriffen, welche die elementaristische Rede von Attributen mit weniger rigiden, phänomenologischen Beschreibungen von Erfahrung ersetzte. Boring weist Titchener eine bestimmte theoretische Antwort auf die phänomenologische Herangehesweise der Gestaltpsychologie zu: „It appears that Titchener (ca. 1920) saw a way of adapting the newest view of the attribute to the new phenomenology by the doctrine of conscious dimensions“ (Boring 1933, S. 22). Dieser Sichtweise zufolge, läßt sich Bewußtsein in vier Dimensionen zerlegen (Qualität, Intensität, Ausdehnung, Dichte[23]), wobei jede Sinnesmodalität verschiedene Eigenschaften hat, die unter diesen Dimensionen eingeordnet werden können.[24] Boring zufolge arbeitete Titchener diesen Dimensionalismus jedoch nie aus.

Vor diesem Hintergrund wird es nun eins der Ziele von Borings Buch *The Physical Dimensions of Consciousness* klar. Es ging ihm darum, Titcheners Idee der Dimensionen des Bewußtseins weiter zu entwickeln: „My book was a move away from Titchener, but it also served to make his dimensionalism clear“ (Boring 1956, S. 53).[25] Nach der Einschätzung von Stevens bestand ein Grund warum Borings Buch kein großer Erfolg war darin, daß es einige Jahre zu früh erschien. Boring hatte argumentiert, es könne experimentell gezeigt werden, daß bewußte Erfahrung bestimmte Eigenschaften (oder Dimensionen) hat. Zum Zeitpunkt des Erscheinens von Borings Buch lagen Stevens experimentelle Befunde zu diesem Thema jedoch noch nicht vor.

> „[S]ome of the research that [Boring] was directing was soon to clarify the relation between tonal sensation and its four attributes: pitch, loudness, volume, and density“ (Stevens 1968, S. 597).

Die Relevanz von Stevens Forschungen über tonale Eigenschaften für Borings Arbeit kann auch an der Tatsache gesehen werden, daß Boring diese Arbeit zum zentralen Referenzpunkt seines 1935 Artikels „Attributes of Sensation“ macht (Boring 1935). Sehen wir uns also genauer an, was für einen Beitrag Stevens leistete, und in was für einem Zusammenhang dieser Beitrag zu seinem Operationismus stand.

---

22 Vgl. Boring (1933) für eine detailliertere Darstellung.

23 Vgl. Titchener (1924).

24 Die Unterscheidung zwischen Dimensionen und Attributen ist nicht ganz klar. Boring gibt zu, daß „[t]he dimensions of consciousness are the immediate successors to the old attributes of sensation“ (Boring (1933), S. 23).

25 Ich werde in Abschnitt 6 näher darauf eingehen, inwiefern Boring und Stevens bestimmte Aspekte von Titcheners Ansatz *ablehnten*.

Die operationale Behandlung tonaler Attribute

Wie wir gesehen haben ist eine Eigenschaft von Sinneswahrnehmungen eine bestimmte Art von bewußter Erfahrung. Stevens zufolge sind bewußte Eigenschaften *allgemein* als diskriminative Reaktionen auf Stimuli definiert (vgl. Abschnitt 2). Dies gilt folglich auch für die Eigeschaften von Tönen: Eine tonale Eigenschaft „is defined by a differential reaction to a tone by a listener under a particular set, or *Aufgabe*“ (Stevens/Davis 1938, S. 449/450). Eine „Aufgabe“ ist die Anweisung, bestimmte Aspekte des erlebten Stimulus anzugeben, z. B. seine Lautstärke. Die Operationalisierung einer Hypothese über die Existenz einer bestimmten tonalen Eigenschaft besteht folglich darin, sich die geeignete Aufgabe (den geeigneten Versuchsaufbau) auszudenken. Ein solcher Versuchsaufbau muß in der Lage sein, sowohl Stimuli als auch Reaktionen zu quantifizieren, und bestimme Erfahrungsdimensionen als einzigartige funktionale Beziehungen zwischen Stimulus und Reaktion zu individuieren. Damit stellt sich die Frage, was für quantitative Maße akustischer Stimuli es gibt.

In der Akustik werden die physikalischen Eigenschaften von Tönen gemeinhin durch zwei Stimulus-Dimensionen charakterisiert: Energie und Frequenz. Dies führt zu der naheliegenden Hypothese, daß es korrespondierend zwei Erfahrungsdimensionen gibt: Die Erfahrung von Lautstärke und von Tonhöhe. Dies galt zu Beginn der 1930er in der Tat als die „klassische“ Sicht, derzufolge „pitch depends on the frequency, and loudness upon the energy, of a simple harmonic sound-wave“ (Boring 1935, S. 238).[26] Diese Annahme stimmte mit Külpes Definition des Begriffes der sensorischen Eigenschaft überein, derzufolge die Eigenschaften einer Sinneswahrnehmung durch die Varriierung der assoziierten Stimulus-Dimension variiert werden können. (Külpe (1893), bezeichnete dies als das Kriterium der „unabhängigen Variierbarkeit“). Wenn diese Annahme richtig wäre, dann dann gäbe es genau zwei Erfahrungsdimensionen, und diese ständen in einer direkten funktionalen Beziehung zu je einer Stimulusdimension. Die erste dieser beiden Annahmen wurde jedoch bereits im Jahre 1908 von Titchener in Frage gestellt, welcher die Möglichkeit in Erwägung zog, daß es zwar nur zwei Stimulus-Dimensionen, aber mehr als zwei erfahrbare tonale Eigenschaften gibt, indem er die Existenz des tonalen Attributes „Volumen“ postulierte.[27] Außerdem stellte sich heraus, daß eine einfache 1:1 Beziehung zwischen Stimulus- und Reaktions-Dimensionen nicht immer vorliegt. So berichtet etwa Boring „It has been known for some years that loudness varies with frequency, when energy is constant“ und „pitch varies with energy when frequency is constant“ (Boring 1935, S. 238). In Anbetracht der Tatsache, daß nur zwei Stimulus-Dimensionen bekannt waren, stellte sich daher die Frage, ob eine bestimmte tonale Eigenschaft eine Funktion von mehr als einem Aspekt des Stimulus sein könnte. In seinem 1935 Artikel „Attributes of Sensation“ antwortete Boring auf diese Frage, daß es *theoretisch keine* Obergrenze der Anzahl von potentiellen Eigenschaften eines Tones gibt (Boring 1935,

---

26 Es scheint, daß die Begriffe „Energie“ und „Intensität“ in der Literatur austauschbar verwendet wurden. Darüber hinaus habe ich den Eindruck, daß Stevens (1934b) nicht immer genau zwischen Intensität und Lautstärke unterschied. Zuweilen werden die Begriffe „Amplitude“ oder „Druck“ verwandt, um den der Frequenz entgegengesetzten physischen Aspekt von Tönen zu benennen. Aus diesen Gründen sind Stevens psycho-physikalische Artikel der 1930er Jahre etwas verwirrend. In ihrem Buch aus dem Jahre 1938, anerkennen Stevens und Davis, daß eine präzise Sprache notwendig ist und geben einen relativ klaren Überblick über die Terminologie.

27 Bezugnahme auf diese Forschung findet sich in Stevens (1934a, 1934b), sowie in Boring (1935). Z. B. (1916, 1919), Gundlach/Bentley (1930), Zoll (1934).

S. 245). Die Frage nach der tatsächlich existierenden Obergrenze der menschlichen Differenzierungsfähigkeit ist somit eindeutig eine *empirische.* Diese empirische Frage war Gegenstand von Stevens Forschung, als er fragte, ob es experimentelle Belege für die Existenz der tonalen Eigenschaften *Volumen* und *Dichte* gebe (Stevens 1934a, 1934b, 1934c).

Die experimentelle Operation der Individuierung tonaler Eigenschaften

Zu dem Zeitpunkt als sich Stevens dieser Frage zuwandte, gab es bereits experimentelle Belege für die Existenz einer tonalen Eigenschaft, welche von Versuchspersonen als „Volumen", „Größe", oder „Massivheit" beschrieben wurde (vgl. Stevens 1934a, S. 397). So hatte etwa Halverson (1924) gezeigt, daß sowohl leise (niedrige Energie), als auch hohe Töne (hohe Frequenz) als „klein" wahrgenommen werden. Dies legte die Vermutung nahe, daß tonales Volumen eine Funktion *beider* Stimulus-Dimensionen ist. Stevens strebte eine funktionale Charakterisierung von Tonvolumen an, in der *gleichbleibendes erlebtes Volumen* gegen *relative Veränderungen in den beiden Stimulus-Dimensionen* (Intensität und Frequenz) abgebildet werden sollte. Die empirischen Befunde bzgl. einer exakten quantitativen Charakterisierung dieser funktionalen Beziehung waren jedoch widersprüchlich (Boring 1933). In seinem Artikel „The Volume and Intensity of Tones" formulierte Stevens das Problem folgendermaßen:

> „We have, on the one hand, adequate introspective evidence that volume is phenomenally a separate and distinct attribute of tonal stimuli; but, on the other hand, experiments in which volume has been used as the basis of judgment have not yielded stable quantitative results. Consequently, there remain grounds for the divergence of opinion which exists among theorists as to the existence, the nature, and the possible physiological basis of the volumic attribute." (Stevens 1934b, S. 398)

Für Stevens waren solche „divergenten Meinungen" genau eins der Probleme, denen mit seinem Operationismus entgegen gewirkt werden sollte.[28] Die Herausforderung bestand darin, ein experimentelles Paradigma zu finden, welches die Versuchsperson so „einstimmen" würde, daß sie die entsprechenden Diskriminierungen durchführen (und damit die entsprechende tonale Eigenschaft individuieren) könnte. „This tuning of the observer is one of the fundamental operations underlying the concept of attribute" (Stevens 1935b, S. 525). Folglich ist es nicht überraschend, daß Stevens den Mangel konsistenter experimenteller Befunde darauf zurück führte, daß andere Forscher ungeeignete experimentelle Paradigmen gewählt hatten.

Stevens eigene Methode war nicht die in der Psychophysik übliche „method of constant stimuli", sondern die sogenannte „method of average error". Der Hauptunterschied zwischen dieses beiden Methoden besteht darin, daß erstere Methode die Versuchsperson einem fixen Stimulus aussetzt und die Versuchsperson dann ihre Wahrnehmung kundgeben muß, während letztere Methode die Versuchsperson einem standardisierten Stimulus aussetzt und die

28 Dieser Punkt ist besonders von Hardcastle (1995) hervorgehoben worden.

Versuchsperson instruiert ist, einen Vergleichsstimulus so zu verändern, daß die beiden gleich erscheinen. In seinem Experiment bot Stevens der Versuchsperson zwei Töne unterschiedlicher Frequenz dar und wies sie an, die Intensität des tieferen der beiden Töne so lange zu regulieren bis das wahrgenommene Volumen beider Töne gleich ist. Es stellte sich heraus, daß Versuchspersonen die Intensität des Stimulus mit der niedrigeren Frequenz anheben, um ihr wahrgenommenes Volumen dem des höheren Tones anzugleichen, und daß die erforderliche Anhebung der Intensität für Tonpaare hoher Frequenz geringer war als für Tonpaare niedriger Frequenz. Stevens lieferte somit einen Beleg für die Existenz des tonalen Attributes *Volumen*, indem er zeigen konnte, daß erlebtes Volume auf einzigartige Weise von beiden Stimulus-Dimensionen abhängt.

> „Finally, we might ask what tonal volume is. We are justified in saying that volume is a phenomenal dimension of tones. It is a dimension in terms of which an *O* is able consistently to make discriminable judgments, and in terms of which he is able to equate two tones which differ in respect of every other phenomenal *dimension*." (Stevens 1934b, S. 407)[29]

Stevens Forschung über erlebte Tondichte resultierte in einem entgegengesetzten Befund: „[I]n order [...] to make [two tones] equal in density, however, the lower tone must be made louder than the higher" (Stevens 1934a, S. 589). Stevens Ergebnisse über tonale Eigenschaften sind in seinem Artikel von 1934c in einem Diagramm zusammen gefaßt, wo alle vier tonalen Attribute (Tonhöhe, Lautstärke, Dichte und Volumen) gegen die beiden Stimulus-Dimensionen abgebildet sind.[30]

Abbildung 1: Stevens (1934c), S. 458.

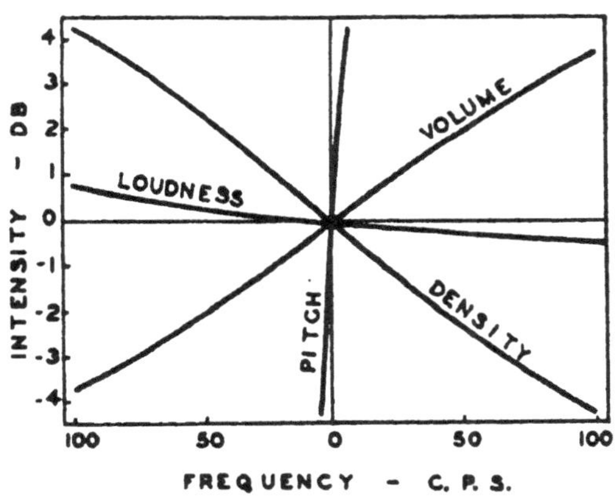

29 Stevens verwendet den Buchstaben *O*, um sich auf experimentelle Versuchspersonen zu beziehen.

30 In diesem Artikel finden sich außerdem Aussagen, die die Relevanz dieser Befunde für Borings Idee des *physischen* Charakters des Bewußtseins illustrieren: Angesichts der vier Arten von Reaktion schreibt Stevens: „it should be possible to discover at least four distinguishing characteristics in the neural pattern emanating from the cochlea by the auditory nerve" (Stevens (1934c), S. 459).

Zusammenfassend läßt sich sagen, daß Stevens Forschung über tonale Attribute meine Behauptung illustriert, daß eine Betonung experimenteller Operationen für die Testung bestimmter Hypothesen als wichtiger Aspekt von Stevens Operationismus angesehen werden muß. Stevens Befunde leisten jedoch mehr, als lediglich Belege für tonales Volumen und tonale Dichte zu geben. Sie illustrieren auch, was Stevens mit seiner Behauptung meint, daß bestimmte Definitionen im Lichte empirischer Befunde verändert werden müssen. Im vorliegenden Fall kommt Stevens zu dem Schluß, daß Külpes Definition des Begriffes „sensorische Eigenschaft" modifiziert werden muß. So schreibt Stevens:

> „[I]n the case of audition, the classical [criterion of] independent variability must be modified now that the manner of the dependence of the attributes upon the dimensions of the stimulus has been discovered,[31] for the relationship turns out to be such that no single attribute can be varied independently while all others remain constant. However, it is possible to hold one attribute constant and vary all the others." (Stevens 1935b, S. 524).

6. Über den ontologischen und epistemologischen Status des Bewußtseins

Nachdem wir gesehen haben, welche Rolle Stevens Operationismus im Kontext seiner praktischen Forschungstätigkeit spielt, möchte ich nun näher auf den *ideengeschichtlichen* und *methodologischen* Kontext seiner Konzeptualisierung von Bewußtsein eingehen. Ein entscheidender Aspekt dieses historischen Kontextes besteht in der Thematisierung und Zurückweisung eines psycho-physischen Dualismus. Abermals war Borings Einfluß auf Stevens entscheidend, insofern (a) Borings Kritik des Dualismus ein wichtiger Teil seines 1933 Buches war, und (b) Stevens Verständnis der relevanten Psychologiegeschichte wesentlich durch Borings historische Arbeiten (etwa dessen Buch aus dem Jahre 1929) geprägt war.[32] Der Dualismus, den Boring zurückwies, war eine parallelistische Lehre, welche in der Psychologie des 19. Jahrhunderts populär gewesen war, und welche Wundt und Titchener übernommen hatten. Die Zurückweisung dieses Dualismus war durch zwei Themen gespeist, die beide von Boring und Stevens diskutiert werden.: (1) Der Frage nach dem *ontologischen* Status von Bewußtsein, und (2) der Frage nach dem *epistemologischen* Status introspektiver Angaben.

Im Hinblick auf den ontologischen Status von Bewußtsein müssen wir zwischen der *semantischen* Frage unterscheiden, was für Entitaten einen Platz in der Ontologie einer wissenschaftlichen Theorie haben, und der *metaphysischen* Frage, was für Arten von Entitaten oder Substanzen es in der Welt gibt. Wenn wir Stevens privatem Notizbuch Glauben schenken, war er es, der Boring den feinen Unterschied zwischen diesen beiden Fragestellungen erklärte: In der ersten Rohfassung seine *Physical Dimensions* hatte Boring behauptet, die Möglich-

31 Vgl. Stevens (1934c, 1935a).

32 In seinem Nachruf auf Boring (Stevens (1968)) behauptet Stevens, Borings Buch *History of Experimental Psychology* sei eins der beiden Bücher gewesen, die er zweimal gelesen habe. (In Anbetracht der Tatsache, daß Stevens aus einer mormonischen Familie stammte und als junger Mann mehrere Jahre als Missionar in Frankreich war, darf spekuliert werden, daß es sich bei dem anderen Buch um die Bibel handelt).

keit einer Korrelierung von Bewußtsein und physiologischen Ereignissen werde den Dualismus „logisch annihilieren" (zitiert nach Stevens *Notizbuch*, 1933)[33]. Nach einer anstrengenden, aber gänzlich erfreulichen Diskussion sei es ihm, Stevens, jedoch gelungen, Boring davon zu überzeugen, daß der Dualismus nicht durch Korrelationen widerlegt werden kann (Stevens, *ebend.*). Diese Einsicht findet sich auch in einer Fußnote von Borings Buch: „Of course [...] these dualistic theories cannot be absolutely disproved" (Boring 1933, S. 86).[34]

Mir scheint, daß dieser kleine Austausch zeigt, daß Stevens zu diesem Zeitpunkt bereits über die Frage nachdachte, *was für Behauptungen sinnvollerweise von einer empirischen Wissenschaft aufgestellt oder abgelehnt werden können*. Sein Operationismus ist eine Antwort auf diese Frage, insofern er gegen die Überinterpretation von Daten warnt.

> „[W]e must expect still to maintain constant vigil against the human tendency to read into a concept more than is contained in the operations by which it is determined. Only then shall we never think of energy or consciousness as substances." (Stevens 1935b, S. 329)

Im Hinblick auf den *epistemologischen* Stellenwert des Bewußtseins, ging es Boring und Stevens darum, die Idee von sich zu weisen, daß introspektive Berichte eine besondere Form empirischer Daten produzieren, die direkter und unfehlbarer sind als die Daten der Physik. Nach Boring (1929) geht diese Annahme auf Wundt zurück, der argumentiert hatte, daß man zwar zwischen einem physischen Objekt und der Wahrnehmung eines solchen Objeketes unterscheiden kann, nicht hingegen zwischen einer bewußten Erfahrung und der Wahrnehmung einer solchen Erfahrung. Wundt hatte daraus den Schluß gezogen, daß die Daten der Psychologie die Sinnesdaten sind, welche der Versuchsperson unmittelbar bewußt sind, wohingegen die Daten der Physik durch Messung vermittelt sind. Nach Boring fanden Külpe and Titchener, beides Wundt-Schüler, den Begriff der vermittelten Erfahrung widersprüchlich und ersetzten ihn mit einer Unterscheidung zwischen „unabhängiger" und „abhängiger" Erfahrung. Damit sollte angedeutet werden, daß die Daten der Psychologie auf besondere Weise vom erfahrenden Individuum abhängen (vgl. Boring 1929, S. 410). Boring zufolge führte dies Titchener zu einem

> „uncompromising dualism, or perhaps even pluralism, in scientific methodology. [...] In the focus there was the ‚psychological point of view' that was to be cultivated, a point of view which [...] seemed to yield a particular kind of data which was psychological [...]. On the periphery there were other kinds of data that could be observed: objects, stimuli, meanings, the data of physics" (Boring 1929, S. 411).

Borings Buch *Physical Dimensions of Consciousness* war zum Teil ein Versuch, einen solchen methodologischen Dualismus abzulehnen und durch eine einheitliche physikalistische Konzeption wissenschaftlicher Methode zu ersetzen. „Historically science is physical science. Psychology, if it is to be a science, must be like physics" (Boring 1933, S. 6). Für Bo-

---

33 Shelf number: HUG (FP)-2.45, box 1.

34 Interessanterweise erwähnt Boring Stevens hier mit keinem Wort.

ring bedeutete dies, daß Erfahrung eine theoretische Entität ist, die auf der Grundlage von Verhalten zu erschließen war. „There is no way of getting at ‚direct experience,' because experience gives itself up to science indirectly, inferentially, by the experimental method" (Boring, *ibid*). Zwei Jahre später verwendet Stevens eine recht ähnliche Formulierung, indem er für die Sicht argumentiert, daß Erfahrung, wenn sie denn Gegenstand wissenschaftlicher Forschung sein solle, der operationalen Prozedur zugänglich sein müsse. „[S]ensation cannot refer to any private or inner aspect of consciousness which does not show itself in an overt manner" (Stevens 1935c, S. 524). Sie müsse sich daher dem Forscher als differentielle Reaktion seitens des Organismus zeigen (*ebend.*).

Zusammenfassend läßt sich also sagen, daß die Entwicklung eines eng an experimentelle Operationen gebundenen Bewußtseinsbegriffes das Resultat einer zu den Ursprüngen experimenteller Psychologe zurückreichenden Debatte über Bewußtsein und wissenschaftliche Methoden war.

7. Sozialer Kontext

In den vorangegangen Abschnitten habe ich zu zeigen versucht, wie Stevens Forschungsarbeit über Dimensionen bewußten Erlebens konzeptuell und historisch mit seinen methodologischen Schriften über den Operationismus zusammen hängen. Damit habe ich versucht, der Rede von der *Konstruktion* wissenschaftlicher Tatsachen Sinn zu geben: Die Konzeptualisierung des Forschungsgegenstand *Bewußtsein* wird hier u. a. durch bestimmte methodologische Annahmen konstituiert, deren Entstehung selbst wiederum im historischen Kontext bestimmter wissenschaftlicher und philosophischer Debatten zu sehen it. Die Frage ist nun jedoch, wodurch diese wissenschaftlichen und philosophischen Debatten *ihrerseits* ermöglicht wurden. Für eine Untersuchung dieser Frage muß naheliegenderweise der Blickwinkel erweitert und der soziale, kulturelle, und politische Kontext berücksichtigt werden. Im vorliegenden Abschnitt möchte ich mich einigen Aspekten dieses Kontextes widmen, und damit einige Beispiele der Art und Weise zur Diskussion stellen, wie *soziale* Faktoren bei der Konzeptualisierung des Forschungsgegenstandes „Bewußtsein" eine Rolle spielten.

Der soziale Kontext intra- und interdisziplinärer Selbstbehauptung

Ein wichtiger Aspekt des sozialen Kontexes von Stevens Foschung war der institutionelle Kontext in dem psychologische Forschung stattfand. Dieser instituitonelle Kontext war zum Zeitpunkt von Stevens Forschung hoch-umkämpft. Es wird zuweilen bemerkt, daß die amerikanische Psychologie der 1920er Jahre an einer Identitätskrise litt, die in ihrer mangelnden theoretischen und methodologischen Einheitlichkeit begründet lag: „Nobody agreed about basic concepts or about the place of theory construction. It was not a satisfactory situation for psychologists who looked over their shoulders at the apparently unified knowledge and communities in the physical sciences" (Smith 1997, S. 659). Die Spaltungen innerhalb der Psychologie mögen auch erklären, wieso in den 1930er Jahren eine Reihe von Büchern veröffentlicht wurden, welche versuchten, verschiedene Ansätze zu systematisieren (Heidbreder 1931, Woodworth 1931), oder eine kohärente Geschichte der Disziplin zu erzählen, welche dieser Disziplin eine einheitliche Ausrichtung gab (Boring 1929). Wie O'Donnell (1985) betont hat, ist diese Krise nicht zuletzt im Kontext der Professionalisierungs- und Institutionalisierungs-Bemühungen der Psychologie zu sehen. Dies hatte mindestens zwei Aspekte, nämlich einserseits die Abgrenzung der Psychologie von der Philosophie und andererseits die Konkurenz um ökonomische Resourcen innerhalb der Psychologie. Die Abgrenzung von der Philosophie hatte sich in den 30er Jahren weitgehend vollzogen. Eine Ausnahme dieser Regel stellte die Harvard Universität dar, an der Boring und Stevens tätig waren. Borings Betonung der Psychologie als *experimenteller* Wissenschaft war nicht zuletzt ein Hinweis auf den grundsätzlichen Unterschied zwischen dem spekulativen Vorgehen der akademischen Philosophie und den Methoden einer wissenschaftlichen (an der Physik orientierten) Psychologie, und gab somit seiner Forderung nach einem eigenständigen Psychologie Fachbereich in Harvard Nachdruck.

Wie bereits erwähnt, waren Borings Bemühungen, die Psychologie methodologisch der Physik anzugleichen, eine wesentliche Komponente in Stevens Operationismus. Stevens operationalistische Behandlung des Forschungsgegenstandes *Bewußtsein* hatte jedoch noch einen anderen Kontext, nämlich die Frage, *was für Phänomene legitimerweise Gegenstand psychologischer Forschung sein können*. Diese Frage war innerhalb der Psychologie umstritten, und ihre Beantwortung war von unmittelbarer Relevanz für das disziplinäre Selbstverständnis der Psychologie. In Anbetracht der Tatsache, daß es konkurierende Konzeptionen psychologischer Theorie und Methode gab, war es zusätzlich von handfestem ökonomischem Interesse für die Vertreter einer bestimmten Richtung oder Schule, sich selbst als die Vertreter der „wahren" Psychologie darzustellen, damit das öffentliche Bild der Psyhologie zu prägen und die einflußreichen Posten innerhalb der Disziplin zu ergattern. Konkret müssen wir Stevens Forschung über Dimensionen des Bewußtseins im Kontrast mit einer wichtigen psychologischen Schule sehen: dem *Behaviorismus*. Der Behaviorismus (vgl. etwa Watson 1913) ist in wesentlichen Teilen eine Reaktion auf genau die Aspekte traditioneller introspektiver Psychologie, die auch von Boring und Stevens abgelehnt wurden (vgl. Abschnitt 6). Der Behaviorismus zog aus dieser Kritik jedoch die Konsequenz, daß das Bewußtsein ganz aus der Psychologie zu verbannen sei (sowohl als Forschungsgegenstand als auch als erklärendes Konstrukt). Es deutet einiges darauf hin, daß Stevens die behavioristische Denkweise wohlvertraut war. So berichtet Stevens etwa, im Sommer 1930 einen Kurs für Eltern in einer Sonntags-Schule angeboten zu haben, wo er die Eltern mit den Schriften J. B. Watsons schockiert habe (Stevens 1974a, S. 401). Es kann daher davon ausgegangen werden, daß ihm die Probleme mit dem wissenschaftlichen Status der Erforschung von Bewußtseins, und die Wichtigkeit diskriminativen Verhalten für eine wissenschaftliche Psychologie bereits vor seinen Studien mit Boring bekannt waren. Vor diesem Hintergrund wird nun klar, daß es Stevens daran gelegen war, einerseits eine quantitativ und experimentell vorgehende Psychologie zu vertreten, und zugleich den traditionellen Forschungegegenstand der Psychologie so zu reformulieren, daß er mit dem neuen methodologischen Selbstverständnis kompatibel sei.

Der soziale Kontext gesellschaftlicher Erwartungen an Wissenschaft

Es wird zuweilen bemerkt, daß Watsons Behaviorismus kein vereinzeltes Phänomen war, sondern lediglich ein extremer Ausdruck eines Trends hin zu einer physikalistischen Konzeption von Wissenschaftlichkeit (Camfield 1973). Es ist somit nicht erstaunlich, daß sich ein junger, ambitionierter Psychologe in den ersten Jahrzehnten des 20. Jahrhunderts als Teil dieses Trends begriff. Wenden wir uns nun der Frage zu, was für soziale und politische Faktoren diesen Trend begünstigten. Eine mögliche Antwort besteht in der These, daß das gesellschaftliche Klima des *Progressivismus* mit seiner Wissenschafts- und Fortschrittsgläubigkeit den Wissenschaften zu Beginn des Jahrhunderts einen Anwendungsbezug abverlangte hatte, und daß ein physikalistisches Verständnis von Wissenschaftlichkeit einen solchen Anwendungsbezug zu ermöglichen schien. Mit dem Vorbehalt, daß abstrakte historische Kategorien wie die des Progressivismus grobe Vereinfachungen einer Vielzahl komplexer historischer Entwicklungen darstellt, bemerkt etwa ein Psychologiehistoriker über die ersten beiden Jahrzehnte des 20. Jahrunderts: „American culture was receptive to the application of scientific method to pressing social problems" (Rogers 1989, Fußnote S. 151). Zu Beginn der 30er Jahre war dieser Optimismus jedoch ebenso gedämpft wir die ökonomischen Verhältnisse, und die angewandte Psychologie fand sich einiger Kritik ausgesetzt. Dies, so Rogers, weckte den Bedarf, die wissenschaftliche Glaubwürdigkeit der Psychologie durch methodologische Rigorosität zu stärken.

Abgesehen von einer solchen allgemeinen Charakterisierung des sozialen Klimas, lassen sich auch konkretere Thesen über die soziale Situiertheit des Operationismus aufstellen. Ein Beispiel einer solchen These findet sich in der Literatur und bezieht sich auf eine Version operationistischen Denkens die (wenn auch nicht unter diesem Namen) bereits vor Erscheinen von Stevens methodologischen Aufsätzen existierte, und zwar innerhalb der *Test-Psychologie*. So hatte Stevens Doktorvater Edwin Boring bereits im Jahre 1923 in dem populären Magzin *New Republic* einen Aufsatz veröffentlicht, in dem er argumentierte, daß man im praktischen Kontext der Eignungs-Diagnostik einfach davon ausgehen muß, daß Intelligenz eben das ist, was von Intelligenz-Tests gemessen wird.[35] Rogers (1989) hat die These aufgestellt, daß es sich hier um eine *post-hoc* Rechtfertigung der Tatsache handelt, daß die Test-Psychologie seit Anfang des Jahrunderts diagnostische Instrumente zur Messung psychologischer Phänomene produzierte, über die es keine allgemein verbindliche Theorie gab. Die amerikanische Psychologie hatte damit auf einen enormen Bedarf reagiert, der zunächst durch die Einwanderungswelle zwischen 1905 und 1915, und dann durch den Ersten Weltkrieg entstanden war.

In meiner Rekonstruktion von Stevens Operationismus ist die Situation hier etwas komplizierter. Seine operationalen Definitionen waren keine Rechtfertigungen einer bereits existierenden diagnotischen Praxis, sondern die Resultate empirischer Untersuchungen, die ihrerseits auf bestimmten Operationalisierungen von Hypothesen beruhten. Trotzdem meine ich, daß auch Stevens Forschung (obgleich sie zunächst als reine Grundlagenforschung erscheint) einen Anwendungskontext hatte, der nicht ignoriert werden sollte. Wenn wir und beispielsweise Stevens Veröffentlichungsliste aus den 1930er Jahren ansehen, fällt auf, daß

---

35 Boring hatte sich während des ersten Weltkrieges von einer Tätigkeit als experimenteller Psychologe freistellen lassen, um die Kriegsbemühungen mit der Entwicklung von Eignungstests für die Armee zu unterstützen.

ein gewisser Teil seiner Aufsätze im *Journal of the Acoustical Society of America* erschienen. Bei näherem Hinsehen wird klar, daß Stevens dort nicht nur regelmäßig veröffentlichte, sondern auch den halbjährlich stattfindenen Tagungen beiwohnte und von seiner Forschung berichtete. Diese Gesellschaft, welche im Jahre 1929 gegründet worden war, würde heutzutage wohl als „interdisziplinär" gelten. Ihr Ziel bestand darin, Forschungen aus dem Bereich der Psychophysik, der Psychophysiologie und den Ingenieurswissenschaften zusammen zu bringen. Veroffentlichungen in dieser Zeitschrift reichen von Titeln wie „Sound Insulating Properties of Certain Building Constructions" (April 1936) zu Titeln wie „Role of Acoustical Measurements in Machinery Quieting", oder „Loudspeakers for High-Fidelity Large Scale Reproduction of Sound" (Oktober 1936). Diese ingenieuriale Ausrichtung der *Acoustical Society* wirft nochmal ein anderes Licht auf Stevens Forschung. Hier bestand offenbar ein Bedarf nach einem klar quantifizierbaren Verständnis des Erlebens von Tönen. Stevens operationale Behandlung subjektiven Erlebens lieferte ein solches Verständnis. Darüber hinaus, so meine These, liefert uns Stevens Tätigkeit in der *Acoustical Society* einen weiteren Baustein zu einem Verständnis der historischen Bedingungen, die Stevens Operationismus und seine psychophysikalische Forschung ermöglichten.

8. Zusammenfassung

In diesem Aufsatz habe ich ein historisches Fallbeispiel vorgestellt, das meine These belegen sollte, daß der Gegenstand wissenschaftlicher Forschung sich in in einem komplexen Geflecht experimenteller, methodologischer, konzeptueller und sozialer Faktoren konstituiert. Dies wurde am Beispiel der Art und Weise illustriert, wie sich im Falle von S. S. Stevens *Bewußtseinsbegriff* das Verständnis des Gegenstandes und das Verständnis der angemessenen Methode wechselseitig bedingen, und *jeweils* sowohl in einem ideengeschichtlichen als auch sozialen und politischen Kontext verortet sind

Es wurde argumentiert, daß Stevens Operationismus keine einfache semantische These war, sondern eine methodologische These, welche den Bedingungen der Bedeutungshaltigkeit psychologischer Begriffe Einschränkungen auferlegte und die Wichtigkeit experimenteller Operationen für die Operationalisierung und Testung psychologischer Hypothesen betonte. Des weiteren wurde gezeigt, daß diese These im historischen Kontext einer Reihe von Debatten gesehen werden muß. Erstens habe ich behauptet, daß Stevens Operationismus auf die introspektivistische Tradition der strukturalistischen Psychologie reagiert, wie sie ihm durch seinen Lehrer Boring vermittelt worden war. Dieser Tradition zufolge sind die Daten und der Gegenstand der Psychologie irreduzibel von denen der Physik unterschieden. Indem er diesen Unterschied bestritt, versuchte Stevens zu zeigen, daß Psychologie eine Wissenschaft sein kann, welche der durch Boring formulierten Anforderung genügt, daß die Physik den Standard von Wissenschaftlichkeit definiert. Zweitens habe ich behauptet, daß Stevens Forschung zu tonalen Attributen im Kontext einer Tradition gesehen werden muß, die versuchte, die Grundelemente des Bewußtseins zu klassifizieren, und die davon ausging, daß es eine 1:1 Beziehung zwischen Stimulus- und Erfahrungsdimensionen gebe. Stevens gelang es, diese Annahme in Frage zu stellen, indem er die Existens der Erfahrungsdimensionen „Volumen" und „Dichte" von Tönen einführte, und in der Lage war zu zeigen, daß diese

Begriffe operational bedeutungsvoll waren, sprich, daß es empirische Daten gibt, welche die funktionale Beziehung zwischen bestimmten Stimulus-Dimensionen und bestimmten berichteten Erfahrungen demonstrieren.

Zuletzt wurde gezeigt, wie sowohl Stevens methodologische, als auch seine theoretischen Überlegungen in einem Geflecht sozialer Interessen und Ermöglichungsbedingungen zu sehen sind. Dabei habe ich einerseits den institutionellen Kontext betont, in welchem sich die Steven'sche Tradition der Psychophysik sowohl von der Philosophie, als auch vom Behaviorismus abgrenzen mußte. Andererseits habe ich betont, daß die Psychologie der Anforderung gerecht werden mußte, gesellschaftlich verwertbares Wissen zu produzieren. Im Hinblick auf Stevens Forschung habe ich insbesondere seine enge Verbindung mit der *Acoustical Society of America* betont, welche ein Interesse an ingenieurswissenschaftlichen Anwendungen psychophysikalischer Forschung hatte, und Stevens quantifizierendes Verständnis von Bewußtsein vermutlich begrüßte und förderte.[36]

Literatur

Bergman, G. (1956): „Sense and Nonsense in Operationism", in P. Frank (Hg.), *The Validation of Scientific Theories*. Boston: The Beacon Press.

Böhme, Gernot (1993): *Am Ende des Baconschen Zeitalters. Studien zur Wissenschaftsentwicklung*. Frankfurt: Suhrkamp.

Boring, Edwin G. (1927): „Edward Bradford Titchener: 1867-1927", *American Journal of Psychology* 38, 489-506.

Boring, Edwin G. (1929): *A History of Experimental Psychology*. New York/London: D. Appleton-Century Company.

Boring, Edwin G. (1933): *The Physical Dimensions of Consciousness*. New York/London: The Century Co.

Boring, Edwin G. (1935): „The Relation of the Attributes of Sensation to the Dimensions of the Stimulus", *Philosophy of Science,* Vol. 2, 236-245.

Boring, Edwin G. (1942): *Sensation and Perception in the History of Experimental Psychology*. New York: Appleton-Century-Crofts, Inc.

Boring, Edwin G. (1953): „A History of Introspection", in ders. (1961), *Psychologist at Large. An Autobiography and Selected Essays*. New York: Basic Books.

Boring, Edwin G. (1960): „Psychologist at Large", in ders. (1961), *Psychologist at Large. An Autobiography and Selected Essays*. New York: Basic Books.

Boring, E. G., Bridgman, P., Feigl, H., Israel, H., Pratt, C. und Skinner, B. (1945): „Symposium on Operationism", *Psychological Review* 52, 241-294.

Bridgman, Percy (1927): *The Logic of Modern Physics*. New York: Macmillan.

Camfield,Th. (1973): „The Professionalization of American Psychology, 1870-1917", *Journal of the History of the Behavioral Sciences*, Vol. 9.

Carnap, R. (1936/7): „Testability and Meaning", *Philosophy of Science*, Vol. 3, No. 4, No. 4, 419-471 und 1-40.

36 Ich bedanke mich bei Alexander Becker für hilfreiche Anmerkungen zu einer früheren Version dieses Textes.

Danziger, K. (1980): „The History of Introspection Revisited“, *Journal of the History of the Behavioral Sciences* 16, 241-262.

Danziger, K. (1990): *Constructing the Subject*. Cambridge, UK: Cambridge University Press.

Fancher, R. (1979): *Pioneers of Psychology*. New York: Norton.

Fechner, Gustav (1860): *Elemente der Psychophysik*. Leipzig: Breitkopf & Härtel.

Fechner, Gustav (1990): *Experiment, Right or Wrong*. Cambridge: Cambridge University Press.

Galison, Peter (1997): *Image and Logic. A Material Culture of Microphysics*. Chicago: The University of Chicago Press.

Green, C. (1992): „Of Immortal Mythological Beasts: Operationism in Psychology“, *Theory & Psychology* 2, 291-320 (siehe auch http://www.yorku.ca/chrosto/papers/operat.html).

Gundlach, R. und Bentley, M. (1930): „The Dependence of Tonal Attributes Upon Phase“, *Am. J. Psych* 42, 519-543.

Hacking, Ian (1988): „The Participant Irrealist at Large in the Laboratory“, *British Journal for the Philosophy of Science* 39, 277-294.

Hacking, Ian (1999): *The Social Construction of What?* Cambridge, Mass.: Harvard University Press.

Halverson, H. (1924): „Tonal Volume as a Function of Intensity“, *American Journal of Psychology* 35, 360-367.

Hardcastle, Gary (1995): „S. S. Stevens and The Origins of Operationism“, *Philosophy of Science* 62, 404-424.

Heidbreder, E. (1933): *Seven Psychologies*. New York: Century.

Helmholtz, H. (1863): *Lehre von den Tonempfindungen*. Braunschweig: F. Vieweg und Sohn.

Hempel, Carl (1956): „A Logical Appraisal of Operationism“, in P. Frank (Hg.), *The Validation of Scientific Theories*. Boston: The Beacon Press.

Külpe, O. (1893): *Grundriß der Psychologie*. Nürnberg: Engelman. (*Outlines of Psychology, Based on the Results of Experimental Investigation*. Translated by E. Titchener. New York: Macmillan).

Latour, Bruno und Woolgar, Steve (1986): *Laboratory Life. The Construction of Scientific Facts*. Princeton, NJ: Princeton University Press.

Leahey, Thomas H. (1980): „The Myth of Operationism“, *The Journal of Mind and Behavior*, 131-140.

Lenoir, Timothy (1988): „Practice, Reason, Context: The Dialogue Between Theory and Experiment“, *Science in Context*, Vol. 2, No. 1, 3-23.

Miller, G. (1974): „Stanley Smith Stevens: 1906-1973“, *American Journal of Psychology*, Vol. 87, No. 1-2, 279-288.

Newman, E., Stevens, S. S. und Davis, H. (1937): „Factors in the Production of Aural Harmonics and Combination Tones“, *J. Acoust. Soc. Am.*, Vol. 9.

O'Donnell, J. (1979): „The Crisis of Experimentalism in the 1920s: E. G. Boring and His Use of History“, *American Psychologist* 34, 289-295.

O'Donnell, J. (1985): *The Origins of Behaviorism. American Psychology, 1870-1920*. New York/London: New York University Press.

Rheinberger, Hans-Jörg (1997): *Toward a History of Epistemic Things. Synthesizing Proteins in the Test Tube*. Stanford: Stanford University Press.

Rich, G. (1916): „A Preliminary Study of Tonal Volumes“, *J. Exper. Psych.* 1, 13-22.

Rich, G. (1919): „A Tonal Study of Attributes“, *Am. J. of Psych.* 30, 121-164.

Rogers, T. (1989): „Operationism in Psychology: A Discussion of Contextual Antecedents and an Historical Interpretation of its Longevity“, *Journal of the History of the Behavioral Sciences*, Vol. 25, 139-153.

Schultz, D. (1960): *A History of Modern Psychology*. New York/London: Academic Press.

Sheehy, N. (Hg.) (1997): *Biographical Dictionary of Psychology*. London: A. Chapman & W. Conroy, Routledge.

Smith, L. (1986): *Behaviorism and Logical Positivism. A Reassessment of Their Alliance*. Stanford: Stanford University Press.

Smith, Roger (1997): *The Norton History of the Human Sciences*. New York/London: W. W. Norton & Company.

Stevens, Stanley S. und Jones, C. (1939): „The Mechanisms of Hearing by Electrical Stimulation“, *J. Acoust. Soc. Am.*, Vol. 10, 261-269.

Stevens, Stanley S. (1934a): „The Volume and Intensity of Tones“, *Am. J. Psychol.* 46, 397-408.

Stevens, Stanley S. (1934b): „Tonal Density“, *J. Exp. Psychol.* 17, 585-592.

Stevens, Stanley S. (1934c): „The Attributes of Tones“, *Proc. Nat. Acad. Sci.* 20, 457-459.

Stevens, Stanley S. (1935a): „The Relation of Pitch to Intensity“, *J. Acoust. Soc. Am.* 6, 150-154.

Stevens, Stanley S. (1935b): „The Operational Basis of Psychology“, *Am. J. Psychol.* 47, 323-330.

Stevens, Stanley S. (1935c): „The Operational Definition of Psychological Concepts“, *Psychol. Review* 42, 517-527.

Stevens, Stanley S. (1936a): „A Scale for the Measurement of a Psychological Magnitude: Loudness“, *Psychol. Rev.* 43, 405-416.

Stevens, Stanley S. (1936b): „Psychology, the Propaedeutic Science“, *Philosophy of Science* 3, 90-103.

Stevens, Stanley S. (1937): „On Hearing by Electrical Stimulation“, *J. Acoust. Soc. Am.*, Vol. 8, 191-195.

Stevens, Stanley S. (1939a): „Psychology and the Science of Science“, *Psych. Bulletin* 36, 221-263.

Stevens, Stanley S. (1939b): „On the Problem of Scales for the Measurement of psychological Magnitudes“, *Unified Science* 9, 94-99.

Stevens, Stanley S. (1946): „On the Theory of Scales of Measurement“, *Science* 103, 677-680.

Stevens, Stanley S. (1951): „Mathematics, Measurements, and Psychophysics“, in ders. (Hg.), *Handbook of Experimental Psychology*. New York: Wiley, 1-49.

Stevens, Stanley S. (1968): „Edwin Garrigues Boring: 1886-1968“, *American Journal of Psychology* 81, 589-606.

Stevens, Stanley S. (1974a): „S. S. Stevens“, in G. Lindzey (Hg.), *A History of Psychology in Autobiography*, Vol. VI. New Jersey: Prentice Hall.

Stevens, Stanley S. (1974b): *Psychophysics. Introduction to its Perceptual, Neural, and Social Prospects* (herausg. von Geraldine Stevens. New York: John Wiley and Sons.

Stevens, Stanley S. und Davis, Halowell (1936): „Psychophysiological Acoustics: Pitch and Loudness“, *J. Acoust. Soc. Am.* 8, 1-13.

Stevens, Stanley. S. und Davis, Halowell (1938): *Hearing: its Psychology and Physiology*. New York: Wiley.

Stevens, Stanley S., Volkmann, J. und Newman, E. B. (1937): „A Scale for the Measurement of the Psychological Magnitude Pitch", *J. Acoust. Soc. Am.* 8, 185-190.

Stich, S. (1983): *From Folk Psychology to Cognitive Science. The Case Against Belief.* Cambridge, Mass: MIT Press.

Suppe, Frederick (1977): *The Structure of Scientific Theories.* Urbana: University of Illinois Press, 2. Ausgabe.

Titchener, Edward (1908): *Lectures on the Elementary Psychology of Feeling and Attention.* New York: Macmillan.

Titchener, Edward (1910): *A Text-Book of Psychology.* New York: Macmillan.

Titchener, Edward (1929): *Systematic Psychology: Prolegomena.* New York: Macmillan.

Watson, J. B. (1913): „Psychology as the Behaviorist Views it", *Psychological Review* 20, 158-177.

Woodworth, R. (1931): *Contemporary Schools of Psychology.* Ronald.

Wundt, W. (1862): *Beiträge zur Theorie der Sinneswahrnehmung.* Leipzig/Heidelberg: C. F. Winter.

Wundt, W. (1893): *Grundzüge der Physiologischen Psychologie*, Vol. 1. Leipzig: Verlag von Wilhelm Engelmann, 4. Ausgabe (Erste Veröffentl. 1874).

Zoll, P. (1934): „The Relation of Tonal Volume, Intensity, and Pitch", *Am. J. Psych.* 46, 99-106.

Gundula Grebner

Sprachbewußtsein und Konstruktion sozialer Strukturen im Bologneser Notariat (11.-12. Jahrhundert)

Dieser Text kann nur ein historisches Anliegen haben. Vielleicht kann er aber darin ein Beispiel liefern, das der wissenssoziologischen Analyse nützlich ist. Es wird um die Veränderung von sprachlichen Formeln zur Erfassung sozialer Wirklichkeit zwischen Volkssprachlichkeit und klassischer Schriftsprache gehen oder, anders formuliert, um die Diglossiesituation von Italienisch und Latein im Italien des 11. und 12. Jahrhunderts und die Relevanz, die die jeweilige Position der Schreibenden darin für den Umgang mit Familienstrukturen hat. Es handelt sich um Wissen, das alltägliche Gegenstandsbereiche betrifft und diese Bereiche umzugestalten in der Lage ist; Wissensformen, die im Zuge der Professionalisierung einer Tätigkeit eine zentrale Rolle spielen: das Wissen der Notare des 11. und 12. Jahrhunderts um die Bezeichnung von Menschen.

Das Bologneser Notariat ist nicht lediglich von paradigmatischer Bedeutung, sondern hier wurde parallel zur der Entstehung der europäischen Jurisprudenz in den Rechtsschulen des 12. und in der Universität Bologna dann seit dem 13. Jahrhundert auch die Notariatslehre entwickelt, die zunächst für Oberitalien, schließlich für ganz Europa Vorbild wurde. Insofern geht aus den Problemen der Bologneser Praxis und den gefundenen Lösungen ein über Räume und Zeiten hinweg umfassend prägender Stil hervor.

Im Bologneser Notariat dominiert zwischen 1050 und 1150 im Vergleich zum Notariat anderer oberitalienischer Städte (die insgesamt an vorderster Front der Laienschriftlichkeit des 11. Jahrhunderts stehen) eine ganz außergewöhnliche notariatstechnische Dynamik und Innovationskraft.[1] Ursachen für diese Dynamik gerade der Bologneser Notare sind auf verschiedenen Ebenen zu suchen: in der innernotariellen Konkurrenz, in der innernotariellen Generationenabfolge, die mit der Generationenabfolge in der städtischen Gesellschaft als Ganzes einhergeht, und in der politisch-sozialen Gesamtsituation Bolognas im Verhältnis zu den umgebenden Mächten. Die Konkurrenz der Notare und die Gesamtsituation der Stadt sollen hier nicht systematisch untersucht werden, wenn auch erst eine solche Gesamtschau die spezifische Bologneser Entwicklung und die Zukunft, die dem Bologneser Formular beschieden war, im Vergleich zu anderen, bedeutenderen Städten zu erklären vermag.[2] Die politisch-soziale Situation bewirkt neben einer allgemeinen Hochschätzung für die Innovati-

1 Zur Orientierung über die Bologneser Geschichte vgl. immer noch Hessel (1910). Zum Bologneser Notariat vgl. die Arbeiten von Giorgio Cencetti: Cencetti (1939a) und vor allem Cencetti (1960), wieder in: Cencetti (1977). Zur Entstehung der Universität vgl. jede Universitätsgeschichte, die Argumentationen zu Bologna zusammengefaßt immer noch bei: Cencetti (1966), wieder in: Cencetti (1989); und zuletzt Fried (2001).

2 Hierzu Grebner (1999), Kap. 1 und 4. Für die Einordnung der hier beschriebenen Elemente in größere und vollständigere Zusammenhänge und die im folgenden beschriebenen Entwicklungen des Bologneser Notariats sei grundsätzlich auf diese Arbeit verwiesen.

vität des Notariats vor allem konkrete juristisch-notarielle Maßnahmen im Formular, zu deren Erklärung kein Konstruktivismus bemüht werden muß[3]. Sie hängen vom direkten Schutz städtischer Interessen gegenüber stärkeren Nachbarn ab, die Notare tragen hier das Ihre zur Sicherung der städtischen Autonomie bei. Die Konkurrenz der Notare zeigt sich etwa im unmittelbaren Reagieren des einen auf eine Innovation eines anderen durch eine eigene neue, aber anders geartete Lösung und dürfte erheblich zur Dynamisierung eines einmal angelaufenen Prozesses beigetragen haben.

Die Generationenfolge wird sichtbar in der nicht kontinuierlich, sondern in kontrastreichen Schüben verlaufenden Entwicklung des Umganges mit kulturellen Techniken, eines jeweils binnen kurzer Zeit erreichten neuen Standards, der mit einem personellen Wechsel einhergeht. Basis der Untersuchung bilden die Urkunden des Bologneser Notariats zwischen dem ausgehenden 10. und der Mitte des 12. Jahrhunderts.[4] Darin werden vornehmlich Grundstücksgeschäfte abgewickelt, Urkunden zu anderen Geschäftstypen haben sich nur vereinzelt erhalten, da ihr Betreff nicht über dieselbe Dauerhaftigkeit verfügt wie Grund und Boden und damit kein Archivierungsbedarf bestand.[5] Üblicherweise kommen als Personengruppen die handelnden Parteien, die Anrainer der Grundstücke in der Grenzbezeichnung, die Zeugen und der Notar vor. Zeit und Ort der Urkundenausstellung dienen als Koordinaten, die Grundstücke werden benannt, der Geschäftstyp von Schenkung über Verkauf und Tausch bis zum häufigsten Typ, der Pacht (in Bologna zu sehr günstigen Bedingungen der Pachtnehmer) bezeichnet und das Geschäft durch verschiedene Sicherungsklauseln juristisch garantiert.

Die Urkunden sind in einem Latein abgefaßt, das sich bis zur Mitte des 12. Jahrhunderts hin immer stärker dem klassischen Sprachstand angleicht. Die äußere Gestaltung der Pergamente wird übersichtlicher und regelmäßiger. Die rechtliche Ausgestaltung der Texte entwickelt sich in Richtung auf höhere Präzision und bessere Garantierung des Rechtsinhaltes. Diese Entwicklungen verlaufen jedoch nicht kontinuierlich, sondern sämtlich in Schüben. Binnen weniger Jahre ändern sich die relevanten Parameter einheitlich und führen zu einem neuen Standard. Durch die besondere europäische Situation des Schriftstandards einer nicht mehr oder nur noch in begrenztem Rahmen gesprochenen Sprache und der größeren oder geringeren Ferne der jeweiligen Schreiber der Sprache können Werturteile in der Sprachbenutzung aufgespürt werden. Durch die Verwendung dieser Sprache in Wissenschaft und Bildung kann darüberhinaus in Bologna die Genese einer der Aufnahme von Wissenschaft fähigen Grundhaltung beobachtet werden.

Gewöhnlich wird diese Ausbildung des italienischen Familiennamens ins 13. Jahrhundert gesetzt, als Namen des Typs ‚de + Dativ Plural' wie *de Carbonesibus* entstehen, bevor

3 Zur Kritik an der Reichweite sozialkonstruktivistischer Erklärungen historischer Phänome siehe den Beitrag von Claus Zittel in diesem Band.

4 Ca. 1300 Stücke, die sich zum größeren Teil im Archivio di Stato di Bologna befinden. Die Urkunden werden im folgenden verkürzt zitiert mit Angabe der Signatur innerhalb des Fondo Demaniale im Archivio di Stato di Bologna (000/1111 n. 222) oder, soweit ediert, in Kombination der fortlaufenden Nummer innerhalb der Edition mit einem Buchstaben als Kürzel für die Editionen: vx = Rinaldi/Villani (1984); c1.x, c2.x, c3.x, c12.x = Nardi/Orioli (1909), Sorbelli (1913), Belvederi (1916), Cencetti (1939b); APIx = Cencetti (1953); fx = Feo (2001); Fanti (2001). Bei edierten Urkunden wurde immer die Edition zitiert, auch wenn diese unvollständig oder fehlerhaft ist und die zitierte Stelle in Autopsie ermittelt wurde, so bringt etwa f175 *da Balbi* statt *de li Balbi* im Original.

5 Esch (1985).

sie in die volkssprachliche Form mit Artikel, wie von den ‚dei Medici' (= de li Medici) bekannt, übergehen. Doch tatsächlich schon mit dem Einsetzen der Überlieferung überhaupt und dann durchs ganze 11. Jahrhundert hindurch gibt es in Bologna (und auch andernorts) Namen vom Typ *de li xy+i,* so etwa *de li Mauri,* oder – ohne Artikel – xy+i, so etwa *Pandiocli* für eine Familie, deren Mitglieder Pandioclo als Beinamen tragen[6] (diese Form bleibt allerdings wegen der häufig nicht eindeutigen Unterscheidbarkeit vom Vatersnamen im Genitiv im folgenden außer Betracht) – der klassischen Form des oberitalienischen Familiennamens, wie sie der Forschung seit dem 14. Jahrhundert als die übliche gilt. Die Bologneser Namen sind in chronologischer Folge: *Martino filio Domici(!) qui vocatur de li Fabri, [...] de li Mumsi, Ardoino de li Garimanni, Petrus filius Morando de li Scavini, iusta li Flochi, Iohannes qui vocatur Cauco de li Ghirialesi, iusta rio qui vocatur de li Calvi, Leo et Luxiverto giermanis filiis Martino qui vocatur de li Balbi, Petrus filius Sabathino de li Liupi, Ursus presbiter de li Casta[2 Buchstaben fehlen], Bononius de li Mixani, Foscherio de li Carnelvari, Girardo filio Fusscerato de li Fanti, [...] filio Pasquale de li Guascuniani, Ingizo de li Mauri, Rusticus de li Columbi, Bonus Petrus filius Ugo de li Gunci, in curte de castro qui vocatur de li Bripti.*[7]

Mit achtzehn Vorkommen in siebzehn Urkunden ist sie zwar nicht omnipräsent wie in toskanischen Urkunden,[8] aber doch häufig genug, um nicht als vereinzelt gelten zu können. An allen möglichen Positionen der Urkunde, bei den Parteien, bei den Anrainern, unter den Zeugen kommen sie vor. Manches Mal werden auch Toponyme mithilfe dieser Namen gekennzeichnet und offenbar einzelnen Familien zugeordnet.[9] Da die Familiennamen auch sonst als schlichte Beinamen oder Übernamen von Individuen auftreten und die Benennung mit Familiennamen die über Vatersnamen nicht ausschließt, sind einige Familien gut rekonstruierbar wie etwa die Carnelvari oder die Columbi. Die Familiennamen mit Artikel treten nicht gehäuft bei einem einzelnen Notar auf, sondern gestreut über einige auch der wichtigeren Notare der Stadt wie den ersten Aimo, Tabellius Dominicus, die beiden Tabellius Petrus oder Ezo.[10] Daß etwa Ezo, der wenig an einem relatinisierten Sprachniveau interessiert ist, im Vergleich mit dem qualitätvollen ersten Tabellius Petrus bei halb so vielen insgesamt ausgefertigten Urkunden doppelt so häufig Familiennamen mit Artikeln verwendet, fügt sich in das Gesamtbild.[11] Doch kommen sie eben auch bei den sprachbewußten Notaren bis in die 1080er hinein vor.

Diese achtzehn Frühformen des Familiennamens finden sich in den ersten ca. 400 in Bologna überlieferten Urkunden, nicht jedoch in den weiteren 2100 danach bis zum Jahre 1200. Interessanterweise tritt die Familiennamenform mit *de li* in der ferneren Umgebung

---

6 v91 von 1085.

7 f7, f15, s58, f96, f122, f151, f154, f175, f177 (mit zwei Vorkommen), f276, f277, f294, f335, f337, f344, f362 und 001/4133 n. 026. Die dritte Bezeichnung könnte die Gruppe der Arimannen im Auge haben und damit keine Familie darstellen. f175 und f177 befinden sich auf demselben Pergament.

8 Vgl. etwa Fantappiè (1977).

9 f154 und 001/4133 n. 026 (*de li bripti* wird von der lokalen Namensforschung auf Briten bezogen, die am Ende des römischen Reiches hier zu finden gewesen seien). Auch die zweite Nennung könnte sich auch auf ein Toponym beziehen, das mithilfe dieser Familie bezeichnet wurde.

10 In der Numerierung Feos Aimo I, Dominicus I, Petrus XI, Petrus XV, Ezo.

11 f122, f154, f294 und f335 für Ezo, f337 und f362 für Petrus XI. Fälschlich zu den beiden als Protagonisten von Schulen und mit vielen Irrtümern im Detail: Orlandelli (1956/57).

der Stadt weiterhin auf, wo ein nicht bolognesisch geprägtes Notariat tätig ist: Die einzigen Vorkommen im aufgenommenen Material nach 1085 bzw. 1088 stammen aus Imola und S. Maria in Duno und von Notaren, die gar nicht oder nur schwach vom Bologneser Formular geprägt sind.[12] Bis auf die beiden ersten liegen alle Nennungen in den 300 Stücken der Jahre nach 1060. Nach 1088 wiederum verschwinden sie vollständig aus dem Material. Das Verschwinden ist für das folgende Jahrzehnt bis zur Jahrhundertwende mindestens teilweise durch den Einbruch der Gesamturkundenzahlen zu erklären: Die städtische Urkundenproduktion geht nach einem Höhepunkt in den Jahren 1084 und 1085, bedingt durch die städtischen Auswirkungen des Investiturstreits, zurück und liegt dann für ein Dezennium nicht mehr über höchstens acht Urkunden pro Jahr, bis 1099 die Trendwende einsetzt. Seit 1101 erreicht dann auch die Urkundenproduktion wieder das seit den 1060ern übliche hohe Grundniveau. Familiennamen mit Artikeln treten jedoch nicht mehr auf.

Neben der allgemeinen Entwicklung der Urkundenzahlen sind aber auch noch andere Faktoren heranzuziehen, wie die ungleiche Verteilung der Vorkommen nahelegt. Hierzu soll einerseits die allgemeine Entwicklung der sprachlichen Form, nämlich das Auftreten von Artikeln, andererseits die inhaltliche Entwicklung des Zweitnamensystems herangezogen werden. Die Artikelverwendung innerhalb des lateinischen Textes findet ihre Realisierungsmöglichkeiten an den Stellen, an denen systematisch volkssprachliche Elemente eingespeist werden, in den Anthroponymen und Toponymen. Folgende Formen erscheinen: *la, a la, de la, da la, da le, de lo, da lo, del, dal* und *de li*. Aus der langen Liste ergibt sich, daß alle Formen des Artikels ausgebildet sind, das System ist vollständig. Die Artikel sind seit den frühesten Urkunden präsent und ihr Anteil geht bis zum Ende der 1070er Jahre kaum zurück. Seit der Mitte des folgenden Jahrzehnts nimmt ihre Zahl jedoch bis 1100 ab, um danach nochmals deutlich an Boden zu verlieren. Mit den 1130ern sind (bis auf die Urkunden der Landnotare) die Artikel verschwunden. Es handelt sich um ein weiteres Phänomen, das in der Toskana immer omnipräsent, nördlich des Appennin aber seltener vertreten und in Bologna zeitlich begrenzt ist.

Das Verschwinden der Familiennamen mit Artikel ist also eingebettet in das Verschwinden der Artikel überhaupt in den Bologneser Urkunden. Die Ausbildung eines elaborierten Referenzsystems im Lateinischen, das dann zur Artikelentstehung in den romanischen Sprachen beigetragen habe, wurde in juristischen Fachtexten aufgefunden.[13] Jüngst wird ein ausgeprägtes, ja überbordendes Verweissystem hingegen nicht als juristisches Gattungsspezifikum, sondern als charakteristisch für die Phase der Erprobung und des Übergangs zur konzeptionellen Schriftlichkeit beschrieben.[14] Juristische Fach- und andere rechtsrelevante Texte wie eben auch Urkunden dürften insofern nur die Spitze eines umfassenderen Phänomens darstellen, das neben der Sicherung der Referenz als wichtigstem Element durch Gerundiva und Konjunktionen gekennzeichnet ist. Auch dies läßt sich in der Entwicklung der Urkundensprache ausführen, soll hier aber nicht vorgestellt werden, sondern nur kurze Erwähnung finden, denn hier ist der Unterschied von Zentrum zu Peripherie sehr ausgeprägt. In der

12 Aus S. Maria in Duno in 002/1342 n. 039 von 1134 überliefert ein Toponym, das mithilfe des Familiennamens *de li Alboani* gebildet wird (Der Name tritt ein weiteres Mal, allerdings ohne *li* als Anthroponym auf, die Urkunde fehlt heute und ist im frühneuzeitlichen Register 152/2122 f. 34 erhalten.), 004/1344 n. 018 von 1147 stammt aus Imola.

13 Selig (1992); Raible (1985).

14 Schlieben-Lange (1998).

Peripherie ist die Verwendung des urkundlichen Verweissystems mittels *supradictus* oder *predictus* sehr viel stärker ausgeprägt als in der Stadt, es gibt hier Urkunden, die in jeder Zeile einen solchen Verweis bringen.[15] Der Rückgang der Artikelbenutzung in lateinischen Texten nun steht im Zusammenhang mit dem Bewußtwerden[16] einer Diglossiesituation – erst seit den hier beschriebenen Entwicklungen des 11. Jahrhunderts kann man davon ausgehen, daß Latein und italienische Volkssprache im Bewußtsein der Sprecher bzw. Schreiber nach und nach nicht mehr zwei Varietäten ein und derselben Sprache, sondern zwei verschiedene Sprachen darstellen.

Einige Male verdeutlichen die Notare das Volkssprachliche der Artikel-Familiennamen durch den Vorsatz *qui vocatur.*[17] Dieser dient auch bei Vornamen dazu, ein doppeltes Namensystem aus feierlichem und alltäglichen Namen zu etablieren, das manchesmal als systematisches aufscheint: 1069 schenkt ein *Albert[us qui vocatur Paganulo] filius Bernardo qui vocatur da [Ruibano]* seine Güter im Beisein eines *Iohannes qui vocatur Fuscerio qui vocatur de Aimerico et Petrus qui vocatur Garimundo* sowie des *Rainerio qui vocatur Umgarello* an ein städtisches Kloster.[18] Der Schreiber *Beniamin* macht in der zweiten, verbesserten Version seiner Urkunde aus einem *Cavazuti* einen *presbiter Iohannes de Gunzo*, die Identität der beiden wäre ohne die besondere Situation der erneuten Ausfertigung nicht erkennbar.[19] Ein anderer Notar kennt zwar den Vornamen des *Ieminianus*, nicht aber dessen Vatersnamen, den er freiläßt, um ihn möglicherweise später zu erfragen. Der Vatersname wird offensichtlich vom Notar für erforderlich erachtet, ist in der Gesellschaft aber sonst nicht vonnöten und wird nicht präsent gehalten. Wie es eine sprachliche Diglossie gibt, so scheint es auch ein zweifaches Namensystem zu geben, die sich zudem noch ineinander fügen: Der feierliche Name ist in der Regel stärker lateinisch geprägt, der zweite Name weist Elemente des Volgare auf wie im Beispiel die Diminutivformen auf *-ulo/ello* und häufig auch inhaltliche Alltagsbezüge von Spitznamen. Im Zuge der Relatinisierung wird nun wie der Artikel so auch die Namengleichung und damit zunächst auch der Rufname aus der Schriftlichkeit verdrängt. Er kehrt allerdings abrupt nach 1130 zum Beinamen gewandelt wieder in die Schriftlichkeit zurück.

Im Zuge der Verdrängung von Namengleichungen und Artikel-Familiennamen gewinnt das immer vorhandene Modell der Patronymie, der Benennung nach Vater oder Großvater (oder gar nicht selten auch nach Mutter oder Großmutter) stärker an Boden: *Albertus et Petrus germanis filiis quondam Alberto de Iohannes de Aleramo*[20] führen dies noch über den Großvater zurück, doch wieviele Generationen zwischen Alberto und Iohannes bzw. eher noch zwischen Iohannes und Aleramo ausgefallen sind, ist nicht zu sagen. In den 1130ern tauchen dann die ersten Formen mit dem lateinischen Dativ-Plural auf als Familiennamen,[21] und auf einmal sind Consorterien präsent: so die *de Damianis* 1132 oder die *de Rusticellis* 1146.[22] Der Namentyp tritt innerhalb einer Verwandtschaftsgruppe, die auf sehr weitläufige

15 005/1345 n. 002 von 1148.

16 Zum Begriff des Sprachbewußtseins vgl. Lewandowski (1990).

17 f7, f154, f175, 001/4133 n. 026.

18 f169, ein weiterer Zeuge ohne Namengleichung, bei einem weiteren wegen Lücke im Text nicht erkennbar.

19 003/1343 n. 002 und n. 003 von 1138.

20 c3.256.

21 Wandruszka (1995).

22 *de Damianis* c3.63; *de Rusticellis* 004/1344 n. 002.

Familienbeziehungen zurückgehen und als Consorteria bezeichnet werden (Consorterien stehen neben Geschwister- oder allgemeiner Erbengruppen, aus denen sie ihrerseits hervorgegangen sein dürften: den *filiis*, *heredes* oder *fratres* gesellen sich auch *fratres consortes* bei.[23]), mehrfach auf und ist damit tatsächlich als Name solcher Gruppen gesichert. Er wird bis ins 14. Jahrhundert hinein Verwendung finden.

Studien zur Entwicklung von Adelsconsorterien und Familien müssen auf Familiennamen und Namen von Consorterien zurückgreifen, allein ohne Bewußtsein für die sprachliche Normierung sozialer Wirklichkeit in Schüben des Lernens, die oft von notariatsinternen Entwicklungen abhängen und nicht mit einem Wandel der sozialen Wirklichkeit verbunden sind, muß die Interpretation unrichtige Wege gehen.[24] Mit der strengeren Methode geht somit der direkte Durchgriff auf die soziale Wirklichkeit verloren, gewonnen wird aber durch die Perspektive auf den Sprachwandel nun über die sozialen Fakten hinaus ein Mehr an Informationen über notarielles und konzeptuelles Wissen.[25]

Waren diese familiären Gruppen oder Consorterien vom Ausgang des 11. Jahrhunderts bis 1130 nicht existent? Das gemeinsame Handeln größerer, offenbar über Verwandtschaft gebundener, immer noch jedoch recht offener Gruppen ist jedoch kontinuierlich greifbar. Ihre Benennung und damit ihre Erkennbarkeit waren dem Filter der Sprache zum Opfer gefallen, nicht einem sozialen Wandel. Dies gilt möglicherweise nicht lediglich für das Erkennen des modernen Historikers, sondern auch für die Zeitgenossen: Wenn die einheitliche Benennung als eines der Elemente einer fixierten Identität ausfällt, könnte das bis zu einem gewissem Grad destabilisierende Folgen für den Zusammenhalt haben. Die Rezeption neuer, an altem Kanon ausgerichteter sprachlicher Standards sowie die striktere Anwendung anderer Namensformulare, ein kultureller Wandel, der den Auftakt der Renaissance des 12. Jahrhunderts bildet, verändert also die Wahrnehmung sozialer Wirklichkeit, führt zur Bewußtwerdung der im Alltag nicht benutzten formellen Namen und der agnatischen Abstammung (im ‚Mannesstamm') einerseits und zum Verlust der Kenntnis kognatischer horizontaler Verwandtschaftsbindungen andererseits, Sprachbewußtsein und soziale Wahrnehmung sind eng aneinander gekoppelt.

Das Sprachbewußtsein seinerseits – es wurde mehrfach darauf hingewiesen – wandelt sich sprunghaft. Die Umbrüche dieser Phasen sind vom Auftreten neuer Notare begleitet, die einander in Layout, Schrift und Sprache recht ähnlich sind (wenn sie sich auch u. U. in bezug auf Notariatstechnisches vergleichsweise kontrovers verhalten können). Und sie sind offenbar sowohl bei Abschaffung der Beinamen wie bei ihrer Wiedereinführung von einem Impetus getrieben, sich von der vorangegangenen Gruppe, die anders schrieb und anders wertete, abzusetzen. Diese Absetzungsbewegung drückt sich auch explizit in der in Bologna seit dem zweiten Jahrzehnt des 12. Jahrhunderts, also just in der Zeit, in der das Notariat Volgarismen am konsequentesten verdrängt, entstehenden neuen Lehre der ‚Artes dictandi', der Briefstil-

23 *fratres consortes* in 001/2173 n. 002 von 1086.

24 Vgl. z. B. die im übrigen sehr sensibel interpretierende Arbeit Menant (1993), S. 666ff.

25 In der Literatur wird die Bedeutung des Notare für das Namenssystem nicht beachtet; nicht einmal dem Notariat gewidmete Monographien nehmen die sprachliche und wirklichkeitsabbildende Seite des notariellen Geschäfts in den Blick. Symptomatisch hierzu die Arbeit von Liva (1979), S. 63: „Con gli ultimi tre decenni del secolo (12. Jh.) – non solo per i notai, ma per tutti – viene introdotto l'uso di accostare al nome, a migliore identificazione, altri elementi:" – die Formulierung verharrt im Unpersönlichen, obwohl zumindest die Umsetzung eines solchen Gebrauchs, wenn nicht die Einführung, allein auf die Notare angewiesen ist.

lehren. Hier wird ein Gegensatz zwischen alt und modern aufgemacht, der einen Graben zieht zwischen den Barbarismen der Vorgänger und der Prägnanz, Kürze und Klarheit der eigenen Zeit. *Tales enim reciprocationes et barbaras inusitationes sapientes nostri seculi spernunt, hoc preteritum morem fuisse credimus.* und *Verum quia ab hominibus nostrorum temporum spernuntur aspera et spinosa dictamina et non amplectuntur diffusa sed brevia.* lautet das Credo dieser Neuerer.[26]

Der Zusammenfall eines solchen kulturellen Wandels mit einem personellen Wechsels, in diesem Fall mit dem Antreten einer neuen Gruppe von Notaren gegen Ende des 11. Jahrhunderts, die bis zum Ende der 1120er aktiv sind und dann ihrerseits von einer neuen Gruppe abgelöst werden, kann als Generationswechsel angesprochen werden.[27] Generationen bestimmen sich selbst einerseits durch gemeinsame Erfahrungen in einer prägbaren Phase, andererseits durch den Gegensatz zu Vorgänger- und eventuell auch zu Nachfolgergenerationen. Ihre gemeinsamen Erfahrungen bilden sich zu einer kollektiven Erinnerung aus. Ob einer Erfahrungsgeneration der Durchbruch zur Handlungseinheit gelingt, ist in hohem Maße von der Struktur ihrer Umgebung abhängig: Von der Größe des jeweiligen Gemeinwesens und der Relevanz der zentralen Institutionen sowie von den Rekrutierungsmechanismen, die die Ablösung von älteren Gruppen regeln. In Gemeinschaften mit schwach ausgeprägten Institutionen, in denen die Rekrutierungsmechanismen von Führungspersönlichkeiten nicht fixiert sind, können Generationsbande eine sehr viel stärkere Wirksamkeit gewinnen als nach erfolgter Institutionalisierung – insofern ist der Generationsbegriff komplementär zu anderen Beziehungsmustern einzusetzen.

Der alltagssprachliche und der theoretische Begriff der Generation umreißen Phänomene unterschiedlicher Reichweite: Einmal ist zwischen lebenszyklisch auftretenden Phänomenen wie dem Generationskonflikt zu den Eltern und dem Entstehen einer Generationseinheit mit gemeinsamen und von der Elterngeneration verschiedenen Erfahrungen zu trennen. Generationseinheiten können durch lebenszyklische Konstellationen angestoßen werden, sie wachsen aus ihnen hervor, allein verfestigen können sie sich nur unter bestimmten historischen Bedingungen, ihre Existenz und Bedeutung unterliegen damit dem historischen Wandel. Dann kann es Generationen geben, die als Erfahrungseinheit bestehen und auch einen spezifischen Habitus gemeinsam haben, die aber nicht als Handlungseinheit zum Zuge kommen; und es kann Alterskohorten gleichzeitig Geborener geben, die nie aus individuellen Erfahrungen eine kollektive Erinnerung aufbauen und nicht zu Erfahrungseinheiten zusammenwachsen. Erfahrungs- und Habituseinheiten können sehr viel umfassender sein als die kleineren Handlungseinheiten.

Die Bologneser Notare, die durch gemeinsame kulturelle Prägung und durch gleichzeitiges Handeln, z. T. tatsächlich gemeinsam bei der Abwicklung von Geschäften, gekennzeichnet sind, sind Generationen zuzuordnen, die als Handlungseinheit und als Einheit kultureller Gemeinsamkeit, eventuell auch gemeinsamer politischer Erfahrung anzusprechen sind. Die der Ablösung der Artikel-Familiennamen durch die letzte Generation des 11. Jahrhunderts,

26 Samaritanus (1961), § 6, S. 58, hierzu auch die Einleitung S. 10 und S. 30.

27 Der Begriff der Generation soll hier nur kurz ausgeführt werden, vgl. dazu meine Dissertation (wie Anm. 2) sowie der dann in Diskussion mit Andreas Schulz, Frankfurt weiterentwickelte Ansatz, der zu einer Sektion auf dem Historikertag in Aachen im Jahre 2000 führte, deren Beiträge demnächst im Druck erscheinen. Grundlage der Arbeit mit dem Begriff ist der Beitrag von Mannheim: Mannheim (1928), wieder in: Mannheim (1964); weiterhin Jaeger (1977); Schulz (2001).

die Bannung von Volgarismen durch die erste des 12. Jahrhunderts und die Wiederaufnahme kontrollierter Volgarismen in Beinamen und einem neuen Familiennamenformular durch die zweite Generation des 12. Jahrhunderts seit der Wende um 1130 ändern nicht nur den jeweiligen Bestand an sprachlichem, sondern auch an sozialem Wissen. Die Ersetzung einer sozialen Formation durch eine nächste, einer Generation durch die Folgegeneration, ist eng verknüpft mit kulturellem Wandel und der Formung des Wissens dieser Gruppen.

Literatur

Belvederi, Guilio (Hg.) (1916): *c3.x = Chartularium Studii Bononiensis,* Bd. 3. S. Stefano. Bologna.

Cencetti, Giorgio (1939a): „Diplomatica dell'enfiteusi bolognese", *RSDI* 12, 438-455.

Cencetti, Giorgio (1960): „La ‚rogatio' nelle carte bolognesi. Contributo allo studio del documento notarile italiano nei secoli X-XII", *AMR n. s. 7*, 19-150.

Cencetti, Giorgio (1966): „Studium fuit Bononie", *SM* 7, 781-834.

Cencetti, Giorgio (1977): *Scritti* (= Notariato medievale bolognese 1). Roma, 219-352.

Cencetti, Giorgio (1989): „Lo studio di Bologna. Aspetti, momenti e problemi (1935-1970)", in R. Ferrara, G. Orlandelli und A. Vasina (Hg.). Bologna, 29-73.

Cencetti, Giorgio (Hg.) (1939b): *c12.x = Chartularium Studii Bononiensis,* Bd. 12. S. Giovanni e Vittore, 1048-1404.

Cencetti, Giorgio (Hg.) (1953): *APIx = Documenti del notariato italiano 2* (= Archivio paleografico italiano 12, 2, fasc. 59). Roma. (Transkription in: BAPI 2-3, 1956-7, 134-168.)

Esch, Arnold (1985): „Überlieferungs-Chance und Überlieferungs-Zufall als methodisches Problem des Historikers", *HZ* 240, 529-570.

Fantappiè, Renzo (1977): *Le carte della prepositura di S. Stefano di Prato I: 1006-1200.* Firenze, passim.

Fanti, Mario (Hg.) (2001): *Note topografico-storiche sui documenti bolognesi del secolo* XI (= Fonti per la storia dell'Italia medievale. Regesta Chartarum 53**). Roma.

Feo, Giovanni (Hg.) (2001): *fx = Le carte bolognesi del secolo* XI.

Fried, Johannes (2001): „ ... ‚auf Bitten der Gräfin Mathilde'. Werner von Bologna und Irnerius" (mit einem Exkurs von Gundula Grebner), in Klaus Herbers (Hg.), *Europa an der Wende vom 11. zum 12. Jahrhundert: Beiträge zu Ehren Werner Goez.* Stuttgart, 171-201, 202-206.

Grebner, Gundula (1999): *‚omnis racio vel contempcio bona fidei que vite homines aguntur'. Wandel der notariellen Kultur und Wechsel der Generationen in der Entstehung von Kommune und ‚studium' in Bologna (1050-1150).* Diss. masch. Frankfurt/M.

Hessel, Alfred (1910): *Geschichte der Stadt Bologna von 1116 bis 1280* (= Historische Studien 66). Berlin. (italienisch: Gina Fasoli (Hg.) (1975). Bologna; und: Antonio Ferri und Giancarlo Roversi (Hg.) (1978/1984): *Storia di Bologna.* Bologna.)

Jaeger, Hans (1977): „Generationen in der Geschichte. Überlegungen zu einer umstrittenen Konzeption", *Geschichte und Gesellschaft* 3, 429-452.

Lewandowski, Theodor (1990): *Linguistisches Wörterbuch,* 3 Bde. Bd. 2 s. v.: „Metakommunikation"; Bd. 3 s. v.: „Sprachbewußtsein". Heidelberg/Wiesbaden.

Liva, Alberto (1979): *Notariato e documento notarile a Milano. Dall'Alto Medioevo alla fine del Settecento* (= Studi storici sul notariato italiano 4). Roma.

Mannheim, Karl (1928): „Das Problem der Generationen", *Kölner Vierteljahreshefte für Soziologie* 7, 157-185, 309-330.

Mannheim, Karl (1964): Wissenssoziologie (= Soziologische Texte 28). Auswahl aus dem Werk, hg. v. u. eingel. v. Kurt H. Wolff. Berlin, Neuwied, 509-565.

Menant, François (1993): *Campagnes lombardes du Moyen Age. L'Economie et la société rurales dans la région de Bergame, de Crémone et de Brescia du Xe au XIIIe siècle* (= BEFAR 281). Rom.

Nardi, Luigi und Orioli, Emilio (Hg.) (1909): *c1.x = Chartularium Studii Bononiensis*, Bd. 1. Registro grosso. Registro novo u. a. Bologna.

Orlandelli, Gianfranco (1956/57): „Ricerche sulla origine della ‚littera bononiensis': scritture documentarie bolognesi del secolo XII", *Bollettino dell'Archivio paleografico italiano 2-3*, 179-214.

Raible, Wolfgang (1985): „Nominale Spezifikatoren (‚Artikel') in der Tradition lateinischer Juristen oder Vom Nutzen einer ganzheitlichen Textbetrachtung für die Sprachgeschichte", *Romanistisches Jahrbuch* 36, 44-67.

Rinaldi, Rosella und Villani, Carla (Hg.) (1984): *vx = Le carte del monastero di S. Stefano di Bologna e di S. Bartolomeo di Musiano*, Bd. 1 (= Italia Benedettina 7). Cesena, 1001-1125.

Samaritanus, Adalbertus (1961): *Praecepta dictaminum* (= MGH, Quellen zur Geistesgeschichte des Mittelalters 3). Hg. v. Franz-Josef Schmale. Weimar.

Schlieben-Lange, Brigitte (1998): „Les hypercorrectismes de la scripturalité", in *Le discours écrit: qualité(s), spécificités, et acquisitiones, Actes du VIIème colloque de pragmatique de Genève (27-29 mai 1998)* (= Cahiers de linguistique française 20). Genf, 255-273.

Schulz, Andreas (2001): „Individuum und Generation – Identitätsbildung im 19. und 20. Jahrhundert", *Geschichte in Wissenschaft und Unterricht* 52, 406-415.

Selig, Maria (1992): Die Entwicklung der Nominaldeterminanten im Spätlatein: romanischer Sprachwandel und lateinische Schriftlichkeit (= ScriptOralia 26). Tübingen.

Sorbelli, Albano (Hg.) (1913): *c2.x = Chartularium Studii Bononiensis*, Bd. 2. S. Agnese u. a. Bologna.

Wandruszka, Nikolai (1995): „Die Entstehung des Familiennamens in Bologna (XII. und XIII. Jahrhundert)", *MEFRM* 107, 595-625.

Peter Münte / Ulrich Oevermann

Die Institutionalisierung der Erfahrungswissenschaften und die Professionalisierung der Forschungspraxis im 17. Jahrhundert. Eine Fallstudie zur Gründung der „Royal Society"

I. Vorbemerkung

Die folgende Fallstudie stellt notgedrungen nur einen kleinen Ausschnitt aus einer sehr viel umfangreicheren Materialbearbeitung dar[1]. In ihm soll der soziologisch-professionalisierungstheoretische Ansatz, mit dem wir seit längerem arbeiten[2], in seiner Anwendung auf das erfahrungswissenschaftliche Handeln und die Genese seiner institutionellen Erscheinungsformen exemplarisch wenigstens aufscheinen. Vor allem ist zu betonen, daß im hier gegebenen Rahmen das der Materialbearbeitung zugrundeliegende methodische Verfahren der Sequenzanalyse der objektiven Hermeneutik[3] in die Darstellung der Ergebnisse nur ganz fragmentiert und abgekürzt eingehen kann.

Die gewählten Materialausschnitte sind zentriert um die Gründung der „Royal Society" zu Beginn der 60er Jahre des 17. Jahrhunderts[4], weil wir – im Unterschied zu aktuellen Tendenzen in der Wissenschaftsgeschichtsforschung – immer noch der tradierten Auffassung anhängen, mit dieser Gründung sei zugleich auch eine folgenreiche Zäsur im universalhistorisch bedeutsamen Prozeß der Institutionalisierung der Erfahrungswissenschaften markiert.[5] Unter „Institutionalisierung" verstehen wir dabei vor allem, daß die Methoden erfahrungswissenschaftlicher Forschung als verbindliche Normen für eine prinzipiell universalistisch definierte Gemeinschaft von Wissenschaftlern eingerichtet sind und damit eine Mit-

1 Vgl. dazu die Dissertation von Peter Münte „Die Autonomisierung von Erfahrungswissenschaft bei ihrer Institutionalisierung im Kontext frühneuzeitlicher Herrschaft in der zweiten Hälfte des 17. Jahrhunderts in Europa", Unpubl. Man., Frankfurt (Main), 2001, 701 pp. Weitere Materialanalysen, auf die wir uns hier stützen, ohne sie darlegen zu können, entstanden im Rahmen des interdisziplinären Seminars, das an der Universität Frankfurt/Main im WS 2001/02 gemeinsam von W. Detel, A. Franzmann, U. Oevermann, L. Schorn-Schütte, J. Süßmann und C. Zittel unter dem Titel „Hobbes im Kontext II: Die Hobbes-Boyle-Kontroverse und die soziale Konstruktion von Wissenschaft" veranstaltet wurde, und im ständigen Forschungspraktikum von U. Oevermann an der Universität Frankfurt/Main.

2 Oevermann (1996a, 1997, 1999).

3 Oevermann (2000c).

4 Da sich der Gründungsprozeß der „Royal Society" in Etappen vollzieht, läßt sich kein eindeutiges Gründungsdatum angeben. Am 28. November 1660 kommt es zu einer Art konstituierender Sitzung der späteren „Royal Society". Am 15. Juli 1662 wird eine erste Charter bewilligt, die jedoch nicht umgesetzt, sondern am 22. April 1663 durch eine überarbeitete Fassung ersetzt wird. Formell konstituiert sich die „Royal Society" erst unter dieser zweiten Charter.

5 Diesen Tendenzen ist einerseits das Verdienst zuzurechnen, daß die frühe „Royal Society" zum Gegenstand detaillierter historischer Studien gemacht worden ist. Hier sind vor allem die Arbeiten Michael Hunters zu nennen (vgl. Hunter (1981), (1989), (1991)). Andererseits kommt in diesem Zusammenhang die Einordnung in

gliedschaft definieren, durch die wissenschaftliches Handeln als Forschen zu einer unpersönlich rollenförmig vorgemusterten Praxis wird, deren Erfüllung nun nicht mehr wie zuvor von den partikularen, personalen Eigenschaften von Individuen abhängig ist, wie sie je konkret zu bestimmen und zu honorieren ins Belieben eines Mäzen oder Förderers gestellt waren. Ein solcher Institutionalisierungsprozeß geht einher mit der Verfestigung einer Habitusformation, in der sich die verpflichtende Bindung an ein normiertes Muster von Forschungspraxis so kristallisiert, daß mit ihr eine Basis für ein intuitives Urteil der Angemessenheit jenseits formaler Routine auch für zukünftige, bis dahin noch gar nicht bekannte Konstellationen und Handlungsbedingungen gelegt ist. Eine solche Habitusformation wirkt deshalb wie eine Erzeugungsformel für eine zukünftige Praxis.

Die Strukturlogik und -dynamik einer solchen Praxis zu fassen, ist Aufgabe unserer revidierten Professionalisierungstheorie, in der wir – im Unterschied zu konkurrierenden bisherigen Ansätzen der Soziologie der Professionen – nicht bei der Analyse der institutionellen Erscheinungsweise von Professionen stehen bleiben, sondern deren Praxis als eine bestimmen, die aufgrund der spezifischen Sachhaltigkeit der Typik der ihr aufgegebenen Handlungsprobleme sich ergibt, sobald methodisierte Verfahren der Überprüfung der Geltung von Wissen sozial ausdifferenziert worden sind. Wir gelangen dann dazu, professionalisiertes Handeln als stellvertretende Krisenbewältigung auf der Grundlage kodifizierten und methodisierten Wissens zu bestimmen, so daß dieser Praxis zwei in polarer Spannung zueinander stehende Komponenten entsprechen: Zum einen die prinzipiell standardisierbare und auf Standardisierung drängende Komponente des die Expertise konstituierenden lehrbaren Wissens und zum anderen die je fallkonkrete und -spezifische einer Interventionspraxis, die grundsätzlich nicht standardisierbar ist. Für den in der Professionalisierungstheorie häufig als paradigmatisch behandelten Fall des therapeutischen Handelns läßt sich hierfür die übertragbare Begründung anführen, daß diese Interventionspraxis sich (i) fallverstehend diagnostisch, (ii) eine aus der Diagnose ableitbare Therapie in den fallspezifischen Lebenskontext übersetzend und vor allem (iii) in einem eine eigene autonome Praxis begründenden Arbeitsbündnis mit einem Klienten befassen muß, der seine Krise nicht mehr autonom bewältigen kann und zu ihrer Lösung eine Expertise in Anspruch nehmen muß. Krisen sind aber Krisen der Emergenz von Zuständen in der Entfaltung der offenen Zukunft einer je konkreten Lebenspraxis und deshalb ebenso Ausdruck von jederzeit möglichem Scheitern wie die Falsifizierbarkeit von Theorien.

Mit diesem professionalisierungstheoretischen Ansatz wird es möglich, die Professionalisierungsbedürftigkeit von Problemlösungen, die einer Expertise abgefordert werden, von der tatsächlichen Professionalisiertheit ihrer Handlungspraxis zu unterscheiden, damit auch die realen Prozesse von De-Professionalisierung oder von Pseudo-Professionalisierung zu bestimmen. Wir unterscheiden drei Foci von professionalisierungsbedürftiger Praxis stellvertretender Krisenbewältigung: (i) den Funktionskreis der Herstellung und Aufrechterhaltung somato-psycho-sozialer Integrität je konkreter partikularer Lebenspraxis in Therapie

umfassendere historische Transformationsprozesse häufig zu kurz, weil die historischen Phänomene so gut wie ausschließlich vor dem Hintergrund des unmittelbaren historischen Kontextes betrachtet werden und der Versuch einer systematischen Explikation der Wissenschaftsentwicklung zugrundeliegender Bewegungsgesetzlichkeiten gar nicht erst unternommen wird. Hier ist nach wie vor die Arbeit von Ben-David (vgl. Ben-David (1971)) unübertroffen.

und Pädagogik; (ii) die Herstellung und Aufrechterhaltung von Gerechtigkeit und Recht in der Rechtspflege und (iii) die Erzeugung und Aufrechterhaltung gültiger begrifflicher und sinnlicher Erkenntnis und Handlungsbegründung in Wissenschaft und Kunst. In den ersten beiden Foci haben wir es mit Beziehungen zwischen professionalisierten Experten und konkreten Klienten zu tun, wobei im ersten Fall die Krise partikularer Personen oder Gruppen stellvertretend in Arbeitsbündnissen zu bewältigen ist und im zweiten Fall die Krise der das Recht garantierenden und artikulierenden souveränen politischen Vergemeinschaftung in strategischen Verfahren der einzelfallgerechten Urteilsfindung, die einer naturwüchsigen konsensuellen Einigung der streitenden Parteien äquivalent ist. Im dritten Falle können wir nicht von einem konkreten Klienten sprechen. Viel mehr liegt er in der Logik des generalisierten Generationenvertrages abstrakt vor in Gestalt der zukünftigen Generationen einer gegebenen Vergemeinschaftung bzw. letztlich der Menschheit als Ganzer: Entsprechend bestimmen wir den wissenschaftlichen Forscher professionalisierungstheoretisch als den methodisch verfahrenden und wissenden Experten, der im Modus der systematischen Überprüfung der Geltung von Annahmen und der induktiven Exploration von Erfahrungsdaten Krisen der Geltung von Wissen letztlich falsifizierend simuliert, indem er systematisch auch das in Frage stellt, was für die Praxis selbst nicht in Frage steht.

Ein solcher Theorieansatz ist, so weit wir das überblicken können, in der wissenschaftshistorischen Forschung so gut wie nicht fruchtbar gemacht worden.[6] Er scheint uns aber geeignet, die partiell ihrerseits in Opposition stehenden sozialkonstruktivistischen und epistemisch-entwicklungslogischen Ansätze zumindest zu ergänzen. In diesem Sinne wird er hier fallexemplarisch vorgestellt.

Wir gehen bei der Materialpräsentation nicht chronologisch vor, sondern wenden uns zunächst einigen wichtigen Gründungsdokumenten und Symbolen der „Royal Society" zu (Gründungsakte, Wappen der „Royal Society", Frontispiz von Sprats *History of the Royal Society*), werden dann die Vorgeschichte ihrer Gründung betrachten, und schließlich am Beispiel von Robert Boyle die Habitusformation beleuchten, die u. E. den eigentlichen Motor der Entwicklung darstellt, die zur Gründung der „Royal Society" geführt hat.[7]

II. Die Gründungsakte der „Royal Society"

Wir beginnen mit der „Charter" der „Royal Society", zum einen, weil darin deren Gründung institutionell und rechtsverbindlich vollzogen wird, und zum anderen, weil ein solcher Akt eine lange und sorgfältige Vorbereitung erfordert und den Schlußpunkt eines langen, gezielten Vorlaufprozesses darstellt. Wiederum können nur Einzelpunkte einer Sequenzanalyse

6 Professionalisierungstheoretische Ansätze sind in die historische Forschung vor allem in Form der interessentheoretischen Variante der Professionalisierungstheorie (vgl. Freidson (1986), Johnson (1972), Larson (1977)) eingegangen, die sich von dem hier vertretenen Ansatz explizit abgrenzt. Ein herausragendes Beispiel für die Anwendung einer interessentheoretischen Professionalisierungstheorie auf die Rekonstruktion der Wissenschaftsentwicklung ist McClellan (1985).

7 Die hier vorgelegte Auswahl an Analysen entspricht weitgehend der, die im Rahmen des oben genannten Seminars „Hobbes im Kontext II: Die Hobbes-Boyle-Kontroverse und die soziale Konstruktion von Wissenschaft" präsentiert worden ist.

herausgegriffen werden, die in ihrer Vollständigkeit für sich schon ein Manuskript-Volumen von mehr als 80 Druckseiten einnimmt.

Inkorporation und Namensgebung der zu gründenden Gesellschaft erfolgen im dritten Abschnitt der „Charter".[8] In der ersten Fassung vom 15. Juli 1662 wird als Name „Royal Society" („Regalis Societas") ohne weiteren Zusatz angegeben. Das setzt voraus, daß eine weitere Königliche Gesellschaft noch nicht existiert und auch nicht antezipiert wird, so daß eine weitere Spezifikation der Zwecksetzung und der Aufgabenstellung sich erübrigt, und/oder diese Aufgabenstellung von so zentraler und einzigartiger Bedeutsamkeit ist, daß sie nicht weiter spezifiziert werden muß. Sie war der Sache nach in der Arenga (vgl. S. 11f.) der „Charter" enthalten. Der Ausdruck „Gesellschaft" steht für Assoziation im Sinne von Verband und Organisation bzw. Interessenverbindung, und ist soziologisch dem Gebilde einer „Gemeinschaft" oder „Vergemeinschaftung" gegenüberzustellen. Während „Gesellschaft" als Kollektiv von Vertragspartnern und Rollenträgern zu gelten hat, sind „Gemeinschaften" Kollektive von ganzen Personen[9]. Wenn hier die zu gründende „Royal Society" als „Gesellschaft" bezeichnet wird, dann reflektiert sich darin der folgende Sachverhalt: Es wird mit diesem Kollektiv ein Rechtssubjekt institutionalisiert („one body corporate and politic in fact"[10]), das Verträge schließen, Eigentum erwerben und Rechte in Anspruch nehmen kann sowie mit Pflichten belegt ist. Das wird im übrigen in der „Charter" auch sogleich in den nachfolgenden Abschnitten explizit geregelt. Diese Institutionalisierung als Rechtssubjekt setzt natürlich voraus, daß der zuständige gesetzgeberische Souverän entweder in direktem Gründungsakt oder indirekt per Anwendung geltender Gesetze durch nachgeordnete Exekutivorgane diese „Charter" als Gründungakte erläßt.

Das geschieht hier – der Zeit entsprechend – durch den König selbst in den dem eigentlichen Ausführungsteil der Urkunde vorausgehenden Abschnitten: in Invocatio, Intitulatio, Inscriptio und Arenga. Die Invocatio besteht indirekt in der Benennung der Herrschaftslegitimation („by the grace of God King of England.") und die Inscriptio wendet sich an alle, denen diese rechtsverbindliche Urkunde präsentiert wird. Am Schluß der vergleichsweise umfangreichen Gründungsakte wird in der Corroboratio die Gültigkeit durch die eigene, selbstgenügsame Zeugenschaft des Königs besiegelt und im Eschatokoll folgt der Datierung vor der Unterschrift des Schreibers Howard die Formel „By the King himself" bzw. in der zweiten Fassung „By writ of Privy Seal". Es ist klar, daß mit dieser herrschaftlichen Gründungsurkunde eine feierliche Legitimation und Stiftung vollzogen ist. Die Gesellschaft heißt „königlich" nicht, weil sie dem Königshaus assoziiert oder am Hofe ansässig wäre, sondern weil sie im Namen des zuständigen Souveräns, vom König eben, gegründet und zum Rechtssubjekt erhoben ist. Sie würde ohne das als Gesellschaft gar nicht existieren, sondern bliebe eine rechtlich nicht weiter faßbare Gemeinschaft von Gleichgesinnten, die sich im Rahmen bestehender Gesetze der Versammlungs- und Bewegungsfreiheit treffen und kooperieren.

8 Die „Charter" ist in Latein verfaßt. Die folgende Analyse orientiert sich an einer von der „Royal Society" selbst herausgegebenen englischen Übersetzung, vgl. Royal Society (1912), S. 59ff. Der Text der ersten und der zweiten Charter findet sich in einer zu Analysezwecken segmentierten Fassung in Anhang I.

9 Vgl. zu dieser auf Ferdinand Tönnies zurückgehenden Unterscheidung die Bestimmungen in Oevermann (2000d).

10 Vgl. Abschnitt 3 in der Zählung in Anhang I.

Hier erhebt sich schon die Frage, welche Initiative dem König als Herrscher hierbei faktisch zukommt und inwieweit er als Souverän zusätzlich eine Funktion als Patron oder Schirmherr ausübt. Unseres Erachtens sind die Funktionen von Herrschaft einerseits und Schirmherrschaft sowie Patronage andererseits in der wissenschaftshistorischen Forschung nicht genügend unterschieden worden. Wenn eine auf nationaler Ebene angesiedelte Akademie der Wissenschaften errichtet wird – und genau das geschieht mit der Gründung der „Royal Society" –, dann ist es unumgänglich, daß diese Gründung durch die für sie zuständige souveräne politische Vergemeinschaftung und die sie repräsentierende Herrschaft sanktioniert wird. Damit hängt auch zusammen, daß es innerhalb derselben Souveränität nicht zwei solcher Akademien mit gleicher Zielsetzung geben kann. Das ist zwar bei Universitäten nicht nur möglich, sondern sogar notwendig, weil sie die Aufgabe einer gewissermaßen naturgemäß regional begrenzten Versorgung mit Studienplätzen haben und entsprechend immer auch in die Obhut kommunaler Administrationen gegeben werden mußten. Bei den königlichen Akademien und Gesellschaften, die sich ausgehend von der zweiten Hälfte des 17. Jahrhunderts in Europa gegründet haben, handelt es sich um Einrichtungen, die notwendigerweise ihrem Wesen nach verbindliche Standards mit einem Anspruch auf universelle Geltung setzen und deshalb für den souveränen Vergemeinschaftungsbereich, in dem sie das tun, konkurrenzlos sein müssen, weil sie sonst automatisch ihren Geltungsanspruch einbüßen würden. Entsprechend bedürfen sie eines Privilegs durch den Souverän, mit dem sie ermächtigt sind, diesen Geltungsanspruch konkurrenzlos zu erheben. Wenn also – wie hier – eine Akademie durch königliches Privileg gegründet wird, dann unterscheidet sich das schon typologisch von einer Akademie oder Einrichtung, die faktisch auf das Mäzenatentum oder die Patronage durch einen Fürsten zurückgeht und als solche zum höfischen Leben gehört. Und wenn sie eine durch eine sich selbst verwaltende Kommune gegründete Einrichtung wäre, dann wäre ihr Geltungsanspruch von vornherein auch auf den Herrschaftsbereich dieser Kommune eingeschränkt, die ihrerseits dafür eines Privilegs durch den jeweils höchsten, übergeordneten Souverän bedürfte.

Der Ausdruck „Souverän" bezieht sich hier soziologisch auf die Herrschaftsinstanz, die zur autonomen Gesetzgebung für eine definierte politische Vergemeinschaftung legitimiert ist. Ob diese Legitimationsquelle in einer transzendenten Macht, wie beim absolutistischen Herrscher, oder im Volkssouverän selbst gesehen wird, wie im modernen demokratisierten Nationalstaat, ist hier zunächst von nachgeordneter Bedeutung. Viel entscheidender ist, daß jegliche auf die Universalität der Geltung von Wissen gerichtete Institution auf die Berechtigung durch die Souveränität, der sie zugehört, angewiesen ist[11], und zwar nicht nur und nicht einmal primär deshalb, weil sie zur Erhebung solcher Überprüfungsansprüche durch die jeweilige Herrschaft inhaltlich autorisiert sein muß, sondern vor allem, weil sie eine in

11 Daß noch einmal zwischen weltlicher und geistlicher Souveränität unterschieden werden muß, darüber muß hier hinweg gesehen werden. Nur so viel dazu: Der Anspruch auf universale Geltung ist im Bereich der geistlichen Souveränität von vornherein beschränkt, weil sie von sich aus nur Offenbarungs- und Autoritätskriterien der Geltung zulassen kann, also nur die Berufung auf jene Kriterien, durch die sie selbst legitimiert und charismatisiert ist. Demgegenüber muß weltliche Herrschaft auch dann, wenn sie sich aus solchen religiösen Legitimationsquellen vor-säkular ableitet, immer Entscheidungen über die Geschäfte der Welt, der diesseitigen Praxis treffen, so wie sie anfallen, unabhängig davon, ob die die transzendenten Legitimationsquellen auslegenden Offenbarungen dazu etwas Verbindliches aussagen oder nicht.

diesem Souveränitätsbereich konkurrenzlose, verbindliche und verantwortliche Stellung für die Abgeltung dieser Ansprüche einnehmen muß. Nur die souveräne Herrschaft kann diese Stellung sichern.

Damit berühren wir die Frage der Autonomie der institutionalisierten Wissenschaft, die bei naiver Betrachtung durch diese Angewiesenheit auf herrschaftliche Autorisierung als beeinträchtigt angesehen werden könnte, während es sich doch viel eher um eine Autorisierung zur Autonomie handelt. Wir sehen hier auch sofort, daß wir in diesem Vorgang der Autorisierung deutlich unterscheiden müssen zwischen einer Zubilligung der Berechtigung einerseits, inhaltlich solche Ansprüche auf die Überprüfung der Geltung von Wissen über die Welt zu erheben, was ja immer eine ursprünglich der Herrschaft zugehörige Kompetenz einfordert – Ansprüche im übrigen, wie sie z. B. Galilei von der katholischen Kirche in jenem berühmten Prozeß abgesprochen wurden –, und andererseits der Gewährleistung der unikaten, konkurrenzlosen Autorität, diese Ansprüche verbindlich innerhalb eines Herrschaftsbereichs wahrzunehmen. Die Zubilligung der Berechtigung in der ersten Hinsicht muß historisch der Zubilligung der Autorität in der zweiten Hinsicht vorausgehen. Daß Wissenschaftler berechtigt sind, überhaupt Geltungsfragen mit universalem Gültigkeitsanspruch auf bestimmten inhaltlichen Gebieten aufzuwerfen und methodisch zu bearbeiten und zwar so, daß sie dabei keiner anderen Instanz Rechenschaft schuldig sind als den professionsethisch geteilten methodischen Geltungskriterien, denen sie sich in der Logik des besseren Argumentes verpflichtet haben, ist eine historische Entwicklung, die mit der Patronage von Wissenschaftlern an Fürstenhöfen oder mit der Schulenbildung in sich selbst verwaltenden Kommunen beginnt. Aber es fehlt dann zu deren Autonomisierung immer noch die Autorisierung einer die Selbstverwaltung der Wissenschaften als Institution auch an den Universitäten erst ermöglichenden „Monopol"-Stellung einer zentralen Akademie, wie sie mit der „Royal Society" erstmalig gegründet wird.

Dieser zweite Aspekt der Autonomisierung von Wissenschaft durch die Garantie einer „Monopol"-Stellung innerhalb einer souveränen politischen Vergemeinschaftung, sei sie durch absolutistische Herrschaft oder durch die Herrschaft des Volkssouveräns über sich selbst verfaßt, ist nun nicht so sehr Ausdruck einer Schutzbedürftigkeit der in sich als krisenhafte Geltungsüberprüfung fragilen Wissenschaft, als vielmehr die Folge davon, daß die institutionalisierte Wissenschaft mit ihrem Geschäft der auf die regulative Idee der Wahrheit bezogenen Geltungsüberprüfung im Sinne der Logik eines Generationenvertrages eine gemeinwohlbezogene Leistung für die künftigen Generationen der politischen Vergemeinschaftung erbringt, zu deren Souveränität sie qua Mitgliedschaft selbst gehört. Deshalb muß gesichert sein, daß diese folgenreiche Leistung des methodisierten Urteils über „wahres" und „falsches" Wissen auch verantwortlich und verbindlich im vollen Bewußtsein des Folgenreichtums durchgeführt wird, so daß die herrschaftlich abgesicherte „Monopol"-Stellung eine wechselseitige, reziproke Bindung zwischen der professionsethisch verpflichteten institutionalisierten Wissenschaft und der politischen Vergemeinschaftung einschließt, die in sich die Logik einer paradoxalen Einheit von Autonomie und Abhängigkeit beinhaltet: Die Wissenschaft wird von der umgebenden politischen Vergemeinschaftung dafür alimentiert, daß sie, nur der Logik des besseren Argumentes und der methodisierten Konfrontation mit Erfahrungsdaten verpflichtet und sich professionsethisch kollegial autonom in dieser Verpflichtung kontrollierend, die Überzeugungen dieser Vergemeinschaftung bzw. des Alltagsbewußtseins beständig in Frage stellt und überprüft, und zwar unabhängig davon, ob dieser das lieb ist oder nicht. Sie rechtfertigt diese Alimentierung nur in dem Maße, in dem sie sich an die professionsethischen Standards in kollegialer Selbstkontrolle bindet.

Soziologisch gesehen entspricht das Attribut „Royal" dem modernen Attribut „National". Beide markieren gleichermaßen, daß es nur eine solche Einrichtung innerhalb einer souveränen Herrschaft geben kann[12]. Diese mit der Gründung der „Royal Society" prinzipiell eingerichtete historische Konstellation ist mit dem Begriff der Patronage nur unzureichend erfaßt. Denn es handelt sich hier nicht mehr um die gnädige Gewährung einer höfischen Förderungsressource an domestikenhafte Höflinge, sondern um die rechtsförmige Institutionalisierung einer in sich autonomen Praxis, die zugleich ihrem Inhalte nach nicht privaten Charakters oder primär Ausdruck der Verfolgung eines Eigeninteresses ist, sondern verbindlich im Sinne eines Gemeinwohlbezugs die Allgemeinheit und die Öffentlichkeit universell angehende Geltungsfragen systematisch untersucht. Damit ist zugleich die Frage der Finanzierung und Alimentierung dieser Praxis aufgeworfen, denn ein warenförmiges Produkt marktorientiert profitabel zu verwerten, ist nach der vorausgehenden Bestimmung von vornherein strukturlogisch ausgeschlossen. Es wurde aber auch schon die Abkehr von der Logik mäzenatischer Förderung aus der mehr oder weniger privaten Schatulle des Mäzens konstatiert. Es bleibt dann entweder nur die Zwischenform einer Finanzierung aus privatem Vermögen der Mitglieder der „Society", die damit zu Mäzenen der öffentlich bedeutsamen Wissenschaft würden, also gewissermaßen zu Mäzenen ihrer eigenen Tätigkeiten[13] – es handelte sich dann darum, daß eine müßige Tätigkeit von „gentlemen" zugleich rechtsförmig institutionalisiert wäre – oder einer Finanzierung aus für Staatsausgaben eingetriebenen Steuern, die der modernen Wissenschaftsfinanzierung schon sehr nahe käme. Am Schluß der „Charter" erhalten wir darüber vage Hinweise. Dort wird ausdrücklich als königlicher Befehl an alle Justizbehörden, Bürgermeister, Obmänner, Gerichtsherren, Amtmänner, Beamten aller Art, Offiziere, Priester und welche weiteren Untertanen des gegenwärtigen Königs und seiner Nachfolger auch immer die Anweisung erteilt, dem Präsidenten, dem Rat und den Fellows der „Royal Society" mit Unterstützung und Hilfe aller Art von Zeit zu Zeit beizustehen im Sinne der wohlverstandenen Absichten der „Charter". Diese befohlene Hilfe wird aber nicht weiter spezifiziert, vor allem nicht in Geldmitteln beziffert, denn im letzten Abschnitt vor der Schlußformel wird ausdrücklich festgestellt, daß eine eigene Erwähnung des tatsächlichen jährlichen Wertes oder der sicheren Zuweisung von Grund und Immobilien, oder auch irgendwelcher anderen Schenkungen oder Zuwendungen, die vorher durch den König oder seine Vorgänger gemacht wurden, in dieser Urkunde nicht erfolgt, ungeachtet welcher eventuellen gegenteiligen Anordnung oder Willenserklärung auch immer, die bis zu diesem Zeitpunkt gemacht worden sein sollten. Der König läßt sich also auf eine etatmäßige, routinehaft geregelte Subventionierung der Tätigkeiten der gegründeten „Society" nicht ein. Deshalb wird man davon ausgehen müssen, daß sie sich weitgehend selbst finanziert hat oder durch Mäzene gefördert wurde. Um so auffälliger ist die aufwendige Erlangung des vollen institutionellen Status eines autonomen Rechtssubjekts.

---

12 Daß in der Bundesrepublik bundesländerspezifische Akademien der Wissenschaften und der Künste existieren, widerspricht diesem Argument keineswegs, weil im deutschen Föderalismus die Bundesländer über eine kulturpolitische Souveränität explizit per Verfassung verfügen.

13 Diesen Sachverhalt drückt Thomas Sprat in seiner berühmten *History of the Royal Society* sehr schön aus, wenn er von der Notwendigkeit spricht „that the first Benevolence should come from the *Experimenters themselves*". Vgl. Sprat (1667), S. 77.

Die Dispositio des eigentlichen Urkundentextes enthält die folgenden Bestimmungen: die mit der Institutionalisierung als Rechtssubjekt verbundene Ermächtigung, Eigentum und Privilegien zu erwerben sowie Verträge zu schließen; vollgültig am Rechtsverkehr teilzunehmen als Kläger und Beklagter; die Autorisierung zur Verwendung eines Beglaubigungssiegels. Sodann wird die Mitgliedschaft und die innere Gliederung in Präsidentschaft, Rat und Fellows festgelegt, die ersten Mitglieder des Rates und der Präsident werden persönlich ernannt, und die Amtsperioden werden festgelegt. Die Vereidigung der Amtsinhaber und die Ersetzungsverfahren im Todesfall oder bei Amtsenthebung werden minutiös geregelt. Die internen Ämter werden festgelegt: Schatzmeister, zwei Sekretäre, ein Schreiber und zwei Saaldiener, und die ersten Inhaber werden ernannt. Der Präsident und der Rat werden ermächtigt, im Umkreis von 10 Meilen um London Versammlungen zur Verabschiedung von Satzungen und Verordnungen jederzeit abzuhalten. Die Gesellschaft wird ermächtigt, Buchdrucker und Graphiker zum Druck von Publikationen der „Society" zu autorisieren. Ihr werden außerdem eine Reihe von Vollmachten erteilt: über Leichen zu anatomischen Zwecken in derselben Weise zu verfügen wie das „Royal College of Physicians" und die „Corporation of Surgeons", zur freien wissenschaftlichen Korrespondenz mit dem Ausland, zum Empfang ausländischer Gäste und innerhalb 10 Meilen um London herum „Colleges" zu errichten. Schließlich wird die Mediation von Streitigkeiten und Konflikten innerhalb der „Society" durch königliche Amtsträger geregelt und die Untertanen werden allgemein zur Unterstützung der „Royal Society" angewiesen. Man sieht also, der König äußert keine eigenen Wünsche und artikuliert auch nicht einen Anspruch des Staates auf Leistungen der „Royal Society", sondern erläßt die für eine institutionelle Existenz eines Verbandes notwendigen Bestimmungen und gewährt weitreichende und für das wissenschaftliche Arbeiten notwendige Privilegien, u. a. für Publikationen, bei denen, für erfahrungswissenschaftliche Forschungsberichte wichtig, von vornherein an Illustrationen gedacht ist.

Auffällig ist aber vor allem, daß die ersten Amtsinhaber für eine Wahlperiode von einem Jahr schon in der „Charter" ebenso festgelegt werden wie die ersten Mitglieder. Das macht im Zusammenhang mit der Bestimmung der jährlichen internen Wahlprozeduren nur Sinn, wenn die hinter der gegründeten „Society" stehende konkrete Verbandspraxis faktisch in ihrer personalen Zusammensetzung schon als Gemeinschaft funktioniert und als ein sich durch Kooptation ergänzender Club von grundsätzlich Gleichberechtigten möglichst schnell als öffentlich anerkanntes Rechtssubjekt in Tätigkeit treten soll. All dies verweist darauf, daß nicht der König als Herrscher oder Patron einen solchen Club ins Leben gerufen hat, sondern dieser als schon anderweitig existierende Vergemeinschaftung den König dazu veranlaßt hat, ihm die nur in dessen Souveränität und Autorität stehende Konstitution als Rechtssubjekt mit dieser Urkunde zu gewähren. Man wird also davon ausgehen können, daß eher dem König der Urkundentext von den Betroffenen zumindest vorbereitet, wenn nicht untergeschoben wurde, als daß umgekehrt der König sich faktisch hier als Neuerer und Anreger betätigt hat.

Über mögliche Motive des Königs geben zumindest formell die Ausführungen in der Arenga der „Charter" Auskunft, die dem eigentlichen Ausführungsteil vorrangestellt ist.[14] Dort erwähnt nämlich der König seine Motive für die Gründung, die zugleich schon Detailliertes über deren spezifische Zwecksetzung und Aufgabenstellung enthalten, was auf die Dispositio vorverweist:

---

14 Abschnitt 2 gemäß der Zählung in Anhang I.

> „We have long and fully resolved with Ourself to extend not only the boundaries of the Empire, but also the very arts and sciences ..."

Die beurkundete Gründung wird damit integriert in einen schon immer vorhandenen Willen des Herrschers, sein Reich zu mehren. Nicht nur sollen dessen Grenzen sich ausdehnen durch erfolgreiche Eroberungen oder dynastische Verbindungen, sondern es sollen auch die Künste (d. h. inklusive des Handwerks) und Wissenschaften ausgeweitet werden. Dabei ist zu beachten, daß es in dieser Formulierung nicht um die Künste und Wissenschaften im Reich geht, sondern um sie überhaupt, also in ihrer Universalität. Der König macht sich damit tatsächlich zu ihrem Protektor und Förderer, aber eben in seiner Eigenschaft als Herrscher und Souverän, der das ihm anvertraute Gut generell zu mehren hat. Die Erweiterung der Künste und Wissenschaften ist zugleich eine Erweiterung des Machtumfangs der Souveränität.

> „Therefore we look with favour upon all forms of learning, but with particular grace we encourage, ..."

Aus diesem Willen wird abgeleitet, daß der im Pluralis Majestatis sich äußernde Herrscher begünstigend auf alle Formen des Lernens, d. h. der Wissenserweiterung schaut und in Kontrast dazu mit besonderer Gnade und besonderem Interesse etwas ermutigt, was sich von diesen allgemeinen Formen der Wissenserweiterung in besonderer Weise abheben muß und den eigentlichen Zweck der zu gründenden „Society" ausmachen wird. Wir werden hier also die Aufgabenstellung erwarten können, die später in der Namensgebung nicht spezifiziert worden ist. Der Ausdruck „Ermutigung" verweist darauf, daß es sich um etwas Neues, noch Keimendes, tendenziell Schwieriges oder Waghalsiges handelt, dessen Erfolg jedenfalls keineswegs sicher sein kann.

> „ ... philosophical studies, especially those which by actual experiments attempt either ..."

Dieses Neuartige besteht also aus philosophischen Untersuchungen, was wiederum in sich nichts Neues ist, sondern erst nach der weiteren Spezifizierung dazu wird: Untersuchungen, die durch tatsächliche, aktuelle, d. h. wirklich durchgeführte und nicht nur gedanklich konstruierte Experimente zwei verschiedene Ziele verfolgen, die in der nächsten Phrase genannt werden müssen. An dieser Stelle müßte nun der Verwendungssinn von „experiment" geklärt und gezeigt werden, daß er mit dem gegenwärtigen noch nicht vollständig sich deckt.[15] Dekkungsgleich ist lediglich die Bedeutung, daß es sich dabei um ein Erproben handelt, dessen Ausgang nicht sicher gewußt werden kann. Eine genauere Untersuchung der Verwendungskontexte in Texten im Umkreis der „Royal Society" zeigt, daß auf dieser allgemeinen Bedeutungsfolie alle Verfahren gemeint sind, die durch protokollierbare Prozeduren eine Erschließung der erfahrbaren gegenständlichen Welt ermöglichen, also in die erfahrbare Welt einzudringen erlauben. Indem diese als Teil philosophischer Untersuchungen gesehen werden, wird klar, daß von einer Institutionalisierung der Erfahrungswissenschaften als Erfahrungs-

15 Hierzu ausführlich: Peter Münte „Die Autonomisierung von Erfahrungswissenschaft bei ihrer Institutionalisierung im Kontext frühneuzeitlicher Herrschaft in der zweiten Hälfte des 17. Jahrhunderts in Europa", S. 167ff.

wissenschaften, getrennt von einer Philosophie als allgemeiner systembildender Reflexion über die Welt und das erkennende Subjekt im Verhältnis zu ihr noch nicht die Rede sein kann, sondern die Erfahrungswissenschaften, nachdem die Philosophie sich von der Theologie weitgehend emanzipiert hat, in diese eingebettet bleiben.

> „... either to shape out a new philosophy or to perfect the old."

Entweder soll durch dieses Experimentieren eine neue Philosophie sich herausbilden oder die alte vollendet werden. Damit ist eine potentielle Trennung von der alten Philosophie, d. h. im wesentlichen von der scholastischen Philosophie und der zeitgenössischen Metaphysik, vorgesehen. Wenn also die alte Philosophie sich den Neuerungen durch das Experimentieren widersetzt, dann wird sie durch Abspaltung einer neuen Philosophie überwunden. Aber die Möglichkeit einer kontinuierlichen Vollendung ist grundsätzlich nicht ausgeschlossen.

Diese Ausführungen vor allem lassen erkennen, daß sie nicht vom König selbst und seinen höfischen Beratern kommen können, sondern in ihrem deutlichen Innovationsanspruch von den Protagonisten der neuen Wissenschaft, die mit der „Royal Society" rechtsverbindlich institutionalisiert werden soll, stammen müssen. Dieser Innovationsanspruch wird im folgenden weiter bekräftigt:

> „In order, therefore, that such studies, which have not hitherto been sufficiently brilliant in any part of the world, may shine conspicuously amongst our people, and that at length the whole world of letters may always recognize us not only as the Defender of the Faith, but also as the universal lover and patron of every kind of truth."

Es wird deutlich konstatiert, daß solche experimentellen Untersuchungen bisher in keinem Teil der Welt die ihnen gebührende Beachtung gefunden haben. Damit nun dieser Glanz einer neuen zukünftigen Wissenschaft sich vernehmbar in der Bevölkerung des verkündenden Souverän, also im englischen Königreich, verbreite, und damit langfristig und auf Dauer die ganze gelehrte Welt diesen König nicht nur als Verteidiger des Glaubens, der er als der Oberherr der anglikanischen Kirche qua Amt zugleich war,[16] sondern auch als universellen Liebhaber und fördernden Beschützer jeder Art von Wahrheit anerkenne, verkündet er - im darauffolgenden Abschnitt – die Inkorporation der „Royal Society". Aufschlußreich ist an dieser Formulierung, daß der König die Formel „Verteidiger des Glaubens", die ganz am Anfang in der Intitulatio schon genannt worden ist, hier noch einmal in einem weniger formalen Zusammenhang wiederholt, um damit inhaltlich und material seiner religiös-dogmatischen Funktion diejenige des Förderers der Macht des Geistes in ihrer universalistischen Ausformung in Gestalt der Logik des besseren Argumentes an die Seite zu stellen. Damit ist implizite anerkannt, daß die neue Wissenschaft in der Sphäre der religiösen Dogmatik, damit auch der Theologie, nicht mehr aufgeht und eine eigenen Methodologie und Logik der

16 Der Titel „Defendor of the Faith" war Heinrich VIII. – freilich vor der Trennung von Rom – vom Papst für seine gegen Luther gerichtete Schrift *Assertio septem sacramentorum* verliehen worden und wurde auch nach der Gründung der Staatskirche beibehalten. Insofern liegt diesem Titel eine weitreichende Uminterpretation zugrunde.

Wahrheitsfeststellung in Anspruch nimmt. Wenn das der Oberherr der nationalen Kirche ausspricht, ist das eine geradezu dramatische Neuerung. In dieser Rolle zu wirken, ist dem König ein Anliegen gegenüber der universalistisch konzipierten Welt der Gelehrsamkeit. England soll in der Beförderung dieser – säkularisierten – Welt des Geistes die Vorreiterrolle übernehmen. Aber nicht so sehr aus Gründen der erfolgreichen Konkurrenz mit anderen Reichen und Staaten, sondern um der Welt des Geistes in ihrer Universalität selber willen.

Damit ist belegt, daß die Protagonisten der „Royal Society", diejenigen also, die den König erfolgreich zu dieser weitreichenden Gründungsakte motiviert haben, sich als Avantgarde einer universalen neuen wissenschaftlichen Entwicklung empfinden und mit einem großen Selbstbewußtsein die Institutionalisierung dieser Entwicklung betreiben. Bevor wir einen Blick auf weitere Dokumente werfen, müssen wir kurz auf die Änderungen eingehen, die in einer zweiten Fassung der „Charter" vom 2. April 1963, also knapp neun Monate später, vorgenommen worden sind, durch die die alte automatisch ungültig wird.

Die Änderungen betreffen sowohl eine Stärkung des formellen, rechtsverbindlichen Charakters der Urkunde als auch die Detaillierung von Bestimmungen über die inhaltliche Arbeit der Gesellschaft. In den Namen der gegründeten Gesellschaft wird nun deren Aufgabenstellung und Programmatik, die zuvor nur in dem ausführlich interpretierten zweiten Abschnitt spezifiziert wurde, der im übrigen in diesem Wortlaut auch beibehalten wird, explizit aufgenommen: Sie heißt nun „Royal Society of London for improving Natural Knowledge" und wird durch den in Klammer gesetzten Zusatz „of which same Society we by these presents declare Ourself Founder and Patron" zusätzlich spezifiziert. Der Term „experimental" oder „experimental philosophy", der später häufig zur Charakterisierung der Aufgabenstellung der Gesellschaft verwendet wird, taucht, obwohl im vorhergehenden zweiten Abschnitt im Zentrum stehend, nicht auf. An seine Stelle tritt hier der Ausdruck „Natural Knowledge", was das Folgeproblem aufwirft, ob darunter eher – im Sinne eines genitivus obiectivus – ein Wissen über die Natur, d. h. zeitgenössisch letztlich: die erfahrbare Welt oder – im Sinne eines genitivus subiectivus – ein natürliches Wissen verstanden werden soll, wobei als Gegensatz zu „natural" in diesem Zusammenhang „supernatural" anzunehmen ist. Beides ließe sich im Kontext der vorliegenden Textstelle rechtfertigen. Es ist jedoch unplausibel, den sich zu diesem historischen Zeitpunkt gerade erst formierenden Erfahrungswissenschaften den sich letztlich erst im Rahmen der methodologischen Reflexionen des 19. Jahrhunderts stabil herausbildenden Gegensatz zwischen Natur- und Geisteswissenschaft schon zu unterstellen. Insofern ist anzunehmen, daß hier mit „natural knowledge" ein Wissen gemeint ist, das sich auf das Gesamt der erfahrbaren Welt bezieht und das durch Experimente im interpretierten Sinne erschlossen werden kann, im Unterschied zu einem Wissen über übernatürliche Dinge nämlich, das nur durch Offenbarung zugänglich ist. Es handelt sich demnach um eine Formel für die Totalität eines erfahrungswissenschaftlich generierten Wissens über die erfahrbare Welt, wobei sich allerdings im Kontext einer religiös verankerten Lebenspraxis der Bereich der erfahrbaren Welt, der in dieser Weise zum Gegenstand einer erfahrungswissenschaftlichen Betrachtung gemacht werden kann, tatsächlich weitgehend auf den Bereich der Natur beschränkt.

In den Namen wird die Ortsspezifikation explizit aufgenommen. Damit wird grundsätzlich, von der Form her, die Gründung solcher Gesellschaften an anderen Orten als Möglichkeit eröffnet, obwohl es der Logik nach eigentlich nur eine königliche Gesellschaft, ausgestattet mit der im Namen zum Ausdruck kommenden Souveränität, geben kann. Von daher vermuten wir, daß mit dieser Ortsspezifikation, die sich ja zudem auf die Hauptstadt bezieht, ähnlich wie mit dem Namenszusatz „of Canterbury“ in „Roger Boyle of Canterbury“ beispielsweise, die Seßhaftigkeit einer Praxis bezeichnet ist, die überdies als Gerichtsstand des Rechtssubjekts „Royal Society“ von Bedeutung sein kann.

Im weiteren müssen wir über kleinere Änderungen hinweggehen und können uns nur noch den auffälligeren zuwenden. Ein ganzer Abschnitt wird neu eingefügt, in dem das Privileg für die Führung eines detailliert beschriebenen Wappens gewährt wird. Damit wird die „Royal Society“ zu einer Rechtsperson in privilegierter ständischer Stellung. Die Mitgliedschaftsregelungen werden präzisiert, was die Quoren der Kooptationsbeschlüsse angeht. In einem weiteren neu hinzugefügten Abschnitt wird explizit ein Quorum von mindestens neun Mitgliedern, zu denen der Präsident oder sein Vertreter gehören muß, festgelegt, damit ein Treffen „for the examination and investigation of experiments and natural things, and for other affairs belonging to the Society“ „lawfully“ berechtigt ist. Dies ist nun eine besonders aufschlußreiche Ergänzung, weil mit ihr die zunächst nur methodologisch bedeutsame Protokollierung der Durchführung von Experimenten und ihrer Ergebnisse gleichsam zu einem formellen Rechtsakt zusätzlich erhoben wird. Die Gültigkeit des wissenschaftlichen Arbeitens wird damit der Logik der Gültigkeit eines rechtlichen Verfahrens angeglichen. Das spricht sehr dafür, daß die Logik des besseren Argumentes und vor allem die Fundierung der Gültigkeit der Methode der Erfahrung auf intersubjektiv geteilten, jederzeit nachlesbaren Protokollen von forschungsrelevanten Operationen noch keineswegs als professionsethisch hinreichend im Habitus der Forscher befestigt gelten konnte. Aber es wird gerade dieser Habitus und diese Professionsethik damit durch explizite Vorkehrungen inauguriert. Es bedarf noch einer äußeren formellen Festlegung, was später wie selbstverständlich als professionsethisch verinnerlicht vorausgesetzt wird. Des weiteren ist natürlich festzuhalten, daß ganz offensichtlich Experimente, selbst dann, wenn sie im eigenen Labor oder in eigenen, gewissermaßen privaten oder einsamen Forschungsprozeduren durchgeführt wurden, in den Zusammenkünften der „Royal Society“ nach einem formellen Protokoll reproduziert werden mußten, um als beglaubigt gelten zu können. Das mußte automatisch Folgen für die Publizierbarkeit von Forschungsergebnissen haben. Tatsächlich hatte die „Royal Society“ als nationale Akademie der Wissenschaften so etwas wie ein Monopol für die Veröffentlichung von ernst zu nehmenden wissenschaftlichen Arbeiten inne. Dieser Formalisierung in der Durchführung von Experimenten entspricht es, daß in der zweiten Fassung nun zusätzlich zu den Ämtern von „Treasurer, Secretaries, Clerks and Serjeants-at-Mace“ die von zwei oder mehr „Curators of experiments“ eingerichtet werden, die nach demselben Modus zu wählen sind wie die übrigen Amtsinhaber. Unter „Curators of experiments“ wird man Ämter verstehen müssen, die mit der Durchführung von Experimenten von Amts wegen betraut sind. Da die Inhaber dieser Ämter in ihrer Tätigkeit der „Royal Society“ gegenüber weisungsgebunden sind, wird an dieser Stelle das Prinzip der Freiwilligkeit – allerdings eingebettet in eine Organisation, für die als freie Assoziation auch weiterhin dieses Prinzip konstitutiv ist – folgenreich durchbrochen. Es dürfte sich bei den Inhabern dieses Amtes um die ersten wissenschaftlichen Angestellten in der Geschichte handeln.

III. Das Wappen der „Royal Society"

Die Form des Wappens[17], das bald nach der Gründung in den ersten Publikationen der „Royal Society" auftaucht und für das verschiedene Entwürfe überliefert sind[18], ist in sich vor allem in zweierlei Hinsicht aufschlußreich.

1. An der bildlich-symbolischen Darstellung fällt auf, daß der von den beiden die königlichen Insignien tragenden Hunden gehaltene Wappenschild mit Ausnahme der drei Löwen Englands im oberen linken Quadranten weiß (bzw. silbern) und somit leer bleibt. Diese drei ungestalteten Viertel des Schildes sprechen der eigentlichen Symbolisierungsfunktion eines Wappens Hohn. Es ist, als ob diese Funktion und damit das ständische Privileg, das sich darin verkörpert, sogleich dementiert werden sollte. Jedenfalls wirkt das verwendete Wappen dadurch wie unfertig und sendet die paradoxale Botschaft aus: „Wir verwenden ein Wappen, so wie es offiziell in einer ständischen Gesellschaft für Berechtigte üblich ist, aber wir verweigern die volle Ausfüllung seiner symbolischen Funktion". In die Gestaltung ist nur das aufgenommen, was der König an königlichen Symbolen als Ausdruck ihrer herrschaftlichen Privilegierung zur Verfügung stellt, und sonst nichts. Die „Society" hat also nichts von dem verweigert, was ihr gewährt worden ist, sie hat aber ihrerseits nichts hinzugefügt. Indem dieses Nicht-Hinzufügen bildlogisch eine Dementierung bedeutet, markiert die „Society" in ihrem Wappen eine deutliche Differenz zwischen der Sphäre der königlichen Souveränität und der von ihr repräsentierten eigenlogischen Macht des Geistes. Das Weiß der leeren drei Viertel des Wappens markiert paradox sowohl ein Leer-Geblieben-Sein und damit eine Dementierung der Mitbeteiligung der „Society" als Society an der königlichen Privilegierung per Wappen als auch eine Füllung durch die unbunte Farbe Weiß, mit der die offene, unbeschriebene Zukunft von wissenschaftlicher Forschung symbolisiert wird, deren Wesen darin besteht, in unbekannte Regionen des Nicht-Wissens, die sprichwörtlichen weißen Flecken der Entdeckungsreisenden, vorzustoßen. Auf diese Weise ist das Wappen eine doppelte Symbolisierung der Autonomie von Wissenschaft: einmal einer Unabhängigkeit in Relation zum Herrschaftssouverän und zum anderen mit der Verpflichtung, alles in Frage zu stellen und sich systematisch mit dem Unbekannten zu beschäftigen, der Unabhängigkeit vom Praxisdruck.

2. Im Spruchband am unteren Rand enthält das Wappen als Motto die rätselhaft fragmentierte Wortfolge „Nullius in Verba". Diese elliptische Formulierung macht im Lateinischen für sich genommen keinen Sinn. Wovon sie eine Abkürzung ist, muß den damaligen Zeitgenossen, die Horaz' „Epistulae" gerne als Fundgrube für ein treffendes und gebildetes Motto genutzt haben, geläufig gewesen sein. In Zeile 14 der Epistula 1 heißt es: „Nullius addictus iurare in verba magistri". Der Zusammenhang ist folgender: Horaz wendet sich an seinen Förderer Maecenas, nach dem ja das Mäzenatentum benannt worden ist, um sich von weiteren Inanspruchnahmen durch ihn für die Produktion gefälliger, fremdbestimmter Dichtung zu befreien. Statt dessen möchte er sich nun, wie er vorgibt, in der Weisheit seines Alters, der ernsthaften, aber autonomen Reflexion der Tugenden und öffentlichen Angelegenheiten widmen. Deshalb „Nullius addictus iurare in verba magistri": „Nicht gebunden, auf die Worte irgendeines Meisters zu schwören". Im Bewußtsein der Mitglieder der „Royal

---

17 Vgl. die Abbildung in Anhang II.

18 Vgl. die Abbildung in Anhang III.

Society" ist das Motto immer und bis heute dahingehend gedeutet worden, daß es die Unabhängigkeit von jeglicher Autorität einer Vorläufer-Theorie meint und diese Unabhängigkeit sich vor allem auf die Fundierung der Gültigkeit von Erkenntnis durch experimentelle Erfahrungsdaten bezieht. Das wird durch das Dokument der Entwürfe der Wappenschilde[19] bestätigt, die der „Society" damals zur Beratung vorgelegen haben. Liest man es von links nach rechts und von oben nach unten, dann findet sich in der zweitletzten Reihe unten rechts der später tatsächlich gewählte und interpretierte, im übrigen einzige zu drei Vierteln leere Schild zusammen mit dem Schriftzug „Nullius in Verba". In der Zeile darunter finden sich, im Bezugsrahmen des Gesamtdokuments betrachtet, unten rechts, gegenüber dem leeren Wappen allerdings etwas nach links versetzt, untereinanderstehend die Wörter „Experiundo:" und „Nullius in Verba:", gefolgt von einem Beschließungszeichen unter „Nullius in Verba". Damit wird der Sinn des Mottos zusätzlich expliziert: Es kommt auf experimentelle Exploration an und auf nichts anderes. Wir sind also berechtigt, das in sich doppelt symbolisierende Weiß von drei Vierteln des Wappenschildes und das Motto „Nullius in Verba" als gewollte Konstellation so aufeinander zu beziehen, daß sowohl die relative Unabhängigkeit gegenüber der „Patronage" des Königs als auch die Unabhängigkeit von vorausgehenden Lehren und Theorien durch die einzig zulässige und zugleich die Autonomie von Wissenschaft fundierende Abhängigkeit vom methodisierten und protokollierten Experiment konstitutiv ermöglicht wird. Nicht nur grenzt sich die „Royal Society" durchaus selbstbewußt in ihrer professionsethischen Bindung an die Universalität der Logik des besseren Argumentes sowie der Geltungsüberprüfung an experimentell erschlossenen Daten von der Souveränität von Herrschaft als autonome Forschungspraxis ab; sie distanziert sich auch selbstbewußt von der tradierten Autorität historisch vorausgehender Lehren und Theorien, worunter vor allem die Antike, die Kirchenväter, die scholastische Philosophie, die Renaissance und der Humanismus zu verstehen sind.

IV. Das Frontispiz in Thomas Sprats „History of the Royal Society"

Ein weiteres Dokument, in dem sich das Selbstverständnis der frühen „Royal Society" an prominenter Stelle niederschlägt, ist das Frontispiz zu Sprats *History of the Royal Society*[20], in der im Auftrag der „Royal Society" und durch diese im Werk selbst erkennbar autorisiert die Gründung dokumentiert wird. An dieser 1667, zu großen Teilen aber schon 1664 verfaßten Schrift fällt auf, daß sie die erst wenige Jahre zuvor formell gegründete „Society" bereits mit einer Geschichte versieht, worin ihre Einschätzung als epochale Innovation gewollt oder ungewollt zum Ausdruck gebracht wird. Das bei dem damals in London bekannten und vielbeschäftigten Radierer Wenceslaus Hollar in Auftrag gegebene Frontispiz, das einigen und wahrscheinlich für besondere Adressaten gedachten Werken dieser Edition beigefügt ist, besitzt, indem es dieser Selbstdarstellung vorangestellt ist, einen herausragenden programmatischen Stellenwert. Wiederum können hier nur die wichtigsten Auffälligkeiten kursorisch aufgeführt werden. Davon sind vor allem drei zu nennen. Im Zentrum der dem Bildschema

---

19 Vgl. Anhang III.
20 Vgl. die Abbildung in Anhang IV.

der italienischen Renaissance folgenden Innenraum-Darstellung werden in pyramidaler Dreiecks-Anordnung drei Figuren dargestellt, in der Mitte herausgehoben als denkmalsartige Büste der Kopf des Königs, Charles II., in der Manier eines römischen Imperators und rechts und links davon zwei lebende Personen, links (vom Betrachter aus gesehen) William Viscount Brouncker (1620-1684), der erste Präsident der „Royal Society", und rechts Francis Bacon (1561-1626), dargestellt als Lord Chancellor, mit dem Lordsiegel in der Tasche vor der Brust. Brouncker ist in Majestas-Haltung dargestellt und im Bild als „societatis praeses" bezeichnet, Bacon als „artium instaurator", also als geistiger Vater der „Royal Society", während der zu Stein erstarrte König auf dem Sockel seiner Büste, auf deren Schrift Brouncker den Betrachter mit seiner rechten Hand weist, wie bei einem Denkmal üblich als „Carolus II Societatis Regalis Author & Patronus" bezeichnet wird, und auf diese Weise explizit als Begründer und Schutzherr dieser Gesellschaft geehrt wird.

Die *erste* Auffälligkeit besteht darin, daß in dieser an sich der Hierarchie des Gründungsaktes und der Herrschaftsverhältnisse entsprechenden Personenkonstellation eigentümliche Umkehrungen der Alters- und Lebensverhältnisse vorgenommen werden. Bacon als der einzige schon lange zum Zeitpunkt der Gründung Gestorbene wird anachronistisch als Lebender dargestellt, während umgekehrt die Denkmalsverehrung des Königs präsupponiert, daß der noch lebende König schon gestorben ist. Brouncker hingegen, der zum Zeitpunkt der Anfertigung des Stichs schon die Mitte 40 überschritten hatte, wird als Jüngling dargestellt, so daß er in realistischem Altersabstand zu Bacon erscheint. In dieser als Verehrung des Königs ausgegebenen Konstellation steckt also zugleich eine eigentümliche Heraushebung der lebendigen Wissenschaft gegenüber der zu Stein erstarrten Tradition der Herrschaft.

Die *zweite* Auffälligkeit besteht darin, daß diese objektive, wenn auch sicherlich nicht bewußt intendierte Ironisierung des Verhältnisses von weltlicher Macht und Macht des Geistes in der vertikalen zentralen Achse der Darstellung ihr komplexes Echo findet. Denn in dieser Achse, die durch das Denkmal des Königs gebildet wird, wird zum einen der faktisch steinerne, aber durchaus lebendig porträtierte Kopf des Königs durch eine allegorische Fama mit Engelsflügeln mit Lorbeer so bekränzt, wie man eigentlich nur lebende Personen auratisieren kann.[21] Es setzt sich auf diese Weise das ironisierende Spiel mit der Differenz von erstarrt und lebendig darin fort, daß die zur Verehrung vorgenommene Versteinerung der Gestalt des Königs eher noch betont als gemildert wird. Und außerdem wird diese zweite, eigentlich redundante und dadurch die erste, denkmalhafte dementierende Verehrung des Königs durch das vom König der „Society" gewährte Wappen auch noch überboten, das über dem König und der ganzen Darstellung prangt. Setzen wir an dieser Stelle die Interpretation des Wappens ein, dann ist in der Türmung der die zentrale Mittelachse der Darstellung konstituierenden Bildelemente die Zukunftsträchtigkeit der „Royal Society" als das eigentlich Unüberbietbare in Szene gesetzt. Es kommt hinzu, daß auch die Bekränzung durch die Fama die Machtvollkommenheit des Königs relativiert, indem mit der Figur des Engels abstrakte Prinzipien ins Spiel gebracht werden, an denen sich der Handlungserfolg des Königs zu messen hat. Und diese Prinzipien werden mit denen assoziiert, die für die „Royal Society" in ihrer Professionsethik maßgeblich.

21 Es ist allerdings in Rechnung zu stellen, daß dieses Motiv in der bildenden Kunst durchaus häufiger anzutreffen ist.

Als *dritte* Auffälligkeit schließlich ist die Zeigegeste von Francis Bacon hervorzuheben, der hier als der geistige Vater der „Society" in Szene gesetzt wird. Sie verweist nämlich auf eine transzendente Sphäre außerhalb des Bildes. Nimmt man die Perspektive des Betrachters und dessen Leserichtung hinzu, dann ist darunter die offene Zukunft zu verstehen. Auf diese Weise ist die offene Zukunft einer experimentell forschenden Wissenschaft in den beiden zentralen Bildachsen symbolisiert: In der vertikalen oben gen Himmel in der Weißheit des leeren Wappenschildfeldes und in der horizontalen in der nach vorne offenen Leserichtung des forschenden Betrachters.

Das Ganze ist schließlich architektonisch gerahmt durch ein nach draußen, in die Landschaft hinein offenes und renaissancehaft antikisierendes Gehäuse, das sich aufgrund der vielfältigen Experimentiergeräte und der Bücher, unter denen sich die „Charter" und die Statuten der „Royal Society" erkennen lassen, vor allem aber wegen des Wappens am oberen Bildrand als die Behausung der „Royal Society" identifizieren läßt, und einige architektonische Details sprechen dafür, daß die dargestellten Räumlichkeiten eine Anspielung auf Gresham College sind, das Gebäude also, in dem die Versammlungen der Protagonisten der „Royal Society" lange vor ihrer Institutionalisierung durch den König als Gemeinschaftshandeln von „gentlemen" ihren festen Ort gefunden haben. Durch diese Rahmung sind die benannten, tendenziell ironisierenden Spannungen zwischen weltlicher Macht und der Macht des Geistes dadurch wieder eingefangen, daß im Inneren der „Royal Society" der König als Begründer und Schutzherr dieser Gesellschaft gebührend verehrt wird, aber nicht als lebendiges Mitglied, das zu sein er ja explizit bekundet hatte, sondern qua Amt, dessen Entscheidungen auch für seine Nachfolger gelten.

V. Der Entwurf für die „Charter" von Christopher Wren

Im Hinblick auf die Vorgeschichte der „Royal Society", deren Stellenwert mit der nunmehr drängender gewordenen Frage an Bedeutsamkeit zunimmt, wer denn – wenn eine faktische Initiierungsfunktion des Königs als die Zukunft gestaltender paternalistischer Landesherr jenseits seiner bloß förmlichen Souveränitätsausübung, in der er die Rechtsstellung der Gemeinschaft von „gentlemen", die die neue Wissenschaftslogik betreiben, als einer öffentlich anerkannten Institution in der Position eines Rechtssubjekts verbindlich besiegelt, immer unwahrscheinlicher wird – die treibende Kraft hinter dieser Institutionalisierung war, gibt es mehrere Zustiege in das historische Material.

Vorweg sei hier kurz auf einen indikativen Entwurf eines Mitglieds der „Royal Society" für die „Charter" der „Royal Society" eingegangen[22]. Es handelt sich um den später als Architekt berühmt gewordenen Christopher Wren, aus dessen Nachlaß seine Familie das Dokument schon im 18. Jahrhundert veröffentlichte[23]. Christopher Wren war Ratsmitglied der ersten Periode, ist also vom König in dieser Funktion ernannt worden. Wenn er einen Entwurf für die „Charter" der „Royal Society" hinterläßt, dann folgt daraus, daß er ihn als künftiges Ratsmitglied und als aktuelles Mitglied einer schon existierenden Gemeinschaft

22 Vgl. den Text in Anhang V.
23 Wren/Wren/Ames (1750), S. 196f.

von forschenden „gentlemen", die die Gründung der „Royal Society" als Institution betreiben, in dem Bewußtsein anfertigt, dem König einen brauchbaren Entwurf zu liefern und dies mit Billigung seiner Kollegen zu tun. Das verweist wiederum darauf, daß die „Society" die Gründung ihrer Gesellschaft durch den König selbst betreibt und inhaltlich vorbereitet.

Der vorliegende Entwurfstext Wrens entspricht in der Zugehörigkeit zur formalen Gliederung dem oben schon analysierten zweiten Abschnitt der „Charter", der Arenga. Daß er verworfen worden ist – ob vom König oder von der „Society" selbst, ist unbekannt –, bezeugt, daß er vor der ersten Fassung der „Charter" entstanden sein muß. Der Vergleich des Entwurfs mit dem entsprechenden Textteil in der tatsächlich ergangenen „Charter" ist deshalb aufschlußreich, weil er zeigen kann, welche Begründungen im Vorfeld der Gründung der „Royal Society" miteinander konkurrierten, welche am Ende abgewiesen wurden und welche sich durchgesetzt haben.

Auffällig ist schon am Beginn des Entwurfs, daß dem König ein Hinweis auf die Restaurierung seiner ererbten Titel in den Mund gelegt wird, daß also der Finger auf die Wunde des Interregnums gelegt wird. Danach stellt sich der König jovial und gönnerhaft als Landesvater vor. „Father of our country" sei unter allen ererbten und restaurierten Titeln der den Absichten und Dispositionen des Königs angemessenste. Schon diese Formulierung ist in sich gebrochen, weil sie den im Pluralis majestatis des Possessivpronomens schon implizierten Paternalismus pleonastisch verdoppelt und damit etwas als heraushebenswert behandelt, was doch selbstverständlich ist. Genau dadurch wird es tendenziell eine unglaubwürdige Inszenierung. Spricht hier in Wirklichkeit ein tendenziell aufgeklärter Wissenschaftler, der an die hier in Anspruch genommene Legitimationskonstruktion selbst nicht mehr so recht glaubt? Die nachfolgende Erläuterung dieses ja bloß metaphorisch ausschmückenden, rechtlich unerheblichen Titels als eines Namens für Nachsicht und Herrschaft zugleich verbessert daran nichts. Vielmehr wird die salbungsvolle (Selbst-)Darstellung des Herrschers durch Anklänge an die Stellung des himmlischen Vaters als liebevoll sich zuwendender und als strafender nur fortgesetzt. Der Vergleich wird dann auch explizit gezogen: Als Vater trachtet der König die himmlische Güte nachzuahmen, die im selben Regenguß Donner und Veilchen spendet und nicht eher die Zeder unter dem Wolkenbruch erzittern läßt als Fruchtbarkeit und Fülle daraus hervorgehen. In einer langen rhetorischen Entwicklung wird dann dem König unterlegt, in seiner väterlichen Fürsorge nach den Gesetzen einer guten Regierung nichts als die höchsten Gesetze des „Salus Populi", des höchsten Volkswohls, im Auge zu haben, aus dessen Beachtung nicht nur das öffentliche, sondern auch das private Glück jedes Untertanen hervorgeht. Diese Anspielung auf ein höchstes, d. h. universalistisches Gesetz der Gemeinwohlsicherung widerspricht logisch der partikularistisch-paternalistischen Inanspruchnahme einer gottväterlichen Fürsorge, und diese Spannung zwischen zwei Legitimationsmodellen korrespondiert in gewisser Weise der Spannung zwischen einer auf ein Gottesgnadentum sich berufenden monarchischen Herrschaft und der in der unpersönlichen Logik des besseren Argumentes kritisch verfahrenden erfahrungswissenschaftlichen Forschung, eine Spannung die vielleicht auch innerhalb der Praxis der Protagonisten der „Royal Society" selbst noch ausgetragen wurde.

Eine so verfahrende Regierung werde durch nichts mehr erleichtert als durch die Beförderung der Künste und Wissenschaften. Es beginnt sich abzuzeichnen, worauf diese metaphernreiche und blumige Rhetorik hinzielt. Künste und Wissenschaften bilden die Grundlage bürgerlicher Gemeinschaften und freier Regierungen, die „multitudes" in den Städten versammeln und sie zu „Companies“, Zünften also, zusammenfügen, so daß es zu einer fruchtbaren Arbeitsteilung komme und entsprechend die verschiedenen Formen von Elend und Arbeitsmühsal durch fähige Spezialisten geheilt oder gemildert werden und Wohlstand und Fülle sich ausbreiten in gerechtem Verhältnis zu jedermanns Fleiß. Hier wird nun ein Ton angeschlagen, der regelmäßig zur Deutung einer utilitaristischen Wurzel dieser Wissenschaftsentwicklung geführt hat. Es ist aber zu prüfen, inwieweit hier nicht ganz einfach, vermittelt über die Kategorien von Fortschritt und Leistungsethik sowie die Beförderung von Glück durch methodische Lebensführung, die Wissenschaften in ihrem Potential der Vermehrung der Wohlfahrt durch Rationalisierung thematisch sind und im Verhältnis dazu die Unterstellung eines utilitaristischen Motivkomplexes viel zu eng geschnitten ist bzw. diesen von der allgemeineren Rationalisierungsdynamik im Sinne Max Webers abschneidet.

Dieselbe Politik, die zur Gründung einer bürgerlichen Stadt führe, sichere auch deren Ernährung und Wachstum. Der unbezwingbare Drang nach organischem, arbeitsteiligem Zusammenleben sorge nicht nur für ein bloßes Bevölkerungswachstum, sondern mache ein Land wohlhabender und potenter als zwar bevölkerte, aber barbarische Nationen. Daher hätten Vernunftgründe und die empirische Kenntnis anderer Länder den König davon überzeugt, „the Advancement of Natural Experimental Philosophy“ wirksam zu veranlassen und zu verfolgen. Und zwar besonders die Teile – und nun folgt tatsächlich eine nahe an eine utilitaristische Argumentation geratende Rechtfertigung –, „which concern the Encrease of Commerce, by the Addition of useful Inventions tending to the Ease, Profit, or Health of our Subjects; which will best be accomplished by a *Company*, of ingenious and learned Persons, well qualified for this sort of Knowledge, to make it their principal Care and Study, and to be constituted a regular *Society*[24] for this Purpose, endowed with all proper Privileges and Immunities“. Das ist der Kern des Entwurfs. Es folgen interessante Beschwichtigungen: Es würden in diesem Vorhaben nicht die geringsten Minderungen in den schon bestehenden Subventionen der guten Literatur und der schulischen Erziehung erfolgen, wie sie schon von den königlichen Vorfahren eingerichtet worden seien. Der König soll also, gemäß Wren, Wert darauf legen, unnötige Konkurrenzen zu vermeiden und die Trennungslinien zu den überkommenen Positionen der Bildung und der Wissenschaft zu wahren. Vor allem sollen die bildungsmäßigen Quellen der Religion und des Rechtes nicht versiegen, also die klassischen theologischen und rechtswissenschaftlichen Fakultäten. In Zukunft aber soll dieser neue Zweig des Wissens, „Natural Experimental Philosophy“, ebenso gefördert werden. Damit ist die Institutionalisierung einer „erfahrungswissenschaftlichen Fakultät“ fast schon programmatisch ausgesprochen worden. Sie müsse so geartet sein, daß sie „comprehends all that is required towards those Intentions we have recited; taking Care in the first Place for Religion, so next, for the Riches and Ornament of our Kingdoms; as we wear an *Imperial Crown*, in which *Flowers* are alternately intermixed with the *Ensigns of Christianity*.“

Im letzten Absatz wird dann, nach dieser deutlichen, zugleich mögliche Konflikte mit den religiösen und universitären Traditionen vorwegnehmenden programmatischen Aussage, Bezug genommen auf die schon seit längerem existierende „competent Number of Persons of eminent Learning, Ingenuity, and Honour, concording in their Inclinations and Studies towards this Employment“. Er, der König, sei über diese Leute gut informiert und auch darüber, daß sie „have for some Time, accustomed themselves to meet weekly, and orderly, to

24 Heraushebung im Original.

confer about the hidden Causes of Things, with a Design to establish certain and correct uncertain Theories in Philosophy, and by their Labours in the Disquisition of Nature, to approve themselves real Benefactors to Mankind." Damit ist in aller wünschenswerten Deutlichkeit ausgesprochen, daß sich der König mit seiner anzukündigenden Gründung an eine schon existierende Praxis einer Gemeinschaft von Wissenschaftlern anlehnt. Und da einer dieser Wissenschaftler diesen Text zum Zwecke der Vorbereitung der Gründung einer entsprechenden rechtsverbindlichen Institution durch den Herrscher dem König in den Mund legt, ist klar, daß der Monarch von den Protagonisten dieser neuen Wissenschaft, die sich ihrer Sache ganz sicher sind, in die richtige Richtung und Stellung geschoben wird. Diese Gemeinschaft von Wissenschaftlern habe schon einen bemerkenswerten Erkenntnisfortschritt und erhebliche Entdeckungen, Erfindungen und Experimente in der Verbesserung der Mathematik, der Mechanik, Astronomie, Navigation, Physik und Chemie vorzuweisen, so daß der König beschlossen habe, „the Royal Favour, Patronage and all due Encouragement, to this illustrious *Assembly*, and so beneficial and laudable an Enterprize" zu gewähren.

Warum ist nun von diesem einerseits in blumiger, partiell barocker Rhetorik daherkommenden und andererseits in seiner Zielsetzung viel expliziteren, vor allem aber die schon existierende Gemeinschaft der Wissenschaftler in ihrem Wollen ausdrücklich einbeziehenden Entwurf so gut wie nichts übrig geblieben? Das ist um so aufschlußreicher, als der Text dem König als Souverän in seiner zeitgemäßen und an das Programm des absolutistischen Staates angelehnten Herrschaftslegitimation viel mehr entgegenkommt als der stark abgemagerte Text der später verwirklichten „Charter". Man wüßte gern, welches die Gründe dafür waren und wer in ihrem Sinne die Änderungen veranlaßt hat.

Aufschlußreich ist in diesem Zusammenhang vor allem, daß die in Richtung einer utilitaristischen Begründung gehenden Argumente weitgehend weggefallen sind. Davon ist im Text der „Charter" nur noch eine Spur übriggeblieben, die sich in einer in Klammern gesetzten und die Nachfolger der „Royal Society" näher charakterisierenden Formulierung findet. Es heißt dort, nachdem die Inkorporation mit der Namensgebung ausgesprochen und der zeitlose Bestand der „Society" („perpetual succession") verordnet worden ist, daß sie (d. h. Präsident, Rat und Fellows der „Society") und ihre Nachfolger zum vollgültigen Rechtssubjekt erhoben werden. Und in Klammern wird ihr wissenschaftlicher Auftrag durch die folgende Formulierung spezifiziert: „whose studies are to be applied to further promoting by the authority of experiments the sciences of natural things and of useful arts". Dieser Formulierung wird in der zweiten Fassung noch die folgende unmittelbar angehängt: „to the glory of God the Creator, and the advantage of the human race". Hält man sich an diesen „Rest" einer inhaltlichen Bestimmung der Aufgaben der „Society", dann bleibt so etwas wie eine frühe Formel für Grundlagenforschung („of natural things") und angewandte Forschung („of useful arts") übrig, in der diese beiden Aspekte von Forschung deutlich markiert durch den Begriff „sciences" zusammengehalten werden. Ob das ausreicht, von einer spezifisch utilitaristischen Motivierung oder Antriebsfeder dieser Wissenschaftsentwicklung zu sprechen, halten wir für zweifelhaft. Spezifisch erklärungsbedürftig wäre es nämlich gewesen, wenn ein Ausdruck für ein Äquivalent von angewandter Forschung gänzlich gefehlt hätte. Und es wäre eine falsche Beweislastverteilung, wenn man die Utilitarismus-These erst unter der Bedingung dieses gänzlichen Ausbleibens eines Praxisbezugs für widerlegt hielte. Welchen Grund hätte es für die neuen „Erfahrungswissenschaftler" geben sollen, einen naheliegenden Praxisbezug und die naheliegende Möglichkeit, daß zukünftige erfahrungswissenschaftliche

Erkenntnis durch Beseitigung von Irrtümern im Alltagswissen und durch fortschreitende Erschließung der Zusammenhänge in der erfahrbaren Welt eine Rationalisierung der Praxis und des praktischen Lebens erlauben, zu leugnen oder zu verschweigen?

Unter diesem Gesichtspunkt ist der Zusatz der zweiten Fassung durchaus aufschlußreich, in dem sich die Erwartung eines Beitrages „zum Voranschreiten der menschlichen Gattung", also eine Formel für einen universalhistorischen Rationalisierungsprozeß, mit der religiös-puritanischen Beschwörung, daß dieser Beitrag zugleich einer zur Verherrlichung Gottes sei, in typischer Weise paart. Gerade in dieser Gleichzeitigkeit drückt sich das Lebensgefühl aus, an einem universalhistorischen Rationalisierungsprozeß aktiv mitzuarbeiten, der sich nahtlos an die göttliche Schöpfungsidee und –macht anschließt, und ihm demütig, d. h. der Sache um ihrer selbst willen – und eben nicht mit dem eigentlichen Hintergedanken einer Profitmaximierung – hingegeben zu dienen. Daß aus dieser noch ganz religiös geprägten Haltung der Utilitarismus seinerseits entstanden ist - und auch schon entstanden war –, ist von verschiedenen Autoren, insbesondere ja von Max Weber, immer wieder betont worden und liegt auf der Hand. Aber deshalb ist der Utilitarismus noch nicht die Wurzel der Institutionalisierung der Erfahrungswissenschaften, sondern allenfalls gehen beide auf dieselbe Strukturlogik und -dynamik eines religiös motivierten Rationalisierungsprozesses zurück. Entsprechend ist nicht eine in sich instrumentelle Einstellung zum Profitbeitrag wissenschaftlicher Erkenntnis die bestimmende Haltung derjenigen, die als treibende Kraft hinter der „Charter" zu vermuten sind und die noch in den Blick zu nehmen sind, sondern eine der zu erkennenden Sache hingegebene Neugierde, ein Erkennen-Wollen um seiner selbst willen, die bzw. das sich aus der objektiven Bedingung einer zur Muße befreiten Lebensführung eines „gentleman" ergibt, der „Geld hat, um arbeiten zu können und nicht arbeiten muß, um Geld zu haben"[25] und diese Möglichkeit nutzt, um – statt in die Geheimnisse des von Göttern oder Gott gelenkten Schicksals einzudringen – die Zusammenhänge hinter der unmittelbar wahrnehmbaren Welt der Erscheinungen zu erkennen. So gesehen, ist es eben ganz falsch und in sich Ideologie, die Entstehung der Erfahrungswissenschaften in den „Funktionskreis instrumentellen Handelns"[26] zu verlegen. Vielmehr folgt sie der ganz anderen Logik ästhetischer Erfahrung, einem Modus der Erfahrung, in der Krisen durch müßige Betrachtung hergestellt werden, die dann als Erkenntniskrisen zu lösen sind.[27]

Dieser Interpretationslinie folgend hätte Wren in seinem Entwurf vor allem religiös „zu dick aufgetragen" und zu sehr in einer pastoralen und menschenbeglückenden Haltung den königlichen Auftrag zur Förderung der Wissenschaften in einen ethischen Appell gekleidet. Insofern mögen auch strategische und taktische Überlegungen im Spiel gewesen sein - gerade aus königlicher Sicht –, angesichts der damals sehr virulenten Unterscheidungen im religiös-protestantischen Spektrum eine zu ausgeprägte und mit gewissen puritanischen Strömungen zu stark verknüpfte Begründung des Vorhabens zu vermeiden. Wie dem auch sei, festzuhalten ist jedenfalls, daß eine in Richtung Utilitarismus deutlicher ausgeprägte Begründung kräftig zurückgestutzt wurde.

---

25 Diese plastische Formel für die historisch frühe Form professionalisierter Praxis verdanken wir T. H. Marshall (1963).

26 Dies ist bekanntlich die von Habermas für diesen Prozeß geprägte Formel. Vgl. Habermas (1968a).

27 Vgl. dazu die Ausführungen in Oevermann (1996b).

VI. Der „Vorlauf" zur Gründung der „Royal Society"

Um die in Wrens Entwurf genannten „gentlemen", die hinter der Gründung der „Society" maßgeblich standen, und deren Haltung beleuchten zu können, ist es nützlich, sich den unmittelbaren zeitgenössischen Kontext in Erinnerung zu rufen. Schon vor der rechtsverbindlichen, förmlichen Gründung durch die „Charter" war die „Society" faktisch in einem in sich gestuften Vorlauf gegründet worden. Am 28. November 1660 beschlossen die Mitglieder jener Gemeinschaft von experimentelle Wissenschaft betreibenden „gentlemen", die später zur „Society" wurde, ihre regelmäßigen wöchentlichen Sitzungen in förmlich verfaßter Ordnung durchzuführen. Daß diesem Datum, im Selbstverständnis der „Royal Society" herausragende Bedeutung zukommt, läßt sich daran festmachen, daß der Text des die Ereignisse des 28. November festhaltenden Memorandums[28] die erste Seite des ersten Bandes der Journal Books der „Royal Society" ziert, in denen die Sitzungen seit dem 28. November protokolliert werden.[29] Das Memorandum vom 28. November eröffnet damit feierlich diese Sequenz von Sitzungen, die schließlich zur förmlichen Konstitution einer „Royal Society" geführt haben. Aber schon vorher hatten sich die späteren Gründer der „Royal Society" regelmäßig getroffen. Warum diese Änderung gerade am 28. November 1660?

Bei der Feststellung, daß regelmäßige ein oder auch zwei Mal in der Woche erfolgende Zusammenkünfte der formellen Gründung über eine lange Zeitperiode hinweg vorausgingen, ist zu bedenken, daß es sich dabei schon um einen hohen Grad der Selbstorganisation handelt, wenn diese auch noch dem Typus der Vergemeinschaftung angehört. Denn schließlich mußte diesen Zusammenkünften, da ja die Durchführung und die Ergebnisse von Experimenten ihr zentrales Thema waren, die Forschungsaktivität der einzelnen Mitglieder ihrerseits vorausgehen.

Für den 28. November 1660, das zentrale Gründungsdatum, lassen sich nun die folgenden Motivierungen angeben. Die der formellen Gründung vorausgehenden wöchentlichen Treffen fanden zumeist Mittwochs statt,[30] an dem Wochentag nämlich, an dem Christopher Wren seine Vorlesung am Gresham College hielt und im Anschluß an die man sich zu wechselseitigem Austausch zurückzuziehen pflegte[31]. In der späteren „Charter" ist der St. Andrew's Day, also der 30. November, als der Tag der Jahresversammlung für die Wahlakte vorgesehen. Der 28. November war also der dem St. Andrew's Day als Stichtag nächste Mittwoch. Warum aber ist dieser Stichtag von Bedeutung? Er bestimmt in England den Beginn des Kirchenjahres, der formell mit dem Sonntag als 1. Advent zusammenfällt, der dem St. Andrew's Day am nächsten liegt. Zum einen symbolisiert also der 28. November 1660 im Jahresrhythmus einen Neubeginn im nach wie vor religiösen Alltagsbewußtsein, der, nachdem der König, das Interregnum beendend, zurückgeholt worden und auf seinen Thron zurückgekehrt ist, zugleich den Auftakt zu einer Restauration auch der Anglikanischen Kirche darstellt, die mit dem König als Oberhaupt als eine von Rom gelöste und dennoch der Form

28 Weld (1848), S. 65f.

29 Vgl. Birch (1756), Vol. 1, S. 3.

30 Hier sei nur am Rande erwähnt, daß in Europa der Mittwoch ein beliebter Wochentag für Zusammenkünfte von Professionen gewesen ist, was z.B. in der Mittwochs-Gesellschaft der Wiener Psychoanalytiker um Freud zum Ausdruck kommt, aber auch im freien Mittwoch-Nachmittag der niedergelassenen Ärzte bis heute.

31 So die Schilderung im Memorandum.

nach amtscharismatische katholische (Insel-)Kirche gelten kann, unter deren organisatorischen Dach nunmehr auch die anti-papistischen Protestanten verschiedener Strömungen legitimiert unterkommen können, wenn sie nur hinreichend in der Form kompromißbereit sind. Damit ist auch schon ein weiterer Neubeginn und damit ein zweites Motiv für den 28. November als Gründungsdatum angesprochen. Denn zum anderen ist 1660 das Jahr der Rückkehr des Königs auf seinen Thron und der Beendigung des 11 Jahre währenden Interregnums.[32] Für die Motivierung des Datums „28. November" ist in diesem Zusammenhang entscheidend, daß Charles II. am 29. Mai, seinem 30. Geburtstag, feierlich in London einzog. Am 29. November 1660, also am Tag nach der Mittwochs-Zusammenkunft mit Gründungscharakter, kann er so etwas wie ein „halbjähriges Jubiläum" der Restitution seiner zugleich die Kirchenherrschaft einschließenden Herrschaft begehen.[33] Wenn nun die Gemeinschaft der sich versammelnden Wissenschaftler eine Institutionalisierung ihres Status und ihrer Funktion, eine umfassende Erneuerung der Wissenschaften herbeizuführen, wünscht, dann ist die Wahl dieses Mittwochs als Zäsur sehr gut motiviert und von symbolischer Bedeutsamkeit.

Als sicher kann in diesem Zusammenhang gelten, daß diese Gemeinschaft, worin auch immer die weltanschaulichen Bindungen und Orientierungen ihrer Mitglieder bestanden haben mögen, sich darin einig war, daß diese weder für die konkrete Motivierung ihrer wissenschaftlichen Vorhaben von Bedeutung waren noch einen Grund dafür abgeben konnten, im Falle von Differenzen die konsensuelle methodologische Basis ihres Experimentierens irgendwie zu behindern. Im Gegenteil: der Baconianische Experimentalismus konstituierte geradezu einen Diskurs der Macht des Geistes, dessen Potential genau auch darin bestand, mögliche weltanschauliche Differenzen zwischen den in ihn Eingebundenen wirksam zu neutralisieren und damit die Garantie dafür einzurichten, daß solche Differenzen folgenlos bleiben. Das gilt gerade auch für den hypothetischen Fall, daß bei der bedingungslosen und unvoreingenommenen Geltungsüberprüfung im Sinne des Experimentalismus metaphysische und religiöse Tabus gebrochen werden könnten. Dieses Argument widerspricht keineswegs der Feststellung, daß andererseits die diesem Experimentalismus zugrundeliegende

---

32 Charles I. wird am 30. Januar 1649 hingerichtet. Am 7. Februar wird die Monarchie abgeschafft und am 19. Mai erklärt sich England zum Commonwealth. Am 29. Mai 1660 kehrt Charles II aus dem Exil zurück und zieht in London ein.

33 In diesem Zusammenhang mag ein „halbjähriges Jubiläum" auf den ersten Blick nicht sonderlich signifikant erscheinen. Daß dieser Eindruck täuscht, kann man sich an dem unterschiedlichen Bedeutungsgehalt zwischen einem halbjährigen Gedächtnis und einem Jahrestag im Gedenken an die Rückkehr des Königs klar machen. An dem zweiten Datum schließt sich der Kreis der zyklischen Abfolge der Jahreszeiten. Insofern ist dieses Datum primär ein Anlaß für eine feierliche Bekräftigung der Restauration, die nun schon eine gewisse Bewährungsstrecke zurückgelegt hat. Ganz anders das erste Datum: Bezogen auf das ganze Jahr markiert dieses Datum eine Halbzeit. Insofern ist es eher ein Anlaß für eine Selbstmotivierung, den schon begonnenen Weg weiterzugehen, aber auch dafür, möglicherweise notwendige Selbstkorrekturen vorzunehmen. Aufschlußreich ist hier ein Vergleich mit dem 11. März 2002, der Tag sechs Monate nach dem 11. September 2001 also. An diesem Tag ließ man in New York die beiden Zwillingstürme des WTC mit Hilfe zweier senkrecht in den Himmel aufsteigender Lichtsäulen symbolisch wiederauferstehen. Der Symbolgehalt dieser Aktion liegt auf der Hand. Es ging darum, zu bekräftigen, daß man den begonnen Weg der Beseitigung der Trümmer des WTC als Vorstufe eines Wiederaufbaus konsequent weitergehen will. Das Attribut „Royal" in „Royal Society" verweist in diesem Zusammenhang auch darauf, daß man der noch im Gange befindlichen Restauration der königlichen Herrschaft durch die Gründung einer wissenschaftlichen Gesellschaft einen neuen Impuls geben möchte. Die Gründung der Royal Society bedeutet deshalb ganz wesentlich auch eine Neudefinition dieser Herrschaft.

Haltung rationaler, methodisierter Kritik als Grundhaltung methodenkritischer Geltungsüberprüfung historisch ihrerseits aus der Reformation wesentlich hervorgegangen oder doch zumindest in ihr entscheidend verstärkt worden ist.

Im spezifisch englischen Kontext kommt hinzu, daß das Interregnum auf enttäuschende und desillusionierende Weise gezeigt hatte, wie folgenreich ein Großversuch republikanischer Herrschaftsbildung in einer theokratischen Diktatur geendet war und in welchem Maße wesentlich religiös motivierte fundamentalistische Fraktionskämpfe im politischen Chaos und rechtlich-institutioneller Unsicherheit endeten.[34] Und die Vorgänge auf dem europäischen Kontinent hatten in noch stärkerem Maße die Verheerungen vorgeführt, die mehr noch als 30 Jahre lang ursprünglich im Namen religiöser Konflikte die Länder und ihre Bevölkerungen heimgesucht hatten und 1648 mit großen Mühen mit der Institutionalisierung des territorialstaatlichen Prinzips beendet wurden. Es bestand also guter Grund, auf ein territorialstaatliches Prinzip einer legitimierten monarchischen Herrschaft zu hoffen und zu setzen, um im Schutze von deren Ordnungsmacht die Innovationsdynamik der keimenden Elemente der Freiheiten einer bürgerlichen Gesellschaft institutionell abzusichern. Insofern war der von den Protagonisten der künftigen offiziellen „Society" gewählte Zeitpunkt, sich stärker zu organisieren, ihrer Organisation einen formelleren Status zu geben und unter dieser Voraussetzung beim König einen Vorstoß zur Einleitung der rechtsförmigen Institutionalisierung zu machen, optimal und in einem sicheren Urteil über das historische richtige „timing" kalkuliert gewählt worden. Wenn man eine wichtige Innovation festklopfen wollte, dann mußte man es zu diesem Zeitpunkt tun.

In dieser Einstellung und Hoffnung wird die Gemeinschaft der „Mittwochs-Wissenschaftler" gehandelt haben, als sie die Symbolträchtigkeit des 28. November 1660 zu der Initiative nutzte, ihre Sitzungen fortan formeller zu organisieren, indem diese nunmehr förmlich protokolliert werden sollten und damit erinner- und zählbar wurden; einen einmaligen Beitrag von 10 Shilling und einen wöchentlichen Obulus von einem Shilling von jedem Mitglied zu erheben, um eine „Vereinskasse" zur Bestreitung der beim gemeinsamen Experimentieren anfallenden Kosten zu bilden; in logischer Konsequenz davon einen Vorsitzenden, einen Schatzmeister und einen Schriftführer zu wählen und in einer Liste Kandidaten festzuhalten, die sich für eine zukünftige Mitgliedschaft eignen. Es findet also an dieser Stelle ein bedeutsamer Übergang von der Strukturlogik naturwüchsiger Vergemeinschaftung in die Sphäre einer tendenziell schon rechtsförmigen Vergesellschaftung statt. Dabei wird jedoch die ursprüngliche Logik der Vergemeinschaftung nicht außer Kraft gesetzt. Sie wird vielmehr im Club-Wesen der zukünftigen „Society" beibehalten, zu dem vor allem gehört, daß man sich durch Kooptation ergänzt, die in diesem Falle zugleich an dem universalistischen Prinzip des wissenschaftlichen Diskurses sich orientiert. Wer dazu gehört und gehören sollte, muß – und das ist der Vorgriff auf die zukünftige Professionsethik – gegenüber den Prinzipien dieses Diskurses bedingungslos loyal sein. Alles andere, gerade auch die ständischen Statusmerkmale von Personen, tritt demgegenüber in den Hintergrund.

---

34 Entsprechend stellt das Potential des neuen erfahrungswissenschaftlichen Diskurses, weltanschaulich-religiöse Konflikte zu neutralisieren, ein immer wiederkehrendes Thema in Sprats *History* dar. Vor dem Hintergrund der Erfahrungen des Interregnums werden der englischen Öffentlichkeit der nüchterne und methodische Geist der neuen Erfahrungswissenschaften als Alternative zu religiösem Fanatismus und fruchtlosen theologischen Auseinandersetzungen präsentiert.

Für diesen Übergang in die Logik der Vergesellschaftung ist aber vor allem bedeutsam und signifikant, daß auf dieser Sitzung am 28. November 1660 der Vorschlag unterbreitet wird, eine Akademie zur Beförderung der experimentellen Philosophie zu gründen. Eine formell befestigte und mit definierten Zielsetzungen ausgestattete Organisation ist also als Zukunftsmodell zu diesem Zeitpunkt schon ausformuliert. Und schon für die nächste Sitzung, am 5. Dezember 1660, ist im Protokoll festgehalten, daß ein Mitglied, Robert Moray, vom Hof die Nachricht überbringt, der König habe, nachdem er mit der Sozialform und dem Inhalt dieser Zusammenkünfte vertraut gemacht worden sei, billigend und seine Unterstützung ankündigend reagiert. Für die Sitzung vom 16. Januar 1661 ist festgehalten, der König habe zwei Magnetsteine der „Society" übersendet und einen Bericht über die bedeutendsten Experimente zum Magnetismus angefordert. Im übrigen behandeln diese dem 28. November unmittelbar folgenden Sitzungen neben der Thematisierung der Experimente immer auch schon die organisatorische Ausgestaltung der zukünftigen „Society". Für den 18. September 1661 ist festgehalten, daß die Petition (zur Gründung einer vom König sanktionierten Gesellschaft), die Robert Moray auf der Sitzung verlesen hat, im Namen der „Society" an den König gerichtet werden soll. Und für den 16. Oktober 1661 wird protokolliert, daß Robert Moray die „Society" davon unterrichtet, „that he and Sir Paul Neile had kissed the king's hand in the society's name, and he was desired by them to return their most humble thanks to his majesty for the reference, which he was pleased to grant to their Petition: and for the favour and honour done them, of offering himself to entered one of their society"[35].

Diese wenigen Hinweise sollten als evident erscheinen lassen, daß nicht der König, wenn er die „Charter" erläßt, als Patron initiativ wird und aktiv etwas befördert, sondern ein fertig entwickeltes Konzept, das ihm von den Initiatoren einer neuen Wissenschaft und eines neuen Wissenschaftskonzeptes, eben dem der Erfahrungswissenschaften, vorgelegt wird, als Souverän sanktioniert. Dies ist notwendig, weil nur in diesem herrschaftlichen Akt der Erhebung zum Rechtssubjekt, in dem er sich selbst als „patron", also Förderer, bezeichnet, die Institutionalisierung dieser Wissenschaft vollzogen werden kann. Wenn also der König hier als Förderungsinstanz patronagehaft erscheint, dann ist dies dem Umstand geschuldet, daß in ihm sich die Souveränität einer politischen Vergemeinschaftung in ihrer Gesetzgebungskraft verkörpert. Insofern ist es im Grunde genommen der Staat, der diese Protektion und Schirmherrschaft vornimmt. Analytisch betrachtet handelt es sich deshalb typologisch um etwas ganz anderes als Patronage, bei der es sich um eine rechtlich unerzwungene, gewissermaßen freiwillig Gemeinwohl realisierende und/oder das Prestige solcher Aktivitäten instrumentalisierende Förderung handelt. Insofern ist auch die Wissenschafts- und Kunstförderung der Fürsten der Renaissance dem Strukturtyp von Förderung, wie er heute beispielsweise im Sponsoring vorliegt, d. h. der Förderung von Vorhaben der Wissenschaft, Kunst oder sonstigen Kultur durch ein Unternehmen oder einen Wirtschaftsverband, viel verwandter als der Konstitutionslogik, die der Gründung der „Royal Society" und ihrer Beziehung zur königlichen Herrschaft zugrunde liegt. Die Fürsten der Renaissance instrumentalisieren in hauspolitischem Eigeninteresse Kunst und Wissenschaft tendenziell, um ihrer Herrschaft durch Prestigebildung nach innen Legitimation und nach außen Gewicht und Bedeutsamkeit zu verschaffen. Inwiefern sie dabei primär die Wohlfahrt ihres Landes fördern oder ihre eigenen dynastischen oder familiengenealogischen Interessen befördern, läßt sich häufig nicht klar

35 Birch (1756), Vol. 1, S. 50.

trennen. Nur für die Fälle tatsächlicher patronagehafter Förderung von Kultur läßt sich sinnvoll die Frage aufwerfen, ob sie primär mäzenatisch aus einer gemeinwohlbezogenen Hingabe an die Allgemeinheit der Sache motiviert und angetrieben ist oder eher sponsorenartig im nüchternen rationalen Verfolgen des Eigeninteresses kalkuliert den Prestigewert zu nutzen versucht, der aus der geförderten Sache selbst zu schlagen ist. Diese Frage im Falle der Gründung der „Royal Society" durch die königliche „Charter" aufzuwerfen, wäre schon deshalb unangemessen, weil es sich typologisch hier um etwas ganz anderes handelt, nämlich um den Vollzug einer rechtsförmigen Institutionalisierung, die durch den staatlichen Souverän zu geschehen hat. Diese Konstellation mit Hilfe des Begriffs der Patronage analytisch bestimmen zu wollen, halten wir für falsch, auch wenn fraglos die zeitgenössischen Agenten selbst diesen Begriff verwendet haben.

Bleibt zu ergänzen, wie sich die Protagonisten der neuen Wissenschaft rekrutierten, die am 28. November 1660 ihre offensichtlich schon seit langer Zeit gewohnheitsmäßig abgehaltenen wöchentlichen Versammlungen auf einen Weg der förmlichen Institutionalisierung brachten. Die Rückverfolgung der Wurzeln dieser wöchentlichen Versammlung verliert sich allmählich im Dunkel einer nicht mehr protokollierten Vergangenheit. Die Quellenlage erlaubt es jedoch, verschiedene Gruppierungen zu unterscheiden, die im Vorfeld der Gründung der „Royal Society" eine Rolle gespielt haben. Es seien drei in der Forschungsliteratur prominente Beispiele genannt: (1) Die von Theodore Haak angeregten wöchentlichen Treffen in London, von denen John Wallis berichtet[36]; (2) eine Gruppe von Professoren, die sich schon seit Beginn des 17. Jahrhunderts im Gresham College in London unter der informellen Leitung von Henry Briggs, Edmund Gunter, dann Henry Gellibrand und schließlich Samuel Foster trafen;[37] (3) eine Gruppe um Wilkins, die während des Interregnums in Oxford zu wöchentlichen Treffen zusammenkam und in regem Austausch mit wissenschaftlich Interessierten in London stand.[38] Mit Beginn der Restauration verlagerte sich der Fokus der im Rahmen dieser sich ohnehin in ihrer Mitgliedschaft überlappenden Gruppierungen entfalteten Aktivitäten nach London. Folgt man den Darstellungen von Wallis (1678) und Sprat (1667), dann ergibt sich bei allen Unterschieden im Detail das Bild von in London und Oxford mit starker personaler Überlappung regelmäßig tagenden Gruppen als den eigentlichen Vorläufern der späteren „Society", wobei Gresham als Institution, an der diese Treffen in London zumindest zeitweise, vor allem aber zur Zeit der Gründung der „Royal Society" beheimatet waren, eine zentrale Rolle spielt. Die verfügbaren Quellen lassen außerdem, trotz der Unwägbarkeiten im Hinblick auf eine genaue Datierung und Lokalisierung der Vorläufer der „Royal Society", den Schluß zu, daß die „Royal Society" aus Vergemeinschaftungen hervorging, deren Angehörige sich vor allem deshalb trafen, weil sie ein nur gemeinsam, in der kollegialen Selbstkontrolle realisierbares Interesse an einer neuen erfahrungswissenschaftlichen Erkenntnisform hatten. Es ist aber festzuhalten, daß es außerdem – spätestens mit Beginn der Verfassungswirren und spätestens seit dem Einsetzen der Bürgerkriege 1642 – noch andere Gruppierungen wissenschaftlich Interessierter gab, die das intellektuelle Klima dieser Zeit wesentlich geprägt haben und die für die wissenschaftlichen Biographien einzelner Mitglieder der späteren „Royal Society" von zentraler Bedeutung waren, Gruppierungen, die

36 Vgl. Wallis (1678).
37 Vgl. F. Johnson (1940).
38 Vgl. Sprat (1667).

zum Teil deutlich andere Zielsetzungen und Schwerpunkte hatten als die zuvor als Vorläufer der „Royal Society" genannten Gruppierungen. An erster Stelle ist hier natürlich der Zirkel um Samuel Hartlib zu nennen[39], für den Erziehungsfragen sowie die Probleme einer umfassenden religiösen, sozialen und ökonomischen Reform eine zentrale Rolle spielten, aber auch das berühmte Invisible College, dessen wenn auch kurze Existenz für den jungen Boyle von so großer Bedeutung war und das ebenfalls einen utilitaristischen Touch hatte.[40]

VII. Robert Boyle als Protagonist der „neuen Wissenschaft"

Versucht man nun, sich ein Bild von der Habitusformation zu machen, die die Mitglieder der genannten Gruppierungen und insbesondere der unmittelbaren Vorläufer der „Royal Society" gewissermaßen ungeplant entwickelt haben und worin sie sich bei allen sonstigen individuellen und herkunftsmäßigen Differenzen treffen, dann eignet sich dazu kaum ein anderer einzelner Fall mehr als Robert Boyle: 1627 geboren, kehrt er 1644, also mitten im ersten Bürgerkrieg, und noch in der Bewältigung seiner Adoleszenzkrise von einem langen Bildungsaufenthalt auf dem Kontinent zurück. Sehr bald nimmt er Kontakt mit wissenschaftlichen Gruppierungen auf. Erst mit dem von ihm so genannten Invisible College und dann mit dem Zirkel Hartlib, dem er über längere Zeit eng verbunden ist. 1649 richtet er sich auf seinem ererbten Herrensitz in Stalbridge im Westen Englands ein funktionsfähiges Labor ein. Mitte der 50er Jahre tritt er mit der Oxforder Gruppe um Wilkins in Kontakt, um dann nach seiner Übersiedlung nach Oxford regelmäßig an den Zusammentreffen der Oxforder Gruppe teilzunehmen. Schließlich beginnt er um 1660 seine rege Publikationstätigkeit. Berühmt wird er durch seine Versuche zur und mit Hilfe der Vakuum-Luftpumpe, die unter seiner Leitung gebaut wird, und über die er in einem Bericht von 43 verschiedenen Experimenten in einem 1659 abgeschlossenen Manuskript Rechenschaft ablegt. Diese Publikation führt zu der berühmt gewordenen, seinerzeit in Publikationen ausgetragenen Kontroverse mit Thomas Hobbes[41], in der sich geradezu exemplarisch der Übergang der Metaphysik zu dem neuen Typus von Erfahrungswissenschaften als eine Generationendifferenz verkörpert.[42] Allein diese wenigen Daten geben schon zu erkennen, warum Boyle gewissermaßen idealtypisch diesen Übergang repräsentiert.

39 Vgl. Webster (1975).

40 Boyle berichtet in einigen Briefen aus den Jahren 1646 und 47 über dieses College. Die Mitglieder und die Aktivitäten dieses „College" bleiben jedoch weitgehend im Dunkeln. Vgl. Hunter/Clericuzio/Principe (2001), Vol. 1, S. 42/46/58.

41 Thomas Hobbes' Angriff 1661: „Dialogus physicus de natura aeris, conjectura sumpta ab experimentis nuper Londini habitis in Collegio Greshamensi. Item de duplicatione cubi" (1661), in Hobbes (1839-1845), IV, 233-296; in englischer Übersetzung von S. Schaffer in: Shapin/Schaffer (1985), S. 345-391; Boyle's Replik darauf 1662: „An Examen of Mr. T. Hobbes his Dialogus Physicus de Natura Aeris" (1662), in Boyle (1772), I, S. 186-242.

42 Die bekannteste und umfassendste Monographie dazu ist nach wie vor die von Shapin/Schaffer (1985).

Darüber ist inzwischen sehr viel geforscht und geschrieben[43] worden, und es ist insofern geradezu vermessen, diese Thematik in der hier unvermeidlichen Kürze und willkürlichen Ausschnitthaftigkeit überhaupt anzurühren[44]. Anderseits würden wir hier auf ganz zentrale Belege für unsere These verzichten müssen, wenn wir Boyle als Fallstruktur ganz auslassen würden. Wir müssen dabei, uns auf unsere ausführlichen Sequenzanalysen stützend, weitgehend summarisch verfahren und können nur an ganz wenigen Stellen detailliertere Belege präsentieren.

Boyle's experimentelles Forschen ist vor allem deshalb so einflußreich und bedeutsam, weil er mit der von ihm veranlaßten Konstruktion einer Vakuum-Luftpumpe nicht nur ein bestimmtes Experiment zum damals äußerst virulenten, seit längerem ausgetragenen Streit zwischen den Vakuisten und den Plenisten beiträgt, sondern mit diesem Apparat einen ganz eigenen, gewissermaßen in sich experimentellen Raum für die Durchführung einer ganzen Reihe von untereinander durchaus heterogenen Experimenten eröffnet. Die Luftpumpe realisiert gewissermaßen einen hypothetisch konstruierten Raum, in dem empirisch real Bedingungen hergestellt werden können, wie sie naturwüchsig nicht anzutreffen sind, und der deshalb es erlaubt, über die Oberfläche des naturwüchsig Wahrnehmbaren und korrelativ dazu Beschreibbaren erschließend hinauszugelangen und in die inneren Zusammenhänge hinter den an der Oberfläche wahrnehmbaren Phänomenen einzudringen. Damit wird systematisch ein Weg gebahnt, der seitdem routinisiert das Fortschreiten naturwissenschaftlicher Erkenntnis leitet: Das Vordringen in die erfahrbare Welt über die Grenzen des naturwüchsig mit unseren Sinnen Wahrnehmbaren hinaus durch das Dazwischentreten von Beobachtungs- und Meßgeräten bzw. Analysemethoden, die die genannte Grenze der Wahrnehmbarkeit sowohl in den mikroskopischen[45] als auch in den makroskopischen Bereich hinein ständig verschiebt[46].

An einem einfachen Beispiel einer durch Boyle's Apparat herbeigeführten grundlegenden Änderung läßt sich das zeigen. Der Einfluß des Luftdrucks war im berühmten Torricelli-Experiment thematisch, in dem ein Glasröhrchen gefüllt mit Quecksilber umgekehrt mit dem offenen Ende in eine ebenfalls mit Quecksilber angefüllte Schale getaucht wurde mit dem Effekt, daß die Quecksilbersäule in dem Glasröhrchen um ein Geringes sich senkte. Die

---

43 Vgl. u. a. Anstey (2000); Hall (1958); Harwood (1991); Hooykaas (1997); Hunter (1994b/c); Hunter (2000); Kaplan (1993); Jacob (1977); Maddison (1969); Principe (1998); Sargent (1995); Shapin (1994); Shapin/Schaffer (1985); Wojcik (1997).

44 Wir wollen uns dazu demnächst an anderer Stelle ausführlicher äußern. Außerdem arbeitet Peter Münte zur Zeit an einer umfassenden Fallstudie über Robert Boyle und die Entstehung des erfahrungswissenschaftlichen Habitus.

45 Nicht zufällig ist eine zentrale frühe Publikation der Royal Society mit „Micrographia: Or, Some Physiological Descriptions of Minute Bodies Made by Magnifying Glasses with Observations and Inquiries thereupon" betitelt.

46 Gemäß dieser Interpretation läßt sich im übrigen leicht zeigen, warum es ein Irrweg sein muß, den Erkenntnisfortschritt in den Erfahrungswissenschaften von der sinnstrukturierten Welt, also in den Sozial-, Kultur- und Geisteswissenschaften, in analoger Weise von einem Fortschritt in gerätevermittelten Meß- und Beobachtungsverfahren zu erwarten. Der Gegenstand dieser Wissenschaften besteht durchgängig in rekonstruktionslogisch zu erschließenden objektiven Sinnstrukturen, die als solche von vornherein sich der Beobachtbarkeit durch die Sinnesmodalitäten entziehen, weil sie als abstrakte Realitäten gar nicht sinnlich wahrnehmbar sind, aber dennoch methodisch nachweisbar empirisch, insofern von ihnen Wirkungen und Widerständigkeiten ausgehen, sie also „objektiv da" sind und man sich an ihnen Traumatisierungen zuziehen kann. Statt sie sinnlich wahrzuneh-

Interpretation war natürlich schon damals, daß der auf der Oberfläche des Quecksilbers in der Schale lastende Luftdruck das Quecksilber in der Säule daran hinderte, weiter zu fallen. Die große Frage war, was in dem in der Säule durch das geringe Absinken entstandenen quecksilberfreien Raum enthalten ist. War er leer oder irgendwie gefüllt? Im Zusammenhang mit dieser Frage war die Variation des Ausmaßes des Absinkens in Abhängigkeit von dem mit dem Abstand des Meßortes von der Meereshöhe differierenden Luftdruck von großem Interesse. Man hatte diese Variation in dem berühmten Puy de Dome-Experiment systematisch festgestellt, in dem verschiedene Höhen von Meßorten miteinander verglichen wurden. Auf den Sitzungen des Jahres 1660 war die künftige „Royal Society" mit der Planung einer Wiederholung dieses Experimental-Designs auf einer aufwendigen Expedition nach Teneriffa beschäftigt, weil dort ein hoher Vulkanberg leicht erstiegen werden konnte, so daß verschiedene Meßhöhen leicht miteinander verglichen werden konnten. Wäre man der Luftdruck-Interpretation und der Boyle'schen Interpretation seiner Luftpumpe konsequent gefolgt, dann hätte man sich die Kosten dieser Expedition getrost sparen können[47], einfach deshalb, weil es dieser Apparat mit einem Schlag erlaubte, quasi alle wünschenswerten Luftdruckgrade in Approximation zum absoluten Vakuum innerhalb des Hauptbehälters („receiver") dieser Pumpe herzustellen und darin das Puy de Dome-Experiment nicht nur logisch äquivalent zu wiederholen, sondern außerdem Bedingungen herzustellen, wie sie oberhalb der die Erde umgebenden Lufthülle herrschen. In diesem Sinne ermöglichte dieser Apparat also die Realisierung experimenteller Räume und Bedingungen, die sonst nur hypothetisch behauptet werden konnten, aber natürlicherweise nicht anzutreffen waren. Es läßt sich leicht vorstellen, in welchem Maße dieser Apparat selbst für diejenigen, die die Folgen dieser Neuerung über das bloß Physische dieses Gerätes hinaus wissenschaftslogisch noch gar nicht vollständig realisieren konnten, eine Faszination und eine Attraktivität im Sinne der Erweiterung von Denkmöglichkeiten ausüben mußte. Im Sinne der Professionalisierungstheorie lag hier geradezu ein Paradefall der erfolgreichen Simulation von Krisen vor, die „stellvertretend" gelöst bzw. bewältigt werden mußten im Sinne einer Erkenntnis um ihrer selbst willen.

In einer zweiten Hinsicht war dieses Experimentieren außerordentlich folgenreich. Boyle legte nämlich Wert darauf, obwohl er in seinen Briefen und seinen sonstigen Äußerungen eine außerordentlich komplexe Rhetorik faktisch entfaltete, von seinen Experimenten in einer möglichst nüchternen, schlichten, also die früher positiv bewertete Rhetorik und Literatizität des Humanismus bewußt als störend vermeidenden Sprache zu berichten. Diese Sprache sollte objektivierend protokollieren, was sich in den Experimenten ereignet hatte, so daß auch diejenigen, die nicht unmittelbar als Beobachter anwesend waren, sich ein zuverlässiges Bild davon machen konnten. Damit war etwas eingeleitet worden, was für die Konstitution von Erfahrungswissenschaften außerordentlich zentral war und bis heute in deren wissenschaftstheoretischen Rekonstruktionen nicht angemessen berücksichtigt wird. Es kommt darin nämlich zum Ausdruck, daß nicht die Beobachtungen als solche methodologisch entscheidend sind, sondern die Protokolle, die davon angefertigt werden. Die Beobachtung als

men, können wir sie nur lesen. In sie detaillierter methodisch einzudringen über die Grenzen des naturwüchsig Lesbaren hinaus, erfordert deshalb spezifische methodische Verfahren der nach dem Grundsatz von „Totalität" und „Wörtlichkeit" verfahrenden sequenzanalytischen Sinnrekonstruktion von Ausdrucksgestalten. Vgl. dazu als pars pro toto Oevermann (2000c).

47 Zu berücksichtigen ist allerdings, daß sich mit der Teneriffa-Expedition noch andere Zielsetzungen verbanden. Vgl. Birch (1756), Col. 1, S. 8.

solche ist eine flüchtige, vergängliche Operation der Unmittelbarkeit des Hier und Jetzt einer sich vollziehenden Praxis. Sie selbst liefert also keine Daten, die für die intersubjektive, d. h. jederzeit reproduzierbare und der Praxiszeit enthobene Präsenz voraussetzende Überprüfbarkeit an der erfahrbaren Welt geeignet sind, es sei denn, das Beobachten und das Beobachtete werden, auf welche Weise auch immer, protokolliert[48]. Thomas Sprat drückt das in seinem Bemühen, den Geist der frühen „Royal Society" möglichst plastisch zum Sprechen zu bringen, worin er sich im übrigen in vielen Punkten an Boyle anzulehnen scheint, an zentraler Stelle seiner „History" ganz deutlich aus: „I will here, in the first place, contract into few Words, the whole *summe*[49] of their (die Mitglieder der „Royal Society", d. V.) *Resolutions*; which I shall often have occasion, to touch upon in *parcels*. Their purpose is, in short, to make faithful *Records*, of all the Works of *Nature*, or *Art*, which can come within their reach: that so the present Age, and posterity, may be able to put a mark on the Errors, which have been strengthened by long prescription: to restore the Truths, that have lain neglected: to push on those, which are already known, to more various uses: and to make the way more passable, to what remains unreveal'd. This is the compass of their Design. And to accomplish this, they have indeavor'd, to separate the knowledge of *Nature*, from the colours of *Rhetorick*, the devices of *Fancy*, or the delightful deceit of *Fables*."[50] Hier sind die zentralen Punkte und Ziele bündig zusammengefaßt: 1. „Faithful Records" herzustellen, also zuverlässige, authentische Protokolle von allen Werken der Natur und des Handwerks bzw. der Kunst, die in der Reichweite der Erfahrbarkeit liegen, als (Daten-)Basis[51] jeglicher Erschließung; (2) das Menschheitswissen von Irrtümern durch Falsifikation zu bereinigen und die Schleier zu beseitigen, die die Wahrheit verhüllen; (3) das Wissen von der erfahrbaren Welt von den rhetorischen Einfärbungen, den phantasievollen Kostümierungen und den gefälligen Täuschungen der Fabeln zu trennen. Diese scharfen Bemerkungen richten sich selbstverständlich gegen den vorausgehenden Humanismus und dessen Ideale und gegen die Metaphysik.

VIII. Zur Biographie von Robert Boyle

Wer war nun – in groben Strichen – dieser Robert Boyle, der 1627 geboren wurde. Noch sein Großvater väterlicherseits hat sich durch Zähigkeit und Fleiß von unten hoch gearbeitet, so daß seine Söhne, wenn auch unter Schwierigkeiten, eine gute Ausbildung genossen, und er

48 Nur in dieser Hinsicht ist auch der Erkenntnisfortschritt der Erfahrungswissenschaften von der sinnstrukturierten Welt von der Entwicklung von technischen Geräten abhängig, jener Geräte nämlich, die im Hinblick auf die Protokollierung von Ereignissen der menschlichen Praxis es erlauben, diese aufzuzeichnen und so die von intelligenten Subjekten vorgenommenen Beschreibungen in der Funktion der Protokollierung zu ersetzen. Diese Beschreibungen sind nämlich, gerade weil sie durch intelligente Subjekte vorgenommen wurden, als Daten höchst problematisch, weil in ihnen sich die Datenerhebung und die Dateninterpretation schon auf eine unauflösliche Weise vermischt haben. Davor bewahren uns nur „unintelligente", gerätevermittelte Aufzeichnungen.

49 Hervorhebungen im Original.

50 Sprat (1667), S. 61f.

51 Wie wichtig das Herstellen von Datenbasen in Verbindung mit dem Experimentieren war, mag man daran ersehen, daß bei der Ankunft von Schiffen im Londoner Hafen regelmäßig für die „Society" dafür geeignete Männer der Besatzung nach ihren Erfahrungen in fremden Ländern befragt wurden, sofern sie nicht schon von vornherein engagiert waren, entsprechende Erfahrungsberichte auf ihren Reisen anzufertigen und mitzubringen.

von seinen beiden Töchter die jüngere mit einem Adeligen hat gut verheiraten können. Robert Boyles Vater Richard, der sein Studium aus finanziellen Gründen nicht zu Ende führen kann und sich danach gezielt in die Sphäre der staatlichen Finanz- und Steuerbürokratie begibt, macht eine steile, auf Entschlußkraft und Cleverneß beruhende Karriere und wird zu einem der reichsten Männer Englands – durch systematische persönliche Bereicherung bei seiner Tätigkeit als Escheator und dadurch, daß er, rechtzeitig nach Irland ausgewichen, dort durch zwei geschickte Heiraten ein weiteres Vermögen und Landbesitz an sich bringt. Durch Besiedlung seiner weitläufigen Ländereien mit Engländern sorgt er für durchgreifende ökonomische und technische Innovationen und verwertet so geschickt sein Kapital. Trotz des 1641 in Irland als Kolonialkonflikt ausbrechenden Bürgerkriegs und trotz des als Verfassungskonflikt in England ausbrechenden Bürgerkriegs kann er, der inzwischen auch in höchste Staatsämter aufgerückt ist, sein riesiges Vermögen erfolgreich bewahren und an seine 15 Kinder vererben. Die ebenso tüchtige Mutter dieser Kinder stirbt 1630 bald nach der Geburt des letzten Nachkommens, der Tochter Margaret. Alle Geschwister von Robert Boyle sind ausnahmslos erfolgreich, aber Robert, der als letzter Sohn und zweitletztes Kind auf seine Mutter sehr früh verzichten mußte, ist der einzige, der eine rein intellektuelle Karriere als Gelehrter einschlägt. Die übrigen Geschwister machen militärische Karrieren oder leben auf der Grundlage ihres Vermögens im ritterlich-höfischen Modell. Die ganze Familie hält wie ein Clan zusammen, was man daran sehen kann, daß viele von ihnen, obwohl zu Lebzeiten woanders resident, auf dem irländischen Familienbesitz begraben sind, und daß auch die Geschwister von Richard Boyle dort begraben worden sind. Robert wird also in eine Familie von außerordentlich zähem Aufstiegs- und Überlebenswillen und einem großen inneren Zusammenhalt als Gemeinschaft geboren. Auf dieser Folie werden die eher träumerischen Vorläufer der intellektuellen Gelehrtenkarriere im Leben des mutterlosen Benjamins dem Vater eher fremd gewesen sein. Er wird ihn auch nicht viel gesehen haben, denn schon 1635, also mit acht Jahren, wird er nach Eton ins Internat geschickt, und 1639 begibt er sich mit dem älteren Bruder Francis in der Obhut eines französischen Tutors auf die Kontinentalreise, von der er, weil 1641 in Irland die Wirren ausbrechen, erst 1644, also nach fünf Jahren der Kindheit und Jugend weit weg von der Heimat, zurückkehrt.[52] Während dieses Kontinentaufenthaltes eignet er sich die Strömungen des kontinentaleuropäischen Geisteslebens insbesondere in dessen protestantischen Einfärbungen an. In besonderer Weise gilt das natürlich für seinen Aufenthalt in Genf. Vor allem aber sieht er seinen Vater nicht wieder, der 1643 stirbt. Nach dessen Tod erbt er trotz der zahlreichen Geschwister ein großes Vermögen, u. a. jenen englischen Herrensitz des Vaters in Stalbridge, wo er sich nach einer Phase intensiver literarischer Versuche ein Laboratorium einrichtet und sich mit Experimenten beschäftigt.

Mit diesem Vermögen im Rücken widmet er sich in Muße wissenschaftlichen Fragen, verzichtet also auf alle jene äußeren Erfolge, die das Leben seiner Geschwister in hohem Maße prägen. Es ist, als ob Robert den Verlust der Mutter und die Affektarmut seiner frühen, von den Eltern, aber auch den meisten anderen Verwandten weitgehend getrennten Existenz[53] durch die Herstellung einer inneren Welt kompensiert, in der er mit Vorstellungen

52 Sein Bruder Francis allerdings kehrt schon früher nach England zurück. Robert Boyle entscheidet sich also zu einer Zeit, wo der Familienbesitz in Gefahr ist, im Gegensatz zu seinem Bruder gegen die Rückkehr nach England und für ein seinen Studien gewidmetes Leben im Haus seines Tutors in Genf, auf dessen Kosten er lebt.
53 Boyle verbrachte die ersten Jahre seines Lebens bei einer Amme.

und Gedanken in inneren Dialogen kommunizieren kann und so in der Konkurrenz mit selbst gesetzten Gütekriterien in einer ganz anderen Lebenswelt als der seiner meisten Verwandten der sozialisatorisch und familiengeschichtlich eingepflanzten, durch religiöse Gewissensbildung stark unterstützten Leistungsethik nachfolgt und darin den Auftrag seiner beiden Eltern selbständig auch nach deren Tode erfüllt. Jedenfalls geht er einen ganz eigenen, anderen Weg als alle seine Geschwister. Lediglich seine stark religiöse Schwester Catherine, geboren 1615, in deren Londoner Haus er später wohnt, kommt seinem verinnerlichten geistigen Leben nahe.

In dieser Konstellation wird die „peer-group"-artige Freundschaft mit Gleichgesinnten von großer Bedeutung gewesen sein, zumal Anzeichen dafür, daß Robert sich – wie alle seine Geschwister – verheiraten will oder zumindest erkennbar dauerhafte Beziehungen zu Frauen hat, nicht vorliegen und man davon ausgehen kann, daß er in partiell sublimierter Sexualität und begleitet von einer immer empfindlichen und fragilen körperlichen Konstitution eher mit der Welt des Geistes und seinen intellektuellen Vorlieben „verheiratet" ist und darin ein Leben führt, in dem ernsthafte Partnerbeziehungen nur störend wären. Vielmehr wird man unterstellen dürfen, daß Robert im übertragenen Sinne im Umgang mit seiner sozialen Umwelt immer wieder jene Familienkonstellation herzustellen versuchen wird, die ihm schmerzlich vorenthalten war und in der er als Benjamin erwarten darf, daß gütige Eltern und ältere Geschwister die protektive Hand über ihn halten. Aber es ist auch klar, daß diese „peer"-Beziehungen immer von einer Sache gemeinsamer Hingabe vermittelt und strukturiert sein müssen. So ist Robert Boyle geradezu der ideale Partner für selbstloses und ebenso müßiggängerisches wie auch hartnäckiges und ernsthaftes wissenschaftliches Forschen. Robert Boyle führt ein Leben, aus dem idealtypisch ein neues Modell des erfahrungswissenschaftlichen Forschens als Vorbild für künftige Generationen entsteht. Es ist ein Modell eines der Macht des Geistes gewidmeten Dienstes, das universalistischen professionsethischen Standards verpflichtet eine Praxis konstituiert, die elitär ist und dennoch das ständische Prinzip einer Gesellschaftsgliederung aufbricht, aus dem es selbst hervorgegangen ist. Als solches gehorcht es unpersönlich einer Sache, indem es sozial normiert ist durch etwas, was die universalistisch zu begründende, gleichwohl in kollegialer Kontrolle und Überprüfung jederzeit änderbare Logik der Forschung ausmacht.

IX. Boyle's Habitus, rekonstruiert aus Briefstellen

Der Keimling dieser Haltung soll – unsere Materialanalyse abschließend – an einigen wenigen Briefstellen aus der Korrespondenz des jungen Robert Boyle belegt werden[54]. Im Zentrum unserer Betrachtung steht ein Anfang 1647 verfaßter Brief.[55] Er ist allein deshalb schon aufschlußreich, weil er vom 20-jährigen Boyle knapp drei Jahre nach seiner Rückkehr vom Kontinent geschrieben wurde, also in eine Phase gehört, in der Boyle's Haltung zu

54 Dieser Brief ist wie die folgenden Hunter, Clericuzio und Principe (2001), Vol. 1, entnommen. Vgl. Hunter/Clericuzio/Principe (2001), Vol. 1, S. 47-9.

55 Der Brief wird von den Herausgebern der Korrespondenz Boyles auf Ende Februar 1647 datiert. Als mutmaßlicher Adressat wird Benjamin Worsley angegeben.

seinem künftigen Leben und dem ihm aufgegebenen Bewährungsproblem noch keineswegs als gefestigt angesehen werden kann. Außerdem gibt der Brief Aufschluß über das wissenschaftliche Milieu, in dem Boyle in die Wissenschaft initiiert wird.

Bevor wir den zu analysierenden Ausschnitt eingehender betrachten, eine kurze Charakterisierung des Kontextes dieser Textstelle. Der erste Satz des Brieftextes beleuchtet die außerordentlich höfliche und geistvolle Rhetorik, mit der Boyle als aristokratisch gebildeter Mensch sich an Menschen von Geist wendet. Sie steht in sprechendem Kontrast zur gerade von Boyle selbst vertretenen Maxime einer nüchternen, schnörkellosen Sprache der experimentellen Wissenschaft, befreit von aller humanistischen und höfischen Rhetorik. Zunächst bekundet Boyle mit einer rhetorisch gewundenen Formulierung, der Adressat selbst habe, indem er eine vorausgehende Bitte um briefliche Kommunikation als Ersatz für die entgangene Freude und Erfüllung persönlicher Begegnungen angenommen habe, den Anlaß dazu gegeben, sich die Belästigung durch den vorliegenden Brief zuzuziehen und ihm, dem Briefschreiber, kehrseitig die Zuversicht eröffnet, sich diese Zumutung erlauben zu können. Sie besteht in einem Wunsch, dessen Erfüllung dem Adressaten keine Mühe bereiten dürfe. Die in dieser Exkulpation liegende tendenzielle Unverschämtheit ist jedoch, wie sich zeigen wird, nichts anderes als ein geschickt verkleidetes, riskantes Kompliment. Worum geht es nun bei diesem dringenden Wunsch, dessen Erfüllung dem Adressaten so leicht fallen muß, wie sich Boyle beim letzten gemeinsamen Gespräch offenbart hat?

Festzuhalten ist zunächst, daß hier unabhängig vom konkreten Inhalt dieses Wunsches eine Beziehungsstruktur inszeniert wird, in der sich der Adressat im Besitz heiß ersehnter Güter befindet und der Schreiber im Zustand dringender Bedürftigkeit. Diese Struktur entspricht einer symbiotischen Mutter-Kind-Beziehung, in der die Mutter sich entfernt hat und vom Kind zurückersehnt wird. Allerdings wird sie hier als Struktur inszeniert, die mit ganz anderen Inhalten gefüllt ist, und sie wird insofern sublimierend transformiert. Das ist aufschlußreich für Boyle's psychischen Habitus, in dem sich sein Kindheitsschicksal reflektiert.

Zunächst wird nun in Fortführung der Rhetorik, mit der die Briefkommunikation eröffnet wurde, begründet, warum es dem Adressaten leicht fallen muß, der Bitte nachzukommen. Der Wunsch des Schreibers beinhalte nämlich nicht, daß der Adressat sich nach Whitehall oder Westminster, also den Orten der englischen Souveränität in Gestalt der Exekutive oder der Legislative, mit allen damit verbundenen Widrigkeiten begeben müsse, um in Erfahrung zu bringen, was dort entschieden worden sei. Nein, er brauche keineswegs sein Laboratorium zu verlassen, um dem Schreiber alle von ihm gewünschten Auskünfte zu verschaffen. Wie selbstverständlich wird also die Widrigkeit einer möglichen politischen Informationsbeschaffung bei den wichtigen Instanzen des englischen politischen Entscheidungssystems in London nicht im Verlassen der häuslichen Bequemlichkeit gesehen, sondern darin, daß die intensiven Studien im Laboratorium unterbrochen werden müßten. Nicht die private Existenz wird ihren öffentlichen Verpflichtungen gegenübergestellt, sondern das müßige, aber um so intensivere Studium der Wissenschaften den das öffentliche Leben ausmachenden praktisch-politischen Aktivitäten, die von jemandem, der sich in der sozialen Position Robert Boyles befindet, im Grunde genommen zu erwarten wären. Als entscheidend und wesentlich im Leben des Adressaten wie des Schreibers wird damit präsupponiert, in Muße und vollem Ernst wissenschaftliche Studien im eigenen Laboratorium durchführen zu können. Sie haben oberste Priorität und alles andere wäre kontrastiv dazu Störung und Zeitverschwendung.

Entsprechend bekundet Boyle, nach keiner anderen Auskunft als der zu gieren, was im heimischen Laboratorium des Adressaten vor sich gehe.

Damit ist klar, daß der 20-jährige Boyle schon in voller Ausprägung das Modell eines in Muße und Zurückgezogenheit experimentell forschenden Wissenschaftlers als Ideal vor sich hat. Das ist um so aufschlußreicher, als anzunehmen ist, daß Boyle zu diesem Zeitpunkt keine ernsthaften und systematischen erfahrungswissenschaftlichen Studien betrieben hat. Aufschlußreich sind in diesem Zusammenhang vor allem die Metaphern, die Boyle wählt, um seine Beziehung zum Adressaten auszudrücken, weshalb von diesem Punkt an der Brief wörtlich interpretiert werden soll:

> „and shall desire no Mercurius to march on any other then on Vulcan's Errands".

Der Götterbote, zu dem er den Adressaten machen wolle, solle auf nichts anderem wandeln als den Pfaden des Vulkan, also des Gottes, der die großen Naturkräfte und Erdmächte bewege. Damit wird Worsley's Labor zur Werkstatt des Vulkan erhoben, wo von göttlicher Hand die zentralen Kräfte der Metallurgie verwandelt und kombiniert werden.

> „And I know Your Letters (aswel as Your Discourses) are as Naturally more fertile in Philosophy then Newes, ..."

In Anlehnung an den vorausgehenden Kontrast zwischen den nationalen politischen Entscheidungszentren und dem Laboratorium des Wissenschaftlers werden hier die informellen, in der Gemeinschaft der Wissenschaftler intern schriftlich wie mündlich ausgeführten Argumente für fruchtbarer und wichtiger deklariert als die Nachrichten im öffentlichen politischen Leben. Damit wird die experimentelle Wissenschaft zum eigentlich Wesentlichen auf dieser Welt erklärt. Aufschlußreich ist die schon hier eingerichtete Terminologie von „naturally" in Kombination mit „philosophy". Rein sprachlich ist wiederum nicht entschieden, ob mit „naturally" als Adverb primär die Art und Weise des Fruchtbar-Seins der Argumente in der Philosophie gemeint ist oder doch wohl eher der Inhalt der Argumente, indem sie sich in ihrem propositionalen Gehalt auf die erfahrbare Welt beziehen, zu der dann die Sphäre des praktischen politischen Lebens in Gestalt von Nachrichten nicht gerechnet wäre. Jedenfalls ist hier die Verbindung von „Nature" und „Philosophy" schon stabil hergestellt, auf sie kommt es dem Schreiber an

> „ ... as Oysters are in Pearles then in Rattles" (durchgestrichen: Spunges).

Die Argumente des Adressaten, ob mündlich oder schriftlich, seien in bezug auf die Wissenschaft ebenso selbstverständlich fruchtbarer als politische Nachrichten wie Austern in bezug auf Perlen fruchtbarer seien als in bezug auf Rasseln. Dieser Vergleich ist in mehrfacher Hinsicht für unsere Thematik außerordentlich aufschlußreich. Denn gemeint ist mit diesem metaphorischen Vergleich ja vor allem das folgende: Austern sind, wenn sie Perlen als Gehäuse für deren Wachstum dienen, fruchtbarer und wertvoller, als wenn ihre Schalen zu Rasseln verarbeitet werden. Abgesehen davon, daß es sich hier um einen eigentümlichen, ja geradezu skurrilen Vergleich handelt, zeigt er gerade in dieser Eigentümlichkeit, worauf es dem Schreiber ankommt. Wissenschaftliche Argumentation bzw. methodisierte, auf Experimente gestützte Erkenntnis ist in sich fruchtbar und wertschöpfend. Sie ist nicht auf äußere Effekte aus und bringt auch keinen unmittelbar konsumierbaren Genuß wie ein Spielzeug, aber sie wirkt stetig und im Stillen. Geradezu polemisch wird in diesem Vergleich die Sphäre der Politik und der öffentlichen Angelegenheiten der des wissenschaftlich ernsten Arbeitens als eine Sphäre entgegengestellt, in der es auf spektakuläre, äußerliche Effekte ankommt. Das klingt fast schon wie eine moderne Anprangerung der Öffentlichkeit als Kulturindustrie. Boyle vergleicht hier die akkumulierende Suche nach Wahrheit in der Erfahrungswissenschaft mit der Flüchtigkeit politischer Erscheinungen und der Effekthascherei politischer Inszenierung. Es liegt natürlich nahe, daß er hier die Vorgänge während des gerade erst zu Ende gegangenen ersten englischen Bürgerkriegs vor Augen hat, also die Zeit politischer Wirren, der sich über Jahre hinziehenden kriegerischen Auseinandersetzung zwischen König und Parlament und den sich formierenden politischen und religiösen Lagern[56]. Vor diesem Hintergrund spricht Boyle überdeutlich eine Bewertung zugunsten des unübersteigbaren Ideals experimenteller wissenschaftlicher Forschung als eines Lebensmodells für einen „gentleman" aus.[57]

Betrachtet man nun den Vergleich sprachlich genauer, gerät man in die folgende Schwierigkeit. Rein sprachlich muß man die elliptische Apposition bzw. den elliptisch in Parenthese gesetzten Vergleich wie folgt ergänzen: X sind fruchtbarer in A als Y (in A(?)), so wie Austern (fruchtbarer) in Perlen sind als in Rasseln. Nimmt man nur den Vergleichsmaßstab, dann hat man schon Schwierigkeiten in der Interpretation der Präposition „in". Denn real befinden sich Perlen in den Austern und nicht Austern in den Perlen, und entsprechend können Austern nur fruchtbar sein darin, daß sie Perlen erlauben, in ihnen zu wachsen. Perlen entstehen gewissermaßen als Nebenprodukt in der Reproduktion des Stoffwechsels im Organismus der Auster. Und zu Rasseln stehen Austern in der Relation der Fruchtbarkeit auch nur, insofern aus ihren Schalen Rasseln[58] gemacht werden können, aber sie sind nicht wirklich fruchtbar in Rasseln. Entsprechend müssen wir die zweite Relation, die durch „in" ausgedrückt ist, nicht konkret als eine des räumlichen Enthalten-Seins interpretieren, sondern als eine abstrakte der Fruchtbarkeit des Veranlassens in dem Sinne, daß Austern vor allem darin fruchtbar sind, daß sie Perlen entstehen lassen, fruchtbarer jedenfalls, als wenn man Rasseln aus ihnen macht. Austern befinden sich nicht räumlich *in* Perlen, sondern sind fruchtbar *im* Vorgang des Perlen-Erzeugens. Erst dann wird klar, woran Boyle in diesem Vergleich vor allem gelegen ist: Nicht die laute, schnell verpuffende und keinen substantiellen Wert hinterlassende Effekthascherei ist das, was ihn interessiert, sondern die Erzeugung äußerlich unscheinbarer, seltener, bei genauerem Hinsehen juwelenartig wertvoller, substantieller Folgen von bleibendem Wert.

---

56 Cromwell hatte 1644 und 1645 das königliche Heer entscheidend geschlagen. 1646 ergibt sich der König den presbyterianischen Schotten und wird von diesen am 23. Januar 1647 an das mehrheitlich independentistische englische Parlament ausgeliefert.

57 Wir sehen ab von einer Interpretation des Austernvergleichs, die sich unter psychoanalytischen Gesichtspunkten hier anbieten könnte: daß Boyle sich unbewußt hier als Perle imaginiert, die im Leib seiner ihm früh entrissenen und insofern phantasierten Mutter wie in einer Auster entstanden ist.

58 Daß Boyle ursprünglich hier von Schwämmen spricht und sich dann korrigiert, lassen wir uninterpretiert, obwohl es seinerseits zu weiteren Deutungen Anlaß geben kann.

Aber während die Austern nicht sich in Perlen befinden, sind ihr Vergleichsobjekt: die „Letters" und „Discourses" von Worsley durchaus in die „Natural Philosophy" eingebettet, zu der sie einen fruchtbaren Beitrag leisten. Der Vergleich ist also schief, und man sieht daran, daß es Boyle auf eine suggestive Assoziation ankommt, in der Worsley's Argumente wie Perlen erscheinen sollen, die, wie das deutsche Sprichwort sagt, vor die Säue der sensationshungrigen, ignoranten Kulturindustrie geworfen werden. Der Vergleich stimmt aber auch in einer weiteren Hinsicht logisch nicht. Denn in dem durch Vergleich zu erhellenden ersten Satzglied werden im Gegensatz zum zweiten zwei Gegenstände *und* zwei „Behälter" für diese kontrastiert, es sei denn, was unseres Erachtens gerechtfertigt, aber eben nicht zwingend ist, man bezöge auch den Ausdruck „News" auf den „Behälter" „Philosophy". Das wäre der Sache nach insofern problematisch, als sinngemäß zuvor die „News", das rasselnde Tagesgeschehen gewissermaßen, als solche der Sphäre der Philosophie gegenübergestellt wurden, also für die „News" ein anderer „Behälter" präsupponiert war. Gemäß dieser Interpretation werden dann tatsächlich nicht mehr zwei Gegenstände in Relation zum selben „Behälter" verglichen. Aber wie dem auch sei, im zweiten, vergleichenden Satzglied werden nicht zwei Gegenstände mit Bezug auf denselben „Behälter" verglichen, sondern ein Gegenstand in Relation zu zwei verschiedenen „Behältern": Perlen und Rasseln.

Dennoch ist in diesem schiefen Vergleich von zwei inkommensurablen Verhältnissen ein bestimmter Zweck eindeutig zu erkennen. Es geht Boyle hier um die Abgrenzung zweier Sphären: Philosophie und Politik oder zweier Arten von Philosophie. Die eine Philosophie, identifiziert mit Erfahrungswissenschaft, entspricht der Beziehung zwischen Austern und Perlen, die andere dagegen, identifiziert mit politischer Reflexion und intellektueller Auseinandersetzung, bzw. die Sphäre der öffentlichen Angelegenheiten überhaupt, entspricht der Beziehung zwischen Austern und Rasseln. Implizit wird damit gesagt, daß sich nur in der Sphäre der Erfahrungswissenschaft die geistesaristokratischen Ideale entfalten können, die als Potential in der Auster angelegt sind, während sie in der Sphäre des politischen Kampfes notwendig verloren gehen und zerstört werden. Deshalb muß sich der „gentleman" aus dieser Sphäre zurückziehen, und das entspricht durchaus auch der Deutung der Genese der Erfahrungswissenschaften, wie sie sich in Sprat's „History" im Kapitel über die Vorgeschichte der „Royal Society" findet. Boyle wollte offensichtlich seine Einstellung unbedingt mit dem Bild von der Auster, in dem eine Perle entsteht, in Verbindung bringen, so sehr, daß er dabei sein Ideal einer klaren, schnörkellosen Sprache verriet.

> „I need not mind You of the Observation that Chymist's Acquaintance is of age at a Day-old."

Um den Vergleich zu erläutern und seinen rhetorischen Stellenwert zugleich zu bekräftigen, wird das Fruchtbare an des Adressaten Argumentation als Wissenschaftler, das zu erfahren ja Inhalt des Begehrens des Schreibers ist, mit der Feststellung in Zusammenhang gebracht, daß die Bekanntschaft zwischen Chemikern, kaum daß sie sich ereignet hat, so geartet ist, als habe sie schon immer bestanden, so gut verstehen sie sich als Kollegen von Anbeginn. Dies ist nun sehr aufschlußreich. Zum einen erfahren wir nebenbei, daß es sich bei dem Adressaten um einen Chemiker und bei dessen Forschungen um chemische handeln muß, die nun, nimmt man den Vergleich mit Vulkan hinzu, durchaus noch in die nächste Nähe zur Alchimie gebracht sind, d. h. die neuen Erfahrungswissenschaften sind wie selbstverständlich von der Alchimie noch gar nicht scharf getrennt. Zum anderen wird nun aus der Asymmetrie der Beziehung zwischen dem schreibenden Bewunderer und Schüler und dem adressierten bewunderten Lehrer, also zwischen Meister und Schüler, unter der Hand wie selbstverständlich die symmetrische Beziehung zwischen zwei gleichberechtigten Kollegen, der Schüler wird also sofort zu einem kollegialen Novizen transformiert. Darin verkörpert sich die Amalgamierung zwischen dem schon herauspräparierten personal für Boyle bedeutsamen Modell einer engen, diffusen Sozialbeziehung nach dem Muster einer symbiotischen Beziehung einerseits und dem Typus einer professionsspezifischen diffusen Sozialbeziehung einer über die Bindung an eine gemeinsame Sache vermittelten Kooperation zwischen „peers" andererseits. Letzteres Modell steht Pate an der Wiege der Vergemeinschaftung von „gentlemen", die der Sache der neuen Erfahrungswissenschaften gemeinsam hingegeben sind und deren Kooperation ähnlich fruchtbar vorgestellt wie das Verhältnis zwischen Auster und Perle. Aber für Boyle wird dieses Beziehungsmodell, gemäß der Logik der Wirtsfunktion der Auster für die Perle, zugleich, unter der Bedingung der Sublimierung, an die Strukturlogik einer symbiotischen Beziehung, die der Wunschformation seines Charakters entspricht, assimiliert. Er imaginiert die von ihm gewünschte Beziehung zu Worsley als eine, in der er wie die Perle in der Auster zu einem wertvollen Juwel heranwächst. So wird auch plausibel, warum er in dieser „Verehelichung" mit der Wissenschaft ein Interesse an Beziehungen zu Frauen nicht haben kann.

> „(As The Needle & the Loadstone at their first meeting Cloze, as if they did so upon an Ages Friendship.)"

In Klammern wird diese enge, über die Wissenschaft als gemeinsame Sache vermittelte und gestiftete Freundschaft zwischen den Chemikern mit der Anziehung verglichen, die ein Magnetstein auf eine Magnetnadel zwingend ausübt. Es wird also die Stiftung einer Freundschaft zwischen Wissenschaftlern angeglichen an ein naturgesetzliches Geschehen, das aufzudecken diese Wissenschaftler sich zur Aufgabe machen; es findet also eine Assimilation der sozialen Beziehung zwischen den Wissenschaftlern an die Eigenarten ihres Gegenstandes statt. Damit wird forciert die Liebe dieser Wissenschaftler zu ihrem Gegenstand ausgedrückt. Sie ist so stark, daß sie sich ihm anverwandeln. Es drückt sich darin zugleich ein Vorgang höchster Identifikation wie auch einer der Angleichung der geliebten Sache an das ungestillte Begehren nach einer symbiotischen Beziehung aus – die Identifikation nach der Logik der Einverleibung wie sie für symbiotische Beziehungen konstitutiv ist. Wiederum begegnen wir hier der Logik der Sublimierung des ungestillten Wunsches nach Symbiose im bedingungslosen Eintauchen in eine zu erforschende Sache. – Ähnlich wie in einer Liebe auf den ersten Blick, nach deren Muster die kollegiale Beziehung zwischen der an ihre gemeinsame Sache hingegebenen Chemiker imaginiert ist, pendelt sich die Magnetnadel auf den Magnetstein schon bei der ersten Begegnung ein. Hier nimmt Boyle in Kauf, das Naturgesetzliche an diesem Vorgang, aufgrund dessen die Magnetnadel sich immer so verhalten muß und es deshalb nicht verwunderlich sein kann, daß sie es „schon beim ersten Mal" tut, zu verbiegen zugunsten der Angleichung an die Umstandslosigkeit, mit der Naturforscher sich sofort befreunden können. Es wird also letztlich hier nicht der naturgesetzliche Vorgang in seiner Eigenart herbeigezogen, um einen rätselhaften sozialen Prozeß zu deuten, sondern umgekehrt der Naturvorgang nach dem Bilde einer erstrebten einverständigen Freundschaftsbeziehung interpretiert. Zugleich überträgt sich etwas von der Orientierungsfunktion, die die Magnetnadel aufgrund dieser Anziehungskräfte im geographisch Ungewissen übernehmen kann, auf die soziale Ortlosigkeit, die man Boyle darin unterstellen darf, daß er eine Karriere einschlägt, die weder in seiner Familiengeschichte und Verwandtschaft ein Vorbild hat, noch für seine gesellschaftlichen Lage historisch tradiert ist, die aber der Ortlosigkeit seiner Kindheit und Jugend entspricht.

> „For You know that Vulcan is a quicquer Mediator of Amitys then even Virtue hir selfe & those Mettals that grew in (never so) distant Mines, he can (ersetzt: wil') in a few minits, perfectly & exactly associate & unite.“

Der Gedanke der bis zur Verschmelzung gehenden Einheit zwischen ihm und dem Adressaten in ihrer Eigenschaft als Chemiker ist dem Schreiber so wichtig, daß er weitere verstärkende Bilder bemüht. Wieder kommt er auf Vulkan, den Schmied und Metallverschmelzer zu sprechen: Er könne die verschiedensten Metalle in Minutenschnelle vereinigen, schneller als die Tugend eine Freundschaft – will sagen: sobald wir als interessierte Chemiker und Alchimisten uns über unsere Gegenstände unterhalten, sind wir auf engste vereinigt. Wiederum wird der scheinbar tote Naturgegenstand als fesselndes Forschungsobjekt gegen die praktischen Lebensbezüge, die von der Tugend bestimmt sind, ausgespielt.

Zur Verstärkung des Freundschaftsbegehrens wird noch hinzugefügt, daß er, Boyle, die Zeit und die Mühen, die er auf das Studium der Chemie verwandt habe, auch dann nicht bedauern müsse, wenn er davon keinen anderen Nutzen gehabt habe als die Bekanntschaft mit dem Adressaten. Nach diesen Beschwörungen einer heiß ersehnten Freundschaft zwischen Wissenschaftlern, d.h. zwischen dem Adressaten und dem Schreiber, folgt explizit die Bitte um eine regelmäßige Korrespondenz, für die aber sogleich die strikteste Sachlichkeit eingefordert und angeboten wird.

> „But I shall not only Consent but article, that not alone all Ceremony & Complement, but ev'n all Rhetorick & Care of Language, may be severely banisht from our commerce.“

Im eigentümlichen unmittelbaren Widerspruch zur rhetorisch elaborierten und um den Adressaten in den höchsten Tönen werbenden Sprache des Schreibers selbst verweisen diese Forderungen um so mehr auf eine neue Programmatik im Dienste einer nüchtern experimentellen, methodisierten Wissenschaft. Aller falscher und unnötig ornamentaler Flitterkram soll beseitigt und nichts als die methodisch gesicherte Sache selbst präzise und ungeschminkt zum Ausdruck kommen[59]. Nichts kann deutlicher werden lassen, daß hier im Schoße einer aristokratischen Lebensführung mit dem Experimentieren in den Wissenschaften eine neue exklusive elitäre Lebensführung entsteht, die in diesem fruchtbaren Paradox zum Ausgangspunkt einer ganz und gar privilegienfeindlichen, Partikularismen aufbrechenden Methodi-

---

59 Daß Boyle einen so großen Wert auf eine nüchterne schnörkellose Sprache legt, ist aber nicht nur als Zeichen einer neuen methodisierten Wissenschaftshaltung zu entziffern. Dahinter kann sich auch der Wunsch, mit dem Brief- oder Diskussionspartner eine möglichst direkte, vorbehaltlose Nähe zu praktizieren, ihm unverstellt zu begegnen, ja sogar ein illusorischer Wunsch nach distanzloser Verschmelzung verbergen.

sierung der Gegenstandsforschung nach universalistischen Geltungskriterien wird, zu der alle Zugang haben müssen, die sich diesen Kriterien unterwerfen.

Es folgt eine weitere Runde der rhetorisch elaborierten Lobpreisung des Adressaten, in der von vornherein um Nachsicht dafür gebeten wird, daß er, der Schreiber, dem sonnengleichen Glanz des Adressaten in dieser Korrespondenz nur den Abglanz des Mondes beiseite stellen könne. Und das auch nur, wenn er mit großem Eifer seinen Naturstudien nachgehe, soweit seine bescheidenen Umstände[60] das überhaupt erlaubten. Er stellt sich dann dar als jemand, der auf die zum Experimentieren bestellten Instrumente wie auf heißen Kohlen wartet.

> „... but at Present the unluckly & unexpected lingring of the Waggon which is to bring me all my Vulcanian Implements; & my necessitated Idleness till they come, makes me wish it drawne by Pegasuses & and thinke it drawne by Snayles; makes me sadly walke up & downe in my Laboratory like an impatient Lutanist who has his songbooks & his Instrument ready; but it altogether disprovided of strings.“

Offensichtlich ist Boyle gerade dabei, sein Chemielabor mit weiteren Versuchsgeräten und -materialien anzureichern, auf deren Lieferung er ungeduldig wartet. Wieder dienen Versatzstücke der antiken Mythologie der kompulsiven Identifikation mit dem geheimnislüftenden Forschen. Er vergleicht den Beginn des neuen Forschungsprogramms mit dem Beginn eines Lautenkonzerts, analogisiert also die künstlerische musikalische Aufführung mit der Durchführung von Experimenten.

Dieser Brief belegt, wie schon der noch ganz junge Boyle durchdrungen ist vom Habitus experimenteller Forschung. Fast schon hochnäsig wird eine deutliche Grenze zwischen dieser und dem politischen Treiben in der Öffentlichkeit gezogen. Private Angelegenheiten kommen außer als Behinderungen der gewünschten Muße zur zurückgezogenen Forschung nicht vor, diese betreibt er allein, aber sie muß wie selbstverständlich begleitet sein vom lebendigen, regelmäßigen Austausch mit anderen Wissenschaftlern, zu denen er, vermittelt über die gemeinsame Hingabe an die Sache, ein möglichst enges, fast symbiotisch-verschmelzendes Austauschverhältnis haben möchte. Der Ernst, mit dem die erfahrungswissenschaftliche Forschung – zugleich ein zweckfreies Vergnügen – betrieben wird, ist belegt in der Ungeduld, mit der neue Geräte und Versuchsmaterialien, die bestellt wurden, erwartet werden. Und sehr deutlich ist schließlich die geradezu polemische Distanz zur rhetorischen Stilisierung des intellektuellen Diskurses und zu seiner Literarisierung ausgeprägt, wie sie im vorausgehenden Humanismus nicht nur üblich, sondern geradezu vorgeschrieben waren. Für eine Professionalisierung solcher Forschungspraxis avant la lettre spricht die Hingabe der ganzen Person an die Sache und die selbstverständliche Erwartung, daß das Experimentieren sich immer dem Scheitern aussetzt, insofern es in eine offene Zukunft des Noch-Nicht-Wissens sich vortastet.

In einem aus demselben Jahr überlieferten Brief an Hartlib[61], versucht der junge Boyle eine weitere regelmäßige wissenschaftliche Korrespondenz mit einem bedeutenden Vertreter

60 Boyle schreibt offensichtlich von seinem Landsitz Stalbridge aus, wo er von allen Kommunikationen und Mitteln abgeschnitten ist.

61 Hunter/Clericuzio/Principe (2001), Vol. 1, S. 51.

der neuen Wissenschaftlichkeit zu eröffnen. Er möchte sich an dem von ihm hochgelobten College-Projekt Hartlib's beteiligen („to lay some few stones towards the building of your college") und seine Gedanken dazu in einer Folge von Briefen beitragen. Wiederum überschüttet er den Adressaten mit Komplimenten, präsentiert sich aber gleichzeitig mit einem erstaunlichen Selbstbewußtsein, indem er – für sein Alter geradezu altklug – die Teilhabe an der „Utopian intelligence" von Hartlib als die einzige verbliebene Möglichkeit deklariert, in der ansonsten degenerierten Menschheit noch Beziehungen der Nächstenliebe und Fürsorge mit Menschen zu unterhalten. Und wiederum stellt er die Sphäre der Wissenschaft den Umtrieben des täglichen politischen Lebens dichotom gegenüber wie er wiederum die falsche Rhetorik und den Austausch von höflichen Komplimenten zugunsten einer geraden, sachlichen Sprache aus der gemeinsamen Korrespondenz verbannen will. Diese Haltungsmerkmale waren für ihn damals ganz entscheidend.

In einem mehr als acht Jahre späteren Brief an Hartlib[62], datiert vom 14. September 1655, hat diese Haltung sich kaum verändert, sondern allenfalls an Reife und Kontur zugenommen. In diesem Brief herrschen zwei Themen vor. Zum einen kommt Boyle, durchaus ironisch und mit impliziten Vorbehalten, Hartlib's Auftrag nach, einen Bericht über seine Reise nach Stalbridge und die dabei gemachten Beobachtungen über die Landwirtschaft zu liefern, zum anderen berichtet er mit Nachdruck über seinen Aufenthalt in Oxford, wohin er auf der Reise einen Umweg gemacht hatte. Diesem Bericht gilt sein eigentliches Interesse, und er engagiert sich wärmstens für das neue Klima dort – vor allem im Umkreis um Dr. Wilkins. Indem er Hartlib unbedingt nahe bringen will, wie wenig servil und träge diese Leute seien, wie wenig sie in alten, ausgetretenen Pfaden wandelten und wie innovativ doch das von dieser Gruppierung geschaffene geistige Klima sei, zeigt er sich durchaus in einer Position von jemandem, der programmatisch etwas gestalten und durchsetzen möchte. Es hat überdies den Anschein, als ob er diese Gruppierung Hartlib näherbringen und empfehlen möchte. Aufschlußreich ist dabei folgendes: Er erwähne diese Einschätzung teils, weil er sich zu ihr aufgrund seiner Kenntnisse der kontinentaleuropäischen Universitäten berechtigt fühle und weil er ja keinesfalls als Feind „nützlicher Wissensaneignung" („useful learning") bekannt sei, teils, weil die Forschungen der „Natural Philosophy" im allgemeinen keineswegs irrelevant für die Haus- und Landwirtschaft seien. Mit diesem Schlenker stellt er dann wieder die Verbindung zu dem her, was Hartlib an nützlichkeitsorientierter Information und Datensammlung von ihm erbeten hatte. Aufschlußreich ist also dieser Brief vor allem deshalb, weil Boyle in ihm einerseits durchaus die enge Verbindung mit Hartlib sucht, andererseits aber auch die Differenz zu ihm signalisiert: Er ist mehr Grundlagenforscher und von daher nicht so sehr wie Hartlib an der nützlichen Anwendung und an der lehrenden Umsetzung dieser Wissenschaft orientiert. Dennoch bemüht er sich zu erkennen zu geben, daß er diese Implikationen seiner Wissenschaft nicht abschneiden will. Nach diesem Signalement erfolgt dann eine Erfahrungsbericht über neue Pflanzen und über Imkerei, aber bezeichnenderweise vor allem anläßlich von Erfahrungen, die er in Oxford bei Wilkins in dessen Garten gemacht hat.

Boyle erweist sich, sobald man genügend detailliert in seine briefliche Korrespondenz eindringt, schon in seinen jungen Jahren, kurze Zeit nach der Rückkehr von seinem langjährigen Aufenthalt auf dem europäischen Kontinent, als glühender Jünger der erfahrungswissenschaftlichen Forschung. Dieses unbedingte Interesse an der „Natural Philosophy" im Modus

62 Hunter/Clericuzio/Principe (2001), Vol. 1, S. 190-2.

der müßigen ästhetischen Erfahrung, d. h. der neugierigen Durchdringung der erfahrbaren Welt um ihrer selbst willen, ist bei ihm nahtlos verbunden mit dem Wunsch, vermittelt über dieses Interesse eine symbiotische Gemeinsamkeit mit Gleichgesinnten herzustellen, ein Wunsch, den man auf die affektiven Entsagungen in seiner Kindheit zurückführen kann. Boyle wird in dieser biographischen Konstellation gewissermaßen zum prominenten Medium der Ausformung eines in den überkommenen gesellschaftlichen Typus des aristokratischen „gentleman" eingebetteten Forscherhabitus und damit der Professionalisierung erfahrungswissenschaftlicher Forschung. Boyle fand zugleich in der Vergemeinschaftung von „gentlemen", die diese Entwicklung vorantrieben, die wahrscheinlich einzige Sozialform, die seine Einsamkeit und seine Zurückgezogenheit auf eine innere Welt der Imagination und der hypothetischen Konstruktionen durchbrechen konnte.

X. Schlußbetrachtung

Wir haben in dieser sehr eklektischen Fallrekonstruktion versucht, einen professionalisierungstheoretischen Blick auf die Institutionalisierung der Erfahrungswissenschaften am Beispiel der Gründung der „Royal Society" zu werfen, indem wir ausgegangen sind vom königlichen Gründungsdokument, der „Charter", in seinen beiden Fassungen. Es sollte gezeigt werden, daß es sich hierbei um die förmliche Institutionalisierung einer schon lange vorher existierenden, gewissermaßen naturwüchsigen Vergemeinschaftung von Wissenschaftlern zu einem gesellschaftlichen Rechtssubjekt handelte. Der König übernahm dabei nicht so sehr die Rolle eines aktiv tätigen Förderers und Patrons, sondern er vollzog als Souverän die für die Institutionalisierung unverzichtbare Sanktionierung. Diese Institutionalisierung war entsprechend also typologisch etwas ganz anderes als die mäzenatischen Akademiegründungen der Renaissance-Fürsten, auf die der in der wissenschaftsgeschichtlichen Forschung übliche Patronage-Begriff allenfalls zutrifft.

Wir sind dann, nachdem der Geist des Selbstverständnisses der Protagonisten der „Royal Society" in für ihre Anfänge bedeutungsvollen emblematischen Darstellungen rekonstruiert wurde, der von den ersten naturwüchsigen Kooperationen bis zur staatlich sanktionierten Gesellschaftsgründung reichenden gestaffelten Vorgeschichte der „Royal Society" in verschiedenen Rekonstruktionsschritten nachgegangen und haben uns zum Schluß auf Robert Boyle als einer paradigmatischen Gestalt dieser Entwicklung konzentriert. Seine Biographie zeigt, wie im Schoße der tradierten Sozialform des begüterten „gentleman", dessen Familiengeschichte in diesem Falle allerdings eine des stürmischen Aufstiegs von „Newcomers" ist, etwas entsteht, was in der strukturellen Kontinuität damit zugleich ganz neue Inhalte emergieren läßt. Anhand einiger weniger Briefstellen haben wir den Habitus dieser in Boyle exemplarisch entstehenden neuen Generation von Forschern in ihren charakteristischen Zügen zu bestimmen versucht. Dabei mußten wir notgedrungen auch einige sehr persönliche Züge von Boyle, die sich mit seiner besonderen Lebensgeschichte verknüpfen, berücksichtigen, die jedoch tragend in diese Formation eingehen.

Diese abschichtende Rekonstruktion hat uns dazu geführt, in der Fallcharakteristik von Boyle die Vorläufer einer Professionalisierung erfahrungswissenschaftlicher Forschungspraxis zu erkennen, mit der sich wesentlich die „Verunpersönlichung" einer durchaus einzigartigen, die ganze Person erfordernden bedingungslosen Hingabe an eine Sache paradoxal verknüpft. Das eigentliche Neue der sich mit der Gründung der „Royal Society" eröffnenden Entwicklung sehen wir in dieser Professionalisierung, der sich die einzelnen Züge des neuen experimentierenden Forschens zuordnen lassen: die entscheidende Bedeutung des förmlichen Protokollierens und der formalen Beglaubigung dieser Protokolle; die Forderung nach einer nüchtern, schmucklosen, sachhaltigen Berichts- und Analyse-Sprache und die Ablehnung jeglicher, der humanistischen Tradition verpflichteten Rhetorik; die Heraushebung der falsifikatorischen Vorgehensweise; und schließlich die enorme Bedeutung der kollegialen Kooperation und Kritik.

Abschließend möchten wir noch einmal auf zwei in Diskussionen mit Wissenschaftshistorikern immer wieder anzutreffende Verallgemeinerungen zurückkommen, die von unseren Materialanalysen in Frage gestellt werden.

1. Im Anschluß an Biagioli (1993) hat sich eingebürgert, den Begriff der Patronage als eine zentrale analytische Kategorie in der Bestimmung der historischen Genese wissenschaftlichen Handelns in der frühen Neuzeit zu verwenden. Wie sehr diese großflächige Verwendung entweder nur die Trivialität der Förderungsbedürftigkeit von Wissenschaft und Kunst faßt oder der Begriff, wenn er typologisch prägnant bleiben soll, auf die Herrschaftsverhältnisse vor der Reformation und die Förderung durch reiche Mäzene beschränkt werden müßte, wie sehr also im Gefolge dieser Begriffsverwendung die historischen Phänomene häufig nur noch unzureichend in ihrer inneren Logik bestimmt werden, läßt sich gerade am Beispiel der Gründung der „Royal Society" und der mit ihr markierten Etappe der Wissenschaftsentwicklung belegen. Denn obwohl die Patronage des Königs für die „Royal Society" einen hohen inszenatorischen Stellenwert besaß, liegt mit ihrer Gründung der Sache nach ein Prozeß der staatlichen Sanktionierung einer naturwüchsig ohne das Dazutun mäzenatischer Intentionen oder landesherrlich fürsorglicher Planungen sich vollziehenden Strukturtransformation vor, die sich naturwüchsig aus der Strukturlogik der müßigen Erkenntnis der erfahrbaren Welt um ihrer selbst willen im Modus der ästhetischen Erfahrung ergeben hat. Dafür waren privilegierte Lebensbedingungen durchaus erforderlich. Sie bedeuten aber, daß diejenigen, die diese Entwicklung als Protagonisten vorangetrieben haben, nicht mäzenatisch gefördert wurden, sondern Mäzene ihrer eigenen müßigen und zugleich höchst ernsthaften Forschungstätigkeit waren. Auf einem anderen Blatt steht, inwieweit dieser Entwicklungsstufe ihrerseits eine der mäzenatischen bzw. patronagehaften Wissenschaftsförderung durch Landesherren und Kommunen vorausgehen mußte.

Insofern markiert die Gründung der „Royal Society" den vorläufigen Endpunkt einer Entwicklung, die als eine Professionalisierung „von unten" angesehen werden kann, und zwar nicht nur in dem eingeschränkten Sinne, wie diese Feststellung für das 19. Jahrhundert in den USA geprägt worden ist, sondern ganz allgemein als Ergebnis einer durchgehenden Strukturlogik und -dynamik, die sich aus der Praxis der in Muße Krisen der Geltung erzeugenden Forschung, allgemeiner: einer Praxis der stellvertretenden Krisen- und Problembewältigung unter der Bedingung einer jeweils vorausgehenden eigenlogischen Wissensentwicklung zwingend ergibt, auf die sie ihrerseits in der Zukunft maßgeblich zurückwirkt. Eine „Professionalisierung von oben", wie sie vor allem für Preußen-Deutschland reklamiert worden ist, kann es deshalb eigentlich gar nicht geben, weil das eine Planbarkeit dieses Prozesses voraussetzen würde, der aber doch gerade wesentlich sich aus der zukunftsoffenen krisenhaften Problembewältigung ergibt, wie sie in erfahrungswissenschaftlicher Forschung exemplarisch sich vollzieht. Anders ausgedrückt: Man kann förderliche institutionelle Rahmenbedingungen für diesen Prozeß, sofern er historisch als solcher schon ausgeprägt ist, herstellen, aber man kann nicht den dafür konstitutiven Habitus und die dafür erforderliche Professionsethik planen. Sie ergeben sich als Emergenz in der tätigen Hingabe an die Sache der methodisierten Erkenntnis.

2. Der Utilitarismus wird immer wieder als der eigentliche geistige Quell der Entstehung der Erfahrungswissenschaften dargestellt. Wir haben zu zeigen versucht, daß diese Lesart auf einer zu wörtlichen und engen Auslegung der Verknüpfung des Programms der „Natural" oder „Experimental Philosophy" mit dem allgemeinen Fortschrittsgedanken beruht, den man heute mit der These von der universalhistorischen Rationalisierungsdynamik besser ausdrücken würde. Darin geht es aber keinesfalls um eine Instrumentalisierung der Wissenschaft, was doch minimal für die These einer utilitaristischen Motivierung in Anspruch genommen werden müßte. Viel eher entspricht dieser Rationalisierungsdynamik ein Transformationsprozeß, in dem aus der spezifischen Eigenlogik eines Typus der Krise, der durch Muße herbeigeführt wird, und dem deshalb die Konstitution ästhetischer Erfahrung zuzuordnen wäre, eine erfahrungswissenschaftliche Erkenntnis um ihrer selbst willen, also gerade nicht instrumentalisiert, erwächst, die zunächst von nichts anderem als künstlich naiver Neugierde getragen ist. Genau dies glauben wir in unseren Analysen gefunden zu haben. Damit wäre dann die These, die in der frühen Neuzeit sich formierenden und zunächst auf das, was wir heute Naturwissenschaften nennen, eingeschränkten Erfahrungswissenschaften seien eine Hervorbringung im Funktionskreis instrumentellen Handelns, in sich selbst eine Ideologie, die sich bei der Entlarvung von „Wissenschaft als Technik und Ideologie" gebildet hat.[63]

63 Vgl. dazu auch Oevermann (2000a).

Anhang I

Segmentierung der Übersetzungen der ersten und der zweiten „Charter" der „Royal Society"

1	Charles the Second, by the grace of God King of England, Scotland, France, and Ireland, Defender of the Faith, & c., to all to whom these present Letters shall come, greeting.	Charles the Second, by the grace of God King of England, Scotland, France, and Ireland, Defender of the Faith, & c., to all to whom these our Letters Patent shall come, greeting.	1
2	We have long and fully resolved with Ourself to extend not only the boundaries of the Empire, but also the very arts and sciences. Therefore we look with favour upon all forms of learning, but with particular grace we encourage philosophical studies, especially those which by actual experiments attempt either to shape out a new philosophy or to perfect the old. In order, therefore, that such studies, which have not hitherto been sufficiently brilliant in any part of the world, may shine conspicuously amongst our people, and that at length the whole world of letters may always recognize us not only as the Defender of the Faith, but also as the universal lover and patron of every kind of truth :	We have long and fully resolved with Ourself to extend not only the boundaries of the Empire, but also the very arts and sciences. Therefore we look with favour upon all forms of learning, but with particular grace we encourage philosophical studies, especially those which by actual experiments attempt either to shape out a new philosophy or to perfect the old. In order, therefore, that such studies, which have not hitherto been sufficiently brilliant in any part of the world, may shine conspicuously amongst our people, and that at length the whole world of letters may always recognize us not only as the Defender of the Faith, but also as the universal lover and patron of every kind of truth :	2
3	Know ye that we, of our special grace and of our certain knowledge and mere motion, have ordained, established, granted, and declared, and by these presents for us, our heirs, and successors do ordain, establish, grant, and declare, that from henceforth for ever there shall be a Society , consisting of a President, Council, and Fellows, which shall be called and named The Royal Society; And for us, our heirs, and successors we do make, ordain, create, and constitute by these presents the same Society, by the name of The President, Council, and Fellows of the Royal Society, one body corporate and politic in fact, deed, and name, really and fully, and that by the same name they may have perpetual succession;	Know ye that we, of our special grace and of our certain knowledge and mere motion, have ordained, established, and granted, and by these presents for us, our heirs, and successors do ordain, establish, and grant, that henceforth for ever there shall be a Society consisting of a President, Council, and Fellows, who shall be called and named The President, Council, and Fellows of the Royal Society of London for improving Natural Knowledge (of which same Society we by these presents declare Ourself Founder and Patron); And by these presents for us, our heirs, and successors we do make, ordain, create, and constitute the same Society, by the name of The President, Council, and Fellows of the Royal Society of London for promoting Natural Knowledge, one body corporate and politic, in fact, deed, and name, really and fully, and that by the same name they may have perpetual succession;	3
4	and that they and their successors (whose studies are to be applied to further promoting by the authority of experiments the sci-	And that they and their successors (whose studies are to be applied to further promoting by the authority of experiments the sci-	4

ences of natural things and of useful arts), by the same name of The President, Council, and Fellows of the Royal Society aforesaid, may and shall be in all future times persons able and capable in law to have, acquire, receive, and possess lands and tenements, meadows, feedings, pastures, liberties, privileges, franchises, jurisdictions, and hereditaments whatsoever, to themselves and their successors in fee and perpetuity; or for term of life, lives, or years, or otherwise in whatsoever manner, and also goods and chattels, and all other things, of whatsoever kind, nature, sort, or quality they may be; and also to give, grant, demise, and assign the same lands, tenements, and hereditaments, goods and chattels, and to do and execute all acts and things necessary of and concerning the same, by the name aforesaid;

ences of natural things and of useful arts, to the glory of God the Creator, and the advantage of the human race), by the same name of The President, Council, and Fellows of the Royal Society of London for promoting Natural Knowledge, may and shall be in all future times persons able and capable in law to have, acquire, receive, and possess lands [and] tenements, meadows, feedings, pastures, liberties, privileges, franchises, jurisdictions, and hereditaments whatsoever to them and their successors in fee and perpetuity, or for term of life, lives, or years, or otherwise in whatsoever manner, and also goods and chattels, and all other things, of whatsoever kind, nature, sort, or quality they may be (the Statute concerning alienation in mortmain notwithstanding); and also to give, grant, [demise,] and assign the same lands, tenements, and hereditaments, goods and chattels, and to do and execute all acts and things necessary of and concerning the same, by the name aforesaid;

5 And that by the name of The President, Council, and Fellows of the Royal Society aforesaid they may henceforth for ever be able and have power to plead and be impleaded, to answer and be answered, to defend and be defended, in whatsoever Courts and places, and before whatsoever Judges and Justices and other persons and officers of us, our heirs, and successors, in all and singular actions, pleas, suits, plaints, causes, matters, things, and demands whatsoever, of whatsoever kind, nature, or sort they mayor shall be, in the same manner and form as any of our lieges within this our Realm of England, being persons able and capable in law, or as any body corporate or politic within this our Realm of England, may be able and have power to have, acquire, receive, possess, give, and grant, to plead and be impleaded, to answer and be answered, to defend or be defended;

And that by the name of The President, Council, and Fellows of the Royal Society of London for promoting Natural Knowledge aforesaid, they may henceforth for ever be able and have power to plead and be impleaded, to answer and be answered, to defend and be defended, in whatsoever Courts and places, and before whatsoever Judges, Justices, and other persons and officers of us, our heirs, and successors, in all and singular actions, both real and personal, pleas, suits, plaints, causes, matters, things, and demands whatsoever, of whatsoever kind, nature, or sort they mayor shall be, in the same manner and form as any of our lieges within this our Realm of England, being persons able and capable in law, or as any body corporate or politic within this our Realm of England, may be able and have power to have, acquire, receive, possess, give, and grant, to plead and be impleaded, to answer and be answered, to defend or be defended; 5

6 And that the same President, Council, and Fellows of the Royal Society aforesaid, and their successors, may have for ever a Common Seal, to serve for transacting the causes and affairs whatsoever of them and their successors; and that it may and shall be good

And that the same President, Council, and Fellows of the Royal Society aforesaid and their successors for ever may have a Common Seal, to serve for transacting all causes and affairs whatsoever of them and their successors; and that it may and shall be good 6 and lawful to the same President, Council, and Fellows of the Royal Society aforesaid, and to their successors for the time being, to break, change, and make anew that Seal from time to time, according as it shall seem most expedient to them.

7 And that our royal intention may obtain the better effect, and for the good rule and government of the aforesaid Royal Society from time to time, we will, and by these presents for us, our heirs, and successors do grant to the same President, Council, and Fellows of the Royal Society aforesaid, and to their successors, that henceforth for ever the Council aforesaid shall be and consist of twenty-one persons (of whom we will the President to be allways one); And that all and singular other persons who within one month next following after the date of these presents shall be received and admitted by the President and Council, and in all time following by the President, Council, and Fellows; into the same Society, as Members of the Royal Society aforesaid, and shall have been noted in the Register by them to be kept, shall be and shall be called and named Fellows of the Royal Society aforesaid: whom, the more eminently they are distinguished for the study of every kind of learning and good letters, the more ardently they desire to promote the honour, studies, and advantage of this Society, the more they are noted for integrity of life, uprightness of character, and piety, and excel in fidelity and affection of mind towards us,

and lawful to the same President, Council, and Fellows of the Royal Society aforesaid, and to heir successors for the time being, to break, change, and make mew that Seal from time to time, as it shall seem most expedient to them.

We give and grant moreover by these presents 7
to the President, Council, and Fellows of the Royal Society aforesaid, and to heir successors for ever, in testimony of our royal favour towards hem, and of our peculiar esteem for them, to the present and future ages, these following blazons of honour, that is to say: in the dexter corner of a silver shield our three Lions of England, and for Crest a helm adorned with a crown studded with florets, surmounted by an eagle of proper colour holding in one foot a shield charged with our lions: Supporters, two white hounds gorged with crowns; to be borne, exhibited, and possessed for ever by the aforesaid President, Council, and Fellows, and their successors, as occasion shall serve.

And that our royal intention may obtain the 8
better effect, and for the good rule and government of the aforesaid Royal Society from time to time, we will, and by these presents for us, our heirs, and successors do grant to the same President, Council, and Fellows of the Royal Society aforesaid, and to their successors, that henceforth for ever the Council aforesaid shall be and consist of twenty-one persons (of whom we will the President for the me being, or his Deputy, to be always one); And that all and singular other persons who within two months next following after the date of these presents shall be received and admitted into the same Society as Members of the Royal Society aforesaid, by the President and Council, or by any eleven or more of them (of whom we will the President for the time being, or his Deputy, to be always one), or by two third parts or more of the aforesaid eleven or more, and in all time following by the President, Council, and Fellows, or by any twenty-one or more of them (of whom we will the President for the time being, or his Deputy, to be always one), or by two third parts or more of the aforesaid twenty-one or more, and shall have been noted in the Register by them to be kept, shall

our Crown, and dignity, the more we wish them to be especially deemed fitting and worthy of being admitted into the number of the Fellows of the same Society.

be, be called, and be named Fellows of the Royal Society aforesaid, as long as they shall live, unless it shall happen that any one of them be amoved for any reasonable cause, according to the Statutes of the Royal Society aforesaid, which are to be drawn up; whom, the more eminently they are distinguished for the study of every kind of learning and good letters, the more ardently they desire to promote the honour, studies, and advantage of this Society, the more they are noted for integrity of life, uprightness of character, and piety, and excel in fidelity and affection of mind towards us, our Crown, and dignity, the more we wish them to be especially deemed fitting and worthy of being admitted into the number of the Fellows of the same Society.

8 And for the better execution of our will and grant in this behalf, we have assigned, nominated, constituted, and made, and by these presents for us, our heirs, and successors do assign, nominate, constitute, and make, our very well-beloved and trusty William, Viscount Brouncker, Chancellor to our very dear consort, Queen Catherine, to be and become the first and present President of the Royal Society aforesaid ; willing that the aforesaid William, Viscount Brouncker, shall continue in the office of President of the Royal Society aforesaid from the date of these presents until the feast of St Andrew next following after the date of these presents, and until one other of the Council of the Royal Society aforesaid for the time being shall have been elected, appointed, and sworn to that office in due manner, according to the ordinance and provision below in these presents expressed and declared (if the aforesaid William, Viscount Brouncker, shall live so long); having first taken a corporal oath well and faithfully to execute his office in and by all things touching that office, according to the true intention of these presents, before our very well-beloved and very trusty Cousin and Councillor Edward, Earl of Clarendon, our Chancellor of England: to which same Edward, Earl of Clarendon, our Chancellor aforesaid, we give and grant full power and authority, to administer the oath aforesaid in these words following, that is to say : I, William, Viscount Brouncker, do promise to deal

And for the better execution of our will and 9
grant in this behalf, we have assigned, nominated, constituted, and made, and by these presents for us, our heirs, and successors do assign, nominate, constitute, and make, our very well-beloved and trusty William, Viscount Brouncker, Chancellor of our very dear consort Queen Catharine, to be the first and present President of the Royal Society aforesaid; willing that the aforesaid William, Viscount Brouncker, shall continue in the office of President of the Royal Society aforesaid from the date of these presents until the feast of St Andrew next following after the date of these presents, and until one other of the Council of the Royal Society aforesaid for the time being shall have been elected, appointed, and sworn to that office in due manner, according to the ordinance and provision below in these presents expressed and declared (if the aforesaid William, Viscount Brouncker, shall live so long) ; having first taken a corporal oath well and faithfully to execute [his office] in and by all things touching that office, according to the true intention of these presents, before our very well-beloved and very trusty Cousin and Councillor Edward, Earl of Clarendon, our Chancellor of England: to which same Edward, Earl of Clarendon, our Chancellor aforesaid, we give and grant full power and authority to administer the oath aforesaid in these words following, that is to say : I, William, Viscount Brouncker, do promise to deal faithfully and honestly

faithfully and honestly in all things belonging to the trust committed to me as President of this Royal Society, during my employment in that capacity. So help me God! We have also assigned, constituted, and made, and by these presents for us, our heirs, and successors do make, our beloved and trusty Robert Moray, Knight, one of our Privy Council in our Realm of Scotland; Robert Boyle, Esquire; William Brereton, Esquire, eldest son of the Baron de Brereton; Kenelm Digby, Knight, Chancellor to our very dear mother, Queen Maria; Paul Neile, Knight, one of the Gentlemen of our Privy Chamber; Henry Slingesby, Esquire, another of the Gentlemen of our aforesaid Privy Chamber; William Petty, Knight; John Wallis, Doctor in Divinity; Timothy Clarke, Doctor in Medicine and one of our Physicians; John Wilkins, Doctor in Divinity ; George Ent, Doctor in Medicine; William Aerskine, one of our Cup-bearers; Jonathan Goddard, Doctor in Medicine and Professor of Gresham College; Christopher Wren, Doctor in Medicine, Saville Professor of Astronomy in our University of Oxford; William Balle, Esquire; Matthew Wren, Esquire; John Evelyn, Esquire; Thomas Henshawe, Esquire; Dudley Palmer, of Grey's Inn, in our County of Middlesex, Esquire; and Henry Oldenburg, Esquire, together with the President aforesaid, to be and become the first and present twenty-one of the Council of the Royal Society aforesaid; to be continued in the same offices from the date of these presents until the aforesaid feast of Saint Andrew the Apostle next following, and thenceforth until other fitting and able and sufficient persons shall have been elected, appointed, and sworn into the offices aforesaid (if they shall live so long, or shall not have been amoved for any just and reasonable cause) ; first taking corporal oaths before the President of the aforesaid Royal Society, well and faithfully to execute their offices in and by all things touching those offices, according to the form and effect of the aforesaid oath, *mutatis mutandis*, to be administered to the President of the Royal Society aforesaid by our Chancellor of England; (to which same President for the time being, for us, our heirs, and successors, we give and grant by these presents full power and au-

in all things belonging to the trust committed to me, as President of the Royal Society of London for improving Natural Knowledge, during my employment in that capacity. So help me God! We have also assigned, constituted, and made, and by these presents for us, our heirs, and successors do make, our beloved and trusty Robert Moray, Knight, one of our Privy Council in our Realm of Scotland; Robert Boyle, Esquire; William Brereton, Esquire, eldest son of the Baron de Brereton; Kenelm Digby, Knight, Chancellor to our very dear mother, Queen Maria ; Gilbert Talbot, Knight, Treasurer of our Jewels; Paul Neile, Knight, one of the Ushers of our Privy Chamber; Henry Slingesby, Esquire, one of the Gentlemen of our aforesaid Privy Chamber; William Petty, Knight; Timothy Clarke, Doctor in Medicine and one of our Physicians; John Wilkins, Doctor in Divinity; George Ent, Doctor in Medicine; William Aerskine, one of our Cup-bearers; Jonathan Goddard, Doctor in Medicine and Professor of Gresham College; William Balle, Esquire; Matthew Wren, Esquire; John Evelyn, Esquire; Thomas Henshaw, Esquire; Dudley Palmer, of Grey's Inn, in our County of Middlesex, Esquire; Abraham Hill, of London, Esquire; and Henry Oldenburg, Esquire, together with the President aforesaid, to be and become the first and present twenty-one of the Council and Fellows of the Royal Society aforesaid; to be continued in their offices of the Council aforesaid from the date of these presents until the aforesaid feast of St Andrew the Apostle next following, and thenceforth until other fitting and able and sufficient persons shall have been elected, appointed, and sworn into the offices aforesaid (if they shall live so long, or shall not have been amoved for any justand reasonable cause); first taking corporal oaths before the President for the time being of the aforesaid Royal Society, well and faithfully to execute their offices in and by all things touching those offices, according to the form and effect of the aforesaid oath, *mutatis mutandis*, to be administered to the President of the Royal Society aforesaid by our Chancellor of England; (to which same President for the time being, for us, our heirs, and successors, we give and grant by these presents full power thority to administer the oaths aforesaid) And that the same persons, so as it is aforesaid elected, appointed, and sworn, and hereafter to be elected, appointed, and sworn from time to time, to the Council of the aforesaid Royal Society, shall be and become aiding, counselling, and assistant in all matters, business, and affairs touching or concerning the better regulation, government, and direction of the aforesaid Royal Society, and of every Member of the same.

and authority to administer the oaths aforesaid to the aforesaid persons, and to any others whomsoever hereafter from time to time to be elected into the Council aforesaid); And that the same persons, so as it is aforesaid elected, appointed, and sworn, and hereafter to be elected, appointed, and sworn from time to time, to the Council of the aforesaid Royal Society, shall be and become aiding, counselling, and assistant in all matters, business, and affairs touching or concerning the better regulation, government, and direction of the aforesaid Royal Society, and of every Member of the same.

We also grant to the President, Council, and Fellows of the aforesaid Society, and to their successors for ever, that they and their successors, or any nine or more of them (of whom we will the President for the time being, or his Deputy, to be always one), may be able lawfully to make and hold assemblies or meetings of themselves for the examination and investigation of experiments and of natural things, and for other affairs belong ing to the Society aforesaid, as often as and whenever it shall be needful, in a College or Hall or other convenient place within our City of London, or in any other convenient place within ten miles of our same City. 10

9 And further we will, and by these presents for us, our heirs, and successors do grant to the aforesaid President, Council, and Fellows of the Royal Society aforesaid, and to their successors, that the President, Council, and Fellows of the Royal Society aforesaid for the time being (of whom we will the President for the time being to be one) may and shall have from time to time in all future times for ever power and authority to nominate and elect, and that they may be able and have power to elect and nominate, every year, on the aforesaid feast of St Andrew, one of the Council of the aforesaid Royal Society for the time being, who may and shall be President of the Royal Society aforesaid until the feast of St Andrew the Apostle thereafter next following (if he shall live so long, or shall not be amoved meanwhile for any just and reasonable cause), and thenceforth until another shall have been elected, appointed, and nominated to the office of President of the

And further we will, and by these presents for us, our heirs, and successors, do grant to the aforesaid President, Council, and Fellows of the Royal Society aforesaid, and to their successors, that the President, Council, and Fellows of the Royal Society aforesaid for the time being, or any thirty-one or morc of them (of whom we will the President for the time being, or his Deputy, to be one), or the major part of the aforesaid thirty-one or more, may and shall have from time to time in all future times for ever power and authority to nominate and elect, and that they may be able and have power to elect and nominate, every year, on the aforesaid feast of St Andrew, one of the Council of the aforesaid Royal Society for the time being, who may and shall be President of the Royal Society aforesaid until the feast of St Andrew the Apostle thereafter next following (if he shall live so long, or shall not be amoved meanwhile for any just and reasonable cause), and thenceforth until anoth- 11

Royal Society aforesaid; and that he, after that he shall so have been elected and nominated, as it is aforesaid, to the office of President of the Royal Society aforesaid, before he be admitted to that office, shall take a corporal oath before the Council of the same Royal Society, or any seven or more of them, rightly, well, and faithfully to execute that office in all things touching that office, according to the form and effect of the aforesaid oath, *mutatis mutandis* (to which same Council, or to any seven or more of them, we give and grant and by these presents for us, our heirs, and successors, full power and authority to administer the aforesaid oath from time to time, as often as it shall be necessary); and that after having so taken such oath, as it is aforesaid, he may be able and have power to execute the office of President of the Royal Society aforesaid until the feast of St Andrew the Apostle thereafter next following; And if it shall happen that the President of the Royal Society aforesaid for the time being, at any time, so long as he shall be in the office of President of the same Royal Society, shall die or be amoved from his office, that then and so often it may and shall be good and lawful to the Council and Fellows of the aforesaid Royal Society, or to any seven or more of them (of whom we will the President of the Council aforesaid to be always one at such an election), l to elect and appoint another of the aforesaid number of the Council aforesaid as President of the Royal Society aforesaid; and that he so elected and appointed may have and exercise that office during the residue of the same year, and until another shall have been in due manner elected and sworn to that office, first taking a corporal oath in the form last specified; and so as often as the case shall so happen.

er shall have been elected, appointed, and nominated to the office of President of the Royal Society aforesaid; and that he, after that he shall so have been elected and nominated, as it is aforesaid, to the office of President of the Royal Society aforesaid, before he be admitted to that office, shall take a corporal oath before the Council of the same Royal Society, or any seven or more of them, rightly, well, and faithfully to execute that office in all things touching that office, according to the form and effect of the aforesaid oath, *mutatis mutandis* (to which same Council, or to any seven or more of them, we give and grant by these presents for us, our heirs, and successors full power and authority to administer the oath aforesaid from time to time, as often as it shall be needful to elect a President); and that after having so taken such oath, as it is aforesaid, he may be able and have power to execute the office of President of the Royal Society aforesaid until the feast of St Andrew the Apostle thereafter next following; And if it shall happen that the President of the Royal Society for the time being, at any time, so long as he shall be in the office of President of the same Royal Society, shall die, retire, or be amoved from his office, that then and so often it may and shall be good and lawful to the Council of the Royal Society aforesaid, and to their successors for ever, or to any eleven or more of them, to assemble or meet for the election of one of the aforesaid number of the Council aforesaid as President of the Royal Society aforesaid ; and that he who shall have been elected and sworn by the Council aforesaid, or by the aforesaid eleven or more, or by the major part of the aforesaid eleven or more, as it is aforesaid, may have and exercise that office during the residue of the same year, and until another shall have been in due manner elected and sworn to that office, fist taking a corporal oath in the form above specified; and so as often as the case shall so happen.

10 And further we will, that whenever it shall happen that any one or any of the Council of the Royal Society aforesaid for the time being shall die, or be amoved from that office, or retire (which same [members] of the Council of the Royal Society aforesaid, and every one of them, we will to be amovable for mis-

And further we will, that whenever it shall happen that any one or any of the Council of the Royal Society aforesaid for the time being shall die, or be amoved from that office, or retire (which same [members] of the Council of the Royal Society aforesaid, and every one of them, we will to be amovable for mis- 12

behaviour or any other reasonable cause, at the good pleasure of the President and of the rest of the Council aforesaid surviving and remaining in that office, or of the major part of the same, of whom we will the President for the time being to be one), that then and so often it may and shall be good and lawful to the aforesaid President, Council, and Fellows of the Royal Society aforesaid, or to the major part of the same (of whom we will the President of the Royal Society aforesaid for the time being to be one), to nominate, elect, and appoint one other or several others of the Fellows of the Royal Society aforesaid, in the place or places of him or them so dead, retired, or amoved, to fill up the aforesaid number of twenty-one persons of the Council of the Royal Society aforesaid; and that he or they so elected and appointed in that office may have the same office until the feast of St Andrew the Apostle then next following, and thenceforth until one other or several others shall have been elected, appointed, and nominated; first taking a corporal oath before the President and Council of the Royal Society aforesaid, or any seven or more of them for the time being, well and faithfully to execute that office in and by all things touching that office, according to the true intention of these presents.

behaviour or any other reasonable cause, at the good pleasure of the President and of the rest of the Council aforesaid, of whom we will the President for the time being, or his Deputy, to be one, or of the major part of the same), that then and so often it may and shall be good and lawful to the aforesaid President, Council, and Fellows of the Royal Society aforesaid, and to their successors for ever, or to any twenty-one or more of the same (of whom we will the President of the Royal Society aforesaid for the time being, or his Deputy, to be one), or to the major part of the aforesaid twenty-one or more, to nominate, elect, and appoint one other or several others of the Fellows of the Royal Society aforesaid, in the place or places of him or them so dead, retired, or amovcd, to fill up the aforesaid number of twenty-one persons of the Council of the Royal Society aforesaid ; and that he or they so elected and appointed in that office may have the same office until the feast of St Andrew the Apostle then next following, and thenceforth until one other or several others shall have been elected, appointed, and nominated; first taking a corporal oath before the President and Council of the Royal Society aforesaid, or any seven or more of them (of whom we will the President for the time being, or his Deputy, to be always one), well and faithfully to execute that office in and by all things touching that office, according to the true intention of these presents.

11 And further we will, and by these presents for us, our heirs, and successors do grant to the aforesaid President, Council, and Fellows of the aforesaid Royal Society, and to their successors, that they and their successors, every year, on the aforesaid feast of St Andrew the Apostle, may and shall have full power and authority to elect, nominate, appoint, and change ten of the Fellows of the Royal Society aforesaid, to fill up the places and offices of ten of the aforesaid number of twenty-one of the Council of the Royal Society aforesaid; for we do declare it to be our royal pleasure, and by these presents for us, our heirs, and successors we do grant, that ten of the aforesaid Council, and no more,

And further we will, and by these presents 13
for us, our heirs, and successors do grant to the aforesaid President, Council, and Fellows of the aforesaid Royal Society, and to their successors [for ever], that they and their successors, or any thirty-one or more of them (of whom we will the President for the time being, or his Deputy, to be always one), or the major part of the aforesaid thirty-one or more, every year, on the aforesaid feast of St Andrew the Apostle, may and shall have full power and authority to elect, nominate, appoint, and change ten of the Fellows of the Royal Society aforesaid, to fill up the places and offices of ten of the aforesaid number of twenty-one of the Council of the Royal Society aforesaid; for we do declare it to be our royal pleasure, and by these presents for us,

shall be annually changed and amoved by the President, Council, and Fellows of the Royal Society aforesaid.

12 We will also, and for us, our heirs, and successors do grant to the aforesaid President, Council, and Fellows of the aforesaid Royal Society, and to their successors, that if it shall happen that the President of the same Royal Society for the time being is detained by sickness or infirmity, or is employed in the service of us, our heirs, or successors, or is otherwise occupied, so that he shall not be able to attend to the necessary affairs of the same Royal Society touching the office of President, that then and so often it may and shall be good and lawful to the same President so detained, employed, or occupied, to nominate and appoint one of the Council of the aforesaid Royal Society for the time being to be and become the Deputy of the same President; which same Deputy, so to be made and appointed in the office of Deputy of the President aforesaid, may and shall be the Deputy of the same President from time to time, as often as the aforesaid President shall happen to be so absent, during the whole time in which the aforesaid President shall continue in the office of President; unless in the meanwhile the aforesaid President of the Royal Society aforesaid for the time being shall have made and appointed one other of the aforesaid Council his Deputy; And that every such Deputy of the aforesaid President so to be made and appointed, as it is aforesaid, may be able and have power to do and execute all and singular things which pertain or ought to pertain to the office of President of the aforesaid Royal Society, or which are limited and appointed to be done and executed by the aforesaid President, by virtue of these our Letters Patent, from time to time, as often as the aforesaid President shall so happen to be absent, during such time as he shall continue the Deputy of the aforesaid President, by force of these our Letters Patent, as fully, freely, and wholly, and in as ample manner and form, as the aforesaid President, if he were present, would be able and have power and do and execute those things; a corporal oath first to be taken by such Deputy upon the

our heirs, and successors we do grant, that ten of the aforesaid Council, and no more, shall be annually changed and amoved by the President, Council, and Fellows of the Royal Society aforesaid.

We will also, and for us, our heirs, and suc- 14
cessors do grant to the aforesaid President, Council, and Fellows of the aforesaid Royal Society, and to their successors for ever, that if it shall happen that the President of the same Royal Society for the time being is detained by sickness or infirmity, or is employed in the service of us, our heirs, or successors, or is otherwise occupied, so that he shall not be able to attend to the necessary affairs of the same Royal Society touching the office of President, that then and so often it may and shall be good and lawful to the same President so detained, employed or occupied, to nominate and appoint one of the Council of the aforesaid Royal Society for the time being to be and become the Deputy of the same President; which same Deputy, so to be made and appointed in the office of Deputy of the President aforesaid, may and shall be the Deputy of the same President from time to time, as often as the aforesaid President shall happen to be so absent, during the whole time in which the aforesaid President shall continue in the office of President ; unless in the meanwhile the aforesaid President of the Royal Society aforesaid for the time being shall have made and appointed one other of the aforesaid Council his Deputy; And that every such Deputy of the aforesaid President so to be made and appointed, as it is aforesaid, may be able and have power to do and execute all and singular things which pertain or ought to pertain to the office of President of the aforesaid' Royal Society, or which are limited and appointed to be done and executed by the aforesaid President, by virtue of these our Letters Patent, from time to time, as often as the aforesaid President shall happen to be so absent, during such time as he shall continue the Deputy of the aforesaid President, by force of these our Letters Patent, as fully, freely, and wholly, and in as ample manner and form, as the aforesaid President, if he were present, would be able and have power to do and execute those things; a corporal oath first to be taken by

holy Gospels of God, in the form and effect last specified, well and faithfully to execute all and singular things which pertain to the office of President, before the aforesaid Council of the aforesaid Royal Society, or any seven or more of them; and so as often as the case shall so happen: to which same Council, or to any seven or more of them, for the time being, we do give and grant by these presents power and authority to administer the oath aforesaid as often as the case shall so happen, without procuring or obtaining any writ, commission, or further warrant in that behalf from us, our heirs or successors.

13 And further we will, and by these presents for us, our heirs, and successors do grant to the aforesaid President, Council, and Fellows of the Royal Society aforesaid, and to their successors, that they and their successors henceforth for ever may and shall have one Treasurer, two Secretaries, one Clerk, and two Serjeants-at-Mace, who may from time to time attend upon the President; and that the aforesaid Treasurer, Secretaries, Clerk, and Serjeants-at-Mace, to be elected and nominated, before they be admitted to execute their several and respective offices, shall take their corporal oaths in the form and effect last specified, before the President and Council of the same Royal Society, or any seven or more of them, rightly, well, and faithfully to execute their several and respective offices in all things touching the same; and that after having so taken such oaths, as it is aforesaid, they may exercise and use their respective offices; to which same President and Council, or to any seven or more of them, we do give and grant by these presents full power and authority to administer the oaths aforesaid from time to time to the aforesaid several and respective officers and their successors: And we have assigned, nominated, chosen, created, appointed, and made, and by these presents for us, our heirs, and successors do assign, nominate, choose, create, appoint, and make, our beloved subjects William Balle, Esquire, to be and become the first and present Treasurer, and the aforesaid John Wilkins and Henry Oldenburg to be and become the first and present Secretaries, of the aforesaid Royal Society; to be continued in

such Deputy upon the holy Gospels of God, in the form and effect above specified, well and faithfully to execute all and singular things which pertain to the office of President, before the aforesaid Council of the aforesaid Royal Society, or any seven or more of them; and so often as the case shall so happen: to which same Council, or to any seven or more of them, for the time being, we do give and grant by these presents, power and authority to administer the oath aforesaid, as often as the case shall so happen, without procuring or obtaining a writ, com commission, or further warrant in that behalf from us, our heirs, or successors.

And further we will, and by these presents 15
for us, our heirs, and successors do grant to the aforesaid President, Council, and Fellows of the Royal Society aforesaid, and to their successors, that they and their successors henceforth for ever may and shall have one Treasurer, two Secretaries, two or more Curators of experiments, one Clerk or more, and moreover two Serjeants-at-Mace, who may from time to time attend upon the President; and that the aforesaid Treasurer, Secretaries, Curators, Clerk or Clerks, and Serjeants-at-Mace, to be elected and nominated by the President, Council, and Fellows of the Royal Society aforesaid, or by any thirty-one or more of them (of whom we will the President for the time being, or his Deputy, to be one), or by the major part of the aforesaid thirty-one or more, before they be admitted to execute their special and respective offices, shall take their corporal oaths in the form and effect above specified, before the President, or his Deputy, and the Council of the same Royal Society, or any seven or more of them, rightly, well, and faithfully to execute their several and respective offices in all things touching the same; and that after having so taken such oaths, as it is aforesaid, they may exercise and use their respective offices; to which same President and Council, or to any seven or more of them, we do give and grant by these presents full power and authority to administer the oaths aforesaid from time to time to the aforesaid several and respective officers and their successors: And we have assigned, nominated, chosen, created, appointed, and made, and by these presents for

the same offices until the aforesaid feast of St Andrew the Apostle next following after the date of these presents: And that from time to time and at all times on the aforesaid feast of Saint Andrew the Apostle (unless it shall be Sunday, and if it be Sunday, then on the day next following) the President, Council, and Fellows of the aforesaid Royal Society for the time being, or the major part of the same (of whom we will the President for the time being to be one), may be able and have power to elect, nominate, and appoint other upright and discreet men, from time to time, as Treasurer,Secretaries, Clerk, and Sergeants-at-Mace of the aforesaid Royal Society ; and that those who shall so have been elected, appointed, and sworn to the aforesaid several and respective offices, as it is aforesaid, may be able and have power to exercise and enjoy those respective offices until the aforesaid feast of St Andrew then next following, their aforesaid oaths, as it is aforesaid, first to be taken; and so as often as the case shall so happen: And if it shall happen that any one or any of the officers aforesaid of the same Royal Society shall die, or be amoved from their respective offices, that then and so often it may and shall be good and lawful to the President, Council, and Fellows of the aforesaid Royal Society, or to the major part of the same (of whom we will the President for the time being to be one), to elect and appoint another or others to the office or offices of those persons so deceased or amoved; and that he or they so elected and appointed may have and exercise the respective offices aforesaid during the residue of the same year, and until another or others shall have been in due manner elected and sworn to those respective offices; and so as often as the case shall so happen.

us, our heirs, and successors do assign, nominate, choose, create, appoint, and make, our beloved, subjects the aforesaid William Balle, Esquire, to be and become the first and present Treasurer, and the aforesaid John Wilkins and Henry Oldenburg to be and become the first and present Secretaries, of the aforesaid Royal Society; to be continued in the same offices until the aforesaid feast of St Andrew the Apostle next following after the date of these presents: And that from time to time and at all times on the aforesaid feast of St Andrew the Apostle (unless it shall be Sunday, and if it be Sunday, then on the day next following), the President, Council, and Fellows of the aforesaid Royal Society for the time being, or any thirty-one or more of them (of whom we will the President for the time being, or his Deputy, to be one), or the major part of the aforesaid thirty-one or more, may be able and have power to elect, nominate, and appoint upright and discreet men, who are and shall be of the number of the Council of the Royal Society aforesaid, as Treasurer and Secretaries, from time to time; and that those who shall So have been elected, appointed, and sworn to the aforesaid several and respective offices, as it is aforesaid, may be able and have power to exercise and enjoy those respective offices until the aforesaid feast of St Andrew then next following, their aforesaid oaths, as it is aforesaid, first to be taken; and so as often as the case shall so happen. And if it shall happen that the aforesaid elections of President, Council, Treasurer, [and] Secretaries, or of any one or any of them, cannot conveniently be made or finished on the aforesaid feast of St Andrew, we give and grant to the aforesaid President, Council, and Fellows, and to their successors for ever, that they or any thirty-one or more of them (of whom we will the President for the time being, or his Deputy, to be one), or the major part of the said thirty-one or more, may lawfully name and assign one other day, as near to the feast of St Andrew aforesaid as can conveniently be done, for making or finishing the aforesaid elections; and so from day to day, until the aforesaid elections be finished: And if it shall happen that any one or any of the aforesaid officers of the same Royal Society shall die, retire, or be amoved from their respective offices, that then and so often it may and shall be good and lawful to the President, Council, and Fellows of the aforesaid Royal Society, and to their successors for ever, or to any twenty-one or more of them (of whom we will the President for the time being, or his Deputy, to be one), or to the major part of the aforesaid twenty-one or more, to elect and appoint another or others to the office or offices of those persons so deceased, retired, or amoved; and that he or they so elected and appointed may have and exercise the respective offices aforesaid during the residue of the same year, and until another or others shall have been in due manner elected and sworn to those respective offices; and so as often as the case shall so happen.

14 And moreover we will, and of our special grace and of our certain knowledge and mere motion do grant to the aforesaid President, Council, and Fellows of the Royal Society aforesaid, and to their successors, that the President and Council of the aforesaid Royal Society for the time being, and the major part of the same (of whom we will the President for the time being to be one), may be able and have power to meet together and assemble in a College or other public place or Hall within our City of London, or in any other convenient place within ten miles of our same City; and that they so met together and assembled shall and may have full authority, power, and faculty from time to time to draw up, constitute, ordain, make, and establish such laws, statutes, acts, ordinances, and constitutions as shall seem to them, or to the major part of them, to be good, wholesome, useful, honourable, and necessary, according to their sound discretions, and to do and perform all other things whatsoever belonging to the affairs and matters of the Royal Society aforesaid; all and singular which laws, statutes, acts, ordinances, and constitutions so to be made as it is aforesaid, we will, and by these presents for us, our heirs, and successors, firmly enjoining, do order and command, that they shall be inviolably observed from time to time, according to the tenor and effect of the same: so nevertheless that the aforesaid laws, statutes, acts, ordinances, and constitutions so to be made as it is aforesaid,

And moreover we will, and of our special grace and of our certain knowledge and mere motion do grant to the aforesaid President, Council, and Fellows of the Royal Society aforesaid, and to their successors for ever, that the President and Council of the aforesaid Royal Society for the time being (due or lawful summons or citation being always first made of all the Members of the Council aforesaid to extraordinary meetings), or any nine or more of them (of whom we will the President for the time being, or his Deputy, to be one), may be able and have power both to meet together and assemble in a College or Hall or other convenient place within our City of London, or in any other convenient place within ten miles of our same City; and that they so met together and assembled, or the major part of them, shall and may have full authority, power, and faculty from time to time to draw up, constitute, ordain, make, and establish such laws, statutes, acts, ordinances, and constitutions as shall seem to them, or to the major part of them, to be good, whole-some, useful, honourable, and necessary , according to their sound discretions, for the better government, regulation, and direction of the Royal Society aforesaid, and of every Member of the same, and to do and perform all things belonging to the government, matters, goods, faculties, rents, lands, tenements, hereditaments, and ,affairs of the Royal Society aforesaid; all and singular which laws, statutes, acts, ordinances, and 16 and every one of them, be reasonable, and not repugnant or contrary to the laws, customs, acts, or statutes of this our Realm of England.

constitutions so to be made as it is aforesaid, we will, and by these presents for us, our heirs, and successors, firmly enjoining, do order and command, that they shall be inviolably observed from time to time, according to the tenor and effect of the same: so nevertheless, that the aforesaid laws, statutes, acts, ordinances, and constitutions so to be made as it is aforesaid, and every one of them, be reasonable, and not repugnant or contrary to the laws, customs, acts, or statutes of this our Realm of England.

15 And further, of our more ample special grace and of our certain knowledge and mere motion, we have given and granted, and by these presents for us, our heirs, and successors do give and grant to the aforesaid Council and Fellows of the aforesaid Royal Society, and to their successors, full power and authority from time to time, to elect, nominate, and appoint one or more Typographers or Printers, and Chalcographers or Engravers, and to grant to him or them, by a writing, sealed with the Common Seal of the aforesaid Royal Society, and signed by the hand of the President for the time being, faculty to print such things, matters, and affairs touching or concerning the aforesaid [Royal] Society, as shall have been committed to the aforesaid Typographer or Printer, Chalcographer or Engraver, or Typographers or Printers, Chalcographers or Engravers, from time to time, by the President and Council of the aforesaid Royal Society, or any seven or more of them (of whom we will the President for the time being to be one); their corporal oaths first to be taken, before they be admitted to exercise their offices, before the President and Council for the time being, or any seven or more of them, in the form and effect last specified ; to which same President and Council, or to any seven or more of them, we do give and grant by these presents full power and authority to administer the oaths aforesaid.

And further, of our more ample special grace and of our certain knowledge and mere motion, we have given and granted, and by these presents for us, our heirs, and successors do give and grant to the aforesaid President, Council, and Fellows of the aforesaid Royal Society, and to their successors for ever, or to any twenty-one or more of them (of whom we will the President for the time being, or his Deputy, to be always one), or to the major part of the aforesaid twenty-one or more, full power and authority from time to time to elect, nominate, and appoint one or more Typographers or Printers, and Chalcographers or Engravers, and to grant to him or them, by a writing sealed with the Common Seal of the aforesaid Royal Society, and signed by the hand of the President for the time being, faculty to print such things, matters, and affairs touching or concerning the aforesaid Royal Society, as shall have been committed to the aforesaid Typographer or Printer, Chalcographer or Engraver, or Typographers or Printers, Chalcographers or Engravers, from time to time, by the President and Council of the aforesaid Royal Society, or any seven or more of them (of whom we will the President for the time being, or his Deputy, to be one), or by the major part of the aforesaid seven or more; their corporal oaths first to be taken, before they be admitted to exercise their offices, before the President and Council for the time being, or any seven or more of them, in the form and effect last specified; to which same President and Council, or to any seven or more of them, we do give and grant by these presents full power and authority to administer the oaths aforesaid. 17

16 And further, in order that the aforesaid President, Council, and Fellows of the aforesaid Royal Society may obtain the better effect in their philosophical studies, of our more ample special grace and of our certain knowledge and mere motion, we have given and granted, and by these presents for us, our heirs, and successors, do give and grant, to the aforesaid President, Council, and Fellows of the aforesaid Royal Society, and to their successors, that they and their successors from time to time may and shall have full power and authority from time to time, and at such seasonable times, according to their discretion, to require, take, and receive the bodies of such persons as have suffered death by the hand of the executioner, and to anatomize them, in such ample form and manner, and to all intents and purposes, as the College of Physicians and the Corporation of Surgeons of our City of London have used or enjoyed, or may be able and have power to use or enjoy, the same bodies.

18 And further, in order that the aforesaid President, Council, and Fellows of the aforesaid Royal Society may obtain the better success in their philosophical studies, of our more ample special grace and of our certain knowledge and mere motion, we have given and granted, and by these presents for us, our heirs, and successors do give and grant, to the aforesaid President, Council, and Fellows of the aforesaid Royal Society, and to their successors for ever, that they and their successors, or any nine or more of them (of whom we will the President for the time being, or his deputy, to be one), or the major part of the aforesaid nine or more, may and shall have from time to time full power and authority to require, take, and receive from time to time to time, and at such seasonable times, according to their discretion, by their assign or assigns the bodies of such persons as have suffered death by the hand of the executioner, and to anatomize them, in as ample manner and form, and to all intents and purposes, as the President of the College of Physicians and the Company of Surgeons of our City of London (by whatsoever names the two aforesaid corporations shall have been distinguished) have used or enjoyed, or may be able and have power to use and enjoy, the same bodies.

17 And further, for the improvement of the experiments, arts, and sciences of the aforesaid Royal Society, of our more abundant special grace and of our certain knowledge and mere motion, we have given and granted, and by these presents for us, our heirs, and successors do give and grant, to the aforesaid President, Council, and Fellows of the aforesaid Royal Society, and to their successors, that they and their successors from time to time may and shall have full power and authority, by letters or epistles under the hand of the aforesaid President, in the presence of the Council, or of any seven or more of them, and in the name of the Royal Society, and sealed with their Common Seal aforesaid, to enjoy mutual intelligence and knowledge with all and a l l manner of strangers and foreigners, whether private or collegiate, corporate or politic, without any molestation, interruption, or disturbance whatsoever: Provided nevertheless, that this our indulgence, so

19 And further, for the improvement of the experiments, arts, and sciences of the aforesaid Royal Society, of our more abundant special grace and of our certain knowledge and mere motion, we have given and granted, and by these presents for us, our heirs, and successors do give and grant, to the aforesaid President, Council, and Fellows of the aforesaid Royal Society, and to their successors for ever, that they and their successors, or any nine or more of them (of whom we will the President for the time being, or his Deputy, to be one), or the major part of the aforesaid nine or more, may and shall have from time to time full power and authority, by letters or epistles under the hand of the aforesaid President or his Deputy , in the presence of the Council, or of any seven or more of them, and in the name of the Royal Society, to enjoy mutual intelligence and affairs with all and all manner of strangers and foreigners, whether presents or collegiate, corporate or

granted as it is aforesaid, be not extended to further use than the particular benefit and interest of the aforesaid Royal Society in matters or things philosophical, mathematical, or mechanical.

18 And further we have given and granted, and by these presents for us, our heirs, and successors do give and grant to the aforesaid President, Council, and Fellows of the Royal Society aforesaid, and to their successors, full power and authority to erect, build, and construct, or to make or cause to be erected, built, and constructed, within our City of London, or ten miles of the same, one or more College or Colleges, of whatsoever kind or quality, for the habitation, assembly, and meeting of the aforesaid President, Council, and Fellows of the aforesaid Royal Society, and of their successors, for the ordering and arranging of their affairs and other matters concerning the same Royal Society.

19 And further we will, and by these presents for us, our heirs, and successors do ordain, constitute, and appoint, that if any abuses or differences hereafter shall arise and happen concerning the government or other matters or affairs of the aforesaid Royal Society, whereby any injury or hindrance may be done to the constitution, stability, and progress of the studies, or to the matters and affairs, of the same; that then and so often, by these presents, for us, our heirs, and successors, we do authorize, [ordain], nominate, assign, and appoint our aforesaid very well-beloved and very trusty Cousin and Councillor Edward, Earl of Clarendon, our Chancellor of our Realm of England, by himself during his life, and, after his death, then the Archbishop of Canterbury, the Chancellor or Keeper of the Great Seal of England, the Treasurer of England, the Bishop of London, the Keeper of the Privy Seal, and the two Principal Secretaries for the time being, or any four or more of them, to reconcile, compose, and adjust the same differences and abuses.

politic, without any molestation, interruption, or disturbance whatsoever: Provided nevertheless, that this our indulgence, so granted as it is aforesaid, be not extended to further use than the particular benefit and interest of the aforesaid Royal Society in matters or things philosophical, mathematical, or mechanical.

And further we have given and granted, and by these presents for us, our heirs, and successors do give and grant to the aforesaid President, Council, and Fellows of the Royal Society aforesaid, and to their successors for ever, or to the President and Council of the Royal Society aforesaid, or the major part of them, full power and authority to erect, build, and construct, or to make or cause to be erected, built, or constructed, within our City of London, or ten miles of the same, one or more College or College!, of whatsoever kind or quality, for the habitation, assembly, and meeting of the aforesaid President, Council, and Fellows of the aforesaid Royal Society, and of their successors, for the ordering and arranging of their affairs and other matters concerning the same Royal Society. 20

And further we will, and by these presents for us, our heirs, and successors do ordain, constitute, and appoint, that if any abuses or differences hereafter shall arise and happen concerning the government or other matters or affairs of the aforesaid Royal Society, whereby any injury or hindrance may be done to the constitution, stability, and progress of the studies, or to the matters and affairs, of the same; then that and so often, by these presents, for us, our heirs, and successors, we do authorize, nominate, assign, and appoint our aforesaid very well-beloved and very trusty Cousin and Councillor Edward, Earl of Clarendon, our Chancellor of our Realm of England, by himself during his life, and, after his death, then the Archbishop of Canterbury, the Chancellor or Keeper of the Great Seal of England, the Treasurer. of England, the Keeper of the Privy Seal, the Bishop of London, and the two Principal Secretaries for the time being, or any four or more of them, to reconcile, compose, and adjust the same differences and abuses. 21

20 And further we will, and by these presents, for us, our heirs, and successors, firmly enjoining, do order and command all and singular the Justices, Mayors, Aldermen, Sheriffs, Bailiffs, Constables, and other officers, ministers, and subjects whomsoever of us, our heirs, and successors, that they be from time to time aiding and assistant to the aforesaid President, Council, and Fellows of the Royal Society aforesaid, and to their successors, in and by all things, according to the true intention of these our Letters Patent.

21 Although express mention of the true yearly value or of the certainty of the premises, or of any of them, or of other gifts or grants before these times made by us or by any of our progenitors or predecessors to the aforesaid President, Council, and Fellows of the Royal Society, is not made in these presents; or any statute, act, ordinance, provision, proclamation, or restriction to the contrary thereof heretofore had, made, enacted, ordained, or provided, or any other thing, cause, or matter whatsoever, in any wise notwithstanding. In witness whereof we have caused these our Letters to be made Patent. Witness Ourself, at Westminster, the fifteenth day of July, in the fourteenth year of our reign.
By the King himself.
HOWARD.

And further we will, and by these presents 22
for us, our heirs, and successors, firmly enjoining, do order and command all and singular the Justices, Mayors, Aldermen, Sheriffs, Bailiffs, Constables, and other officers, ministers, and subjects whomsoever of us, our heirs, and successors, that they be from time to time aiding and assistant to the aforesaid President, Council, and Fellows of the Royal Society aforesaid, and to their successors for ever, in and by all things, according to the true intention of these our Letters Patent.

Although express mention of the true yearly 23
value or of the certainty of the premises, or of any of them or of other gifts or grants before these times made by us or by any of our progenitors or predecessors to the aforesaid President, Council, and Fellows of the Royal Society aforesaid, is not made in these presents; or any statute, act, ordinance, provision, proclamation, or restriction to the contrary thereof heretofore had, made, enacted, ordained, or provided, or any other thing, cause, or matter whatsoever, in any wise notwithstanding. In witness whereof we have caused these our Letters to be made Patent. Witness Ourself, at Westminster, the twenty-second day of April, in the fifteenth year of our reign.
By writ of Privy Seal.
HOWARD.

Anhang II: Wappen der Royal Society

Anhang III: Wappenentwürfe

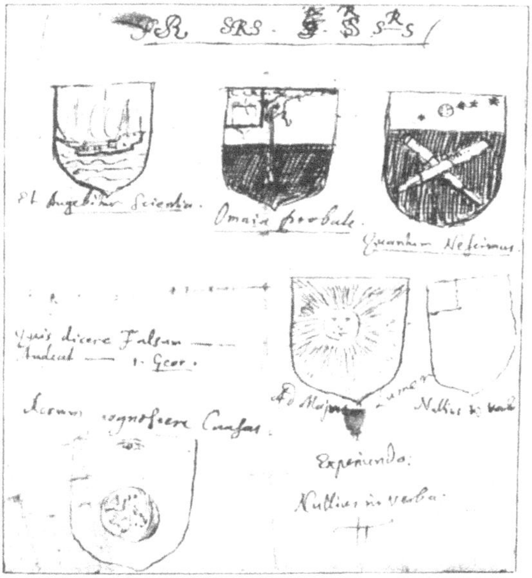

Anhang IV: Frontispiz zu Thomas Sprat „The History of the Royal Society" (1667)

Anhang V:

Preamble of a CHARTER *to incorporate the* Royal Society [*from a first Essay, and rough Draught, by* Mr. Christopher Wren.]

CHARLES, &c.

WHEREAS amongst our regal hereditary Titles (to which by divine Providence, and the Loyalty of our good Subjects, We are now happily restored) nothing appears to Us more august, or more suitable to our pious Disposition, than that of *Father of our Country*, a Name of Indulgence as well as Dominion; wherein we would imitate the Benignity of Heaven, which in the same Shower yields Thunder and Violets, and no sooner shakes the Cedars, but dissolving the Clouds, drops Fatness. We therefore out of paternal Care of our People, resolve, together with those Laws which tend to the well Administration of Government, and the People's Allegiance to us, inseparably to join the supreme Law of *Salus Populi*, that Obedience may be manifestly not only the publick but the private Felicity of every Subject, and the great Concern of his Satisfactions and Enjoyments in this Life. – The Way to so happy a Government, we are sensible is in no Manner more facilitated than by the promoting of useful Arts and Sciences, which, upon mature Inspection, are found to be the Basis of civil Communities, and free Governments, and which gather Multitudes, by an *Orphean* Charm, into Cities, and connect them in *Companies*; that so, by laying in a Stock, as it were, of several Arts, and Methods of Industry, the whole Body may be supplied by a mutual Commerce of each others peculiar Faculties; and consequently that the various Miseries and Toils of this frail Life, may, by as many various Expedients, ready at Hand, be remedied, or alleviated; and Wealth and Plenty diffused in just Proportion to every one's Industry, that is, to every one's Deserts.

And there is no Question but the same Policy that founds a City, doth nourish and encrease it; since these mentioned Allurements to a Desire of Cohabitation, do not only occasion Populosity of a Country, but render it more potent and wealthy than a more populous, but more barbarous Nations; it being the same Thing, to add more Hands, or by the Assistance of Art to facilitate Labour, and bring it within the Power of the few.

Wherefore our Reason hath suggested to us, and our own Experience in our Travels in foreign Kingdoms and States, hath abundantly confirmed, that we prosecute effectually the Advancement of Natural Experimental Philosophy, especially those Parts of it which concern the Encrease of Commerce, by the Addition of useful Inventions tending to the Ease, Profit, or Health of our Subjects; which will best be accomplished, by a *Company* of ingenious and learned Persons, well qualified for this sort of Knowledge, to make it their principal Care and Study, and to be constituted a regular *Society* for this Purpose, endowed with all proper Privileges and Immunities.

Not that herein, we would withdraw the least Ray of our Influence from the present established Nurseries of good Literature, and Education, founded, by the Piety of our Royal Ancestors, and others, to be the perpetual Fountains of Religion, and Laws; that Religion, and those Laws, which, as we are obliged to defend, so the holy Blood of our martyr'd Father hath inseparably endear'd to us; but, that we purpose to make further Provision for this Branch of Knowledge likewise, Natural Experimental Philosophy; which comprehends all that is required towards those Intentions we have recited; taking Care in the first Place for Religion, so next, for the Riches and Ornament of our Kingdoms; as we wear an *Imperial Crown*, in which *Flowers* are alternately intermixed with the *Ensigns of Christianity*.

And, whereas we are well informed, that a competent Number of Persons of eminent Learning, Ingenuity, and Honour, concording in their Inclinations and Studies towards this Employment, have for some Time, accustomed themselves to meet weekly, and orderly, to confer about the hidden Causes of Things, with a Design to establish certain, and correct uncertain Theories in Philosophy, and by their Labours in the Disquisition of Nature, to approve themselves real Benefactors to Mankind: And, that they have already made a considerable Progress, by divers useful and remarkable Discoveries, Inventions, and Experiments, in the Improvement of Mathematicks, Mechanicks, Astronomy, Navigation, Physick, and Chymistry; we have determin'd to grant our Royal Favour, Patronage, and all due Encouragement, to this illustrious *Assembly*, and so beneficial and laudable an Enterprize.

– Know therefore, *&*c.

Literatur

Anstey, Peter (2000): *The Philosophy of Robert Boyle*. London.

Ben-David, Joseph (1971): *The Scientist's Role in Society: A Comparative Study*. New Jersey: Englewood Cliffs.

Ben-David, Joseph (1991): *Scientific Growth: Essays on the Social Organisation and Ethos of Science*. Berkeley/Los Angeles/Oxford.

Biagioli, Mario (1993): *Galileo, Courtier: The Practice of Science in the Culture of Absolutism*. Chicago/London.

Birch, Thomas (1756): *The History of the Royal Society of London for Improving of Natural Knowledge from its First Rise*, Vol. 1. London.

Boyle, Robert (1772): *The Works of the Honourable Robert Boyle*, ed. Thomas Birch, 2d ed., 6 Vols. London: J. & F. Rivington.

Frank, R.G. (1980): *Harvey and the Oxford Physiologists: a Study of Scientific Ideas and Social Interaction*. Berkeley/Los Angeles.

Freidson, Eliot (1986): *Professional Powers: A Study of the Institutionalisation of Formal Knowledge*. Chicago/London.

Habermas, Jürgen (1968a): *Erkenntnis und Interesse*. Frankfurt/M.

Habermas, Jürgen (1968b): *Technik und Wissenschaft als ‚Ideologie'*. Frankfurt/M.

Hall, A. Rupert und Hall, Marie Boas (1968): „The Intellectual Origins of the Royal Society – London and Oxford", *Notes and Record of the Royal Society of London* 23, 157-168.

Hall, Marie Boas (1958): *Robert Boyle and Seventeenth-century Chemistry*. Cambridge.

Hall, Marie Boas (1966): „Sources for the History of the Royal Society in the Seventeenth Century", *History of Science* 5, 62-76.

Hall, Marie Boas (1975): „Science in the Early Royal Society", in Maurice Crosland (Hg.), *The Emergence of Science in Western Europe*. London.

Hall, Marie Boas (1981): „Salomon's House Emergent: The Early Royal Society and Cooperative Research", in Harry Woolf (Hg.), *The Analytic Spirit: Essays in the History of Science in Honor of Henry Guerlac*. Ithaca/London.

Hall, Marie Boas (1984): *All Scientists Now: The Royal Society in the Nineteenth Century*. Cambridge u. a.

Hall, Marie Boas (1991): *Promoting Experimental Learning: Experiment and the Royal Society 1660-1727*. Cambridge u. a.

Hartley, Harold (Hg.): *The Royal Society: Its Origins and Founders*. London.

Harwood, John T. (Hg.) (1991): *The Early Essays and Ethics of Robert Boyle*. Carbondale/Edwardsville.

Hill, Christopher (1968): „The Intellectual Origins of the Royal Society – London or Oxford", *Notes and Record of the Royal Society of London* 23, 144-155.

Hobbes, Thomas (1839-1845): *Thomas Hobbes Malmesburiensis opera philosophica quae Latine scripsit omnia...*, ed. Sir William Molesworth, 5 Vols. London: John Bohn.

Hooke, Robert (1656): *Micrographia: Or Some Physiological Descriptions of Minute Bodies*. London

Hooykaas, Reijer (1997): *Robert Boyle: A Study of Science and Christian Belief*. Lanham, Md.

Hunter, Michael (1981): *Science and Society in Restoration England*. Cambridge.

Hunter, Michael (1989): *Establishing the New Science: The Experience of the Early Royal Society*. Woodbridge.

Hunter, Michael (1994a): *The Royal Society and Its Fellows, 1660-1700: The Morphology of an Early Scientific Institution*. Oxford.

Hunter, Michael (Hg.) (1994b): *Robert Boyle by Himself and his Friends*. London.

Hunter, Michael (Hg.) (1994c): *Robert Boyle Reconsidered*. Cambridge.

Hunter, Michael (1995): *Science and the Shape of Orthodoxy: Intellectual Change in Late Seventeenth-Century Britain*. Woodbridge.

Hunter, Michael (2000): *Robert Boyle (1627-91): Scrupulosity and Science*. Woodbridge.

Hunter, Michael und Davis, Edward B. (Hg.) (1999-2000): *The Works of Robert Boyle*, 14 Vols. London.

Hunter, M., Clericuzio, A. und Principe, L. M. (Hg.) (2001): *The Correspondence of Robert Boyle*, 6 Vols. London.

Jacob, J.R. (1977): *Robert Boyle and the English Revolution*. New York.

Johnson, Francis R. (1940): „Gresham College: Prescursor of the Royal Society", *Journal of the History of Ideas* 1/4, 413-438.

Johnson, Terence J. (1972): *Professions and Power*. London/Basingstoke.

Kaplan, Barbara(1993): *‚Divulging of Useful Truths in Physick': The Medical Agenda of Robert Boyle*. Baltimore.

Larson, Magali Sarfatti (1977): *The Rise of Professionalism: A Sociological Analysis*. Berkeley u. a.

Lyons, Henry (1944): *The Royal Society 1660-1940: An History of its Administration under its Charters*. Cambridge.

Maddison, R. E. W. (1969): *The Life of the Honourable Robert Boyle, F. R.. S.* London.

Marshall, Thomas H. (1963): „The Recent History of Professionalism in Relation to Social Structure and Social Policy", in: Thomas H. Marshall (Hg.), *Sociology at the Crossroads and other Essays*. London u. a.

McClellan, James E. (1985): *Science Reorganized: Scientific Societies in the Eighteenth Century*. New York.

McKie, Douglas (1960): „The Origins and Foundation of the Royal Society of London", in Harold Hartley (Hg.), *The Royal Society: Its Orignis and Founders*. London.

Merton, Robert K. ([2]1978): *Science, Technology and Society in Seventeenth Century England*. New Jersey/Sussex.

Münte, Peter (2001): „Die Autonomisierung von Erfahrungswissenschaft bei ihrer Institutionalisierung im Kontext frühneuzeitlicher Herrschaft in der zweiten Hälfte des 17. Jahrhunderts in Europa", Unpubl. Man., Frankfurt (Main), 2001, 701 pp.

Naudé, Gabriel (1661): *Instructions Concerning Erecting of a Library* (übersetzt von John Evelyn). London.

Oevermann, Ulrich (1996a): „Theoretische Skizze einer revidierten Theorie professionalisierten Handelns", in Arno Combe und Werner Helsper (Hg.), *Pädagogische Professionalität. Untersuchungen zum Typus pädagogischen Handelns*. Frankfurt/M.

Oevermann, Ulrich (1996b): „Krise und Muße. Struktureigenschaften ästhetischer Erfahrung aus soziologischer Sicht." Unveröff. Manuskript, Frankfurt/M., 46 pp. [Download, http://www.objektivehermeneutik.de]

Oevermann, Ulrich (1997): „Die Architektonik einer revidierten Professionalisierungstheorie und die Professionalisierung rechtspflegerischen Handelns – Vorwort zu Andreas Wernet: Professioneller Habitus im Recht“, in Andreas Wernet, *Professioneller Habitus im Recht: Untersuchungen zur Professionalisierungsbedürftigkeit der Strafrechtspflege und zum Professionshabitus von Strafverteidigern*. Berlin.

Oevermann, Ulrich (1999): *Der professionalisierungstheoretische Ansatz des Teilprojektes „Struktur und Genese professionalisierter Praxis als Ortes der stellvertretenen Krisenbewältigung“, seine Stellung im Rahmenthema des Forschungskollegs und sein Verhältnis zur historischen Forschung über die Entstehung der Professionen im 19. und 20. Jahrhundert* (unveröffentlichtes Manuskript). Frankfurt/M.

Oevermann, Ulrich (2000a): „Das Verhältnis von Theorie und Praxis im theoretischen Denken von Jürgen Habermas – Einheit oder kategoriale Differenz?“, in Stefan Müller-Doohm (Hg.), *Das Interesse der Vernunft: Rückblicke auf das Werk von Jürgen Habermas seit „Erkenntnis und Interesse“*. Frankfurt/M.

Oevermann, Ulrich (2000b): *Die Bewährungsdynamik des modernen Subjektes als Triebfeder des Spannungsverhältnisses von Gemeinwohlbindung und Eigeninteresse: Rationalität in der Entfaltung der Krise der Arbeitsgesellschaft* (unveröffentlichtes Manuskript). Frankfurt/M.

Oevermann, Ulrich (2000c): „Die Methode der Fallrekonstruktion in der Grundlagenforschung sowie der klinischen und pädagogischen Praxis“, in K. Kraimer (Hrsg.), *Die Fallrekonstruktion. Sinnverstehen in der sozialwissenschaftlichen Forschung*. Frankfurt/M., 58-156.

Oevermann, Ulrich (2000d): „Keynote address: The analytical difference between community and society and its consequences“, in A. Ross (Hg.), *Developing identities in Europe. Citizenship education and higher education*. London: CiCe, 37-61.

Principe, Lawrence M. (1998): *The Aspiring Adept: Robert Boyle and his Alchemical Quest*. Princeton.

Purver, Margery (1967): *The Royal Society: Concept and Creation*. London.

Rattansi, P. M. (1968): „Intellectual Origins of the Royal Society“, *Notes and Records of the Royal Society* 23, 129-143.

Royal Society (1985): *Journal books of scientific meetings*, 1660-1800, 18 microfilm reels. University Publications of America.

Royal Society ([3]1912): *The Record of the Royal Society of London*. London.

Sargent, Rose-Mary (1995): *The Diffident Naturalist: Robert Boyle and the Philosophy of Experiment*. Chicago.

Shapin, Steven (1994): *A Social History of Truth: Civility and Science in Seventeenth-Century England*. Chicago/London.

Shapin, Steven und Schaffer, Simon (1985): *Leviathan and the Air-Pump: Hobbes, Boyle, and the Experimental Life*. Princeton.

Skinner, Quentin (1969): „Thomas Hobbes and the Nature of the Early Royal Society“, *The Historical Journal* 12, 217-239.

Sprat, Thomas (1667): *The History of the Royal Society of London for the Improving of Natural Knowledge*. London.

Syfret, R. H. (1947): „The Origins of the Royal Society“, *Notes and Records of the Royal Society of London* 5, 75- 137.

Wallis, John (1678): *A Defence of the Royal Society, And the Philosophical Transactions, Particularly those of July, 1670. In Answer to the Cavils of Dr. William Holder*. London.

Weber, Max ([7]1984): „Die protestantischen Sekten und der Geist des Kapitalismus", in Max Weber, *Die protestantische Ethik I: Eine Aufsatzsammlung* (hg. von Johannes Winckelmann). Tübingen.

Webster, Charles (1967): „The Origins of the Royal Society", *History of Science* 6, 106-128.

Webster, Charles (1975): *The Great Instauration: Science, Medicine and Reform, 1626-1660.* London.

Weld, Charles Richard (1848): *A History of the Royal Society*. London.

Wojcik, Jan W. (1997): *Robert Boyle and the Limits of Reason*. Cambridge.

Wren, Chr. Jr., Wren, St. und Wren, J. A. (1750): *Parentalia; Or, Memoirs of the Family of the Wrens*. London.

Thomas Kailer

Wissen und Plausibilität. Der Konstruktionsgehalt biologistischer Sozialtheorien um 1900 und ihre gesellschaftspolitische Wirksamkeit

„Die Logik untersucht, warum ein Argument fehlerhaft ist,
die Soziologie, warum es breite Zustimmung findet."
Vilfredo Pareto (1916)

Von Naturgesetzen, von Wissen und von Wahrheiten[1]

Naturgesetze sind eigenartige Phänomene. Sie entziehen sich bisweilen einer klaren Beschreibung, und es ändert sich offensichtlich ihr Gültigkeitsgehalt, je nachdem, welche Haltung man ihnen gegenüber einnimmt. Das gilt auch und gerade für die Haltungen abseits der differenzierten Debatten in der Philosophie und in der Wissenschaftsgeschichte: Naturgesetze existieren ‚an sich', würden die einen sagen, sie sind zeitlos gültig, ‚ewig'. Sie werden entdeckt und formuliert, und repräsentieren dann universal-kausale Beziehungen zwischen vorhandenen, beobachtbaren Tatsachen. Naturgesetze sind ein *Abbild der Welt*, wie sie ist: Sie sind wahr, und die Wahrheit, die sie repräsentieren, ist eine absolute Wahrheit. Zugegeben, könnten andere sagen, aber die ‚Entdeckung' und ‚Formulierung' von Naturgesetzen geschehe durch den Menschen, dessen aktive Suchintention, nämlich nach Erklärung der Beobachtungen, berücksichtigt werden müsse. Formulierte Naturgesetze seien lediglich ‚Annährungen', natur-‚wissenschaftliche' Gesetze zur *Erkenntnis der Welt* – und ebenfalls wahr, jedenfalls solange, bis sie widerlegt und reformuliert werden. Die Wahrheit dieser Gesetze ist mithin eine relative, der zudem ein subjektives Moment innewohnt. Hebt man den subjektiven Faktor indes noch stärker hervor, so ist es diese aktive Suchintention, die manche bezweifeln lässt, dass die Beziehungen zwischen beobachtbaren Tatsachen tatsächlich wissenschaftlich-epistemischer oder gar universaler Art sind. Es liege vielmehr im subjektiven Interesse des rationalisierenden Individuums, die beobachteten Tatsachen kausal miteinander zu verknüpfen, ihnen einen Sinn zu geben und diesen gesetzmäßig zu formulieren. Dies helfe bei der *Deutung der Welt*; und man halte diese kausalen Beziehungen dann für wahr, wenn sie im Rahmen der eigenen Kenntnisse und Erfahrung bleiben – ohne den Konstruktionscharakter der formulierten Kausalbeziehungen bewusst zu reflektieren.

Diese leichtfüßige Unterscheidung von immanenten und beobachterrelativen Eigenschaften der Welt nähert uns zwar dem Problem an; doch nicht um den Wahrheits- oder Konstruktionsgehalt von Naturgesetzen geht es hier – welchen Gültigkeitsgehalt auch immer man

1 Für ihre Anregungen und kritischen Nachfragen danke ich Claus Zittel, Katrin Köhl und Esther Schmitt.

ihnen zuschreibt -, sondern um den *Konstruktionsgehalt von Wissen auf der Basis von Naturgesetzen*[2]. Mit anderen Worten: Warum gelten bestimmte Überzeugungen, die sich auf ‚Naturgesetze' berufen, als Wissen, sogar als gesichertes Tatsachenwissen? Und, wenn man nicht nur die epistemische, sondern auch die Handlungsebene betrachtet: Welche Implikationen hat dieser Sachverhalt für die Analyse von Sozialtheorien, die aus diesem Wissen abgeleitet werden?

„Der Kampf um's Dasein ist mithin eine mathematische Natur-Nothwendigkeit, welche keines weiteren Beweises bedarf", hatte Ernst HAECKEL in seiner „*Natürlichen Schöpfungsgeschichte*" von 1868 ausgerufen: „Die Thatsache des großen Wettkampfes ist ganz allgemein. Sie brauchen bloß Ihren Blick auf die menschliche Gesellschaft zu lenken, in der ja überall [...] dieser Wettkampf ebenfalls existirt."[3] Die Menschheitsgeschichte ein ‚Naturgesetz', dessen ‚Beweis' in der Geschichte, in der Gesetzmäßigkeit einer Menschheitsgeschichte voller Not, Hunger, Streit und Krieg liege. In dieser Geschichte sei zudem die „Selektion, die ‚Auslese' dieser ‚Auserwählten' [...] notwendig mit dem Verkümmern und Untergang der übrig gebliebenen Mehrzahl verknüpft"; in dieser Gemeinschaft ungleicher Individuen sei „die vom Sozialismus erstrebte Gleichheit der Individuen eine Unmöglichkeit" – im Gegenteil sei die Selektionstheorie im politischen Kampf gegen den Sozialismus eine herausragende Waffe: „Will man dieser englischen Theorie [*der Selektionstheorie*] eine bestimmte politische Tendenz beimessen – was allerdings möglich ist –, so kann diese Tendenz nur eine aristokratische sein, durchaus keine demokratische, und am wenigsten eine sozialistische!"[4] Zur Begründung sowohl der mühevollen, grausamen Geschichte des Menschen als auch der deutlichen sozialen Ungleichheit beruft sich diese Überzeugung auf ein ‚Naturgesetz' und zieht daraus nicht nur implizit sozialtheoretische Folgerungen. Folgerungen, die zudem historisch überaus wirksam waren. Die herausragende Bedeutung biologisch fundierter Sozialtheorien um 1900 veranlasst nun zu der Frage, auf welchen internen und externen Mechanismen diese Deutungsmacht beruhte. Warum also konnte, um die obige Frage erneut aufzunehmen, eine solche Überzeugung, wie Haeckel sie äußerte, als ‚Wissen' gelten, warum konnte diese Überzeugung mit einem so großen Wahrheitsgehalt unterlegt werden?

Wissenschaftshistorisch kann man sich diesen Fragen auf verschiedenen Wegen nähern, die darzustellen hier leider nicht der Ort ist. Nur soviel: Das Konstatieren von ‚Ideologien', ‚Paradigmen', ‚Diskursen', ‚Habitus' oder ‚Denkstilen' reicht m. E. nicht hin, die Beweggründe für die ‚Wissen-Werdung' bestimmter Überzeugungen und für die Handlungsrelevanz bestimmter Wissen aufzuzeigen. Auf formaler Ebene lassen diese Konzepte die Bedingungen, unter denen Überzeugungen als Wissen gelten, deutlich hervortreten; die Kriterien jedoch, die eine Überzeugung als Wissen ausweisen, gültig werden lassen, müssen – so die These - im Wechselspiel von epistemischer Theoriebildung und gesellschaftlichem Erklärungsbedürfnis gesucht werden, also hinsichtlich von Deutungsangebot und Deutungsnachfrage. Dieses Wechselspiel lässt sich im Begriff der „Wissenskultur" etwas präziser fassen als jener Bereich, innerhalb dessen sich die Prozesse der Produktion, Distribution, Rezeption und Transformation von Wissen abspielen. Damit werden sowohl Produktion als auch Rezeption von Wissen in einen historischen Raum sich gegenseitig initiierender und steuernder

2 Der Begriff der ‚Naturgesetze' kann an dieser Stelle nicht diskutiert werden. Siehe dazu: Cartwright (1991).
3 Haeckel (1902), S. 149f.
4 Haeckel (1878), S. 67f.

Abhängigkeit und Veränderung gestellt, der eben weder ein einseitiges Gefälle im Verhältnis von wissenschaftlicher Theorie und gesellschaftlichem Orientierungs- und Handlungswissen, noch lineare Prozesse des Transfers und der Transformation von Wissen voraussetzt. In diesem Wechselspiel ist es nun die Kategorie der *Plausibilität*, die im Folgenden in einer ersten Annäherung auf ihre Tragfähigkeit zur Analyse von Wissen hin überprüft werden soll.

Die Plausibilität von Deutungsmustern

Dass biologische Konzepte überhaupt erfolgreich auf soziale Tatbestände übertragen werden können, beruht in erster Linie auf der Plausibilität von Analogien zwischen natürlichen und sozialen Phänomenen.[5] Was aber bedeutet Plausibilität in diesem Zusammenhang, und wie ist ihr Verhältnis zur ,Wahrheit'? Voraussetzung des Biologismus ist der naturwissenschaftliche Objektivitätsanspruch. Dieser Anspruch wird in seiner popularisierten Form (und um diese geht es im Folgenden in erster Linie) nicht zuletzt wegen der Autorität der Naturwissenschaften mit gesichertem Tatsachenwissen, mit Wahrheit, gleichgesetzt. Wahrheit bzw. ein für wahr gehaltenes Wissen bildet sowohl auf individueller wie auf kollektiver Ebene *die* verlässliche Konstante für die Struktur von Wirklichkeit: Das Wissen um eine ,konkrete', auf unmittelbarer Erfahrung beruhenden Wahrheit – ein in die Luft geworfener Stein fällt zurück – strukturiert die Wirklichkeit, indem es den sicheren *Umgang mit dem erfahrbaren Faktischen* ermöglicht; das Wissen um eine ,immaterielle', der unmittelbaren Erfahrung entzogenen ,Wahrheit' dagegen – etwa: ,der Mensch stammt vom Affen ab' – strukturiert die Wirklichkeit, indem es eine *plausible Erklärung zur subjektiven Deutung des erfahrenen Faktischen* anbietet. Die subjektive Deutung einer immateriellen ,Wahrheit' bedarf nicht des eigenen Erlebens – besser: gerade nicht, denn das Lösen der Gedanken vom Erleben erlaubt die Hinwendung an Überzeugungen, an aus der Substanz einer Theorie abgeleitete Formen und plausible Deutungsmuster. Wie schon Peter L. Berger und Thomas Luckmann gezeigt haben, basieren die subjektive Strukturierung von Wirklichkeit und die daran gekoppelte Orientierung innerhalb dieser Struktur in erster Linie auf Plausibilität.[6] Wirklichkeitsstrukturierung ist ein Vorgang, der das Deutungsmuster mit der größten Plausibilität, also dasjenige mit dem größtmöglichen Gehalt an subjektiver ,Wahrheit', zur Grundlage der eigenen Interpretation des erfahrenen Faktischen macht – mit dem Ergebnis einer veränderten Wahrnehmung von Realität.

Entscheidend sind also die plausiblen Angebote, die eine Theorie oder ein Deutungsmuster zu liefern in der Lage ist. Ein Deutungsmuster scheint unter anderem dann plausibel zu sein,

5 Wie Claus Zittel ganz richtig anmerkt, müßte an dieser Stelle die Rolle der Rhetorik, mit welcher Wissen präsentiert wird, und die (manipulative) Verwendung von Bildern untersucht und diskutiert werden. Vorerst muss ein Literaturhinweis genügen: Den wechselseitigen Prozessen zwischen Gesellschaft und Biologie widmet sich gerade auch in semantischer Hinsicht der aufschlußreiche Sammelband von Maasen/Mendelsohn/Weingart (1995). Vgl. auch: Haverkamp (1998).

6 Berger/Luckmann (1980), S. 165-174.

- wenn es ‚anschlussfähig' ist, d. h. wenn es teilweise oder komplett auf die zu deutende Wahrnehmung übertragen werden kann;
- wenn es ‚integrativ' ist, d. h. wenn es die Bestätigung der individuellen oder kollektiven vorgängigen Auffassungen oder Überzeugungen anbieten kann (s. unten);
- wenn es ‚prognostisch' ist, d. h. wenn es für verlässliche Prognosen in Übereinstimmung mit den vorgängigen Auffassungen verwendet werden kann
- und – schließlich – wenn es ‚zweckmäßig' ist.

Zweckmäßigkeit ist für die (wissenssoziologische) Untersuchung von Deutungsmustern ein wesentliches Kriterium. Schon Karl JASPERS unterschied in seiner „*Psychologie der Weltanschauungen*" (1919) zwei Arten von Zweckmäßigkeit: Ein Deutungsmuster sei einerseits dann zweckmäßig, wenn es verinnerlicht ist und so einen festen Teil der individuellen Identität darstellt. Andererseits könne ein Deutungsmuster zweckmäßig sein, wenn es ‚äußerlich' bleibt und zur zeitweisen Erklärung aktueller Existenzsituationen herangezogen wird. „So lange für diese [Menschen] jene Lehren zweckmäßig sind, kann die Begeisterung dafür sich auswirken, nachher mit Änderung der Existenzbedingungen werden die Lehren schnell ‚überwunden' und durch neue ersetzt." Solche erborgten Auffassungen nennt Jaspers gegenüber den seltenen internalisierten Identitäten „unecht", und man brauche „nur die allgemeinen Mechanismen der Prozesse zur Unechtheit hin zu kennen, um die Mannigfaltigkeit der realen menschlichen Existenz zu überblicken":

> „Jene Prozesse [...] sind z. B. die Nutzung der Lehren zur Selbstrechtfertigung und zur Rechtfertigung vor anderen. Die Prinzipien dienen zur nachträglichen Apologie von etwas, das aus anderen Quellen entstanden ist. Diese Apologie bedient sich bei unterdrückten Existenzen der Lehren des Ressentiments, die das Schwache, Schlechte zum Stärkeren und Besseren durch eine Umwertung verwandeln, bei herrschenden Existenzen der legitimistischen Lehren von Rasse, Historie, Tüchtigkeit, um die eigene Macht und Gewaltausübung als das Rechte anerkannt zu sehen und selbst zu fühlen. [...] Oder schließlich sind Gewohnheit, Nachahmung, Unterwerfung unter Autorität Vorgänge, die die weltanschaulichen Inhalte übernehmen lassen, ohne daß sie in der Existenz des Einzelnen ihre Quelle hätten oder spezifische, zugehörige Kräfte vorfänden."[7]

Die Zweckmäßigkeit des ‚unechten' Deutungsmusters lässt es also dann plausibel werden, wenn es aktuelle Handlungen oder Bedingungen in einen Erklärungszusammenhang einordnen kann. Für die Analyse bedeutet dies, dass „je mehr [...] der Geist als ein Ganzes entscheidet, desto mehr ist auch die persönliche Existenz des Schaffenden für die Auffassung selbst des Geistigen relevant. Da wird psychologische Betrachtung immer misstrauisch hinter die Sache auf die Person sehen, die sich dort verstecken mag."[8]

Diese ‚Person hinter der Sache' aufzuspüren, ihre Motivationen für Handlungen und Äußerungen zu beschreiben, versuchte der italienische Nationalökonom und Soziologe Vilfredo PARETO. Pareto ging in seinem „*Trattato di sociologica generale*" (1916) von der Beobach-

7 Jaspers (1994), S. 37.
8 Jaspers (1994), S. 38.

tung aus, dass Menschen in ihrem Handeln nicht allein von der Vernunft, sondern in erster Linie von Gefühlen und Interessen getrieben werden.[9] Pareto unterschied von den logischen die nicht-logischen Handlungen, Handlungen also, die nicht zum Rationalitätstypus zweckentsprechenden Handelns (etwa in der Wissenschaft, der Technik, des Utilitarismus) gehören. Verkürzt gesagt: Logische Handlungen sind nach Pareto motiviert und bestimmt durch Denken und Urteilen, nicht-logische Handlungen dagegen durch Gefühle und Interessen. Das spezifisch Menschliche bestünde aber nicht in der Vernunftbegabtheit, sondern darin, diese Vernunft zu gebrauchen, um nicht-logische Handlungen mit scheinlogischen, sinnhaften Begründungen zu verhüllen. Diese Tendenz, letztlich das Bedürfnis zu rationalisieren, nennt Pareto *Residuum*, die scheinlogische Begründung, die dieses Bedürfnis jeweils aktuell manifestiert, *Derivation*. Welche Derivation in welchem Kontext jeweils angewendet wird, gründet – wenn ein solcher Schluss erlaubt ist – in der Plausibilität ihres Deutungs- und Rationalisierungsangebots: Erfolgreich angewendet, sind sie zweckmäßig im Sinne eines ‚unechten' Deutungsmusters. Diesen Derivationen muss eine wissenshistorische Untersuchung biologistischer Sozialtheorien nachspüren; sie scheinen geradezu paradigmatisch zu sein für Paretos Lehre von den Residuen und Derivationen.[10]

Dazu – und auch zu dem noch Folgenden – eine Anmerkung: Die Werke von Jaspers und Pareto und mithin die von ihnen verwendeten Kategorien sind wiederum ihrerseits nicht voraussetzungsfrei; sie lassen sich in eine frühe Phase wissenssoziologischer Aufweisung der historisch-kulturellen Einflussfaktoren auf Wissen einordnen und bedürften einer ähnlichen Analyse, um die Einflussfaktoren auf die eigene Theorie herauszuarbeiten. Eine solche Anwendung auf sich selbst können Aufweisungs- bzw. ‚Entlarvungs'-Ansätze[11] wie die Wissenssoziologie oder historisch früher die Ideologiekritik allerdings nur schwer zulassen. ‚Wissenssoziologie' indes ist nur eine solche, wenn genau diese Selbstanwendung gelingt, wenn also nicht nur der Gegner einer speziellen Ideologie bezichtigt, sondern auch die eigene Standortgebundenheit in einem allgemeineren Sinne zugegeben wird: „Im Gegensatz zu dieser speziellen gelangt man zu einer allgemeinen Fassung des totalen Ideologiebegriffs, wenn man den Mut hat, nicht nur die gegnerischen, sondern prinzipiell alle, also auch den eigenen Standort, als ideologisch zu sehen. [...] Mit dem Auftauchen der allgemeinen Fassung des totalen Ideologiebegriffs entsteht aus der bloßen Ideologielehre die Wissenssoziologie."[12] – so die bekannte Stelle in Karl Mannheims „*Ideologie und Utopie*" von 1929. Mit den Worten Michel Foucaults kann demnach gerade auch für die hier versuchte historische Analyse eine kritische Haltung immer mitgedacht werden, eine Kritik, „in welcher sich das Subjekt das Recht herausnimmt, die Wahrheit auf ihre Machteffekte hin zu befragen und die Macht auf ihre Wahrheitsdiskurse."[13] Auch die Wahrheitsdiskurse der Ideologiekritik, der Wissenssoziologie und des Sozialkonstruktivismus. Und so verbleibt eine Analyse – im wissenssoziologischen Sinne – eben nicht bei der Aufweisung eines ‚falschen Bewußtseins' des Subjektes, dessen Aussagen durch die Bindung an eine Ideologie und damit an latente Interessen ‚falsch' werden; vielmehr soll aufgewiesen werden, „wann und wo historisch-soziale

9 Pareto (1957); zur Soziologie Paretos: Bach (1999); Eisermann (1987); Aron (1967), S. 99-176.

10 Darauf hat bereits Markus Vogt in seiner Untersuchung über den ‚Sozialdarwinismus' hingewiesen: Vogt (1997), S. 22.

11 Vgl.: Maasen (1999), S. 10f.

12 Mannheim (1995), S. 70f.

13 Foucault (1992), S. 15.

Strukturen in die Art des Denkens hineinragen und in welchem Sinne die letzteren die ersteren in concreto bestimmen können."[14] Der Bezug auf zwei (bzw. drei, hinzu kommt unten Ludwik Fleck) Weltanschauungskritiker bzw. wissenssoziologische Theoretiker ist somit mitnichten der Versuch, eine voraussetzungsvolle Gruppe gegen eine andere, ebenso voraussetzungsvolle auszuspielen. Vielmehr stehen diese Ansätze und die der späteren klassischen Wissenssoziologie einer – metaphysisch gesehen – ‚absoluten Wahrheit' ebenso gegenüber wie dem Objektivitätsanspruch der Naturwissenschaften. Sie entstanden zudem in zeitlicher Nähe zum Höhepunkt biologistischer Sozialtheorien und können daher als Reaktionen, als soziologische (vielleicht teilweise sogar als soziologistische) Gegenentwürfe betrachtet werden[15] – was sie als Quelle einer Analyse der Wirksamkeit von Weltbildern zwar ‚zweckmäßig' und ‚plausibel' erscheinen lässt, keineswegs aber disqualifiziert.

Ein anderes wesentliches Kriterium für ein plausibles Deutungsmuster ist dessen Integrationsfähigkeit im Sinne einer Bestätigung des individuellen Einstellungsmusters, also der vorgängigen Auffassungen und Überzeugungen.[16] In der Mehrheit sind es nach Jaspers die ‚unechten' Deutungsmuster, welche die subjektive Strukturierung von Wirklichkeit leisten und somit auf der Handlungsebene relevant werden. Das gilt auch für die Derivationen, die damit identisch scheinen. In der Strukturierung von Wirklichkeit durch ‚unechte' Deutungsmuster bzw. Derivationen liegt nun auch ein konservatives Moment: Die Begründung nichtlogischer Handlungen mit entsprechenden Derivationen pflanzt sich fort, da konsequenterweise zukünftig nur solche Derivationen als Begründung herangezogen werden, die im Gültigkeitsgefüge vorgängiger Überzeugungen keinen Widerspruch darstellen. Mit anderen Worten: Ein Deutungsmuster ist dann plausibel, wenn sich sein Erklärungsangebot schlüssig in bereits Bekanntes einfügen lässt. Damit gründet die Übernahme bestimmter Deutungsmuster letztlich auf zwei wechselwirkende Quellen: auf Angeboten von außen (Deutungsmuster) und auf der Auswahl der Angebote entlang individueller, vorgängiger Überzeugungen (Einstellungsmuster), die somit in einem gleichsam komplementären Verhältnis zueinander stehen. Als die schlüssige Verbindung zwischen Einstellungsmuster und Deutungsmuster erscheint dann die Plausibilität.

---

14 Mannheim (1995), S. 229.

15 Dieser ineinander verschränkte Zusammenhang zwischen biologistischen und soziologisch/soziologistischen Sozialtheorien ist der thematische Bezugspunkt des Teilprojekts C4 „Biologismus versus Soziologismus. Gesellschaftliche Reformen unter dem Einfluß der Naturwissenschaften": Das bereits konstatierte Wechselspiel zwischen epistemischer Theoriebildung und gesellschaftlichem Erklärungsbedürfnis wird verstärkt durch den Umstand, dass stets mehrere, zueinander in Konkurrenz stehende epistemische Deutungssysteme diesem Wechselspiel unterlagen. Diesen Antagonismus bezeichnet das im Projekttitel gewählte *versus*, das somit unmittelbar zu einem erkenntnisleitenden Aspekt wird. Vgl. bspw. auch: Acham (1997); Lichtblau (1996), v. a. S. 458-492; Bruch (1997).

16 Die (Medien-)Kommunikationsforschung spricht hier von „kognitiver Konsonanz", also dem Versuch eines Rezipienten, sich nur mit Aussagen zu konfrontieren, die mit seinem Vorstellungsbild von der Welt im Einklang stehen. Dieses Vorstellungsbild, auch als „präkommunikative Attitüden- bzw. Einstellungsstruktur" bezeichnet, ist ein entscheidender Faktor z. B. medialer Informationsvermittlung und leitet über selektive Auswahl-, Wahrnehmungs- und Gedächtnisprozesse die Meinungsbildung des Rezipienten (vgl. etwa: Maletzke (1981); Festinger (1978)). Der Begriff „Einstellungsmuster" erscheint in diesem Zusammenhang wesentlich präziser, auch, um die vorgängigen Überzeugungen, die die individuelle Nachfrage nach Deutung initiieren und steuern, besser mit dem Begriff des „Deutungsmusters" in Beziehung setzen zu können.

Die Differenzierung der subjektiven Weltorientierung ist demnach ein Auswahlprozess auf der Basis des plausibelsten Angebots:

> „Daß ein jeder aus der Unendlichkeit des möglicherweise Gegenständlichen einen Teil, nur Seiten sieht, die er auswählt, ist von der vorsokratischen Philosophie in die oft wiederholte Formel gefaßt: daß Gleiches nur durch Gleiches erkannt werde. Ein jeder sieht nur, was ihm adäquat, was ihm ähnlich ist."[17]

Dieser Sachverhalt weist Ähnlichkeiten zu den Überlegungen Ludwik FLECKS zu Denkkollektiven und Denkstilen auf. Das Denkkollektiv ist Träger eines bestimmten Denkstils. Indem Fleck davon ausgeht, dass Wissen nie an sich möglich ist, sondern immer nur unter den Bedingungen sozial-historisch emergierter Vorannahmen, definiert er den Denkstil eines Denkkollektivs als *Denkzwang*, als gerichtetes Wahrnehmen, als „die Gesamtheit geistiger Bereitschaften, das Bereitsein für solches und nicht anderes Sehen und Handeln."[18] Solches und nicht anderes Sehen und Handeln bestimmt das Ergebnis der Wahr-Nehmung (!) und der Erkenntnis, mithin also die Form dessen, was als ‚wahr' erkannt wird. Denkstilgemäße Erkenntnis schließt ‚Unmögliches' als Inkongruenz mit dem gewohnten Denkstil aus, ‚Mögliches' ist hingegen kompatibel mit dem Denkstil – und erfüllt damit ein erstes Kriterium von denkstilgemäßer ‚Wahrheit'. Anhand der Entstehung des Syphilisnachweises, der so genannten Wassermann-Reaktion, zeigt Fleck die denkstilgemäße Produktion von ‚Tatsachen' über die Syphilis auf, die schließlich zur ‚Erfindung' (Fleck) der Reaktion führte:

> „Heißt die Beziehung der Wassermann-Reaktion zur Syphilis Tatsache, so wurde sie eben zur Tatsache erst durch die hohe Brauchbarkeit, durch die große Wahrscheinlichkeit ihres Zutreffens in konkreten Fällen."[19]

„Zutreffen" meint nun aber nichts anderes als die Kompatibilität der Beobachtung mit dem Denkstil; Brauchbarkeit erwächst aus der progressiven Trefferquote denkstilgemäßer Erwartungs-Beobachtungs-Relationen. Die Brauchbarkeit einer Erkenntnis, einer Theorie oder eines Deutungsmusters ergibt sich somit erst im Hinblick auf die jeweilige Zweckmäßigkeit bei der denkstilgemäßen Lösung eines Problems.

Die denkstilgemäße Problemlösung[20] hat Auswirkungen auch auf der Handlungsebene. Auf solche Art ‚produzierte' ‚Wahrheit', eine ‚Wahrheit', die plausibel, zweckmäßig, brauchbar ist, impliziert Handlungsanweisungen – besonders, wenn sie wie im Falle biologistischer Sozialtheorien mit der Autorität der Naturwissenschaften vorgetragen wird. Das biologistische Deutungsmuster war (und ist) im Kontext plausibler Angebote und entsprechender Auswahlprozesse besonders wirksam, vor allem was die Wechselwirkung biologistischen Denkens mit der Wahrnehmung und der Erfahrung der sozialen Realitäten zu dessen Deutung betrifft. Vor diesem Hintergrund kann nun versucht werden, den Konstruktionsgehalt biologistischer Sozialtheorien um 1900 neu aufzuweisen.

---

17 Jaspers (1994), S. 144, Anm. 1.

18 Fleck (1999), S. 85. Siehe auch die Beiträge von Katrin Köhl und Claus Zittel in diesem Band.

19 Fleck (1999), S. 95.

20 Hier tut sich das im Forschungskolleg intensiv diskutierte, weite Feld der ‚Krise' und ihre Überwindung

Der Konstruktionsgehalt biologistischer Sozialtheorien um 1900

I. Konkurrenter Evolutionismus: Soziale Implikationen der Theorien Darwins

Zunächst ist danach zu fragen, warum die Theorien Charles Darwins eine so nachhaltige außerwissenschaftliche Relevanz und so weitreichende sozial-politische Implikationen hatten, warum ihre Rezeption zu einer grundlegenden Veränderung von Wahrnehmung und Deutung gesellschaftlicher Realität führen konnte. Ein erster Hinweis findet sich in den Kategorien, die Darwin bereits bei der Entstehung seiner Theorien heranzog: Es waren soziale Kategorien, die Darwins aktive Suchintention, seine Analogien und Schlüsse geleitet haben und die aufgrund ihres gesellschaftlichen Kontextes wiederum anschlussfähige ‚Rück'-Schlüsse auf die menschliche Gesellschaft zuließen. Ob Darwin hier ‚Absicht' unterstellt werden kann – die Debatte ist heftig und praktisch seit Erscheinen von „*The Origin of Species*" im Jahr 1859 im Gange.[21] 1875 fasste Friedrich ENGELS den Hauptvorwurf zusammen:

> „Die ganze darwinistische Lehre vom Kampf ums Dasein ist einfach die Übertragung der Hobbesschen Lehre vom bellum omnium contra omnes und der bürgerlich-ökonomischen von der Konkurrenz, nebst der Malthusschen Bevölkerungstheorie aus der Gesellschaft in die belebte Natur. Nachdem man dieses Kunststück fertiggebracht (dessen unbedingte Berechtigung ich bestreite [...], besonders was die Malthussche Theorie angeht), so rücküberträgt man dieselben Theorien aus der organischen Natur wieder in die Geschichte und behauptet nun, man habe ihre Gültigkeit als ewige Gesetze der menschlichen Gesellschaft nachgewiesen."[22]

Die Übertragung der gesellschaftlichen Kategorie der Konkurrenz auf die Natur und ihre Verankerung als *dort* ‚entdecktes' Gesetz erlaubte zugleich – eben weil es eine soziale Kategorie war – ihre erneute Rückübertragung auf die Gesellschaft, um sozialkonkurrente Phänomene plausibel, d. h. als Ergebnis eines Naturgesetzes, zu erklären.[23] Hier liegt nun ein naturalistischer Fehlschluss vor: Die scheinbar *aus der Natur deduzierten* Gesetze stellten *in die Natur projizierte* Werturteile über die menschliche Gesellschaft dar, die, als ‚objektiv' gültige Normen, im Prozess der Rückübertragung aus der Natur in die Gesellschaft dort überragende Autorität als plausible Schemata der Wirklichkeitsdeutung erlangten.

Die Möglichkeit einer vielfältigen sozialpolitischen und ideologischen Inanspruchnahme der Theorien Darwins lag somit in ihnen selbst begründet und geht in ihren Anfängen auf eine Lektüre zurück, die Darwin auf die Erklärung der Artentstehung brachte: Thomas R. MALTHUS schrieb 1798 seinen „*Essay on the Principles of Population*" in Reaktion auf die

---

durch Routinenbildung auf. Dieser interessante Zusammenhang kann aber an dieser Stelle leider nicht ausgeführt werden (vgl.: Oevermann (1991)).

21 Darwin habe lediglich als Autorität als ‚Katalysator' der evolutionstheoretischen Debatte, in der soziale und biologische Ideen als Teil eines gedanklichen Kontextes diskutiert wurden, gewirkt. Erst seine Rezipienten hätten angestrebt, seine Theorien auf außerwissenschaftliche, ideologisch-weltanschauliche Bereiche zu übertragen (Vogt (1997), S. 151ff.; Young (1969); Bowler (1988)). Andere behaupten, Darwin habe von Anfang an die Absicht gehabt, die menschliche Gesellschaft zu erklären (Desmond/Moore (1992), S. 13f.).

22 Friedrich Engels (1966): „Brief an P. Lawrow" vom 15.-17.11.1875, in Marx, Karl und Engels, Friedrich: *Werke*, Bd. XXXIV. Berlin, 170.

23 Vgl.: Vogt (1997); Marten (1983), S. 19f., 46f.

steigenden britischen Bevölkerungszahlen seiner Zeit und stellte dem ein pessimistisches Bevölkerungsprinzip gegenüber:[24] Die Bevölkerung wachse, wenn ungehindert, in geometrischer Reihe (1, 2, 4, 8, usw.), die Nahrungsmittel dagegen lediglich in arithmetischer Reihe (1, 2, 3, 4 usw.). ‚Naturgemäß' tendiere die Bevölkerung also ständig dazu, schneller zu wachsen als ihr Nahrungsmittelspielraum. Die Folge sei Überbevölkerung, Hunger und ein durch das Streben zur Selbsterhaltung motivierter Kampf der Individuen um die knappen Ressourcen. Es gebe aber zwei Arten gegenwirksamer Hemmnisse (*checks*) dieser Entwicklung: *positive* (*repressive*) *checks*, also Armut, Elend und die daraus resultierende hohe Sterblichkeit der ‚Schwachen', der niederen Gesellschaftsschichten, und den *preventive check*, die sexuelle Enthaltsamkeit. Malthus Theorie war bereits für die Zeitgenossen in ihren Grundannahmen und hinsichtlich der Wachstumsraten ein irriges und idealtypisches Schema;[25] Malthus' Erfolg beruhte daher weniger auf der Richtigkeit seiner Theorie, als auf der ihr inhärenten Möglichkeit, die britische Bevölkerungssituation plausibel zu deuten.

Diese Plausibilität schien auch Darwin überzeugt zu haben: Er übertrug Malthus' Theorie auf die Natur. 1876 schilderte Darwin rückblickend in seinen „Erinnerungen an die Entwicklung meines Geistes und Charakters" die Lektüre des „*Essays on Population*":

> „Im Oktober 1838, also fünfzehn Monate, nachdem ich meine Untersuchungen systematisch angefangen hatte, las ich zufällig zur Unterhaltung Malthus' Buch über das Bevölkerungsproblem, und da ich hinreichend darauf vorbereitet war, den überall stattfindenden Kampf um die Existenz zu würdigen, [...] kam mir sofort der Gedanke, daß unter solchen Umständen günstige Abänderungen dazu neigen, erhalten zu werden, und ungünstige, zerstört zu werden. Das Resultat hiervon würde die Bildung neuer Arten sein. *Hier hatte ich denn nun endlich eine Theorie, mit der ich arbeiten konnte.*"[26]

Trotz Rücksicht auf die mit Ego-Dokumenten und Erinnerung verbundenen heuristischen Schwierigkeiten lässt sich möglicherweise schließen: Darwin war vorbereitet, überall einen natürlichen Kampf um die Existenz vorzufinden. Er hatte also gewissermaßen eine aktive Suchintention, und Malthus' Sozialtheorie bestätigte, was Darwin bereits wusste; er fand bestätigt, was er sehen wollte, was er vorbereitet war zu sehen: den „überall stattfindenden Kampf um die Existenz".[27] Eine Theorie über das Vermehrungsverhalten der menschlichen Gesellschaft gab Darwin somit das fehlende Element seines Kernproblems ein[28], und er konnte die These vom konkurrenten Evolutionismus formulieren: Infolge des Daseinskampfes führt natürliche Auslese durch Selektion begünstigter Varietäten zur Entstehung neuer Arten. Darwin setzte den *struggle for existence* (den er im Übrigen als soziales Phänomen von Herbert

---

24 Vgl.: Winkler (1996).
25 Winkler (1996), S. 47
26 Zit. nach: Vogt (1997), S. 87; Hervor. Th. K.
27 Damit wäre dieses Ego-Dokument ein Beispiel für die denkstilgemäße Entstehung und Entwicklung einer wissenschaftlichen Tatsache (bzw. eines Naturgesetzes) im Sinne Ludwik Flecks. Seine an der Gestaltpsychologie orientierten Theorie zur kontextabhängigen Wahrnehmung und Theoriebildung kann man mit einer seiner Kapitelüberschriften zusammenfassen: „Um zu sehen: muss man zuerst wissen" (Fleck (1947), hier S. 147).
28 Auch die Naturalisierung der Züchtungspraxis durch Menschen („künstliche Auslese") muss zur aktiven Suchintention und der Bereitschaft, auf bestimmte Weise zu sehen, hinzu gerechnet werden.

Spencers Soziologie kannte; s. unten) *a priori*, als postulierte Annahme, voraus und brachte ihn mit den Zuständen in der Natur in Verbindung: Dort gebe es kein anderes Hemmnis außer dem *positive check*, und so *müsse* unweigerlich ein Kampf um die knappen Ressourcen stattfinden. Und so formulierte er in der Einleitung von „*The Origin*“:

> „In the next chapter the Struggle for Existence amongst all organic beings throughout the world, which inevitably follows from the high geometrical ratio of their increase, will be considered. This is the doctrine of Malthus, applied to the whole animal and vegetable kingdoms. As many more individuals of each species are born than can possibly survive; and as, consequently, there is a frequently recurring struggle for existence, it follows that any being, if it vary [sic] however slightly in any manner profitable to itself, under the complex and sometimes varying conditions of life, will have the better chance of surviving, and thus be *naturally selected* [sic]. From the strong principle of inheritance, any selected variety will tend to propagate its new and modified form.“[29]

Das ist *die* Kernthese Darwins, *der* Mechanismus der Evolution – „the doctrine of Malthus, applied to the whole animal and vegetable kingdoms“. Diese Schlüsselstelle zeigt auch, warum die Theorien Darwins so leicht auch auf den Menschen bezogen werden konnten: Darwin postulierte Malthus‘ *struggle for existence* als gültig für das ganze Tier- und Pflanzenreich, ja sogar für „all organic beings throughout the world“. Konnte, ja, musste damit nicht auch der Mensch gemeint sein? Solche Formulierungen werden aufgrund des ursprünglichen Erklärungszusammenhangs verständlich und ließen Darwins Theorien für eine ideologische Inanspruchnahme anfällig werden. Und so gewann der zweite, aus Malthus abgeleitete Aspekt des konkurrenten Evolutionismus wirkungsgeschichtlich die Oberhand. Hinzu kommt zum anderen die Plausibilität des Konzepts von *struggle*:

> „Hence, as more individuals are produced than can possibly survive, there must in every case be a struggle for existence, either one individual with another of the same species, or with the individuals of distinct species, or with the physical conditions of life. It is the doctrine of Malthus applied with manifold force to the whole animal and vegetable kingdoms; for in this case there can be no artificial increase of food and no prudential restraint from marriage.“[30]

Obwohl Darwin von einer über Jahrmillionen wirksamen, langsamen Evolution ausging, sprach er an dieser und anderen Stellen vom *direkten* Kampf einzelner Individuen mit anderen bzw. mit den Umweltbedingungen als agonalem Kampf. Das bei den Rezipienten evozierte ‚Bild‘, wie die Evolution vor sich gehe, konnte nur – weil allein das plausibel vorstellbar war - die Vorstellung eines unmittelbaren Kampfes sein.

Solche, durch Darwins Formulierungen angestoßenen Reduktionen des Bedeutungsgehaltes seiner Theorien, bedingten ihre Trivialisierung; sie boten zugleich die Grundlage für ihre erfolgreiche Popularisierung. Dieser Transfer- und Transformationsprozess hatte histo-

---

29 Darwin (1958), S. 29
30 Darwin (1958), S. 76

risch die biologistische Verankerung der Theorien Darwins als soziales Deutungsmuster und damit als plausible Legitimation sozialer Wirklichkeit zur Folge. Die Leitvorstellung des konkurrenten Evolutionismus – ‚Leben als Kampf' – erhielt aber erst in Verbindung mit dem Selektionsgedanken, der Eliminierung der Schwachen durch den *positive check*, ihren eigentlichen Erklärungswert. Es *war* die Theorie Malthus' auf das Tier- und Pflanzenreich angewendet – doch mit vielfach verstärkter Kraft, „for in this case there can be no artificial increase of food and no prudential restraint from marriage." Und so scheint der Unterschied zwischen dem „being in a state of nature" und dem vergesellschafteten Mensch lediglich der zu sein, dass letzterer aus eigener Kraft seine Nahrungsmittelproduktion steigern, sich vor allem aber aus moralischen Gründen der Fortpflanzung enthalten kann. Darwin beseitigte den „moral restraint" aus dem natürlichen Wirkungsgefüge der Evolution; er ließ aus einer Theorie über die menschliche Gesellschaft das ‚Zivilisierte' beiseite – die ‚Erhebung' der menschlichen Moralität über den niederen Fortpflanzungsinstinkt. Übrig blieb ein Naturgesetz über Pflanzen und Tiere, letztlich aber über „all organic beings", denn die vorgängige Analogie blieb wirkungsgeschichtlich erhalten: *struggle* wurde zum Schlüsselbegriff einer neuen Naturauffassung, und infolge der politisch-ideologischen Rezeption zum Paradigma einer biologisierten Wahrnehmung gesellschaftlicher Realität und sozialkonkurrenter Phänomene.[31]

II. Sozialer Evolutionismus: Organismusgedanke und evolutionäre Ethik

Darwins Theorien waren zwar das erfolgreichste, nicht aber das einzige konstitutive Element im biologistischen Diskurs. Gerade hinsichtlich der biologischen Deutung sozialer Zusammenhänge stellte etwa der Organismusgedanke als Gliederungsprinzip von Gesellschaft ein Modell von hoher struktureller Plausibilität dar, das durch die Auffassung von einer evolutionären Entwicklung und durch eine evolutionäre Ethik entsprechend ergänzt wurde.

Herbert Spencer (1820-1903) formulierte eine solche organologisch-evolutionäre Sozialtheorie, in der das Verhältnis von Gesellschaft und Organismus nicht bloße Metapher war, sondern eine über identische Strukturprinzipien vermittelte Analogie.[32] Die Gesellschaft zeige die gleichen Prinzipien des Wachstums, der Reife und des Sterbens wie der individuelle Organismus; zudem sei das wichtigste Merkmal beider die funktionelle Abhängigkeit der Teile vom Ganzen. Diese Abhängigkeit sei beim biologischen wie beim sozialen Organismus durch zunehmende Differenzierung, durch Arbeitsteilung, entstanden, und zwar im Zuge eines universalen Evolutionsprozesses, in dem alle Vorgänge einschließlich der kulturell-sozialen nach einem einheitlichen Entwicklungsgesetz ablaufen: Evolution sei die Transformation des unzusammenhängenden Homogenen zum wechselseitig abhängigen Heterogenen, eine Entwicklung vom Einfachen zum Komplexen durch Integration (Wachstum) und arbeitsteilige Differenzierung von Struktur und Funktion. Motor der Transformation sei zum einen die zur Selbsterhaltung notwendige Anpassung des Organismus an die Umwelt, zum anderen – mit Bezug auf Malthus – der durch Bevölkerungsdruck hervorgerufene Daseins-

31 Vgl. auch Vogt (1997), S. 83-85.
32 Zur Sozialphilosophie Spencers vgl.: Kunczik (1999); Kellermann (1967); Ritsert (1966).

kampf. Diesen überlebe nur, wer ein dem System der gesellschaftlich nützlichen Arbeiten angemessenes Verhalten zeigen könne oder wolle – *survival of the fittest*. Über die Vererbung erworbener Eigenschaften (nach Lamarck) komme es im Verlauf der Evolution zum Fortschritt auf ein höheres Niveau, zu einer steten Vervollkommnung der Arbeitsteilung und damit des Organismus. Schließlich: Durch den Menschen könne der natürliche Evolutionsprozess nicht gefördert, sondern nur gestört werden, und so sei ein Eingriff des Staates in die harmonischen gesellschaftlichen Zusammenhänge – etwa mit einer dem Prinzip des *survival of the fittest* entgegenarbeitenden Sozialgesetzgebung – nachgerade widernatürlich.

Im kulturellen Kontext Deutschlands wurde die organologische Sozialtheorie Spencers und das Staatsorganismus-Modell der Romantik zur Theorie vom Zellstaat erweitert.[33] Der Mediziner und Politiker Rudolf VIRCHOW (1821-1902) zeigte mit seiner Zellularpathologie, dass nicht Organe oder Gewebe, sondern die Zellen Träger der krankhaften Veränderungen seien, dass physikalische und chemische Vorgänge im Zellinnern Gesundheit und Krankheit bestimmten. Aus diesem lange Zeit maßgeblichen biologisch-medizinischen Konzept leitete Virchow sein Staats- und Gesellschaftsmodell ab. Für ihn war die Zelle im Kleinen, was im Grossen das Individuum war. Die Gesellschaft galt ihm als ein lebender Organismus, dessen Einheit die ‚Zellen' herstellten, als Einzelwesen und durch ihre arbeitsteilige Abhängigkeit: Zelle und Individuum, Zellstaat und Menschenstaat empfand er als natürliche Entsprechungen - und ‚soziale Krankheiten', den Störungen der Zellfunktionen analoge Störungen im Gesellschaftsleben, pathologische Abweichungen wie Seuchen, Unbildung, Kriminalität usw., galt es entsprechend lokal zu therapieren. Neben der Medikalisierung des Gesellschaftsbildes bewirkte der biologistische Diskurs umgekehrt auch eine Politisierung der Biologie: Die Theorie vom Zellenstaat, wie die Zellbiologie überhaupt, war in Deutschland seit 1848 durchdrungen von liberalen Vorstellungen: „Die Zelle ist so gut der eigentliche Bürger, der berechtigte Repräsentant der Einzel-Existenz, wie jeder von uns beansprucht, es in der menschlichen Gesellschaft [...] zu sein", so Virchow 1879.[34] Die Theorie vom Zellenstaat war also Wissenschaft, emanzipatorische Ideologie und soziales Deutungsmuster zugleich. Die Konstruktion einer gesellschaftlichen Entität in der Organismus-Analogie ging demnach über bloße Anschaulichkeit hinaus: Sie biologisierte nicht nur Struktur und Funktion der gesellschaftlichen Einheiten und Phänomene und den konkreten sozialen Zustand, sie ‚physiologisierte' darüber hinaus dessen Normen und ‚pathologisierte' die sozialen Abweichungen.

Ein zentrales inneres Strukturierungsmoment des Biologismus war nun die Synthese von Organismus-Analogie und konkurrentem Evolutionismus mit dessen Leitvorstellungen ‚Kampf ums Dasein' und ‚Anpassung'. Der Gesellschaftsorganismus wurde zu einer Stufe der natürlichen Evolution; die Analogisierung erhielt damit eine naturgesetzlich abgeleitete ‚Wahrheit': Analogie wurde zu Identität.[35] Aus der hergestellten Identität und der postulierten

33 Vgl.: Winau (1990); Mann (1969); Weindling (1981).

34 Zit. nach: Mann (1969), S. 5.

35 Mann (1969), S. 17. Hier nun setzt bekanntlich Foucaults Analyse der Normalisierungsdiskurse im Bereich der „Bio-Macht" an (Foucault (1998), v. a. S. 161-173). Der Aspekt klassifikatorischer Normalisierung entlang biologisch fundierter Normen kann hier leider nicht vertieft werden; der Fokus liegt auf der Frage nach den Gründen für die Durchsetzung dieser Normen bzw. des biologistischen Diskurses, weniger auf der Darstellung der Normalisierungsstrategien. Verwiesen sei daher für eine ausführliche diskursanalytische Interpretation des Verhältnisses von Gesellschaftskörper und Individuum auf: Bublitz/Hanke/Seier (2000). Zum Normalisierungsdiskurs siehe auch die Beiträge in: Sohn/Mertens (1999).

universalen Gültigkeit des Evolutionismus wiederum ergaben sich entsprechende ethische Implikationen für das Individuum sowie für das Kollektiv, ergab sich eine biologistische Ethik mit normativem Anspruch auf der Basis von Naturgesetzen, die schon bei Spencer, mehr noch bei Haeckel, einen wirkungsmächtigen und einflussreichen Ausdruck fand.

Ernst HAECKEL (1834-1919) postulierte die Kausalität als das aller Entwicklung zugrunde liegende Naturgesetz.[36] Für die kausale Ursache der Evolution hielt er – von der absoluten Wahrheit der Theorien Darwins überzeugt – den selektionierenden „Kampf ums Dasein", dem wegen seiner universalen Gültigkeit auch der Mensch unterliege. Einblick in diese Naturgesetze, und ein entsprechendes naturkonformes Verhalten, könne nun das moralische Niveau der Menschen heben. Denn: Der in Natur und menschlicher Gesellschaft wütende, evolutionskausale „Kampf ums Dasein" bewirke einen Fortschritt zur sittlichen Vervollkommnung, da nur der vollkommenere, moralisch ‚edlere' Mensch den Sieg erringe. Da sich der Wert einer Handlung nach ihrem Nutzen für die Gemeinschaft bemesse, sei derjenige im „Kampf ums Dasein" der Wertvollere, der zugunsten der Gemeinschaft handelt, wohingegen derjenige zu den Unterlegenen zu zählen sei, dessen egoistisches Handeln auf Kosten der Gemeinschaft ginge. Zu den verderblichen Folgen der Zivilisation gehöre es demnach, dass ihre humanitären Einrichtungen eben jene, die im „Kampf ums Dasein" unter natürlichen Bedingungen unterliegen, begünstige, und die Tüchtigsten benachteilige. Diese ‚kontraselektorische' Wirkung der Zivilisation und ihrer Einrichtungen wie Medizin oder Sozialgesetzgebung bewirke auf Dauer eine körperliche, geistige und sittliche Verminderung der Tüchtigkeit einer Gesellschaft zum Schaden zukünftiger Generationen. Haeckel fällte auf der Basis der biologischen Konstitution ein Werturteil, das eine Unterscheidung der Menschen in stark, gesund, erhaltenswert, und schwach, krank, nicht ‚lebenswert' fast fordert. Die Grundlage der Wertung liegt aber nicht im Leben, in der Konstitution selbst begründet, sondern allein in der Meinung eines Betrachters, der mit dem zivilisatorischen Zustand nicht einverstanden ist und schwachen und kranken Menschen einen geringeren Wert zubilligt. Haeckel ergreift Partei, und hat damit – nach dem gängigen Wissenschaftsideal – den Bereich empirisch gestützter Aussagen verlassen und denjenigen der Ideologie betreten. „Ideologien und auch Sozialphilosopheme werden offenbar wegen ihrer Übereinstimmung mit den eigenen Gefühlen, woraus sie ihre Überzeugungskraft ziehen, und nicht um ihrer wissenschaftlichen Wahrheit oder Falschheit willen akzeptiert"[37] – und propagiert, kann man im Falle Haeckels hinzufügen, dessen Theorie damit eine geradezu paradigmatische Derivation im Sinne Paretos darstellt.

III. Sozialer Selektionismus: Legitimatorische Deutung des sozialen Wandels

Spencer und Haeckel formulierten eine biologistische Ethik auf der Basis von Organismus-Analogie und sozialem Evolutionismus und folgerten daraus einen *sozialen Selektionismus*, dessen gedankliche Konsequenzen – die Ausmerzung allen für die Gesellschaft schädlichen Lebens – mit den unter dem Begriff ‚Sozialdarwinismus' subsumierten sozialpolitischen Vor-

36 Zur Ethik Haeckels vgl.: Sandmann (1990), S. 72-112; Sandmann (1995); Hawkins (1997), S. 123-148.
37 Eisermann (1987), S. 199.

stellungen weitgehend zusammenfallen. Dieser soziale Selektionismus wurde zwar aus Darwins breitenwirksamen Theorien interpretiert, seinen strukturellen Gehalt aber bezog er m. E. aus dem organologischen Evolutionismus Spencers und Haeckels. Es scheint daher unzutreffend, Spencer als ‚ersten Sozialdarwinisten' zu bezeichnen:[38] Spencer folgerte nicht aus Darwins Thesen, im Gegenteil übernahm Darwin von ihm den Begriff *survival of the fittest* zur synonymen Erläuterung der *natural selection*. Spencer folgerte wie auch Darwin und Haekkel *aus dem Evolutionismus*, dessen Biologie, Anthropologie und Soziologie eine ‚natürliche Normalität' als Resultat der Evolution im Sinne einer Höherentwicklung zwingend fordern – eine Normalität, die zum einen das jeweils existierende biologische Individuum ist, der bestmögliche Organismus, zum anderen der jeweilige biologische oder soziale Status quo, die bestmögliche Realität. Diese bestmögliche Realität (im Übrigen immer die einzige vorhandene Realität!) ist wiederum die Grundlage für das Konzept der Anpassung als Motor der biologisch oder sozial konnotierten Höherentwicklung: Sie konstituiert die Umweltbedingungen, an die ein biologischer oder sozialer Organismus sich anzupassen hat. Folglich steht die Anpassung immer in Bezug zu den jeweils herrschenden, als naturgemäß legitimierten biologischen und sozialen Gegebenheiten, und wer sich diesen nicht anpassen kann oder will, wird – metaphorisch/real – nicht überleben. Aus dieser Perspektive kann eine Gesellschaftsentität, die durch Anpassung an die ‚natürliche Normalität' eine Höherentwicklung erreichen und eine Hemmung vermeiden will, auf die aus gesellschaftlicher Sicht im naturgesetzlichen Prozess ohnehin Unterlegenen keine Rücksicht nehmen.

Man sieht: Der Übergang zwischen einer biologistischen Ethik und der Eugenik ist ein fließender. Die Eugenik selbst nahm ihren Ausgang mit sozial- und bevölkerungspolitischen Fragen. Hier ist der Zusammenhang von epistemischer Theoriebildung, gesellschaftlichem Erklärungsbedürfnis, Übernahme plausibler Deutungsmuster und dem sozialen Wandel besonders deutlich: Die Eugenik entstand in der Umbruchphase zur Moderne, die geprägt war durch Industrialisierung, sprunghaftes Bevölkerungswachstum und Verstädterung, durch Polarisierung der industriellen Klassengesellschaft, aber auch durch die Entstehung des Sozialstaates und die Ausweitung der medizinischen Versorgung.

Zur eugenischen Argumentation:[39] In ihrer popularisierten Form war die Evolution durch Selektion gleichbedeutend mit Fortschritt. Blieb dieser aus – und das war angesichts der sich gegen Ende des 19. Jahrhunderts zuspitzenden sozialen Lage, biologisch gedeutet, offenbar der Fall –, so konnte das nur bedeuten, dass die Mechanismen der Selektion vom Menschen eingeschränkt wurden. Eingeschränkt wirksame Selektion bedinge aber nicht Höherentwicklung, sondern Degeneration. Medizin, Armenfürsorge oder Sozialgesetzgebung wirkten ‚kontraselektorisch', indem sie den Motor der Selektion, die durch Bevölkerungsdruck bedingte Anpassung, außer Kraft setzten: Den im Daseinskampf Unterlegenen (identifiziert mit den unteren sozialen Schichten) werde geholfen, zu überleben; auf Kosten der Überlegenen (den sozialen Oberschichten) und der Gesellschaft als übergeordneter Ganzheit insgesamt. Mittels der ‚kontraselektorischen' Einrichtungen erhielten die ‚Untauglichen' widernatürlich eine Fortpflanzungschance – aus eugenischer Sicht um den Preis der Weitergabe ‚degenerierten' Erbguts. Die Fortpflanzung der ‚Untauglichen' führe auf Dauer zu nachlassender ‚Tüchtigkeit' des Volkes; in der eugenischen Diktion also zur Degeneration der organischen ‚Enti-

---

38 Becker (1990), S. 590.

39 Vgl.: Weingart/Kroll/Bayertz (1996), S. 15-22, 114-121.

tät Gesellschaft'. Eine biologische Katastrophe drohe als unmittelbare Gefahr, würde dem nicht durch Wiedereinführung der von der Zivilisation ausgeschalteten Selektionsfaktoren bevölkerungspolitisch gegengesteuert. Als entsprechende Reaktionen wurden Maßnahmen zur Förderung der ‚Erbqualität' (positive Eugenik) oder zur Verhinderung von Degeneration (negative Eugenik; Abschaffung der Armenfürsorge, Eheverbote, Ausschließung und/oder Sterilisierung ‚Minderwertiger') propagiert.

Die sozialselektorische Diskussion erhielt, eingebettet in die breite Niedergangsstimmung der Zeit, nicht nur durch Zivilisationskritik und kulturell motivierte Dekadenzästhetik entscheidende Impulse, sondern gerade von der Bevölkerungspolitik; in ihrer eugenischen Deutung verschärft durch die Gleichsetzung des Sozialstatus mit ‚Erbqualität': Die ‚soziale Frage' drängte in den Vordergrund, das zahlenmäßige Wachstum der Arbeiterschaft, seine Zusammenballung in den Großbetrieben und in den Städten, seine Organisation in Gewerkschaften und Parteien, seine bloße Existenz wurde ebenso als Bedrohung empfunden wie die kontrafaktische Wahrnehmung einer ‚differentiellen Geburtenrate':[40]

> „Es kann unmöglich eines der Grundrechte jedes Deutschen sein, auf Kosten der Gesellschaft so viel Kinder in die Welt zu setzen, als ihm beliebt. [...] Wenn das fortdauert und gar noch weiter zunimmt, dass die Fabrikorte die höchsten Geburtenziffern aufweisen, dann ist nicht mehr abzusehen, was daraus werden soll. Man gelangt schließlich vor den Abgrund des Klassenkampfes und Bürgerkriegs."[41]

„Klassenkampf und Bürgerkrieg" – die Gefahr ging aus Sicht eugenischer Argumentation von den sozialen Unterschichten aus, dem ‚Sammelbecken' der biologisch ‚Unterlegenen', ‚Degenerierten'. Nun war es nicht so, dass man nicht um die Ursache dieser angeblichen Entwicklung – veränderte Lebens- und Produktionsbedingungen – wusste; das Problem „lag weniger in mangelnder Erkenntnis, als in den jeweils weltanschaulich motivierten Handlungsanweisungen für eine reagierende Politik", die die Motive des Geburtenrückgangs manipulieren, nach übergeordneten Werten und Zielen steuern und kanalisieren sollte.[42] Der sozialen Angstproblematik des Bürgertums, einer Überfremdungsangst als quantitatives, sozialdemographisches Problem und einer Überformungsangst aus qualitativer, geistig-intellektueller Sicht,[43] wurde durch bürgerliche Erklärungshypothesen entsprochen: durch die Konstruktion einer drohenden Degeneration der Gesellschaft aufgrund massenhafter Vererbung angeblicher ‚Minderwertigkeit' und durch Forderungen nach einer bürgerlichen Bevölkerungspolitik im Sinne einer Selektion und Verhinderung von ‚Minderwertigkeit'.[44]

---

40 Nach 1875 kam es, trotz steigender Bevölkerungszahl, zu einem Geburtenrückgang. Dieser war in erster Linie auf eine bewusste Beschränkung der Kinderzahl zuerst in den Ober-, dann auch in den Unterschichten zurückzuführen. Der Prozess war also ein gesamtgesellschaftliches Phänomen, wurde aber nicht als solches wahrgenommen. Vgl.: Nipperdey (1996), S. 25.; vgl. auch: Weingart/Kroll/Bayertz (1996), S. 116.

41 G. Rümelin (1881); zit. nach: Marten (1983), S. 163.

42 Schwartz (1992), hier S. 428f.

43 Marten (1983), S. 163.

44 Die Eugenik war dennoch keine ausschließlich bürgerliche Erscheinung: Die sozialistische Eugenik aber zielte in der Bekämpfung der Degeneration auf die Hebung des Lebensstandards, interpretierte sie die Niedergangstendenzen doch als Folge der bestehenden kapitalistischen Produktions- und Eigentumsverhältnisse, betonte demnach die soziale Ursache der Verelendung gegenüber einer biologischen (vgl.: Weingart/Kroll/Bayertz (1996), S. 108-110).

Die Geringschätzung und negative Bewertung der Unterschichten als ‚Degenerierte' resultierte dabei aus einem ‚revolutionär-devianten' Potential, das diesen Schichten unterstellt wurde, aber auch aus der Abneigung gegenüber der kulturellen und sozialen Andersartigkeit. So wurde in der die Geschlechtskrankheiten verbreitenden Prostitution und im keimschädigenden Alkoholismus wesentliche Auslöser der Degeneration erkannt, die zwar biologisch begründet wurden, letztlich aber eine Frage der Moral waren. Kurt Bayertz dazu:

> „Aus bürgerlicher Sicht bestand der Hauptfehler des Proletariats – und damit zugleich auch die Hauptursache für seine niedrige soziale Stellung – in seinem Mangel an Kultur, Selbstzucht, Strebsamkeit etc. Indem ihm diese bürgerlichen Tugenden abgingen, waren sein niedriger Rang in der sozialen Hierarchie, seine Armut und sein Elend selbstverschuldet. Die Degeneration wurde so zu einem Problem der ‚Einstellung', zu einer Konsequenz mangelnder Moral."[45]

Es schien in der Tat eine Frage der Verantwortung zu sein. Welcher Art ist die Verantwortung einer Gesellschaft, die eine proletarische und sogar eine ‚lumpenproletarische' Schicht produziert? Diese Verantwortung lag mit einer biologistischen Argumentation allerdings nicht mehr bei der ganzen Gesellschaft, sondern in den Erbanlagen eben jedes Proletariers. Sammelten sich nicht am oberen Ende der gesellschaftlichen Leiter die ‚Tüchtigsten', am unteren aber die ‚im Kampf ums Dasein Unterlegenen'? Mit der Theorie der Degeneration stand eine plausible Erklärung für soziale Ungleichheit zur Verfügung, und gesellschaftliche Verantwortung konnte nun ganz anders interpretiert werden:

> „Ein Mann von Klasse I. wiegt Tausende von Handarbeitern auf, verschafft Tausenden eine bessere Existenz. Mit dem Rückgange der Begabteren würde die Gesellschaft immer tiefer sinken und im größten Elend endigen. [...] Die höher gebildeten und besitzenden Klassen müssen wieder das Bewußtsein bekommen, daß sie eine aus der natürlichen Auslese hervorgegangene Elite sind, und daß sie in ihrem guten Rechte stehen, wenn sie den gewordenen Gesellschaftszustand auch gegen gewaltsame Umsturzversuche verteidigen."[46]

Das „gute Recht", das ‚Recht des Überlegenen', wurde abgeleitet aus den gegebenen Verhältnissen, aus der Normalität, „und wenn der vierte Stand je einmal mittels Anwendung der rohen Gewalt einen Erfolg erringen sollte, dann würde es nur ein Eintagserfolg sein. Die Leute von Talent in den anderen Ständen und in seiner eigenen Mitte würden bald wieder obenauf kommen, und die ‚natürliche Auslese' könnte von vorne beginnen."[47] Die Unabwendbarkeit von sozialer Ungleichheit, von Elitenherrschaft und der Verpflichtung auf eine evolutionäre Ethik ist durch den Bezug auf ein universales Naturgesetz plausibel legitimiert.

Die Medikalisierung des Gesellschaftsbildes in der Organismus-Analogie ergänzte den Evolutionismus und verschob die evolutionistischen Grundkategorien vom Individuum auf den ‚Volkskörper'. Das ‚gesunde' Individuum war Voraussetzung für ein funktionierendes

---

45 Weingart/Kroll/Bayertz (1996), S. 125.
46 Ammon (1891), S. 86.
47 Ammon (1891), S. 76.

Gemeinschaftsleben; das ‚gesunde' Volk aber war die höherwertige Einheit, dem sich das Individuum unterzuordnen hatte. Diese höherwertige Einheit aber bestand in den jeweils gegebenen sozialen Verhältnissen, die damit in ihrer Unumstößlichkeit weiter verfestigt wurden. Die Verlagerung der ethischen Bewertung auf die Erbqualität und damit auf die Zukunft der ‚Rasse' bedeutete den Schritt von der biologistischen Ethik zur generativen Ethik der Rassenhygiene, zu der Verpflichtung des einzelnen auf die Erhaltung der ‚Rasse' als dem letzten ethischen Maßstab. Die Eugenik war so gesehen „keinesfalls ein antimoderner Rückfall", sondern eine Auseinandersetzung mit dem Thema ‚Differenz' innerhalb des zeitgemäßen Versuchs, „gesellschaftlich evidente Dysfunktionalitäten zunehmend über ‚Pathologisierung' zu definieren und zu ‚beheben'."[48] Ihre zentralen, aus der Psychiatrie übernommenen Kategorien ‚Entartung' und ‚Minderwertigkeit' wurden dabei auf einen sich ständig ausweitenden Kreis von moralischen, sozialen, sexuellen, psychischen und physischen Abweichungen angewendet. Die Eugenik war weniger Reaktion und Lösungsversuch der ‚Sozialen Frage', als vielmehr die intendierte Lösung der ‚asozialen Frage' (SCHWARTZ). Maßstab war allein die naturgemäße Gesundheit; ‚Normalität' wurde mit dem ‚Natürlichen', ‚Anormalität' mit dem ‚Unnatürlichen', mit einer Störung, mit Krankheit identifiziert. Jede Art von Abweichung wurde so durch den Kontrast zur ‚gesunden' Normalität verstärkt sichtbar, sie wurde konturiert und damit zuschreibbar, sie wurde als ‚soziale Krankheit' pathologisiert und damit selektiv therapierbar – eine ‚Therapie', die von Stigmatisierung über Ausschließung und Sterilisierung bis zur Ausmerzung allen für die Gesellschaft ‚schädlichen Lebens' reichen konnte.

Vom Konstruktionsgehalt plausibler Deutungsmuster

Der soziale Selektionismus war also die gesellschaftliche Konsequenz weniger der Theorien Darwins als insgesamt die eines organologischen Evolutionismuskonzepts, das Spencer und Haeckel systematisierten und das als ‚Naturgesetz' und konstitutives Element des Biologismus die Funktion einer Daseinsmetapher erhielt, die von Vertretern unterschiedlicher ‚Selektionismen' rezipiert wurde. *Sozial-Evolutionismus* anstelle von ‚Sozialdarwinismus' wäre demnach zutreffender. Wie aber stand es - um an den Ausgangspunkt der Überlegungen zurückzukehren – mit Darwin selbst?

> „Bei Wilden werden die an Geist und Körper Schwachen bald beseitigt und die, welche leben bleiben, zeigen gewöhnlich einen Zustand kräftiger Gesundheit. Auf der anderen Seite tun wir zivilisierte Menschen alles nur Mögliche, um den Prozeß dieser Beseitigung aufzuhalten. Wir bauen Zufluchtsstätten für die Schwachsinnigen, für die Krüppel und die Kranken, wir erlassen Armengesetze und unsere Ärzte strengen die größte Geschicklichkeit an, das Leben eines jeden bis zum letzten Moment noch zu erhalten. Es ist Grund vorhanden, anzunehmen, dass die Impfung Tausende erhalten hat, welche infolge ihrer schwachen Konstitution früher den Pocken erlegen wären. Hierdurch geschieht es, dass die schwächeren Glieder der zivilisierten Gesellschaft

48 Schwartz (1995), hier S. 336.

> auch ihre Art fortpflanzen. Niemand, welcher der Zucht domestizierter Tiere seine Aufmerksamkeit gewidmet hat, wird daran zweifeln, dass dies für die Rasse des Menschen im höchsten Grade schädlich sein muss. Es ist überraschend, wie bald ein Mangel an Sorgfalt oder eine unrecht geleitete Sorgfalt zur Degeneration einer domestizierten Rasse führt; aber mit Ausnahme des den Menschen betreffenden Falls ist kein Züchter so unwissend, dass er seine schlechtesten Tiere zur Nachzucht zulässt."[49]

Das ausführliche Zitat aus Darwins „*Abstammung des Menschen*" zeigt, wie leicht selbst bei dem mit sozialen Schlussfolgerungen zurückhaltenden Darwin der biologische Evolutionismus zu einem Sozialevolutionismus werden konnte. Darwin war ‚Evolutionist'; und entsprechend kurz greift es, auch ihn als ersten ‚Sozialdarwinisten' zu bezeichnen.[50] Die Theorien Darwins und aller, die sie als universal gültig verstanden und sich auf sie als Autorität berufen haben, müssen in den evolutionistischen Kontext gestellt werden. Darwin gab jenen Ideen den großen Namen, der Mechanismus sozialselektionistischer Vorstellungen leitete sich aber aus dem organologischen Sozialevolutionismus und seiner Kategorie der ‚natürlichen Normalität' ab. Diese Kategorie fungierte nach ihrer Popularisierung als ein plausibles Strukturierungsmoment gesellschaftlicher Wirklichkeit auf der Basis von Naturgesetzen, als ein latent vorhandenes, situativ abrufbares Strukturierungswissen. Die Wissenschaft bzw. das Naturgesetz war dabei der ‚beweis'-erbringende Bürge für Wahrheit und Richtigkeit der Normalität.

Damit kehren wir zurück zu Haeckels Feststellung, dass die menschliche Geschichte nichts anderes sei als das Resultat eines Naturgesetzes. In dieser Aussage ist die Naturalisierungsstrategie gleich zweifach an ihr Ende gekommen: Naturalisiert und damit gleichsam in den Status eines ‚Naturgesetzes' erhoben sind Geschichte und Kultur ebenso wie die sozialkonkurrenten Kategorien „Kampf ums Dasein", *survival of the fittest*, Anpassung und Auslese. Sie waren die sozialen Ausgangspunkte des biologischen Konzepts, sie konnten mit hoher Anschlussfähigkeit auf den sozialen Bereich rückübertragen werden. Und: Eine Schlussfolgerung nach dem Muster ‚man muss sich nur in der Welt umschauen', enthebt als Argument bequem jeder Beweisnotwendigkeit; es kann nicht anders sein als es ist, nicht anders als das, was man als ‚Normalität' wahrnehmen kann.

> „Warum manche Leute *p* glauben, sollte man nicht dadurch *erklären*, dass man sagt, *p* sei wahr oder stimme mit einer Tatsache [...] überein."[51]

Die Plausibilität einer Theorie scheint letztlich an die individuelle Wahrnehmung dessen gekoppelt zu sein, was sie erklären soll. Die Theorie muss folglich nicht ‚wahr' sein – ihre primäre Funktion ist es, die individuelle Wahrnehmung zu bestätigen. Sie muss das wahrnehmende Individuum, den wahrgenommenen Sachverhalt und sich selbst in einen strukturellen Deutungszusammenhang integrieren können, der letztlich der Herstellung von Normalität dient. Die allgemeine Wahrnehmung, dass die mühevolle Existenz, der Konkurrenzdruck, dass Hunger und Krankheiten, Verbrechen und Armut das Leben der Menschen schon

---

49 Darwin (1992), S. 148.
50 Wie es etwa Marten (1983), S. 69 tut.
51 Hacking (1999), S. 130.

immer bestimmten, wurde durch die Feststellung, dass die sozialen Phänomene nichts anderes seien als der naturgesetzliche, evolutive „Kampf ums Dasein", mit wissenschaftlicher Autorität bestätigt. Evolutionismus und Selektionismus boten somit eine plausible Erklärung für die *Deutung* des gesellschaftlichen Wandels, und es zeigt sich das grundlegende Charakteristikum einer plausiblen Erklärung: Sie muss die Sicherheit einer Wahrheit bieten, nicht aber mit dieser übereinstimmen.

Literatur

Acham, Karl (1997): „Die kulturelle Krise der Gesellschaft um 1900 und die Genese der Sozialwissenschaften", in V. Drehsen und W. Sparn (Hg.), *Vom Weltbildwandel zur Weltanschauungsanalyse*. Berlin, 38-67.

Ammon, Otto (1891): *Der Darwinismus gegen die Sozialdemokratie*. Hamburg.

Aron, Raymond (1967): *Main Currents in Sociological Thought. Vol. II: Durkheim, Pareto, Weber*. New York/London.

Bach, Maurizio (1999): „Vilfredo Pareto (1848-1923)", in Dirk Käsler (Hg.), *Klassiker der Soziologie, Bd. 1*. München, 94-112.

Becker, Peter E. (1990): *Sozialdarwinismus, Rassismus, Antisemitismus und Völkischer Gedanke. Wege ins Dritte Reich. Teil II*. Stuttgart/New York.

Berger, Peter L. und Luckmann, Thomas (1980): *Die gesellschaftliche Konstruktion der Wirklichkeit. Eine Theorie der Wissenssoziologie* (1966). Frankfurt/M..

Bowler, Peter J. (1988): *The Non-Darwinian Revolution. Reinterpreting a Historical Myth*. Baltimore/London.

Bruch, Rüdiger vom (1997): „Von der Sozialethik zur Sozialtechnologie? Neuorientierungen in der deutschen Sozialwissenschaft um 1900", in: G. Hübinger, R. vom Bruch und F. W. Graf (Hg.): *Kultur und Kulturwissenschaften um 1900. Bd. II: Idealismus und Positivismus*. Stuttgart, 260-276.

Bublitz, H., Hanke, C. und Seier, A. (2000): *Der Gesellschaftskörper. Zur Neuordnung von Kultur und Geschlecht um 1900*. Frankfurt/M..

Cartwright, Nancy (1991): *How the Laws of Physics lie* (1983). Oxford, 6. Aufl.

Darwin, Charles (1958): *Origin of Species by Means of Natural Selection* (1859). o. O.

Darwin, Charles (1992): *Die Abstammung des Menschen* (1878). Wiesbaden.

Desmond, Adrian und Moore, James (1992): *Darwin*. München.

Drehsen, Volker und Sparn, Walter (Hg.) (1997): *Vom Weltbildwandel zur Weltanschauungsanalyse. Krisenwahrnehmung und Krisenbewältigung um 1900*. Berlin.

Eisermann, Gottfried (1987): Vilfredo Pareto. Tübingen.

Festinger, Leon (1978): *Theorie der kognitiven Dissonanz* (1957). Bern.

Fleck, Ludwik (1947): „Schauen, sehen, wissen", in Fleck (1983), 147-181.

Fleck, Ludwik (1983): *Erfahrung und Tatsache. Gesammelte Aufsätze*. Hrsg. v. Lothar Schäfer und Thomas Schnelle. Frankfurt/M..

Fleck, Ludwik (1999): *Entstehung und Entwicklung einer wissenschaftlichen Tatsache. Einführung in die Lehre vom Denkstil und Denkkollektiv*. Hrsg. v. Lothar Schäfer und Thomas Schnelle. Frankfurt/M., 4. Aufl.

Foucault, Michel (1992): *Was ist Kritik?* Berlin.

Foucault, Michel (1998): *Sexualität und Wahrheit. Bd. 1: Der Wille zum Wissen*. Frankfurt/M., 10. Aufl.

Gottfried Eisermann: Vilfredo Pareto. Tübingen 1987.

Hacking, Ian (1999): *Was heißt ‚soziale Konstruktion'? Zur Konjunktur einer Kampfvokabel in den Wissenschaften*. Frankfurt/M..

Haeckel, Ernst (1878): *Freie Wissenschaft und freie Lehre*. Stuttgart.

Haeckel, Ernst (1902): *Natürliche Schöpfungsgeschichte*, Bd. I. Berlin, 10. Aufl.

Haverkamp, Anselm (Hg.) (1998): *Die paradoxe Metapher*. Frankfurt/M.

Hawkins, Mike (1997): *Social Darwinism in European and American Thought, 1860-1945*. Cambridge.

Hübinge, G., Bruch, R. vom und Graf, F. W. (Hg.) (1997): *Kultur und Kulturwissenschaften um 1900. Bd. II: Idealismus und Positivismus*. Stuttgart.

Jaspers, Karl (1994): *Psychologie der Weltanschauungen* (1919). München, 2. Aufl.

Kellermann, Paul (1967): *Kritik einer Soziologie der Ordnung. Organismus und System bei Comte, Spencer und Parsons*. Freiburg.

Kunczik, Michael (1999): „Herbert Spencer", in D. Käsler (Hg.), *Klassiker der Soziologie*, Bd. 1. München, 74-94.

Lichtblau, Klaus (1996): *Kulturkrise und Soziologie um die Jahrhundertwende*. Frankfurt/M.

Maasen, Sabine (1999): *Wissenssoziologie*. Bielefeld.

Maasen, S., Mendelsohn, E. und Weingart, P. (Hg.) (1995): *Biology as Society, Society as Biology: Metaphors*. Dordrecht.

Maletzke, Gerhard (1981): *Medienwirkungsforschung*. Tübingen.

Mann, Gunter (1969): „Medizinisch-biologische Ideen und Modelle in der Gesellschaftslehre des 19. Jahrhunderts", *Medizinhistorisches Journal* 4 (1969), 1-23.

Mannheim, Karl (1995): *Ideologie und Utopie* (1929). Frankfurt/M., 8. Aufl.

Marten, Heinz-Georg (1983): *Sozialbiologismus. Biologische Grundpositionen*. Frankfurt/New York.

Nipperdey, Thomas (1996): *Deutsche Geschichte. Bd. 1: Arbeitswelt und Bürgergeist*. München, 3. Aufl.

Oevermann, Ulrich (1991): „Genetischer Strukturalismus und das sozialwissenschaftliche Problem der Erklärung der Entstehung des Neuen", in Stefan Müller-Doohm (Hg.), *Jenseits der Utopie. Theoriekritik der Gegenwart*. Frankfurt/M., 267-336.

Pareto, Vilfredo (1957): *Allgemeine Soziologie* (1916). Tübingen.

Ritsert, Jürgen (1966): „Organismusanalogie und politische Ökonomie. Zum Gesellschaftsbegriff bei Herbert Spencer", *Soziale Welt* 17 (1966), 55-65.

Sandmann, Jürgen (1990): *Der Bruch mit der humanitären Tradition. Die Biologisierung der Ethik bei Ernst Haeckel und anderen Darwinisten seiner Zeit*. Stuttgart/New York.

Sandmann, Jürgen (1995): „Ernst Haeckels Entwicklungslehre als Teil seiner biologistischen Weltanschauung", in Eve-Marie Engels (Hg.), *Die Rezeption von Evolutionstheorien im 19. Jahrhundert*. Frankfurt/M., 326-346.

Schwartz, Michael (1992): „Eugenik und Bevölkerungspolitik. Über neuere Beiträge zur Geschichte einer problematischen Sozialtechnologie", *Archiv für Sozialgeschichte* 32 (1992), 426-444.

Schwartz, Michael (1995): „Biopolitik in der Moderne", *IWK* 31 (1995), 332-347.

Sohn, Werner und Mertens, Herbert (Hg.) (1999): *Normalität und Abweichung*. Opladen.

Vogt, Markus (1997): *Sozialdarwinismus. Wissenschaftstheorie, politische und theologisch-ethische Aspekte der Evolutionstheorie.* Freiburg/Basel/Wien.

Weindling, Paul J. (1981): „Theories of the Cell State in Imperial Germany", in Ch. Webster (Hg.), *Biology, Medicine and Society 1840-1940.* Cambridge, 99-155.

Weingart, P., Kroll, J. und Bayertz, K. (1996): *Rasse, Blut und Gene. Geschichte der Eugenik und Rassenhygiene in Deutschland.* Frankfurt/M., 2. Aufl.

Winau, Rolf (1990): „Der verbesserte Mensch", in A. Nitschke und G. A. Ritter (Hg.), *Jahrhundertwende. Der Aufbruch in die Moderne 1880-1930*, Bd. 1. Hamburg, 286-311.

Winkler, Helmut (1996): *Malthus. Krisenökonom und Moralist.* Innsbruck/Wien.

Young, Robert M. (1969): „Malthus and the Evolutionists. The Common Context of Biological and Social Theory", *Past and Present* 43 (1969), 109-145.

Katrin Koehl

Wissenschaftsgeschichte als Erfahrungsgeschichte im Kalten Krieg[1]

Der deutsche Begriff „Wissenschaftsforschung" wird oft als Pendant zum englischen Ausdruck *science studies* verstanden und umfaßt damit vorrangig, wenn nicht ausschließlich, die Naturwissenschaften. Allenfalls die empirisch arbeitenden Sozialwissenschaften werden in die Untersuchung eingeschlossen, die klassischen Geisteswissenschaften dagegen werden praktisch nicht berücksichtigt.[2] In der Tat können sie aus der Sicht der *science studies* wesentlich ‚unproblematischer' erscheinen als die Naturwissenschaften, da der Gegensatz ‚natürlich' vs. ‚sozial' hier (scheinbar) keine Rolle spielt. Richard Rortys provokative Frage, ob Naturwissenschaft eine natürliche Art sei[3], betrifft die Geisteswissenschaften nicht, ist jedoch für die Untersuchung naturwissenschaftlicher Forschungstätigkeit zentral geworden: Welche Rolle, so wurde gefragt, spielen soziale Gegebenheiten für einen Wissenschaftszweig, der sich mit natürlichen Phänomenen befaßt? Kann, ja muß er nicht völlig losgelöst von sozialen Faktoren betrachtet werden?[4] Solche Fragen, die unmittelbar verknüpft sind mit naturwissenschaftlichem Selbstverständnis, eröffnen ein Schlachtfeld, auf dem es sich trefflich streiten läßt. Während Rorty die Frage „Is science a natural kind?" rhetorisch stellt, um sie dann klar mit Nein zu beantworten, unterscheidet zum Beispiel Bernard Williams zwischen „science" und „ethics".[5] Naturwissenschaft, so Williams, gründe auf einer „absolute conception of reality"[6], die immer und überall für die Wissenschaft gelte, unabhängig von den sozialen oder kulturellen Rahmenbedingungen. Dieses Merkmal unterscheidet nach Williams „science" von „ethics", also vom Bereich der Interpretation und Bewertung, da dieser stets an aktuelle und konkrete sozialkulturelle Kontexte gebunden sei.

Die Konzeption einer naturwissenschaftlichen Realität mit ‚harten Fakten', die kulturübergreifende Gültigkeit besitzen, ist von sozialkonstruktivistischer Seite heftig angegriffen worden. Durch den Blick auf ihre Entstehungsbedingungen wurden aus universellen Tatsachen in der Sicht von Steven Shapin, Simon Schaffer und anderen kontextbestimmte soziale Konstrukte.[7] Beide Standpunkte – sowohl die Verteidigung als auch die Leugnung einer

---

1 Für Kritik und Anmerkungen zur ersten Fassung des Textes danke ich Claus Zittel, Daniel Porsch, Thomas Kailer und Ulrike Wunderle.

2 Einen guten Überblick über Geschichte und neuere Entwicklung der Wissenschaftsforschung gibt die Einführung von Felt/Nowotny/Taschwer (1995), die im übrigen auch ein Kapitel zur Problematik der Geistes- und Sozialwissenschaften und dem Stand der Erforschung dieser Disziplinen beinhaltet.

3 Rorty (1988).

4 Vgl. zu dieser Diskussion den Beitrag von Claus Zittel in diesem Band.

5 Williams (1984); vgl. auch Williams (1985), bes. S. 138f.

6 Williams (1984), S. 214.

7 Vgl. das inzwischen zu einem Klassiker des Sozialkonstruktivismus gewordene Buch von Shapin/Schaffer (1985), sowie Shapin (1994); Barnes/Bloor/Henry (1996).

objektiv naturwissenschaftlich erfaßbaren Realität – verdanken sich im Grunde dem Umstand, daß im Falle der Naturwissenschaften die Möglichkeit einer Trennung des von ihnen behandelten Untersuchungsgegenstandes und der sie umgebenden sozialen Welt zumindest diskutabel erscheinen kann. Eine solche Trennung hat in den Geistes- und Sozialwissenschaften in dieser Deutlichkeit nie existiert, da die soziale Welt ihr Gegenstand ist. Die Verbindungen und Wechselwirkungen zwischen der eigenen wissenschaftlichen Tätigkeit und den sozialen und kulturellen Verhältnissen, in denen sie sich abspielt, wurden daher in den Geistes- und Sozialwissenschaften wesentlich früher thematisiert als in den Naturwissenschaften, wenn auch Ute Daniels Einschätzung, die „Wissensbestände und Tatsachen" der geistes- und sozialwissenschaftlichen Disziplinen, seien, „da auf den Bereich der ‚Kultur' und nicht den der ‚Natur' bezogen, *von vornherein* als interagierend wahrgenommen" worden[8] (Hervorh. K. K.), etwas zu optimistisch erscheint. Galten doch die Naturwissenschaften in der Phase der Herausbildung der modernen Sozialwissenschaften diesen vielfach als Vorbild von Wissenschaftlichkeit. Nur wenn die Erforschung sozialer Gegebenheiten den Bereich dessen, was Bernard Williams unter „ethics" faßt, verließ, konnte sie, so die Auffassung, tatsächlich als wissenschaftlich, das heißt als exakt, objektiv und jederzeit nachprüfbar, gelten.[9]

Der Versuch, so ‚exakt' zu arbeiten wie die Naturwissenschaften und die damit verbundene Überzeugung, daß es den Sozialwissenschaften einst gelingen werde, die soziale Welt vollständig in ihrer Funktionsweise zu durchdringen und für den Menschen beherrsch- und steuerbar zu machen, brachten um die Wende vom 19. zum 20. Jahrhundert einen Fortschrittsglauben hervor, der die amerikanischen Sozialwissenschaften auch in der zweiten Hälfte des 20. Jahrhunderts prägte, in Deutschland jedoch bereits bis zum Ausgang der Weimarer Republik zutiefst erschüttert wurde. Die durch die Erfahrung von Auflösung und Diskontinuität geprägte Situation, in der sich die deutschen Sozialwissenschaften in den zwanziger Jahren befanden, förderte die kritische Selbstreflexion in diesen Wissenschaften. Karl Mannheim beschrieb bereits 1934 die Soziologie der Weimarer Republik als „product of one of the greatest social dissolutions and reorganizations, accompanied by the highest form of self-conciousness and of self-criticism"[10]. In der von Karl Mannheim und Max Scheler entwickelten Wissenssoziologie wurde in den 20er Jahren erstmals die Seinsgebundenheit von Wissen und damit auch der eigenen wissenschaftlichen Tätigkeit soziologisch untersucht.[11] Dabei setzten die Wissenssoziologen Denken und Wissen systematisch mit sozialen Faktoren wie Klasse, Religion u. a. in Beziehung, ohne wie die Marxsche Ideologiekritik darin eine ‚Entlarvung' interessengeleiteten und damit ‚falschen' Bewußtseins zu sehen. Der bei Marx negativ belegte Begriff der Ideologie verlor in der Wissenssoziologie seinen wertenden Charakter und wurde zum rein analytischen Instrument des Soziologen, mit dem die soziale Prägung jeglichen Wissens beschrieben werden konnten. Statt von ‚falschem Bewußtsein' sprachen die Wissenssoziologen von „sozialstandortgebundenen Bewußtseins- oder ‚Aspektstrukturen'"[12]. Die angenommene Standortgebundenheit galt jedoch nicht für alle Formen des Wis-

---

8 Daniel (2001), S. 378.

9 Zu diesem in den USA besonders ausgeprägten Prozeß der Ablösung der Philosophie und der Geschichtswissenschaft als Vorbilder für die sich herausbildenden Sozialwissenschaften sowie der Orientierung sozialwissenschaftlicher Forschung an den Naturwissenschaften vgl. Ross (1991).

10 Mannheim (1934), S. 13.

11 Vgl. dazu die beiden Bände von Meja/Stehr (1982).

sens – naturwissenschaftliches und mathematisches Wissen schloß Mannheim explizit aus seinen Analysen aus: „Während man der Aussage [...] 2 mal 2 = 4 nicht ansehen kann, durch wen und wann und wo sie formuliert wurde“, so seine Argumentation, „wird man es einem geisteswissenschaftlich-historischen Werk stets ansehen, ob es etwa in den Aspektstrukturen der ‚historischen Schule‘, des ‚Positivismus‘ oder des ‚Marxismus‘ und auf welcher Stufe derselben konstituiert worden war.“[13] Während man sich fortan in den Sozialwissenschaften mit den Theorien der Wissenssoziologie auseinandersetzen mußte – gleich, ob man ihnen zustimmte oder nicht – wurden der Mathematik und den Naturwissenschaften lange Zeit ein Sonderstatus zugebilligt. Als nun ab den 1960er Jahren begonnen wurde, auch die Naturwissenschaften soziologisch zu dekonstruieren, und sich in der Folge *sociology of science* als eigenständige Forschungsrichtung etablierte, lag der Schwerpunkt der Untersuchungen auf der Frage nach den sozialen Entstehungsbedingungen der bis dahin als weitgehend von sozialen Faktoren unabhängig angenommenen ‚harten‘ naturwissenschaftlichen ‚Fakten‘.[14]

Die Geistes- und Sozialwissenschaften, auf deren Überlegungen man bei der soziologischen Analyse der Naturwissenschaften zurückgriff, selbst wiederum zum Untersuchungsgegenstand zu machen, erschien der neu entstehenden Disziplin Wissenschaftsforschung nicht als vordringliches Problem. In den Naturwissenschaften galt es, ein über lange Zeit nahezu unangefochtenes positivistisches Selbstverständnis zu dekonstruieren, hier konnten soziale Bedingtheiten nachgewiesen werden, die bis dato nicht wahrgenommen oder geleugnet worden waren. Die Sozial- und Geisteswissenschaften verfügten dagegen bereits über eine längere Tradition der Selbstreflexion und Selbstkritik. Dekonstruktion ‚von außen‘ schienen diese Disziplinen nicht nötig zu haben. Noch immer gelten überwiegend die Vertreter des jeweiligen Faches als zuständig für die Untersuchung der geistes- und sozialwissenschaftlichen Disziplinen, vor allem wenn es um die Historiographie der einzelnen Fächer geht.[15] In letzter Zeit wenden sich allerdings verstärkt Historiker der Wissenschaftsgeschichte als Untersuchungsfeld zu und behandeln sie als Teil der Kultur- und Gesellschaftsgeschichte.[16] Dabei geht es zunächst – anknüpfend an wissenssoziologische Konzepte – darum, die zu betrachtenden Wissenschaftler in ihre jeweiligen sozialen Kontexte hineinzustellen und nach Prägungen und Wirkungen dieser Kontexte zu fragen. Gleichzeitig aber rücken Wissenschaftler

---

12 Lieber (1952), S. 24.

13 Mannheim (1985), S. 234.

14 Zur Wiederaufnahme zentraler Argumente der Mannheimschen Wissenssoziologie durch die jüngere Wissenschaftsforschung seit den 70er Jahren sowie zur Herausbildung der neueren Ansätze der (Natur-)Wissenschaftssoziologie vgl. Felt/Nowotny/Taschwer (1995), S. 122-146.

15 Den Versuch, sowohl von Fachvertretern verfaßte Innen- als auch auf statistischen Daten beruhende Außenansichten zu bieten, machen zwei Bände zu den „sogenannten Geisteswissenschaften“: Prinz/Weingart (1990), Weingart (1991). Vgl. auch das Kapitel zu Geistes- und Sozialwissenschaften in: Felt/Nowotny/Taschwer (1995), S. 149-180, in dem zudem näher auf die Diskussionen um Funktion und Verwendungskontexte der Geistes- und Sozialwissenschaften eingegangen wird sowie auf die Debatte darüber, ob es, wie C. P. Snow postulierte, zwei oder, wie Wolf Lepenies vorschlägt, drei „Kulturen“ (Geistes vs. Naturwissenschaften oder Geistes-, Natur und darüber hinaus als eigenständige „Kultur“ die Sozialwissenschaften) gibt. Siehe zu Letzterem Kreutzer (1987); Lepenies (1988).

16 Deutlich sichtbar wird dies in mehreren derzeit laufenden kulturwissenschaftlich angelegten Forschungsprojekten, in denen der Wissenschaftsgeschichte jeweils ein eigener Teilbereich eingeräumt wurde. Als Beispiel sei hier der 1999 an der Universität Tübingen eingerichtete Sonderforschungsbereich „Kriegserfahrungen. Krieg und Gesellschaft in der Neuzeit“ genannt, der sich in einem seiner Projektbereiche speziell mit dem Zusammen

als historische Akteure stärker ins Blickfeld. Als Deutungselite ihrer Zeit reflektieren und kommentieren sie bewußt vergangenes und gegenwärtiges Geschehen und sind, sowohl ihrem eigenen Anspruch als auch den Erwartungen der Gesellschaft nach, für die Entwicklung von Deutungsmustern zuständig.[17] Indem sie Deutungen produzieren und versuchen, ihnen gesellschaftliche Gültigkeit zu verschaffen, prägen die Wissenschaftler selbst das soziale Geschehen mit, sie tragen dazu bei, es zu formen, und verändern es.

Im Folgenden soll zunächst das methodische Instrumentarium kurz erläutert werden, das eine gesellschaftsgeschichtliche Verankerung speziell der Geistes- und Sozialwissenschaften ermöglicht. Anschließend soll am Beispiel des beginnenden und sich verändernden Kalten Krieges wissenschaftliche Praxis als Teil gesellschaftlicher Deutungstätigkeit näher in den Blick genommen werden.

Der erfahrungsgeschichtliche Zugang zur Wissenschaftsgeschichte im Bereich der Geistes- und Sozialwissenschaften

Wissenschaftler – Vordenker und „Seismographen" der Gesellschaft

In einer als Gesellschaftsgeschichte verstandenen Wissenschaftsgeschichte steht die Wechselwirkung von Prägung und Gestaltung im Zentrum des Interesses: Wissenschaftler werden gleichzeitig als „Seismographen" und als „Vordenker" der Gesellschaft betrachtet.[18] In ihren Arbeiten lassen sich in der Rückschau des Historikers gesellschaftliche Strukturen aufspüren, sie erzählen, oft zwischen den Zeilen, die Geschichte von Entwicklungen, die sich ‚hinter dem Rücken der Akteure' abgespielt haben. Gleichzeitig werden Wissenschaftler als Handelnde in den Blick genommen, die soziales Geschehen immer neu aktualisieren und verändern. Ein eher sozialgeschichtlicher Ansatz analysiert dabei Wissenschaft in erster Linie als Teil des gesellschaftlichen Institutionengefüges. Bei einer eher kulturgeschichtlich ausgerichteten Herangehensweise geht es dagegen vorrangig darum, wissenschaftliche Praxis als

---

hang von Kriegserfahrung und wissenschaftlicher Praxis befaßt. Hier wurde in einer ersten Projektphase in drei Teilprojekten über die Lehre von den internationalen Beziehungen in der Zwischenkriegszeit, die Entstehung der Friedens- und Konfliktforschung nach 1945 sowie die Atomphysik von der Zwischenkriegs- bis in die Nachkriegszeit versucht, sowohl geistes- und sozialwissenschaftliche als auch naturwissenschaftliche Praxis mit kulturhistorischen Methoden näher zu beleuchten.

17 Das gilt auch für Naturwissenschaftler, denen vor allem in der neuesten Zeit vielfach größere Kompetenz für die Entwicklung angemessener Deutungen von aktuellem Geschehen zugesprochen wird als Geistes- und Sozialwissenschaftlern.

18 Der Begriff des „Seismographen" entstand in Diskussionen mit Daniel Porsch und Ulrike Wunderle. Die Untersuchung konkreter wissenschaftlicher Praxis im Rahmen des o. g. Sonderforschungsbereichs hatte gezeigt, daß der Versuch, in einer Art Vorher-Nachher-Szenario die direkten Einwirkungen von Kriegsgeschehen auf Wissenschaft herauszufiltern, in den seltensten Fällen gewinnbringend ist. Die wissenschaftliche Verarbeitung eines konkreten historischen Geschehens kann vielmehr als vielschichtiger Prozeß begriffen werden, der stets in Verbindung zu anderen Bereichen gesellschaftlicher Praxis zu sehen ist. Allerdings sind auf dem Gebiet der Wissenschaft als gesellschaftlicher Deutungsinstanz Veränderungen der kollektiven Wahrnehmung und Deutung oft besonders gut sichtbar, so daß Wissenschaft als seismographischer Anzeiger gesellschaftlicher Befindlichkeiten angesehen werden kann.

Teil gesellschaftlicher Sinnstiftungsprozesse näher zu beleuchten. Im ersten Fall stehen strategisches Handeln zur Durchsetzung wissenschaftlicher Deutungen sowie der Erwerb und die Verteidigung von Machtpositionen im sozialen Gefüge im Vordergrund, im zweiten wird dagegen nach der Verknüpfung wissenschaftlicher Deutungstätigkeit mit gesellschaftlichen Sinnkonstruktionen gefragt. In der Realität lassen sich letztlich soziale und kulturelle Aspekte nicht trennen. Die Deutungstätigkeit von Wissenschaftlern vollzieht sich immer in sozialen Kontexten und ist, um Wirkung zu entfalten, auf strategisches Handeln zur Durchsetzung der entwickelten Deutungen angewiesen. Ebenso hängen die Möglichkeiten, sich mit einer bestimmten Deutung von Wirklichkeit gesellschaftlich zu positionieren, von der Struktur kultureller Wissensbestände nicht unwesentlich ab. Für die wissenschaftshistorische Analyse allerdings ist eine Differenzierung der verschiedenen Betrachtungsweisen sinnvoll.[19]

Im Folgenden sollen vor allem kulturelle Aspekte im Vordergrund stehen. Dabei geht es zunächst darum zu klären, mit welchem Instrumentarium die konkrete Praxis wissenschaftlicher Akteure und die gesellschaftlichen Strukturen, in denen sie stattfindet, im Hinblick auf die Frage nach Deutungs- und Sinnstiftungsprozessen sinnvoll zu verbinden sind. Besonders geeignet erscheinen hierfür die von Ludwik Fleck geprägten Begriffe des Denkstils und des Denkkollektivs.

Ludwik Flecks Theorie vom Denkstil

Ludwik Flecks Buch „Entstehung und Entwicklung einer wissenschaftlichen Tatsache" von 1935[20] stellt einen frühen Vorstoß in Richtung einer Synthese von Struktur- und Handlungsebene dar. Es wurde allerdings in der Wissenschaftsforschung lange nicht rezipiert. Gearbeitet wurde eher mit der von Thomas Kuhn entwickelten Theorie der Struktur wissenschaftlicher Revolutionen, die zwar in weiten Teilen auf Fleck basiert, aber wesentliche Elemente, v. a. die Fleckschen Begriffe, verändert. Während Kuhn von wissenschaftlichen Paradigmen und *scientific communities* spricht und damit zu einer tendenziell wissenschaftsimmanenten Betrachtung kommt, werden bei Fleck die wesentlich weiter gefaßten Kategorien des „Denkstils" und des „Denkkollektivs" entwickelt, um die Entstehung wissenschaftlichen Wissens zu erklären.

„[N]iemand" – so schreibt Fleck – „[hat] ein Gefühl oder eine Kenntnis dessen [...], was physisch möglich oder unmöglich sei. Was wir als Unmöglichkeit empfinden, ist nur Inkongruenz mit dem gewohnten Denkstil."[21] Das heißt: Wie ein Mensch denkt, auf welche Ideen er kommt oder nicht kommt, ist sozial und historisch bedingt. Erkenntnis ist nach Fleck stets an ein Denkkollektiv gebunden, genaugenommen wird jede Erkenntnis in und von einem solchen Denkkollektiv hervorgebracht. Ein Kollektiv kann größer oder kleiner sein, bereits zwei Personen, die Gedanken austauschen, bilden nach Fleck ein Denkkollektiv. Diese bei-

19 Zum Thema einer ‚Sozialgeschichte der Ideen' vgl. beispielsweise für die Geschichtswissenschaft: Bruch (1993). In Richtung einer Verbindung sozialer und kultureller Aspekte zielen z. B. Raphael (1994), der besonders mit dem soziologischen Instrumentarium Pierre Bourdieus arbeitet, und Etzemüller (2001), der zudem die Begriffe von Ludwik Fleck verwendet (vgl. dazu den nächsten Abschnitt).

20 Fleck (1980).

21 Fleck (1980), S. 66.

den Personen sind aber ihrerseits wieder Teil anderer Kollektive – zum Beispiel Forschergruppen, Familien, Parteien, Gesellschaften, die ihren Denkstil prägen. Diese Prägung des Denkens begrenzt die Möglichkeit wissenschaftlichen Erkennens, bildet jedoch gleichzeitig auch seine Grundvoraussetzung.

Wissenschaftliche Erkenntnis und die Entwicklung neuer Ideen verlaufen, so Fleck, als ‚Wanderungsprozeß' innerhalb des Denkkollektivs: „Gedanken kreisen vom Individuum zum Individuum, jedesmal etwas umgeformt, denn andere Individuen knüpfen andere Assoziationen an sie. [...] [S]ie wandern innerhalb der Gemeinschaft, werden geschliffen, umgeformt, verstärkt oder abgeschwächt, beeinflussen andere Erkenntnisse, Begriffsbildungen, Auffassungen und Denkgewohnheiten."[22] So entsteht eine gedankliche Sphäre mit spezifischen Möglichkeiten und Grenzen, innerhalb derer sich die Individuen mit ihren Überlegungen, Erklärungen und Bewertungen bewegen.

Entscheidend ist, daß hier zum ersten Mal im Bereich der Wissenschaftsforschung der Versuch unternommen wird, die Dialektik zwischen Struktur und Handeln in einem Erklärungsmodell zu erfassen. In der Figur des Denkkollektivs ist zum einen die Vorstellung eines Strukturgefüges enthalten, das vom Einzelnen als objektiv und präexistent wahrgenommenen wird und seine Vorstellungswelt prägt. Gleichzeitig werden Denkkollektiv und Denkstil als dynamische, durch Kommunikation und Interaktion sozialer Akteure stets neu hervorgebrachte Gebilde betrachtet. Daß Wissenschaft hier konsequent als soziale Tätigkeit aufgefaßt und mit Begriffen beschrieben wird, die auch auf andere Bereiche gesellschaftlicher Praxis übertragbar sind, macht Flecks Theorie zur geeigneten Grundlage für eine Herangehensweise, die versucht, wissenschaftshistorische Themen mit anderen Bereichen der Geschichtswissenschaft zu verbinden. Wissenschaft wird dabei als gesellschaftliche Sinnstiftungsinstanz begriffen, deren Aufgabe es ist, durch die Generierung plausibler Deutungsmuster für gesellschaftliche Wirklichkeit sowohl eine Brücke zwischen vergangenem und gegenwärtigem Geschehen herzustellen, als auch mögliches zukünftiges Geschehen ‚vorauszudenken'. Ein neuerer Ansatz, der in diese Richtung zielt, ist das Konzept der Erfahrung, das dem Tübinger Sonderforschungsbereich „Kriegserfahrungen. Krieg und Gesellschaft in der Neuzeit" zugrunde liegt.

Wissenschaftsgeschichte als Erfahrungsgeschichte

In dem kürzlich erschienenen Sammelband „Die Erfahrung des Krieges"[23] skizzieren Nikolaus Buschmann, Horst Carl und Aribert Reimann einen Erfahrungsbegriff, der in der dialektischen Verknüpfung von Struktur- und Akteursebene dem Fleckschen Konzept des Denkstils und Denkkollektivs ähnelt, dabei jedoch die Handlungskomponente noch stärker betont.[24] Im Begriff der Erfahrung sollen die drei Dimensionen der Wahrnehmung, Deutung und Handlung verbunden und in ihren Wechselwirkungen beleuchtet werden. Ausgelegt auf die historische Analyse, begreift das Konzept der Erfahrungsgeschichte zudem den rezipro-

22 Fleck (1980), S. 58.
23 Buschmann (2001).
24 Buschmann/Carl (2001); Buschmann/Reimann (2001).

ken Bezug von ‚Struktur' und ‚Handlung' als Ausdruck eines permanenten Wandlungsprozesses, wobei das Zusammenspiel von Wahrnehmung, Deutung und Handeln methodisch konstruktivistisch gefaßt ist, die Vorstellung eines ‚historischen Geschehens' aber nicht notwendigerweise aufgegeben werden muß.

Konkret bedeutet dies: 1. Erfahrung ist nie ‚deutungsfrei': Sie findet innerhalb vorgefundener Erfahrungsräume statt, die jedoch selbst das Produkt von Erfahrungsprozessen sind. 2. Erfahrungen entwerfen sich als handlungsstrukturierende Erwartungen in die Zukunft hinein[25], sind aber gleichzeitig selbst strukturiert durch Handlungen der Vergangenheit. 3. Erfahrung ist wandelbar: Erfahrungswandel vollzieht sich durch Erfahrungsbrüche, also indem bestehende Erwartungshaltungen durchbrochen werden[26], oder durch mittel- und langfristige Veränderung von Deutungsmustern. Dabei verändern sich nicht nur konkrete Einzelerfahrungen, sondern auch der kollektive Erfahrungsraum als Ganzes. Erfahrungsprozesse spiegeln deshalb erinnerte Vergangenheit, Gegenwartsdeutung und Zukunftsentwürfe sowohl auf persönlicher wie auf kollektiver Ebene wider. Deutungswandel, so Reimann und Buschmann, „manifestiert sich in diesem Zusammenhang als kreative Neuverknüpfung kultureller Wissensbestände, die ihrerseits indirekt auf einschneidende Erlebnisse verweisen können, gleichzeitig aber auch die fortdauernde Gültigkeit der kulturellen Tradition garantieren."[27]

Wissenschaftler können als Produzenten solcher Neuverknüpfungen kultureller Wissensbestände angesehen werden. Die Art, *wie* sie verknüpfen, verweist zum einen auf die Verfaßtheit der Gesellschaft, in der sie leben und damit auf ihre „Seismographen"-Funktion. Gleichzeitig schaffen sie durch die Brücken, die sie in ihrer Funktion als „Verknüpfer" bauen, neue Wissensformen und Erfahrungsgehalte, die ihrerseits in die kulturelle Tradition eingehen. Diese Doppelfunktion von Wissenschaftlern soll nun anhand der konkreten Erfahrungssituation des Kalten Krieges in den Blick genommen werden. Dabei soll zunächst der westdeutsche Fall näher beleuchtet werden, da hier die Nachkriegszeit nach 1945 und der Übergang zum Kalten Krieg deutlich als Erfahrungsbruch gekennzeichnet werden können. Der Frage, inwieweit die gänzlich neue Erfahrung des Kalten Krieges zu einem Bruch auch im Bereich gesellschaftlicher und wissenschaftlicher Deutungsmuster führte, soll im Folgenden am Beispiel der frühen Politikwissenschaft in der Bundesrepublik, speziell in Berlin, nachgegangen werden. Ein weiterer Abschnitt nimmt dann die Veränderung gesellschaftlicher Wahrnehmungs- und Deutungsmuster in den USA und der Bundesrepublik im Verlauf des Kalten Krieges in den Blick. Hier geht es darum, den längerfristigen Wandel von ‚Kriegs'-Erfahrung im Kalten Krieg zu beleuchten. Anhand der gesellschaftlichen und wissenschaftlichen Diskurse über Krieg in den USA und der Bundesrepublik soll der Entstehungsprozeß neuer Denkstile im Bereich der Sozialwissenschaften untersucht werden, an dessen Ende die Herausbildung der Disziplin Friedens- und Konfliktforschung als neuer wissenschaftlicher Deutungsinstanz in den beiden Ländern stand.

---

25 Luckmann (1986), hier S. 118.

26 Vgl. Koselleck (1992).

27 Buschmann/Reimann (2001), S. 264f.

„Westlich“ contra „deutsch“? Politikwissenschaft in Berlin in den Anfangsjahren der Bundesrepublik

Das Beispiel des 1950 neugegründeten Instituts für politische Wissenschaft (IfpW) sowie der im selben Jahr wiedereröffneten Deutschen Hochschule für Politik (DHfP) in Berlin veranschaulicht, wie unterschiedlich Wissenschaftler versuchten, mit dem Erfahrungsbruch nach 1945 umzugehen. Gedachten die Gründerväter der DHfP, nahtlos an die Tradition der Weimarer Hochschule der 20er Jahre anzuknüpfen, so stand das IfpW für einen radikalen Bruch mit deutschen geisteswissenschaftlichen Traditionen und den Versuch, das Konzept der amerikanischen *political science* in die Bundesrepublik zu transferieren.

Im Sommer 1949 regte Sigmund Neumann, der, wie auch Franz L. Neumann, nach seiner Emigration aus Deutschland als Politikwissenschaftler in den USA tätig war und zudem das State Department in Erziehungsfragen beriet, beim Amerikanischen Hohen Kommissar die Einrichtung eines *Institute of Political Science* an.[28] Zuvor hatte er sich auf einer offiziellen Informationsreise durch verschiedene deutsche Universitätsstädte ein Bild über die Lage der Wissenschaft an den deutschen Hochschulen gemacht und war dabei zu dem Schluß gekommen, daß die Universitäten in ihrer aktuellen Verfassung kaum als Bildungsstätten für die Demokratie taugten. Er sah die Gefahr eines Monopols von Rechtswissenschaftlern für politische Fragen und plädierte, um dieser Gefahr entgegenzuwirken, dafür, ein Institut für empirische Sozialforschung einzurichten. Damit konnte auch dem Problem des in seinen Augen viel zu theoretischen und ‚philosophischen‘ Ansatzes in den deutschen Geisteswissenschaften begegnet werden. Franz L. Neumann, offizieller Verbindungsmann der Columbia University, der Partneruniversität der Freien Universität Berlin, engagierte sich für die Schaffung eines entsprechenden Instituts und hatte dabei als ‚Überzeugungshilfe‘ Finanzierungsangebote der Amerikaner im Rücken, die der Senat der von finanziellen Problemen geplagten FU kaum ablehnen konnte. Dennoch war der Widerstand gegen eine „bloße Imitation amerikanischer Verhältnisse an deutschen Universitäten“[29] im Senat der FU zunächst nicht gering. Zwar wurde Anfang März 1950 ein erster Plan für ein „Institut für Sozialforschung“ vorgelegt, in dem die „Lebenskreise“ verschiedener Gruppierungen der Berliner Bevölkerung untersucht werden sollten, doch diese vage Formulierung genügte den Amerikanern nicht. Auf Betreiben Franz L. Neumanns wurde schließlich der Name „Institut für politische Wissenschaft“ gewählt und das anvisierte methodische Vorgehen spezifiziert. Persönliche Befragung und individualisierende Beobachtung wurden nun als angebrachte Methoden explizit erwähnt.

Auch in der Frage, wer das neue Institut leiten solle, gab es erhebliche Differenzen. Zunächst wurde Otto Heinrich v. d. Gablentz Institutsleiter, da der von Neumann favorisierte A. R. L. Gurland von den amerikanischen Behörden kein Einreisevisum nach Deutschland erhalten hatte. V. d. Gablentz lehnte eine Übernahme des amerikanischen *political science*-Konzepts ab und stellte statt dessen politische Grundbegriffe ins Zentrum des Interesses, die er „im Gespräch [...] mit den Klassikern der Wissenschaft und mit Kollegen im In- und Ausland“ zu klären gedachte.[30] Gurland dagegen, der im November 1950 schließlich in Ber-

28 Zum Folgenden vgl. Göhler (1991), bes. S. 158-161.

29 Mit dieser Ablehnung einer „bloßen Imitation“ votierte der Senat am 21.10.1949 gegen die Einrichtung des Faches Politikwissenchaft an der FU. Zit. nach Göhler (1991), S. 158.

lin eintraf, setzte alles daran, empirische Forschung am Institut zu etablieren. Sein Hauptaugenmerk galt der Frage, „[h]ow power materializes, what purposes it serves, and under what circumstances it is bound to disintegrate“[31]. Hierzu sollten die verschiedensten empirischen sozialwissenschaftlichen Methoden zur Anwendung kommen. Gurlands Konzept war damit klar am Vorgehen der amerikanischen Sozialwissenschaften orientiert.

Quasi als ‚deutsches‘ Gegenmodell zu dieser Ausrichtung des IfpW konnte zunächst die Konzeption der DHfP erscheinen, die auf Initiative nicht emigrierter Angehöriger des deutschen Widerstandes wiedereröffnet wurde und in ihrer bildungspolitischen Zielsetzung an die frühe DHfP der 20er Jahre anknüpfen sollte.[32] Dabei ist allerdings zu beachten, daß der DHfP-Gründerkreis um Otto Suhr sich zwar für einen engen Bezug zur frühen DHfP der 20er Jahre einsetzte, gleichzeitig jedoch zum Kern der deutschen Sektion des „Congress for Cultural Freedom“ gehörte, also einer Institution, die sich die Verbreitung liberaldemokratischer Wertvorstellungen amerikanisch-westlicher Prägung in der Bundesrepublik auf die Fahnen geschrieben hatte.[33] Die ersten Wissenschaftler der DHfP betonten also den moralisch-geistigen Rückbezug auf die frühen 20er Jahre, allerdings in einem der aktuellen Situation des Kalten Krieges entsprechenden liberaldemokratisch-westlichen Kontext. Dies verweist auf den gesamtgesellschaftlich ablaufenden Prozeß der Westernisierung der Bundesrepublik in den 50er Jahren, in dem sich die Suche nach deutschen Traditionen, an die man legitimerweise anknüpfen konnte, mit der Aufnahme und Anverwandlung westlicher, v. a. amerikanischer Einflüsse verband: „Das unverwechselbar westdeutsche Selbstverständnis bildete sich nicht allein aus westlichen Einflüssen heraus, die nach dem Kriegsende 1945 auf die Deutschen in den Westzonen einwirkten. Es entstand ebenso aus dem Bestreben, nach der Katastrophe des Nationalsozialismus – im Bewußtsein noch anderer Traditionen als bloß der militaristischen, nationalistischen und völkisch-rassistischen – in Deutschland nunmehr mit aller Entschiedenheit Rechtsstaatlichkeit, Selbstbestimmung und Demokratie als Antithese zu Diktatur und Totalitarismus zur Geltung zu bringen.“[34] In der politikwissenschaftlichen Praxis der frühen Bundesrepublik spiegelt sich zum einen die in diesem Zusammenhang entstehende spezifisch „deutsch-westliche Mischkultur“[35]. Zum anderen können gerade die westdeutschen Politikwissenschaftler der ersten Generation als aktive Beförderer dieses Transformationsprozesses angesehen werden. Die von Gerhard Göhler konstatierte Tatsache, daß „paradoxerweise gerade die Traditionspflege bei der Wiederbegründung der DHfP als ein wirklicher Neubeginn [erscheint]“[36], ist daher nur auf den ersten Blick paradox. Tatsächlich kommt darin die Funktion von Wissenschaftlern als ‚doppelte Brückenbauer‘ zum Ausdruck. Um die Brücke von der Vergangenheit in die eigene Gegenwart herzustellen, bedarf es der

---

30 Dies erläuterte v. d. Gablentz in seiner Eröffnungsrede, zit. nach Göhler (1991), S. 160.

31 Zit. nach Göhler (1991), S. 160.

32 Zur Geschichte der DHfP während der Weimarer Republik s. Bleek (2001), S. 198-228; Söllner (1991); Lehnert (1991).

33 Zum Folgenden wie überhaupt zur Geschichte des Congress for Cultural Freedom und seiner Rolle im Westernisierungsprozeß der Bundesrepublik vgl. Hochgeschwender (1998). Zum Thema Westernisierung vor allem Doering-Manteuffel (1999).

34 Doering-Manteuffel (1999), S. 17. Zur Abgrenzung der Begriffe „Amerikanisierung“ und „Westernisierung“ vgl. ebd., S. 11-19.

35 Doering-Manteuffel (1999), S. 17.

36 Göhler (1991), S. 145f.

von Reimann und Buschmann beschriebenen kreativen Neuverknüpfung kultureller Wissensbestände, durch die vergangene Denkstile an gegenwärtige Handlungskontexte angepaßt werden. Dadurch entstehen neue Deutungsmuster, die ihrerseits gegenwärtiges Handeln prägen. Indem die ersten Politikwissenschaftler auf der Grundlage ihrer Prägungen in der Vergangenheit sowie aktueller Erfahrungen in der Zeit nach 1945 neue, spezifisch westdeutsche Deutungen für aktuelles Geschehen entwickelten, prägten sie das Demokratieverständnis in der Bundesrepublik entscheidend mit und waren damit nicht nur ‚Seismographen' einer zunehmend verwestlichten Gesellschaft, sondern aktive ‚Vordenker' eines neuen demokratischen Gemeinwesens.

Das zeigte sich auch bei der inhaltlichen und formalen Gestaltung des Studiums an der DHfP[37]:

Vom Konzept der Hochschule als einer Weiterbildungsstätte für Berufstätige, wie es in den 20er Jahren vorgesehen war, rückte man angesichts der rasch steigenden Zahl von Vollstudenten bald wieder ab. Im Zuge der von den Studenten geforderten Akademisierung der Hochschule wurde parallel zur Umstrukturierung des DHfP-Studiums in Form eines Diplomstudiengangs auch das konzeptionelle Verständnis der neuen Wissenschaft weiterentwickelt. Ernst Fraenkel, der ab 1951 an der DHfP lehrte und zu den engagiertesten Verfechtern einer Verwissenschaftlichung der Hochschule sowohl in organisatorischer als auch in inhaltlicher Hinsicht gehörte, verlieh der Hochschule mit seiner Demokratietheorie ein stringentes wissenschaftliches Profil. In seinem Blick auf „Deutschland und die westlichen Demokratien"[38] kam jenes Streben nach einer Verbindung westlicher und deutscher Traditionen zum Ausdruck, das die gesamtgesellschaftliche Entwicklung in der Bundesrepublik der 50er Jahre kennzeichnete.

Hatte die DHfP spätestens mit Fraenkel ein dezidiert westliches Profil erhalten und sich damit nicht zum ‚deutschen Gegenstück' einer an den amerikanischen Sozialwissenschaften orientierten Konzeption von Politikwissenschaft entwickelt, so war auf der anderen Seite aus dem IfpW kein deutschen Traditionen klar entgegengesetztes *political science*-Institut geworden. Nach heftigen Auseinandersetzungen hatte v. d. Gablentz das Institut verlassen, und Gurland war im Dezember 1951 wissenschaftlicher Leiter des Instituts geworden. Wissenschaftlich erfolgreicher als Gurland, der 1954 in die USA zurückkehrte, war jedoch sein Nachfolger Otto Stammer. Dieser vertrat mit einer „Synthese aus Hermann Heller, dem Austromarxismus und der amerikanischen Sozialwissenschaft"[39] ein Konzept, das den Vorstellungen Gurlands zwar nicht unähnlich war, dabei jedoch eher eine ‚Anverwandlung' als eine direkte Übernahme amerikanischer sozialwissenschaftlicher Methoden darstellte.[40] Damit war auch das IfpW Teil der von Anselm Doering-Manteuffel beschriebenen „deutsch-westlichen Mischkultur"[41] der 50er Jahre.

DHfP und IfpW waren zunächst mit gegensätzlichen Zielen aufgebrochen. Während die Hochschule für Politik sich die Traditionspflege auf die Fahnen geschrieben hatte, propagierten die Gründer des Instituts für politische Wissenschaft den Neuanfang im Zeichen ameri-

37 Zum Folgenden vgl. Göhler (1991).

38 Fraenkel (1964).

39 Göhler (1991), S. 161.

40 Vgl. Stammer/Weingart (1972).

41 Doering-Manteuffel (1999), S. 17.

kanischer Politikwissenschaft. In der weiteren Entwicklung beider Institute zeigte sich jedoch, daß keiner der beiden Ansätze in Reinform erfolgreich war. So unterschiedlich die theoretischen Konzeptionen der Gründerväter von DHfP und IfpW zunächst erschienen, in der Praxis trafen sich beide am Ende in dem Versuch, Deutungsmuster zu entwickeln, die eine Kontinuität älterer wissenschaftlicher Traditionen bei gleichzeitigem Bruch mit der unmittelbaren Vergangenheit gewährleisten konnten und zudem der neuen Erfahrungssituation des Kalten Krieges angepaßt waren.

Erfahrungswandel im Kalten Krieg und die Veränderung wissenschaftlicher Denkstile

Der oben beschriebene Westernisierungsprozeß der Bundesrepublik zeigt, daß der Kalte Krieg, besonders für die Deutschen, in vielem eine gänzlich neue Erfahrung war. Er verweist jedoch zugleich auf den Versuch, die neue Situation mit vorhandenen kollektiven Erfahrungsbeständen zu verknüpfen. So ist in der im letzten Abschnitt dargestellten Entwicklung der Politikwissenschaft der frühen Bundesrepublik das Bestreben erkennbar, bestehende Denkstile den veränderten Rahmenbedingungen anzupassen, um so zu Deutungsmustern zu gelangen, die den neuen Gegebenheiten angepaßt waren und gleichzeitig vergangene Erfahrungsgehalte miteinschlossen.

Dieselbe Entwicklung läßt sich in den gesellschaftlichen und wissenschaftlichen Diskursen über Krieg und Frieden beobachten. Wo sie nicht, wie in der Debatte um die Wiederbewaffnung der Bundesrepublik, Teil des allgemeinen gesellschaftlichen Selbstverständigungsprozesses im Zuge der Westernisierung waren, bewegten sie sich im Westen Deutschlands bis zum Beginn der 60er Jahre in den Bahnen des Völkerrechts. Stellvertretend sei hier die 1960 erschienene Abhandlung „Legalität oder Illegalität der Anwendung von Atomwaffen" des Kieler Völkerrechtlers Eberhard Menzel[42] genannt. Menzel bezeichnete atomare Angriffe als illegal und begründete dies mit dem in Artikel 23a der Haager Landkriegsordnung ausgesprochenen Verbot von „Gift oder vergifteten Waffen"[43]. Zudem verwies er auf das Genfer Protokoll von 1925, in dem die Ächtung von „erstickenden, giftigen oder gleichartigen Gasen, sowie allen ähnlichen Flüssigkeiten, Stoffen oder Verfahrensarten im Kriege"[44] beschlossen worden war. Atomwaffen waren nach Menzel eindeutig zu den vom Genfer Protokoll geächteten Waffen zu zählen, auch wenn sie zum Zeitpukt der Entstehung des Protokolls noch nicht existierten. Damit stellte der Einsatz atomarer Waffen in seinen Augen einen klaren Verstoß gegen völkerrechtliche Bestimmungen dar.[45] In Menzels Analyse des geltenden Völkerrechts bezüglich zukünftiger militärischer Auseinandersetzungen kommt der Versuch zum Ausdruck, die Atombombe als gefährlichste Bedrohung in einem potentiellen Krieg

---

42 Menzel (1960), bes. S. 35-50.

43 Abkommen betreffend die Gesetze und Gebräuche des Landkriegs (mit Haager Landkriegsordnung) vom 18. Oktober 1907, § 23a.

44 Genfer Protokoll betreffend das Verbot der Verwendung von erstickenden, giftigen oder ähnlichen Gasen sowie von bakteriologischen Mitteln im Kriege vom 17. Juni 1925.

45 Ähnlich argumentierte Uexkuell (1961); Die Ansicht, daß Art. 23a der Haager Landkriegsordnung kein absolutes Verbot der Anwendung von Atomwaffen darstelle, vertraten dagegen z. B. Euler (1960), und Scheuner (1959).

mit den zur Verfügung stehenden Beurteilungs- und Bewertungskriterien zu erfassen. Der Bezugspunkt wissenschaftlicher Überlegungen zum Krieg hatte sich zwar vom konkreten Geschehen des Zweiten Weltkrieges auf die Bedrohungssituation des Kalten Krieges verschoben, grundsätzlich hatte sich die Vorstellung vom Krieg jedoch nicht wesentlich verändert. Gedacht wurde nach wie vor in den Kategorien des konventionellen Krieges, und der konkrete Bezug hierfür blieben zunächst die Weltkriege.

Auch amerikanische Wissenschaftler bewegten sich beim Nachdenken über Krieg und Frieden auf den Bahnen traditioneller Kriegsführung. So stellte beispielsweise Edward Teller Überlegungen zu einem potentiellen dritten Weltkrieg an und ging dabei zunächst von den beiden vergangenen Weltkriegen aus.[46] Im Gegensatz zum Ersten Weltkrieg, der, so Teller, durch einen Rüstungswettlauf ausgelöst wurde, sei der Zweite Weltkrieg das Ergebnis eines „uncontrolled race for disarmament“[47] gewesen. Beide Fehlentwicklungen müßten in Zukunft vermieden werden, um einen dritten Weltkrieg nach Möglichkeit zu verhindern. Allerdings, so gab Teller zu bedenken, sei irrationale Katastrophenstimmung unangebracht. Würde genügend Geld in den Zivilschutz investiert, so wären die USA durchaus in der Lage, auch einen atomaren Angriff relativ ungeschoren zu überstehen: „It is certain that such an attack would wipe out our industries, but past experience as well as some research on the question of possible reconstruction have shown that the United States could recover from an all-out attack in a small number of years.“[48] Tellers Überlegungen für den Ernstfall des „all-out attack“ zeigen, daß er Krieg als konkretes und zeitlich begrenztes Ereignis auffaßte, das durch einen Angriff ausgelöst wurde und auf das ein Staat sich mit umfassenden Anstrengungen zur eigenen Verteidigung vorbereiten mußte. Krieg stellte in dieser Sichtweise eine Gefahr dar, mit der die politisch Verantwortlichen rechnen mußten, gleichzeitig jedoch auch ein potentielles Instrument, das in strategische Planungen miteinzubeziehen war. Das eigentliche Kriegsgeschehen wurde dabei als Nullsummenspiel betrachtet, bei dem jeder Gewinn der einen Seite zwangsläufig einen Verlust für die Gegenseite bedeutete. Diese Vorstellung eines Nullsummenspiels verband die Erfahrung des vergangenen Krieges mit der Wahrnehmung des Kalten Krieges. Letzterer erschien als Fortführung des Kampfes zwischen der demokratischen und der totalitären Gesellschafts- und Lebensform, ein Kampf, der, weil er um antagonistische Weltanschauungen ausgetragen wurde, auf allen Ebenen und mit allen verfügbaren Mitteln geführt wurde und in dem es keine Alternativen zu den beiden einander entgegengesetzten weltanschaulichen Systemen zu geben schien. Vor allem in der Zeit bis 1953 erschien der „kalte“ vom „heißen“ Krieg oft kaum zu unterscheiden, so daß alle Bereiche des politischen, gesellschaftlichen und kulturellen Lebens zur Front wurden. So betonte 1949 der Präsident der American Historical Association, Conyers Read, eine neutrale Haltung könne es in dieser Situation selbst für Wissenschaftler nicht mehr geben: „Total war, whether it be hot or cold, enlists everyone and calls upon everyone to assume his part. The historian is no freer from this obligation than the physicist.“[49] Der entscheidende Faktor in Reads Augen war die Totalität eines Krieges, der auf allen Ebenen geführt wurde und daher alle Lebensbereiche betraf. Die Unterscheidung von „heiß“ und „kalt“ bezeichnete lediglich zwei Erscheinungsformen ein und desselben Phänomens.

---

46 Teller (1960).
47 Teller (1960), S. 781.
48 Teller (1960), S. 782.
49 Zit. nach Whitfield (1996), S. 58.

Diese Wahrnehmung des Kalten Krieges als eines akuten Kriegsgeschehens begann sich nach dem Tod Stalins, spätestens jedoch mit dem Sputnik-Schock 1957, zu verändern. Bislang hatte man die Hauptgefahr in der Expansion des Kommunismus gesehen und dementsprechend die eigenen Rüstungsanstrengungen überwiegend unter dem Aspekt der Verteidigung gegen potentielle oder tatsächliche Angriffe betrachtet. Nun rückten die auf beiden Seiten des eisernen Vorhangs angehäuften Waffen selbst als Bedrohungsfaktor ins Blickfeld. War Krieg bislang als Instrument begriffen worden, das von der Politik bewußt eingesetzt werden konnte, so rückte nun zunehmend das Bewußtsein für die Gefahr eines ungewollten Krieges in den Vordergrund. Wenn auch die Möglichkeit gezielt geplanter kriegerischer Aktionen nicht außer acht gelassen wurde, so schien doch die entscheidende Gefahr immer weniger darin zu liegen, daß Krieg *gemacht* wurde, als vielmehr darin, daß er *passierte*, ohne eigentlich intendiert zu sein. Im Gegensatz zu der früheren, eher ‚linearen' Vorstellung eines Nullsummenspiels zweier sich gegenüberstehender Konfliktparteien, begann sich nun ein Bild internationaler Politik durchzusetzen, das einem mehrdimensionalen Spielfeld glich. Um das prekäre Gleichgewicht zu bewahren, in dem sich dieses Spielfeld befand, mußte, so die neue Vorstellung, immer das gesamte Feld, das heißt: alle Spieler mit ihren spezifischen Handlungsweisen und Interessen, in die eigenen Überlegungen einbezogen werden. Dieser Perspektivenwechsel im Bereich der Außenpolitik entsprach der Entwicklung in den amerikanischen Sozialwissenschaften der 50er Jahre: Im Zuge der behavioristischen Wende wurde hier der Blick verstärkt auf Verhaltensprozesse in allen Bereichen des natürlichen und sozialen Lebens gerichtet. Man hoffte, durch die empirische Analyse von Verhalten die verschiedenen Wissenschaften und ihre scheinbar so unterschiedlichen Gegenstände miteinander zu verbinden. Gedacht wurde dabei in Kategorien natürlicher und sozialer Systeme, die durch bestimmte Variablen konstituiert und durch eine spezifische Funktionsweise bestimmt waren. Der Bereich der internationalen Politik wurde in diesem Zusammenhang als „international social environment"[50] betrachtet, als ein soziales Interaktionsfeld unter anderen. Das Konzept internationaler Beziehungen als Gefüge mehrerer Variabler, dessen Funktionsweise auf bestimmten, für dieses System spezifischen Wechselwirkungen zwischen den Variablen beruhte, implizierte die Vorstellung einer optimalen Funktion, die als Gleichgewichtszustand des Systems beschrieben werden konnte. Wurden die Wechselwirkungen zwischen den Variablen gestört, so geriet das Gesamtgefüge in einen Ungleichgewichtszustand, der im Extremfall die Zerstörung des Systems zur Folge haben konnte. In dieser Sichtweise erschienen die internationalen Beziehungen als dynamisches Geschehen in Form eines stetig ablaufenden Prozesses.

Neben das bisherige Gegensatzpaar von Krieg und Frieden trat in diesem Zusammenhang der Begriff des Konflikts. Bereits 1956 konstatierten die Leiter eines zum Thema „Approaches to the Study of Social Conflict" an der Northwestern University veranstalteten Kolloquiums, Raymond W. Mack und Richard C. Snyder, eine schnell wachsende Zahl an Publikationen über soziale Konflikte.[51] Zahlreiche Wissenschaftler aus unterschiedlichen Disziplinen hätten sich, so Mack und Snyder, mit verschiedensten Konfliktformen und -feldern beschäftigt, so daß nun eine unübersichtliche Vielfalt von Forschungsansätzen, Hypothesen und konkreten Themenstellungen zu verzeichnen sei. Dennoch ließen sich durchaus Schwer-

50 Mack/Snyder (1957), hier S. 227.
51 Mack/Snyder (1957), S. 227.

punkte der Forschung ausmachen: „In particular, war and peace, labor and management, personality, interest groups, race, ethnology and ideology have been central topics of conflict analysis.“[52] Unabhängig davon, welcher konkrete Bereich des sozialen Lebens erforscht wurde, war die Vorgehensweise in allen Fällen ähnlich: Konflikt wurde als Systemfunktion betrachtet, also als eine spezifische Art der Wechselwirkung zwischen Variablen. Bezogen auf den Fortbestand des Systems konnte zwischen konstruktiven und dysfunktionalen Konflikten unterschieden werden, die frühere Gegenüberstellung von ‚Konflikt‘ und ‚Ordnung‘ erschien dagegen unter diesem Blickwinkel nicht mehr sinnvoll. „[T]he most abhorrent and costly social conflicts“, so das Fazit des *Social Science Colloquium* von 1956, „should be viewed not as abrupt breaks in ‚order‘ and ‚co-operation‘ but as transitions or abrupt shifts from one kind of conflict relationship to another.“[53] Nicht Konflikte als solche waren also als negativ zu klassifizieren, sondern bestimmte Arten des Ablaufs von Konflikten. Was nun die genaue Analyse verschiedener Konfliktabläufe betraf, stand die Forschung vor vielen ungelösten Fragen: Wie waren die Variablen, die die jeweils zu untersuchenden Systeme konstituierten, zu bestimmen? Gab es typische Konfliktverläufe, aufgrund derer sich bestimmte Ergebnisse für das System, in dem sie auftraten, vorhersagen ließen? Welche Rolle spielten die unterschiedlichen Umweltbedingungen im Hinblick auf die Vergleichbarkeit von Systemen? Dieser Fokus der sich formierenden Konfliktforschung verband die neue Forschungsrichtung mit dem politischen Bemühen um ein System der Rüstungskontrolle, das in seiner Funktion optimal auf die internationale politische Situation abgestimmt war. Robert Bowie, Direktor des Center for International Affairs der Harvard University, betonte „that the validity and stability of any arms-control system will depend ultimately on the same kind of motives and factors as those which underlie the existing ‚system‘ – namely the self-interest of the parties.“[54] Sollte ein System von Rüstungskontrollmaßnahmen eine realistische Chance auf Erfolg haben, mußte es nach Bowie so gebaut sein, daß es sich selbst erhielt und möglichst nicht auf Zwangsmaßnahmen zu seiner Durchsetzung angewiesen war.

Die Bemühungen, ein solches System zu entwickeln, wurden auch in der Bundesrepublik aufmerksam verfolgt.[55] Dabei verband sich das Bewußtsein der im Rahmen des westlichen Bündnisses bestehenden engen Bindung an die USA und deren außenpolitisches Handeln mit einem regen Interesse vor allem jüngerer Sozialwissenschaftler an den Konzepten der amerikanischen *political science*. Vor allem Forscher, die selbst längere Zeit als Gastwissenschaftler in den USA verbracht hatten, versuchten, Denkweisen und Fragestellungen der amerikanischen Sozialwissenschaften in der Bundesrepublik bekannt zu machen und nahmen so eine aktive Vermittlerrolle ein.[56] Gleichzeitig setzten sie sich kritisch mit Konzepten auseinander, die sie in den USA kennengelernt hatten, und versuchten, eigene Wege zu beschreiten. Die doppelte akademische Prägung der jüngeren Sozialwissenschaftler - durch die Gründerväter der westdeutschen Politikwissenschaft einerseits sowie durch Studien- und For-

52 Mack/Snyder (1957), S. 227.

53 Mack/Snyder (1957), S. 227.

54 Bowie (1960), hier S. 712. Einen ideengeschichtlichen Überblick über die Geschichte der Rüstungskontrolle gibt Sims (1990).

55 Einen Überblick über die Diskussionen in der Bundesrepublik gibt Forndran (2000).

56 Hier ist vor allem Eckehart Krippendorff zu nennen, der in zwei Sammelbänden sowohl allgemein politikwissenschaftliche Konzepte aus den USA als auch frühe Beiträge der amerikanischen Friedens- und Konfliktforschung in der Bundesrepublik bekannt machen wollte: Krippendorff (1966); Krippendorff (1968).

schungsaufenthalte an amerikanischen Universitäten andererseits – verband sich dabei mit der Erfahrung des Kalten Krieges in den 60er Jahren und trug zur Entwicklung eines neuen Denkstils bei, der am Ende des Jahrzehnts die Grundlage für die Herausbildung der spezifisch westdeutschen Form der Friedens- und Konfliktforschung bilden sollte.

Ebenso wie in den USA gegen Ende der 50er Jahre begann man in der Bundesrepublik bis Mitte der 60er Jahre zu spüren, daß die Bedrohungssituation im Kalten Krieg sich verändert hatte. Hier wie dort setzte sich zunehmend die Wahrnehmung durch, daß die Spielräume für politisches Handeln durch die in Ost und West angehäuften Waffenarsenale und ihr Zerstörungspotential deutlich kleiner geworden waren. Die Reaktion der Wissenschaftler auf diese Veränderung der Bedrohungswahrnehmung fiel allerdings in den USA und der Bundesrepublik sehr unterschiedlich aus. Auf Seiten der Amerikaner als aktiv gestaltender Partei im Kalten Krieg verband sich die Furcht davor, daß die kleinste Störung eine Katastrophe für das Gesamtsystem auslösen könnte, mit dem grundsätzlichen Glauben an die wissenschaftliche Lösbarkeit von Problemen. Die angesichts der veränderten Situation entwickelten Konzepte zielten daher darauf, systematisch verschiedene politische Optionen auszuloten und diejenigen Verhaltensweisen zu ermitteln, die den neuen Gegebenheiten am besten entsprachen. Im Zentrum des Interesses stand also die Ausweitung politischer Handlungsspielräume. Die Deutschen hatten dagegen im Laufe der 50er Jahre immer wieder erfahren, wie begrenzt die Möglichkeiten für ein eigenständiges außenpolitisches Handeln waren. Auf der Grundlage dieser Erfahrung konnte die Bedrohungssituation Anfang der 60er Jahre als das Ende politischer Handlungsfähigkeit überhaupt erscheinen. So sah Claus Koch, Herausgeber der Zeitschrift „Atomzeitalter“, im Frühjahr 1961, die internationalen Beziehungen durch eine „Reduzierung auf die einfachsten Spielregeln“ gekennzeichnet, da es nur noch darum gehen könne, „das Überleben in einer Welt möglich zu machen, die gar nicht mehr anders als in der völligen gegenseitigen Bedrohung denkbar ist.“[57] Eine Situation, in der in jedem Moment die totale Vernichtung drohte, erschien von der Notwendigkeit zu überleben so vollständig beherrscht, daß politisches Handeln, das auf sorgfältigem Abwägen verschiedener Alternativen und auf demokratischen Entscheidungsprozessen beruhte, nicht mehr möglich schien: „Wird Survival, Überleben, als höchstes nationales Ziel proklamiert, so werden gesellschaftliche Regeln erzwungen, die nur zur völligen Atrophie der Politik führen können“, so Koch.[58] Seiner Einschätzung nach konnte eine solche Entwicklung „das Ende der westlichen Demokratie schon im Laufe einer Generation bedeuten.“[59]

Die Wahrnehmung fehlender Handlungsspielräume und die damit verbundene Furcht vor dem Ende demokratischer Politik führten dazu, daß amerikanische Rüstungskontrollkonzepte in der Bundesrepublik mit gemischten Gefühlen aufgenommen wurden. Schien einerseits der rasante militärtechnische Fortschritt Regelungen dieser Art unumgänglich zu machen, so bestand andererseits in den Augen skeptischer Beobachter die Gefahr einer auf beiderseitig akzeptierter Abschreckung basierenden „Pax Atomica“[60]. Der Antagonismus zwischen Ost und West, der bislang die Diskurse dominiert hatte, wich nun der Wahrnehmung eines ‚west-östlichen‘ Sicherheitssystems, bei dem die beiden Supermächte in ihrer Rivalität zu

57 Koch (1961), hier S. 109.
58 Koch (1961), S. 110.
59 Koch (1961), S. 110.
60 Koch (1961), S. 110.

Partnern und Garanten einer neugeschaffenen Ordnung wurden: „Der unaustragbare, permanente Konflikt der beiden Gesellschaftsordnungen ist in partnerschaftlich angepaßten Rüstungen institutionalisiert und damit stabilisiert worden“[61], konstatierte Koch 1964.

Diese Erfahrung eines perpetuierten Konfliktzustandes, der sich stets auf der Schwelle zur gegenseitigen Vernichtung bewegte, veränderte auch das Verständnis von Krieg und Frieden nachhaltig. Zunehmend setzte sich die Auffassung durch, daß beide Begriffe angesichts der gegenwärtigen Situation in ihren Inhalten fragwürdig und damit letztlich ihrer Aussagekraft beraubt worden seien.[62] So betonte Dieter Senghaas 1969: „Dem Begriff des Krieges und dem Begriff des Friedens entsprechen in Politik und Gesellschaft heute keine eindeutigen Sachverhalte mehr. Die Trennlinie zwischen beiden ist verschwommen; ihre spezifischen Konturen sind verlorengegangen.“[63] Da, so seine Argumentation, das Prinzip der Abschreckung „gewissermaßen den potentiellen Krieg laufend antizipiert, um ihn in seinen möglichen manifesten Formen einzudämmen“[64], werde die Vorbereitung des Krieges in einer auf diesem Prinzip basierenden Politik zu einem sich verfestigenden dauerhaften Zustand. Um diesen Zustand, der die traditionellen Kategorien des Krieges und des Friedens sprengte, zu beschreiben, prägte Senghaas den Begriff der „organisierten Friedlosigkeit“, der zum Schlüsselbegriff für die entstehende westdeutsche Friedensforschung wurde. „Friedlosigkeit“ charakterisierte dabei die Situation des Nicht-Krieges und gleichzeitig Nicht-Friedens, einen alle Lebensbereiche erfassenden Gesamtkomplex von Strukturen und Beziehungen, der dem Zugriff der Menschen entzogen schien, „über ihre Köpfe hinweg sich entwickelnd, einer sich erweiternden Dynamik folgend und eigenen Trägheitsmomenten unterworfen“[65]. Der Zusatz „organisiert“ sollte dagegen darauf verweisen, daß Friedlosigkeit trotz der ihr immanenten Eigendynamik „doch systematisch durchdacht, organisiert und täglich planvoll weiterentwickelt wird.“[66]

Die Vorstellung eines Systems von Strukturen und Beziehungen, das bestimmten Gesetzmäßigkeiten gehorcht und eine eigene Entwicklungsdynamik besitzt, verbindet diese Deutung des Geschehens mit amerikanischen Konzeptionen. Die gleichzeitige Betonung der aktiven menschlichen Planung und Organisation von Friedlosigkeit verweist dagegen auf die Erfahrung schwindender Handlungsspielräume in der Bundesrepublik: Durch die aktive Verfolgung ihrer Interessen, so die Wahrnehmung, schufen die beiden Supermächte eine weltpolitische Konstellation, in der die kleineren Mächte bestenfalls zu passiven Zuschauern, wenn nicht gar zur ‚Manövriermasse‘ in den Balancespielen der Großen wurden. War das ‚System‘ als Deutungsmuster im amerikanischen Fall eine methodische Brücke, die es Wissenschaftlern ermöglichte, Sichtweisen zu entwickeln, in denen die aktive Gestaltung von Außenpolitik wieder denk- und planbar war, so wurde es für deutsche Wissenschaftler zum Oberbegriff für die Verhinderung aktiver und vor allem selbstbestimmter Gestaltung in Politik und Gesellschaft. Die spezifische Erfahrung des sich verändernden Kalten Krieges brachte so diesseits und jenseits des Atlantiks unterschiedliche Denkstile hervor, die in der Folge zur Grundlage einer jeweils eigenen Form der Friedens- und Konfliktforschung wurden. Ausgehend

---

61 Koch (1964), S. 8.
62 Vgl. Plessner (1953).
63 Senghaas (1969), S. 5.
64 Senghaas (1969), S. 7.
65 Senghaas (1969), S. 6.
66 Senghaas (1969), S. 6.

von behavioristischen Grundannahmen entwickelte sich in den USA eine überwiegend empirisch arbeitende Konfliktforschung, während in der Bundesrepublik die Entlarvung Frieden verhindernder Systemstrukturen zum erklärten Ziel einer neu entstehenden Forschungsrichtung wurde, die sich selbst ganz bewußt als Friedensforschung bezeichnete.

Zusammenfassung

Zusammenfassend läßt sich sagen, daß in der Veränderung wissenschaftlicher Deutungsmustern für Krieg und Frieden in der Situation des Kalten Krieges zwei Phasen der Entwicklung unterschieden werden können. Zunächst wurde versucht, die neuen Gegebenheiten im politischen, kulturellen und militärischen Bereich mit den zur Verfügung stehenden Beschreibungskategorien zu erfassen. Das Beispiel der Politikwissenschaft im Westernisierungsprozeß der Bundesrepublik hat gezeigt, auf welche Weise Wissenschaftler als Verknüpfer kultureller Wissensbestände in dieser Situation an der Prägung gesellschaftlicher Wahrnehmungs- und Deutungsmuster beteiligt waren, die den Erfahrungsbruch nach 1945 erfassen und gleichzeitig die Kontinuität kultureller Traditionen gewährleisten konnten. Ähnliches läßt sich im Bereich der gesellschaftlichen und wissenschaftlichen Diskurse über Krieg und Frieden beobachten: Eberhard Menzels Erörterung der Frage, ob der Einsatz atomarer Waffen völkerrechtswidrig sei, ebenso wie Edward Tellers Vergleich der vergangenen beiden Weltkriege mit dem potentiellen Krieg der Zukunft stellten den Versuch dar, die Situation des Kalten Krieges zu bisherigen Kriegs- und Bedrohungserfahrungen in Beziehung zu setzen und unter diesem Blickwinkel zu analysieren. Dies war so lange möglich, wie der Kalte Krieg als akutes Kriegsgeschehen wahrgenommen wurde. Conyers Reads Hinweis auf die Totalität eines Krieges, der in der gegenwärtigen Situation als Kalter Krieg geführt wurde, in der Zukunft jedoch ebenso wie in der Vergangenheit wieder in einen heißen Krieg umschlagen konnte, zeigt, daß die Erfahrung des Kalten Krieges in seiner frühen Phase sich weitgehend im Rahmen der klassischen Deutungsmuster für Krieg bewegte. Erst in dem Moment, als die in Ost *und* West angesammelten Rüstungspotentiale aufgrund ihrer schieren Menge als Bedrohungsfaktor in den Vordergrund rückten, änderte sich die Sicht auf den Kalten Krieg nachhaltig. An die Stelle der Wahrnehmung eines akuten Kriegsgeschehens zwischen zwei Konfliktparteien trat nun zunehmend die Erfahrung eines alle Beteiligten gleichermaßen betreffenden permanenten Bedrohungszustandes. Der Beginn des Kalten Krieges stellte, indem durch ihn neue politische Konstellationen entstanden bzw. manifest wurden, einen Erfahrungsbruch dar. Eine Beschreibung der dadurch geschaffenen Situation ließ sich jedoch problemlos durch die Anpassung vorhandener Begriffe und Denkkategorien erreichen. Die weitere Entwicklung des Kalten Krieges dagegen führte zu einer schrittweisen Veränderung des Erfahrungsrahmens, bis schließlich eine Situation erreicht war, die die Entwicklung neuer Deutungsmuster unumgänglich machte. Dies bedeutet allerdings nicht, daß völlig unvermittelt ein abrupter Wechsel des Denkens stattgefunden hätte. Ebensowenig kann davon gesprochen werden, daß ‚alte' Beschreibungskategorien und Deutungsmuster spurlos verschwanden. Auch wenn nun wissenschaftliche Konzepte entwickelt wurden, die die Gefahr eines ungewollten Krieges in den Mittelpunkt stellten, so war doch die Möglichkeit eines bewußten Einsatzes atomarer Waffen weiterhin gegeben. Die Frage, ob ein solcher Einsatz gegen geltendes Völkerrecht verstoße, konnte daher weiterhin legitimerweise gestellt werden. Ebenso bedeutete die Zunahme systemwissenschaftlicher Analysen der geopolitischen Situation in den amerikanischen Sozialwissenschaften gegen Ende der 50er Jahre nicht, daß die Beschreibung des Kalten Krieges als eines Nullsummenspiels zwischen den Supermächten ihre Bedeutung verloren hätte.

In der vorliegenden Untersuchung lag der Fokus vor allem auf der Entstehung neuer Deutungsmuster, speziell im Bereich der Sozialwissenschaften. Ziel war es, die ‚Scharnierstellen' an der Schwelle zur Entstehung neuer Denkstile zu untersuchen und dabei die Vielschichtigkeit von Erfahrungsprozessen zu beleuchten. Eine solche Betrachtungsweise von Wissenschaft verbindet nicht nur wissenschaftliche Praxis mit anderen Formen gesellschaftlicher Sinnstiftung, sondern auch Denkstile verschiedener historischer Zeitabschnitte. Gerade der Blick auf Wissenschaft als Instanz, die gleichzeitig für den Blick zurück und für die Erörterung möglicher Zukunftsoptionen zuständig ist, macht deutlich, daß in gegenwärtigen Denkstilen vergangene aufgehoben, aber auch zukünftige angelegt sind. Bei einer von allgemeinhistorischen Kontexten herkommenden Beschäftigung mit Wissenschaft steht daher der Blick auf gesellschaftliche Erfahrungsprozesse im Vordergrund. Gefragt wird nach der Rolle von Wissenschaft bei der Veränderung von Wahrnehmungszusammenhängen und Diskursräumen. Der erfahrungsgeschichtliche Ansatz geht damit über die sozialkonstruktivistische Dekonstruktion von Wissenschaft hinaus. Die Frage, ob es sich lohnt oder überhaupt notwendig ist, geistes- und sozialwissenschaftliche Disziplinen ‚von außen' zu betrachten, muß daher in diesem Zusammenhang neu gestellt werden. Erscheint eine eher ‚entlarvend' vorgehende Dekonstruktion angesichts der langen Tradition der Selbstreflexion und -kritik dieser Disziplinen weder notwendig noch sinnvoll, so eröffnet ein erfahrungsgeschichtlicher Zugang die Möglichkeit, jenseits der Dichotomie zwischen Internalismus und Externalismus Wissenschaft als Teil eines gesellschaftlichen Gefüges aus Institutionen und Denkkollektiven zu betrachten. Das gilt sowohl für Geistes- und Sozial- als auch für Naturwissenschaften, die unter dem Aspekt der Produktion gesellschaftlicher Deutungsmuster gemeinsam in den Blick genommen werden können. Das bedeutet nicht, die durchaus bestehenden Unterschiede zwischen den verschiedenen Wissenschaften zu verwischen oder gar zu negieren. Jedoch kann ein stärker auf gesellschaftsgeschichtliche Fragen zielender Ansatz dazu beitragen, Geistes-, Sozial- und Naturwissenschaften nicht (nur) als zwei oder drei Kulturen, sondern in bestimmter Hinsicht als eine Kultur oder Teil einer Kultur anzusehen. In dieser Hinsicht wäre es in der Tat sinnvoll, die Geschichte der Geistes- und Sozialwissenschaften nicht nur, wie es im Moment geschieht, in der allgemeinen Geschichtswissenschaft, sondern auch stärker als bisher speziell in der Wissenschaftsforschung zu verankern.

Literatur

Barnes, B., Bloor, D. und Henry, J. (1996): *Scientific Knowledge. A sociological Analysis.* Chicago.

Bleek, Wilhelm (2001): *Geschichte der Politikwissenschaft in Deutschland.* München.

Bowie, Robert R. (1960): „Basic Requirements of Arms Control", *Daedalus. Journal of the American Academy of Arts and Sciences* Vol. 86, No. 4 (Fall 1960), 706-722.

Bruch, Rüdiger vom (1993): „Historiographiegeschichte als Sozialgeschichte. Geschichtswissenschaft und Gesellschaftswissenschaft", in W. Küttler, J. Rüsen, E. Schulin (Hg.), *Geschichtsdiskurs*, Bd. 1: *Grundlagen und Methoden der Historiographiegeschichte*. Frankfurt/M., 257-270.

Buschmann, Nikolaus und Carl, Horst (2001): „Zugänge zur Erfahrungsgeschichte des Krieges: Forschung, Theorie, Fragestellung", in Buschmann (2001), 11-26.

Buschmann, Nikolaus und Reimann, Aribert (2001): „Die Konstruktion historischer Erfahrung. Neue Wege einer Erfahrungsgeschichte des Krieges", in Buschmann (2001), 261-271.

Buschmann, Nikolaus (Hg.) (2001): *Die Erfahrung des Krieges. Erfahrungsgeschichtliche Perspektiven von der Französischen Revolution bis zum Zweiten Weltkrieg*. München.

Daniel, Ute (2001): *Kompendium Kulturgeschichte. Theorien, Praxis, Schlüsselwörter*. Frankfurt/M.

Doering-Manteuffel, Anselm (1999): *Wie westlich sind die Deutschen? Amerikanisierung und Westernisierung im 20. Jahrhundert*. Göttingen.

Etzemüller, Thomas (2001): *Sozialgeschichte als politische Geschichte. Werner Conze und die Neuorientierung der westdeutschen Geschichtswissenschaft nach 1945*. München.

Euler, Alexander (1960): *Die Atomwaffe im Luftkriegsrecht*. Köln.

Felt, U., Nowotny, H. und Taschwer, K. (1995): *Wissenschaftsforschung*. Frankfurt/New York.

Fleck, Ludwik (1980): *Entstehung und Entwicklung einer wissenschaftlichen Tatsache. Einführung in die Lehre vom Denkstil und Denkkollektiv* (Originalausgabe 1935). Mit einer Einleitung herausgegeben von Lothar Schäfer und Thomas Schnelle. Frankfurt/M.

Forndran, Erhard (2000): „Kontroversen über die Rüstungskontrollpolitik", in Detlef Junker (Hg.), *Die USA und Deutschland im Zeitalter des Kalten Krieges 1945-1990*, Bd. 1. Stuttgart/München, 375-386.

Fraenkel, Ernst (1964): *Deutschland und die westlichen Demokratien*. Stuttgart.

Göhler, Gerhard und Zeuner, Bodo (Hg.) (1991): *Kontinuitäten und Brüche in der deutschen Politikwissenschaft*. Baden-Baden.

Göhler, Gerhard (1991): „Die Wiederbegründung der Deutschen Hochschule für Politik. Traditionspflege oder wissenschaftlicher Neubeginn?", in Göhler/Zeuner (1991), 144-164.

Hochgeschwender, Michael (1998): *Freiheit in der Offensive. Der Kongreß für kulturelle Freiheit und die Deutschen*. München.

Koch, Claus (1961): „Von der Abrüstung zur Rüstungskontrolle, Teil 1", *Atomzeitalter* 5 (1961), 107-110.

Koch, Claus (1964): „Theorie und Praxis der arms control", *Atomzeitalter* 1 (1964).

Koselleck, Reinhart (1992): „‚Erfahrungsraum' und ‚Erwartungshorizont' - zwei historische Kategorien", in ders., *Vergangene Zukunft. Zur Semantik geschichtlicher Zeiten* (2. Aufl.). Frankfurt/M.

Kreutzer, Helmut (Hg.) (1987): *Die zwei Kulturen. Literarische und naturwissenschaftliche Intelligenz. C. P. Snows These in der Diskussion*. München.

Krippendorff, Eckehart (Hg.) (1966): *Political Science. Amerikanische Beiträge zur Politikwissenschaft*. Tübingen.

Krippendorff, Eckehart (Hg.) (1968): *Friedensforschung*. Köln/Berlin.

Lehnert, Detlef (1991): „‚Schule der Demokratie' oder ‚politische Fachhochschule'? Anspruch und Wirklichkeit einer praxisorientierten Ausbildung der Deutschen Hochschule für Politik 1920-1933", in Göhler/Zeuner (1991), 65-93.

Lepenies, Wolf (1988): *Die drei Kulturen. Soziologie zwischen Literatur und Wissenschaft.* Reinbek bei Hamburg.

Lieber, Hans-Joachim (1952): *Wissen und Gesellschaft.* Tübingen.

Luckmann, Thomas (1986): „Lebensweltliche Zeitkategorien, Zeitstrukturen des Alltags und der Ort des ‚historischen Bewußtseins'", in H. R. Jauss (Hg.), *Grundriß der romanischen Literaturen des Mittelalters*, Bd. XI/1. Heidelberg , 117-126.

Mack, Raymond W. und Snyder, Richard C. (1957): „The Analysis of Social Conflict – Toward An Overview and Synthesis", *Journal of Conflict Resolution* I,2 (1957), 212-248.

Mannheim, Karl (1934): „German Sociology (1918-1933)", *Politica* I (1934).

Mannheim, Karl (1985): *Ideologie und Utopie* (Originalausgabe 1929). Frankfurt/M.

Meja, Volker und Stehr, Nico (Hg.) (1982): *Der Streit um die Wissenssoziologie*, Bd. 1: *Die Entwicklung der deutschen Wissenssoziologie*, Bd. 2: *Rezeption und Kritik der Wissenssoziologie.* Frankfurt/M.

Menzel, Eberhard (1960): *Legalität oder Illegalität der Anwendung von Atomwaffen.* Tübingen. (= Recht und Staat in Geschichte und Gegenwart, Heft 226/226)

Plessner, Helmut (1953): „Über das gegenwärtige Verhältnis zwischen Krieg und Frieden", in ders., *Zwischen Philosophie und Gesellschaft.* Bern, 318-334.

Prinz, Wolfgang und Weingart, Peter (Hg.) (1990): *Die sog. Geisteswissenschaften. Innenansichten.* Frankfurt/M.

Raphael, Lutz (1994): *Die Erben von Bloch und Febvre. Annales-Geschichtsschreibung und nouvelle histoire in Frankreich 1945-1980.* Stuttgart.

Rorty, Richard (1988): „Is Science a Natural Kind?", in E. McMullin (Hg.), *Construction and Constraint. The Shaping of Scientific Rationality.* Notre Dame, 49-74.

Ross, Dorothy (1991): *The Origins of American Social Science.* Cambridge.

Scheuner, Ulrich (1959): „Krieg und Kriegswaffen im heutigen Völkerrecht", in Günter Howe (Hg.), *Atomzeitalter, Krieg und Frieden.* Witten/Berlin, 160-203.

Senghaas, Dieter (1969): *Abschreckung und Frieden. Studien zur organisierten Friedlosigkeit.* Frankfurt/M.

Shapin, Steven und Schaffer, Simon (1985): *Leviathan and the Air Pump.* Princeton/NewJersey.

Shapin, Steven (1994): *The Social History of Truth. Civility and Science in Seventeenth-Century England.* Chicago/London.

Sims, Jennifer E. (1990): *Icarus Restrained. An Intellectual History of Nuclear Arms Control, 1945-1960.* Boulder u. a.

Söllner, Alfons (1991): „Gruppenbild mit Jäckh - Anmerkungen zur Verwissenschaftlichung der Deutschen Hochschule für Politik während der Weimarer Republik", in Göhler/Zeuner (1991), 41-64.

Stammer, Otto und Weingart, Peter (1972): *Politische Soziologie.* München.

Teller, Edward (1960): „The Feasibility of Arms Control and the Principle of Openness", *Daedalus. Journal of the American Academy of Arts and Sciences* Vol. 86, No. 4 (Fall 1960), 781-799.

Uexkuell, Gösta von (1961): „Das Recht und die Bombe", *Atomzeitalter* 1 (1961), 9-11.

Weingart, Peter et al. (Hg.) (1991): *Die sog. Geisteswissenschaften. Außenansichten.* Frankfurt.

Whitfield, Stephen J. (1996): *The Culture of the Cold War* (2. Aufl.). Baltimore/London.

Williams, Bernard (1984): „The Scientific and the Ethical", in S. C. Brown (Hg.), *Objectivity and Cultural Divergence.* Cambridge, 209-228.

Williams, Bernard (1985): *Ethics and the Limits of Philosophy.* Cambridge.

Cora Bender / Andreas Niederberger

Powwow, Radio, Netzwerk – Zur Verortung von Wissenskulturen nordamerikanischer Indianer in der Gegenwart

„If we didn't have *kastom*, we would be just like white men" (Sahlins 1994, 378)

Mit diesem Satz rief 1994 Marshall Sahlins eine Stimme aus Neu Guinea zur Zeugenschaft für seinen Kulturbegriff auf. Mit „kastom" (von „custom", nämlich: Sitte, Brauch), ist etwas gemeint, das mit dem englischen Originalausdruck nur unvollkommen übersetzt wäre. „kastom" bedeutet vielmehr eine politisch reflektierte Version einer Kultur in Opposition zu einer anderen, mächtigeren in einem Setting postkolonialer Auseinandersetzungen um Ressourcen, Rechte und Repräsentation. Tradition und Traditionalismus können also zwei verschiedene Dinge sein. Diese Einsichten in die Rolle von Konstruktion und Kreativität sind in der Ethnologie seit Roy Wagners „Invention of Culture" (1975) und Hobsbawm und Rangers „Invention of Tradition" (1983) zu einer der fruchtbarsten Hypothesen und gleichzeitig zur griffigsten Metapher geworden, die bis in jüngste Zeit noch Schösslinge treibt.[1] In den Auseinandersetzungen um kulturelle Repräsentation hat die Ethnologie gelernt, ihre eigene Rolle als Zulieferer ethnisch legitimierter Konflikte kritisch zu hinterfragen. Die „politics of the use of the concept of culture" (Rapport/Overing 2000, 98) sind für das Fach heute stellenweise so explosiv, dass es schon Plädoyers zur Abschaffung des Begriffs „Kultur" gibt (Abu-Lughod 1999,13). Während also die Wissenschaftsgeschichte oder andere Disziplinen, die sich mit dem Phänomen des Wissens befassen, unter dem Titel der „Wissenskultur" den Kulturbegriff gerade (wieder-)entdecken und für die Beschreibung der Verfasstheit des Wissens nutzen, so bietet es sich für eine Ethnologie, die ebenso die „Wissenskultur" aufnehmen will, an, auf diesem Weg zu Recht aufgezeigte Probleme des Kulturbegriffs zu umgehen und ihn in der Konfrontation mit dem Wissensbegriff möglicherweise neu zu formulieren. Hierbei kommt sicherlich einer beschreibenden, erschließenden, analysierenden Arbeit an konkreten Phänomenen eine wichtige Rolle zu.

So soll an dieser Stelle anhand einer breiten sozialen Gruppe, nämlich der Indianer Nordamerikas, und der Faktoren, die sie als solche Gruppe erkennbar machen, exemplarisch vorgeführt werden, dass sich sozio-kulturelle Ebene, individuelle Handlungen und Wissensformen wechselseitig bedingen und ermöglichen. Hierbei soll nicht bestritten werden, dass immer wieder historisch konkret Konstitutions- oder Konstruktionsleistungen identifiziert werden können, es soll aber zugleich demonstriert werden, dass das einmal Konstituierte oder Konstruierte zu anderen Zeitpunkten auf seinen vermeintlichen Grund zurückwirkt und insofern dessen weitere Existenz begründet. Die Einsicht in einen solchen Zusammenhang

1 Jetzt findet man Titel wie „Limits of Invention" oder „Invention of Anti-Tradition".

wirft die Frage auf, inwiefern die Rede von Konstruktion oder Konstitution nicht eher irreführend ist und neue Darstellungen und Rekonstruktionen zu suchen sind. Einen Ansatz dazu bietet der vermeintlich paradoxe Begriff einer Wissenskultur, d. h. eine theoretische Konzeption, die das Wissen und seinen Anspruch auf objektive Gültigkeit mit der von Traditionen und von kontingenten sozio-politischen Faktoren abhängigen Kultur verbindet.

Zur Sozialgeschichte indianischer Kulturen

Die Kulturen der Ureinwohner Nordamerikas sind vom Kontakt mit europäischen Entdekkern, Eroberern und Einwanderern weder gleichzeitig, noch in gleichem Ausmaß oder in gleicher Form betroffen worden. Während die Gesellschaften im Südosten Nordamerikas schon im 16. Jahrhundert von den Spaniern vertrieben oder vernichtet wurden, bekamen viele in Zentralnordamerika beheimatete Gruppen Weiße erst zu Gesicht, nachdem deren Handelswaren, wie z. B. Wolldecken und Eisengerätschaften, schon lange Teil ihres Alltagslebens waren (Wolf 1982). Auch in ihren Reaktionen auf den Kontakt mit den Einwanderern unterschieden sich die Gruppen deutlich: So druckten die Cherokee in New Echota, Georgia, schon 1828 eine erste zweisprachige Zeitung in zwei Schriftsystemen, wohingegen die Hopi auf ihren entlegenen Tafelbergen in der Wüste von Arizona bis ins 20. Jahrhundert hinein energisch auf einem Weg des *noli me tangere* und der kulturellen Selbstbestimmung bestanden.[2]

Verdrängung eher denn Ausrottung war im 19. Jahrhundert das Hauptmerkmal regierungsamtlichen Umgangs mit den Eingeborenen, da sie, vom Vorrücken der Grenze („Frontier") eingeholt, entweder nach Oklahoma ins sogenannte Indianerterritorium deportiert oder auf kleinen Landinseln, den „Reservationen" isoliert und dort mehr oder weniger ihrem Schicksal überlassen wurden. Mehr als Feuerwaffen und Feuerwasser trugen die von den Europäern eingeschleppten Krankheiten wie Grippe, Pocken oder Masern zur Dezimierung der indigenen Bevölkerung Nordamerikas bei. Die Inkorporierung der indigenen Gesellschaften in die politischen Systeme der USA und Kanadas ging für die betroffenen Bevölkerungen in weiten Teilen einher mit einem Verlust kultureller Diversität in doppelter Hinsicht. So verschwinden die vor der Reservationsperiode sozial sehr unterschiedlich formierten Gesellschaftstypen, unter denen es egalitäre Jäger und Sammler (z. B. die Cree in Zentralkanada) ebenso gab wie strikt geschichtete Sklavenhaltergesellschaften (z. B. die Natchez des unteren Mississippi-Tals) oder elaboriert strukturierte Theokratien (z. B. die Hopi und Zuni im Südwesten). Aber es wurden nicht nur die alten Hierarchien größtenteils aufgelöst, sondern zudem fanden sich alle Bevölkerungsgruppen indigener Abstammung im 20. Jahrhundert mehr oder weniger einheitlich ans unterste Ende der sozialen Skala der USA, Kanadas oder Mexikos gedrängt.

Die vollständige politische Entmündigung, der fortschreitende Landraub und die Erosion der indianischen Familie durch die Zwangseinweisung indianischer Kinder in weit entfernte

2 Sie verfolgen diese Strategie bis heute so erfolgreich, dass sie für zeitgenössische Indianer anderer Stammeszugehörigkeiten zum Inbegriff von Tradition und Unkorrumpierbarkeit geworden sind (Spicer 1962; Sanner 2002).

Internatsschulen wurden 1928 durch den Merriam Report auch einer breiteren Öffentlichkeit sichtbar gemacht und 1934 durch den *Indian Reorganization Act* (IRA) im Rahmen des *New Deal* der Roosevelt-Administration teilweise wieder aufgehoben. Was der IRA nicht wieder aufhob, war die offizielle Entmachtung der alten indigenen Autoritäten. Stattdessen bot das Gesetz den Stämmen die Möglichkeit, sich nach dem Vorbild der USA durch Wahlen legitimierte Stammesräte und Anführer zuzulegen. Eine bis heute spürbare Folge von Pauperisierung, Entmachtung und staatlicherseits verordneter politischer Reform sind auf vielen Reservationen mannigfache Konflikte zwischen neuer und alter Ordnung, die – je nach Standpunkt – als Faktionalismus oder Pluralismus bezeichnet werden können, und worin viele für unsere Fragestellung bedeutsame Veränderungen im Umgang mit dem Wissen und in der politischen Kultur des modernen indigenen Nordamerika ihren Ausgang nehmen. Die ersten Jahrzehnte des 20. Jahrhunderts bis zum IRA waren auf den meisten Reservationen Zeiten von Not und Elend, sie gelten als die schwarzen Jahre des Kulturverlusts, als Zäsur, in der viele indigene Gruppen ihre Kultur, ihre Sprache und die Individuen ihr Selbstwertgefühl verloren, in der ein Großteil des im 19. Jahrhundert noch oral tradierten indigenen Wissens über Mensch, Natur und Übernatürliches verschwand, zusammen mit einigen seiner wichtigsten sozialen Verwurzelungen wie z. B. dem traditionellen Bundwesen (Gugel 1998). Genauer betrachtet stellt sich der Prozess aber wesentlich komplexer dar. Es handelt sich weniger um eine kulturelle Implosion als vielmehr um eine gewaltige – sicherlich auch gewalttätige – *Transformation*, deren Analyse es uns erlaubt, nicht nur den originellen und modernen Charakter aktueller indianischer Kulturen zu erkennen, sondern auch grundsätzlich von einem neuen Verhältnis von Kultur und Wissen zu sprechen. „Kultur“, vormals als integriertes Ganzes aus Wissen, Glauben, Kunst, Gesetz, Sitte und Brauch (Tylor 1871) konzipiert und gemeinhin mit bestimmten lokal auffindbaren „Kulturträgern“ assoziiert, wird in dieser Perspektive zu einer Kategorie des Wissens und Wissen *über* Kultur zu einem Bestandteil politischer Auseinandersetzung und kultureller Reproduktion. Der vorliegende Aufsatz beschäftigt sich mit dieser Dialektik.

Wissen und Kultur zwischen indianischem Selbstverständnis und ethnologischer (Re)konstruktion

Anders als in Europa mit seinen Schulen, Archiven und Bibliotheken wurde bei den meisten indigenen Gesellschaften nördlich von Mexiko Wissen traditionell nicht von seinen Trägern getrennt. Wissen befand sich immer im Besitz konkreter Personen, die zugleich als seine Sachwalter fungierten und über die Modalitäten der Wissenspflege und Wissensweitergabe wachten. Klassifikationen der Wissensarten, ihre Begriffe, ihre Geltung und Autorität kamen so auf eine andere Weise zustande.[3] Einer größeren Präzision zuliebe wird im Folgenden zwischen „Wissen“ und „Gewusstem“ unterschieden, wobei ersteres eine von menschlichen Trägern abgelöste Gestalt von Wissensinhalten beschreibt und letzteres dagegen diejenige

3 Die Sprache der Ojibwa des Östlichen Waldlandes beispielsweise kennt kein Substantiv mit der Bedeutung „Wissen“, unterscheidet aber bei der Verbbildung genau, ob belebte oder unbelebte Objekte „gewusst“ werden (Nichols/Nyholm 1995, 203).

Gestalt, in der die Inhalte von einem Menschen gewusst werden. Damit ist allerdings noch keine Aussage über die Qualität oder den Abstraktionsgrad der jeweils gemeinten Inhalte getroffen. Nicht nur nach einem Wissens- auch nach einem Kulturbegriff im europäisch-angloamerikanischen Sinn (Kroeber/Kluckhohn 1952) wird man im indigenen Nordamerika sicherlich lange suchen müssen. In vielen Sprachen existieren Begriffe, welche die Selbsterziehung und Erfüllung einer Idealnorm moralischer Lebensführung bezeichnen, wie das „hózhó" der Navajo im Südwesten, ein eigentlich unübersetzbares Wort, das den zentralen Lebenswert ausdrückt und auf alles angewandt wird, was schön, harmonisch, gut, erfolgversprechend und ausgeglichen ist. Die Übersetzung der Bezeichnung „Hopi" für die in Arizona siedelnden theokratisch organisierten Maisbauern gar heißt soviel wie „die Gesitteten". Viele dieser Begriffe reflektieren allerdings nicht die im Okzident geläufigen Oppositionen von „Kultur" und „Wildheit" oder „Kultur" und „Natur", sondern gehören eher zum Bereich Gesundheit-Krankheit. Eine gute Lebensführung ist mit Gesundheit assoziiert, einer schlechten hingegen wird die Krankheit auf dem Fuße folgen.[4] Eine weitere wichtige Frage, die sich an die nach der Selbstwahrnehmung anschließt, ist diejenige der gegenseitigen Wahrnehmung indigener Gesellschaften. Inwiefern sie sich hierbei als „fremde Kulturen" und eigenständige Sinngewebe (Geertz 1983) (an)erkannten, ist schwierig zu rekonstruieren, kann aber z. B. anhand von Selbst- und Fremdbezeichnungen in indigenen Sprachen und anhand von kulturellen Entlehnungen entschlüsselt werden. Die weite Verbreitung z. B. des Calumet-Rituals im Gebiet der Plains und Prärien oder die Beschäftigung mit europäischer religiöser Symbolik mit Hilfe künstlerischer Gestaltungstechniken (Kasprycki 1996) dokumentiert das lebhafte Interesse indigener Gemeinschaften am Anderen und am Unbekannten. Andererseits zeigt ein Blick auf Selbst- und Fremdbezeichnungen, dass vielerorts die nächsten Nachbarn kaum als Menschen bezeichnet,[5] sondern furchtsam als „Feind schlechthin" oder geringschätzig als „Grasbetten", „Fuß-Sohlen-Fremde" oder „jene Sprecher einer unverständlichen Sprache" abqualifiziert wurden (Handbook of North American Indians, passim).

Davon grundsätzlich zu unterscheiden ist jedoch die Erfahrung aller indigener Gesellschaften der USA und Kanadas, im Rahmen der kolonialen Verdrängung und Einkapselung (Spicer 1962) zum Modell des Anderen schlechthin zu werden. Die energischen – und häufig genug hoffnungslos fehlgeleiteten – sozialpädagogischen Bemühungen um „Assimilation" der Urbevölkerung haben im Gegenzug wenig oder nichts an der Mythologisierung, Romantisierung oder Verteufelung des Indianers in der Imagination der nicht-indianischen Bevölkerung geändert (Dilworth 1996). Andererseits aber sind jene bald kommerzialisierten Bilder des Indianers mit Federschmuck, Tomahawk und Friedenspfeife auch als Teil einer amerikanischen Volkskultur zu sehen, die mit ihren Rodeos, Powwows und Wildwestshows im späten 19. Jahrhundert aus der Konkursmasse der „Grenze" entstand, und an der Indianer ebenfalls Anteil haben. Von einem ausschließlichen Kultur-„Verlust" kann also nicht so sehr die Rede sein. Ein Beispiel für indigene „agency" ist der Auftritt Sitting Bulls in Buffalo Bill Codys Wild West Show (Feest et al. 1999); ein anderes der Besuch des bekannten Apachen Geronimo 1904 in St. Louis bei der Weltausstellung, die insgesamt eine Nachlese der „Gren-

4 In Ojibwa ist „pimádaziwin" („life in the fullest sense") die gute Lebensführung, wohingegen aus „madjiíjiwé baziwin" („bad conduct") „ákwaziwin" („sickness") resultiert (Hallowell 1941 c. 1967, 269).

5 „Mensch" oder „Menschen" ist häufig die eigentliche Bedeutung der Selbstbezeichnung, wie z. B. „Eskimo": Inuit oder Ojibwa: Anishinaabe).

ze" ebenso wie ein Schauplatz für die symbolische Darstellung einer neuen Weltordnung am historischen Ende der US-Isolation war (Harvey 1996, Kretschmer 1999).[6] Viele indigene Gemeinschaften begannen in der frühen Reservationsperiode bereits, die Feiern zum Unabhängigkeitstag der USA als Foren für die Darstellung eigener Kultur zu nutzen. Sie nutzten auch den um die Jahrhundertwende mächtig anschwellenden Strom neugieriger Touristen, deren Interesse für das „Archaische" die Zivilisierungsbemühungen der Missionare und Regierungsbeamten empfindlich störte.[7] Der Tourismus half dabei, in der amerikanischen Öffentlichkeit ein differenzierteres, weniger feindseliges Bild vom Indianer zu etablieren: der entmenschte, halb tierische Wilde mit vor Hass verzerrten Gesichtszügen und blutigem Dolch in der Faust, der während der Indianerkriege in den 1870er Jahren die Frontseiten der Zeitungen beherrscht hatte (Coward 1999), machte Platz zugunsten von Darstellungen, die das folkloristische, rätselhafte und kulturell Fremde herausstrichen, wie z. B. die Reisebroschüren der Fred Harvey Company durch den Südwesten (Anonymous; Hough 1901).

Auch die zunehmende Präsenz professioneller Ethnologen auf Reservationen um die Wende zum 20. Jahrhundert und die wachsende Anzahl ihrer Publikationen trugen dazu bei, ein Bewusstsein und ein Wissen von der Existenz ganz unterschiedlicher indigener *Kulturen* zu schaffen und deren eigenständigen Wert als Ausdruck von *Kultur* zu untermauern. Die amerikanische Ethnologie, die in den ersten Jahrzehnten des 20. Jahrhunderts eine Blütezeit erlebte (Mead/Bunzel 1960), hatte ihre eigenen kulturellen Wurzeln in der Erfahrung der Emigration aus Europa und in der nicht-professionellen Forschung der Missionare, Militärs und visionsgetriebener Entdecker des 18. und 19. Jahrhunderts (Stocking 1985, Hinsley 1981). Der Großteil der Ethnologen war dabei vom unmittelbar bevorstehenden Aussterben wenn schon nicht der Ureinwohner selbst, so doch zumindest ihres eigenen Gegenstandes, der jeweiligen indigenen Kulturen, zutiefst überzeugt. Der „Salvage Anthropology" galt es, soviel Daten wie nur eben möglich zu sammeln und zu speichern, bevor es „zu spät" war. Eine wichtige Interaktionsform zwischen Ethnologe und Informant wurde das Gespräch mit alten Leuten, aus deren Erinnerungen man die „traditionelle" Kultur der Vor-Reservationsperiode rekonstruierte (z. B. Opler 1941). Während die Reservationsjugend zur Schule geschickt und dort mit teilweise brachialen Methoden ent-tribalisiert wurde, vertrauten alte Leute ihr Wissen den Ethnologen an, damit es nicht ganz verloren ging. Neue Medien wie der Phonograph, der Fotoapparat und die Filmkamera kamen im Feld zum Einsatz (Nettl 1991; Davis 1998; Gidley 1998; Densmore 1910/1913 c. 1973). Noch 1975 forderte Margaret Mead vehement, den alten Notizblock zur Seite zu legen und moderne Technik zu nutzen, da die Aufgabe der Ethnologie im „making and preserving records of the vanishing customs and human beings of this earth" (Mead 1975 c. 1995, 3) liege. Das auf diese Weise von indigenen Wissenden gesammelte „Gewusste" ging als „Wissen" in die Archive und – wiederum unter eigenen Interessen und Perspektiven – in die Wissenschaften ein, in denen es zur Festigung von Disziplinen wie auch von Karrieren diente. Ein wichtiger Bestandteil dieses neu entste-

6 Der alte Krieger, der erst im Jahr 1886, schon weit über siebzig, sein Gewehr abgegeben hatte, lebte in der Gefangenschaft in jämmerlichen Verhältnissen. In St. Louis verkaufte er Fotos von sich selbst. Es ist überliefert, dass er dort auch eine Gruppe Igorot von den Philippinen traf, über die er sich mokierte: sie seien zu wild und unzivilisiert, um auf der Weltausstellung zugelassen zu werden.

7 Ein anschauliches Beispiel für indigene Nutzung des Tourismus gleichsam als „Schutzschild" liefert die politische Geschichte der Hopi, deren Schlangentanz um die Jahrhundertwende zu einem touristischen Ereignis erster Güteklasse avancierte und dazu beitrug, Umsiedlungspläne zu stoppen (Whiteley 1988).

henden wissenschaftlich verwalteten Wissensspeichers waren indigene Artefakte, also Keramik, Schmuck, Holzschnitzereien, Kleidung, Waffen, Zeremonialgegenstände und vieles mehr. Schon immer interessierten europäische Reisende sich für diese stummen und transportablen Zeugnisse fremder Völker, seit der zweiten Hälfte des 19. Jahrhunderts entwickelte sich jedoch mit der Gründung von Museen und anderen wissenschaftlichen Sammlungen und mit dem Tourismus eine regelrechte Sammelwut. Die Praxis des Sammelns, die Entnahme des Dings aus seinem ursprünglichen sinnstiftenden sozialen Kontext, seine „Ent-Fremdung" und seine Eingliederung in westliche Warenkreisläufe und Kunstdiskurse hatte auch auf der anderen Seite, auf der Seite der Besammelten, einige weitreichende Folgen. Viele Reservationsfamilien eröffneten sich in der bedrängten Situation der 20er und 30er Jahre mit der Herstellung von Touristenkunst eine Einkommensmöglichkeit, indigene Künstlerinnen und Künstler professionalisierten sich für einen indigenen Kunstmarkt, den es vorher nicht gab (Feest 1997).[8] Indigene Kunstwerke wurden plötzlich wertvoll und zum Vorbild billiger Fälschungen. Dies wiederum rief Debatten und Auseinandersetzungen um die Authentizität des indigenen Kunst- und Kulturschaffens hervor, die bis heute anhalten.

Das Entstehen eines indianischen kulturellen Selbstbewusstseins in der Folge des Zweiten Weltkrieges

Die Professionalisierung der Ethnologie, die Archivierung des „Gewussten" und seine Umwandlung in wissenschaftlich verfügbares Wissen, der Einzug indigener Artefakte in die wissenschaftlichen Museen trugen zu einer nun für die indigenen Gruppen selbst sichtbaren Historisierung ihrer Kultur bei. Der Zugang zu diesen Bereichen höherer Bildung – obwohl formal gesehen „offen" – ist bis heute für die Ureinwohner nicht zuletzt aufgrund der traumatischen Erfahrung zwangsweise verordneter Schulausbildung nicht selbstverständlich (Adams 1995). Auch dürften subtile Ausschlussmechanismen eine Rolle spielen. Das wissenschaftliche Bild ihrer Kultur, die man ihnen mit missionarischem Eifer abzuerziehen versucht hatte, tritt ihnen objektiviert und ihrer eigenen unmittelbaren Verfügung entzogen entgegen und bietet so den Anlass für Irritationen des Selbstverständnisses und der eigenen Erfahrungen. So entstehen z. B. Reibungsflächen mit mystifizierenden Sichtweisen, indem die Kultur, die als zeitlose „Tradition" gedacht wird, in Widerspruch zu Kultur als in der Zeit sich wandelnder „Geschichte" gerät (Mauzé 1997; Martin 1987).

Die Erfahrung des Zweiten Weltkrieges, an dem Indianer in großer Zahl als Soldaten und als Beschäftigte in der kriegsrelevanten Industrie teilnahmen, hinterließ in indigenen Gemeinschaften tiefe Spuren. Kriegsheimkehrer brachten neue Erwartungen mit, was ihren gesellschaftlichen Status und ihre Chancengleichheit in der amerikanischen Gesellschaft betraf. Dem glaubte die US-Regierung mit ihrer berüchtigten „Federal Relocation Policy" (1952) entgegenzukommen, die rhetorisch auf Herstellung von „equality" abhob, in Wirklichkeit

8 Zu nennen wären hier etwa der Hopi-Künstler Fred Kabotie (Brody 1993) oder die Hano-Töpferin Nampeyo, die sich durch die Arbeit ihres Ehemannes bei den Ausgrabungen des Ethnologen und Archäologen Jesse Walter Fewkes 1895 dazu inspirieren ließ, den sog. Sikyatki-Stil des 15. Jahrhunderts zum Vorbild ihrer individuellen Töpferkunst zu nehmen.

aber die weitgehende Abschaffung indigener Souveränität bedeutete.[9] Der politische Kampf gegen die „Termination" und „Relocation" und der allgemeine Aufbruch im Gefolge des *Civil Rights Movement* führte im indigenen Nordamerika zu einer neuen politischen Standortbestimmung und zu einem neuen kulturellen Selbstbewusstsein (Stein 1997). Als erster und wortgewaltigster Protagonist nahm in den 1960er Jahren der Jurist und Publizist Vine Deloria Jr. aus der Sioux-Reservation Standing Rock mit einer brillanten und bissigen Satire die amerikanische Ethnologie und ihre Praktiken der Wissensakkumulation im Feld aufs Korn („Anthropologists and Other Friends" in: Deloria 1987). Die „Repatriation"-Debatte, die in den 1990er Jahren begann, kann als eine Auseinandersetzung um die Verfügungsrechte über materielle Kultur gesehen werden. Es geht um die Rückführung indigener Artefakte aus den Museen in jene indigenen Gemeinschaften, die sich als deren rechtmäßige Erben betrachten (Feest 1995). Besonders erbittert verläuft der Streit um menschliche Überreste, wie z. B. den „Kennewick Man" (Johansen 1999; Deloria 1998). Soll man einen wahrscheinlich mehrtausendjährigen mumifizierten Körper ins Museum und damit gleichsam in den Besitz der Wissenschaft überführen - und ist dieser wissenschaftliche zugleich ein „gesamtgesellschaftlicher" Besitz? Oder soll man ihn, den Ansprüchen einer indigenen Koalition aus ortsansässigen Umatilla und politischen Aktivisten nachgebend, als einen Vorfahren behandeln, der beerdigt werden muss? Dabei kommt es vor, dass die Existenz archäologischer Sammlungen bisweilen recht pauschal als wissenschaftliche Grabräuberei und Leichenfledderei dargestellt wird: „Scientists have dug up and studied Native Americans for decades. We view this practice as a desecration of the body and a violation of our most deeply held religious beliefs. Today, thousands of Native human remains sit on the shelves of museums and institutions (200,000 as of 1997) waiting for the day that scientists and others will pay them the respect that they are due." (Armand Minthorn, „Umatilla political and religious leader", in Johansen 1999, 45) Die Frage nach der angemessenen Repräsentation indigener Kulturen und ihres Anteils am Werden der amerikanischen Nation spitzte sich zwischen „Iroquoianists" (Forschern der irokesischen Kultur) und traditionalistischen Irokesen zu. Es ging um einen von den letzteren verfassten Leitfaden zur Geschichte und Kultur der Irokesen, der bei ersteren so negative Kritiken provozierte, dass es schließlich zum zeitweiligen Abbruch der bilateralen Beziehungen kam (Landsman 1997). Auch ein einzelnes Wort wurde jüngst zum Zankapfel. Trotz energischen Widerspruchs aus linguistischen Fachkreisen (Goddard 1997) verbreitete sich in „Indian Country" die Idee, das Wort „Squaw" bezeichne im Irokesischen in abwertender Weise das Geschlechtsorgan der Frau und sei ein Schimpfwort weißer Grenzer und Indianerhasser (z. B.: NATIVE-L 1996; Nativenet 1993ff.). Im Amerika der „political correctness" haben seither mehrere Bundesstaaten Verordnungen erlassen, geographische Bezeichnungen wie „Squaw Mountain", „Squaw Lake" oder „Squaw River" durch weniger umstrittene zu ersetzen (Anonymous 2002).

Ausgehend von Vine Delorias Kritik entstand ein neues sozialpädagogisch-sozialwissenschaftliches Genre, das sich mit Fragen der Gemeindeverträglichkeit von Forschung auf Reservationen befasst. Stammesräte erlassen verbindliche Rechtsvorschriften für externe Forschungsprojekte, deren Einhaltung von sehr genau kontrollierenden „Cultural Preservation Centers" beaufsichtigt wird. Diese Bürokratisierung des Kulturkontakts ist für die Forschen-

9 Die „Termination" von Reservationen als separater Gemeinschaften mit Sonderansprüchen ging einher mit einer Umsiedelung („Relocation") von Indianern in Großstädte.

den oftmals hinderlich (Grobsmith 1997); in manchen Fällen geht sie einher mit einer ausgesprochenen Feindseligkeit und sogar Gängelung von Teilen der Reservationsbevölkerung, die zu einer Forschungskooperation bereit wären (Geertz 1996). Andererseits ist in der Forschungspraxis nach wie vor eine erschreckende Ignoranz gegenüber selbst den grundlegendsten ethnographischen Standards zu verzeichnen.[10] Da nimmt es nicht wunder, dass es über das indigene Amerika unserer Tage nur sehr wenige auf Feldforschung beruhende Studien gibt, während die Publikation von Machwerken wie Frank Waters „Book of the Hopi“ munter floriert (Waters 1963; Geertz 1990).

Kultur und die Rolle des Wissens über die Kultur: Indigene Kultur als Wissenskultur

Für interessierte Kulturwissenschaftler ist in den vergangenen Jahren der Zugang zu „Indian Country“ durch die indianische Presse („Indian Country Today“, „News From Indian Country“ etc.) und durch die Einführung des Internet[11] einfacher geworden. Die Indienstnahme westlicher Medientechnik zur Wahrnehmung eigener indigener Interessen begann im Jahr 1828, als die Cherokee im Vorlauf ihrer drohenden Deportation ins „Indian Territory“ nach Oklahoma nach einem Forum der Selbstdarstellung und der internen Auseinandersetzung suchten und die Macht der Druckerpresse entdeckten. Das Ergebnis war die erste indianische Zeitung, der „Cherokee Phoenix“ (Trahant 1995). In Oklahoma entstanden in der Folge eine ganze Reihe engagierter indigener Zeitungen (LaCourse 1994). Bis in jüngere Zeit allerdings erkannte eine breitere indianische Öffentlichkeit die Stärke medialer Selbstdarstellungen nicht, sondern dies blieb an lokal begrenzte Erfahrungen gebunden. Das änderte sich in den 1960er Jahren mit spektakulären Aktionen wie der Besetzung der Gefängnisinsel Alcatraz in den Jahren 1969-1971 durch indigene Aktivisten, die damit – gewollt oder ungewollt – auch einige Möglichkeiten politischer Medienarbeit für die indianischen Gemeinschaften demonstrierten. Heute, im Zeitalter der „Self-Determination“, herrscht die optimistische Haltung, dass Medien, sofern sie unter eigener Regie operieren, die wirtschaftliche Situation einer Reservation, ihre lokale Kultur und die lokale indigene Sprache positiv beeinflussen können. Auf die Nutzung kommunitärer Radiostationen zur Erhaltung bedrohter indigener Sprachen z. B. werden heute große Hoffnungen gesetzt (Farmer 1994). Ebenso scheint das Bildungssystem seinen alten institutionellen Schrecken verloren zu haben. Nach dem Vorbild schwarzer Studenten an amerikanischen Universitäten forderten in den 1960er Jahren auch Studenten

10 Die Beherzigung der einfachsten Regeln – „*hang out with the Natives*“ und „*listen to the Natives*“ – geht oftmals im selbstgenerierten Zeitdruck ehrgeiziger Forschungspläne unter. Ein Beispiel: Bei einer Unterhaltung beschwerte sich die Projektleiterin zweier junger Linguistinnen über die Schwierigkeit, auf einer von ihnen beforschten Reservation im Mittleren Westen an die wenigen noch lebenden Sprecher jener Sprache heranzukommen, die zu untersuchen sie einen anderthalbjährigen bürokratischen Kleinkrieg mit Stiftungen und Reservationsbehörden durchgefochten hatten. Auf den Vorschlag, sich für vier Wochen in die Sozialstelle der Stammesbehörde zu setzen – denn dort kommen viele Ältere aus Geldmangel irgendwann vorbei – reagierte die Projektleiterin entsetzt: *dafür* war keine Zeit! Es stellte sich heraus, dass die jungen Forscherinnen es nicht einmal für nötig hielten, auf der Reservation zu übernachten, geschweige denn, sich dort für ein paar Wochen aufzuhalten.

11 Einen ersten Überblick vermittelt z. B. www.aboriginalconnections.com mit nach Sparten sortierten indigenen Links aus Kanada und den USA.

indigener Herkunft die Einrichtung von *Native American Studies*-Programmen. Hiervon versprach man sich eine intellektuelle Stimulanz für die Erforschung des indigenen Nordamerika, die mehr und mehr von indigenen Wissenschaftlerinnen und Wissenschaftlern selbst geleistet werden sollte (Mihesua 1998). Die Bedeutung von *Native American Studies*-Programmen als indianische „Think Tanks“ wird allerdings heute teilweise kritisch eingeschätzt.[12] Vielversprechender scheint das Modell des reservationsbasierten Colleges. Seit den 1960er Jahren wurden insgesamt dreißig sogenannte „tribally controlled colleges“ nach dem Modell des amerikanischen *Community College* gegründet (Stein 1997). Ihr Auftrag lautet, ähnlich wie derjenige stammeseigener Schulen, gemeindenahe und gemeinschaftsorientierte Ausbildung zu vermitteln, wozu die lokale indigene Sprache ebenso gehört wie Kurse in EDV, Business oder sogar, wie im Falle des Fond du Lac College in Minnesota, eine Polizeiausbildung. Es besteht hier eine interessante Wechselwirkung zwischen Identität, rechtlichem und sozialem Status: Die trotz versuchter „Termination Policy“ heute noch bestehende rechtliche Besonderheit indigener Kommunitäten, z. B. die Erlaubnis zum Betrieb von Spielcasinos, hat zu jener spürbaren Verbesserung der ökonomischen Situation von Reservationen beigetragen, auf deren Grundlage tribale Investitionen in neue Medien, in stammeseigene Colleges und Bibliotheken überhaupt erst möglich wurden.

Heutzutage lebt etwas über die Hälfte der indigenen Bevölkerung der USA in Städten wie Los Angeles, Minneapolis und New York. Anders als Lateinamerikaner oder Schwarze wohnen sie dort nicht in ethnisch geprägten Nachbarschaften, sondern eher dort, wo sie sich die Mieten leisten können (Weibel-Orlando 1999). Wie aber bildet sich angesichts dieser Atomisierung soziale und kulturelle Kohäsion? Wie ist die Existenz einer „indianischen“ Kultur erklärbar, die nicht in lokalen Praktiken aufgeht oder deren Akteure in eine gemeinsame materielle Basis eingebettet sind? Vereinfacht könnte man sagen, dass Indianer heute auf drei verschiedenen kulturellen und gesellschaftlichen Ebenen agieren. Erstens ist der „Tribalismus“ von Bedeutung: der kulturspezifische Rahmen, die rechtliche Zugehörigkeit zu einer Reservationsgemeinde und die eigene tribale Identität als „Anishinaabe“, „Makah“ oder „Navajo“. Zweitens ist von Bedeutung der nationale Rahmen der US-Gesellschaft und Kultur. Wir finden Indianer unter den Konsumenten von Hollywood-Filmen, Sammlern von Bigband-Musik, frommen Kirchgängern, begeisterten Patrioten und Veranstaltern von sonntäglichen Barbecues, genauso wie unter deren vehementen Ablehnern. Drittens hat sich durch den Kulturkontakt die Ebene einer überregionalen, meta-tribalen Kultur gebildet. Dieser gesamt-nordamerikanische Indianismus, der in der Literatur auch als „Panindianismus“ und von Indianern selbst als „intertribalism“[13] bezeichnet wird, ist durch die gemeinsame Erfahrung des „Andersseins“ und durch die Wahrnehmung gemeinsamer indianischer Interessen geprägt und hat seine eigenen kulturellen Ausdrucksformen und politischen Foren entwik-

12 Thornton 1998 z. B. ist der Auffassung, dass von Native American Studies-Programmen eher wenig intellektuelle Impulse ausgegangen seien. Eine Ausnahme sieht er in der indigenen Literatur sowie der Publikation von Journalen wie „American Indian Quarterly“, „Northeast Indian Studies“, „American Indian Culture and Research Journal“ und „Wicazo Sa Review“.

13 „Panindianismus“ als Begriff ist bei den Betroffenen selbst und auch in der Forschung nicht ganz unumstritten. Howard (1955) machte als erster auf das Phänomen im Zusammenhang mit Powwow-Tanzfesten im Oklahoma der 50er Jahre aufmerksam. In seiner Perspektive allerdings erscheint dies als eine Art indianischer McDonaldisierung von Kultur, die zum Absterben der letzten Reste traditioneller tribaler Kultur führen würde – eine Erwartung, die sich nicht bestätigt hat.

kelt. Die Geschichte des Panindianismus geht bis zu den stammesübergreifenden politischen Allianzen von Tecumseh oder Pontiac im 18. Jahrhundert zurück; im 20. Jahrhundert entstanden vor allem im Rahmen des Militärdienstes in den amerikanischen Streitkräften, in den Indianerschulen der Regierung und im Zuge der von der Regierung verordneten Umsiedelung in die Städte jene Netzwerke persönlicher Kontakte, die zur Basis des modernen politischen „Indian Movement" wurden. Meta-Tribalismus steht nicht im Gegensatz zum „Tribalismus"; vielmehr formuliert er politische Ziele, wie z. B. die Forderung nach indianischer Souveränität, die aufgrund der rechtlichen Verfassung der USA nur für tribale, nämlich Stammesgemeinschaften als politische Entitäten einklagbar sind.[14] Aber keine Politik ohne Kultur: In diesem meta-tribalen Bereich sind Elemente verschiedener lokaler indigener Traditionen genau so wie einige „weiße" Klischeevorstellungen zu einem neuen und eigenständigen kulturellen Bezugsrahmen verschmolzen worden, der heutzutage in Los Angeles ebenso aufrufbar ist wie in Faust, Alberta.

Ein wichtiges Beispiel, mit dem zugleich auch die Darstellung der Transformationsprozesse der indianischen Kultur abgeschlossen werden soll, für einen solchen mobilen Ort der Aktualisierung von Kultur ist das Powwow-Tanzfest, das sich im 19. Jahrhundert aus dem Gebiet der Plains in Zentralnordamerika in alle Himmelsrichtungen verbreitete. Es findet heute bei indigenen Gemeinschaften verschiedenster kultureller Herkunft in Großstädten ebenso wie auf Reservationen in ganz Nordamerika statt und steht auch Nicht-Indianern zum Besuch offen. Als Veranstalter treten häufig mehr oder weniger informelle Netzwerke auf wie z. B. ein lokaler Veteranenclub oder einige lokal besonders aktive Familien. Ein Powwow erstreckt sich in etwa über die Zeitspanne eines verlängerten Wochenendes. Es ist um einen zentralen Tanzplatz herum angeordnet, in der Mitte des Platzes nehmen die sogenannten „Drum Groups" Platz, Gruppen junger Männer, die jeweils eine große Trommel rhythmisch schlagen. Der Ablauf des Powwows wird von einem „Master of Ceremony" oder „MC" per Mikrophon geleitet. Am äußeren Rand des Tanzplatzes sitzen die Zuschauer, um diese herum sind in Kreisform die Verkaufsbuden aufgestellt, ohne die kein Powwow auskommt, und wo man indianisches Essen, Zubehör für Tanzkleidung und allerhand Selbstgemachtes zwischen Kitsch und Kunst kaufen kann. Der Tanz findet nach Maßgabe des MC auf dem freien Rund zwischen Trommelgruppen und Zuschauerbänken statt; dieses Rund gilt als „sacred circle" und symbolisiert sowohl den individuellen Lebensweg des Menschen als auch die unendliche Abfolge der Generationen. Die Tänzer bewegen sich alle in eine Richtung und tanzen zumeist allein; von großer Bedeutung sind die Kostüme („dance regalia"), in deren Herstellung viel Zeit und Mühe investiert wird. Es gibt Kostümgenres zwischen „traditional" und „fancy", deren Ausgestaltung bei sogenannten Contest Powwows, wo um Preisgelder getanzt wird, einer peniblen Bewertung unterliegt. In den anderen Fällen, bei denen Wettbewerb keine Rolle spielt, bestehen größere Freiheiten, so dass insbesondere in die Tanzkostüme der jungen Leute Mode, Zeitgeist und lokaler Geschmack integriert sind (Powers 1994). Das Powwow ist selbst keine religiöse Veranstaltung, beinhaltet aber öffentliche Gebete, und erwartet wird von den Teilnehmern eine gewisse zeremonielle Gestimmtheit zwischen Andacht und Fröhlichkeit. Ein zentrales Element des Powwows ist die patriotische

14 Zur Diskussion um die Selbstbezeichnung indigener Kommunitäten als „Nations" oder „Peoples" im Zeitalter globaler „interconnectedness" siehe z. B. Anaya (1997).

15 Zum Patriotismus im heutigen Powwow siehe Bender (2002).Zittel (2002).

Reverenz in Form der Veteranenehrung.[15] Zweimal täglich wird vor der Eröffnung des Tanzes in einer „Grand Entry" den Kriegsteilnehmern und Militärangehörigen Respekt gezollt. Das auffallendste visuelle Symbol ist die amerikanische Flagge, die als patriotischer Wandschmuck, als Kleiderstoff und als Fahne Verwendung findet. Sie markiert den äußersten kulturellen Bezugsrahmen des Powwows und den symbolischen Adressaten für die eigenen Geltungsansprüche. Ein weiteres wichtiges Merkmal eines Powwows sind die häufigen Diskussionen um die richtige Verfahrensweise, um die „Powwow-Etikette". Die Ansprachen, Besprechungen und Ermahnungen via Mikrophon drehen sich um Themen wie: darf man beim Tanzen ein Baby oder Kleinkind auf dem Arm halten, oder nicht (da der Tanzkreis das Leben selbst symbolisiert, vertreten einige die Ansicht, Kinder dürften erst mit hineingenommen werden, wenn sie selbst laufen könnten); oder: was geschieht mit einer Adlerfeder, die einem unachtsamen Tänzer aus dem Haar oder der Hand fällt (sie wird durch einen kleinen zeremoniellen Tanz von einigen Militärveteranen aufgehoben und weiterverschenkt).

Diese ständige Unterrichtung in der korrekten Powwow-Praxis formt in den Beteiligten jenes praktische Wissen, das wir eingangs als „das Gewusste" bezeichnet haben. Es handelt sich um eine Form von Wissen, die zur aktiven Teilnahme am Geschehen befähigt. Hiermit eng verbunden und trotzdem qualitativ andersartig ist jene Form von Wissen, das an dieser Stelle als „Kulturwissen" bezeichnet werden soll. Es ist ein Wissen über Powwows, das in Kommentaren und Ausdeutungen entsteht, also ein Wissen, das historisch informiert, reflektiert und u. U. auch politisch interessiert ist. Es äußert sich in ethnographischen Interviews mit Veranstaltern ebenso wie in von indigenen Akademikern verfassten Darstellungen, in der Berichterstattung lokaler indigener Zeitungen oder in Leserbriefen, die von Indianern an lokale Mainstream-Blätter geschrieben werden. Es ist auch vielen gebildeten Powwowteilnehmern präsent, aber in der Hauptsache lernt man durch Teilnahme am Powwow, was Powwow ist. „[...] the powwow makes us proud to be Native American", schreibt der Ojibwa-„scholar" Robert Desjarlait. „When the powwow ends, we walk away from it with a profound sense of well-being." (Desjarlait 1997, 115). „Powwow is the contemporary Indian's celebration of life and cultural survival", sagt auch George P. Horse Capture (1994, 190), Vizedirektor am National Museum of the American Indian in Washington. Die momentane Verräumlichung, die Aktualisierung eines idealen Zustands indianischer Existenz entsteht im Zusammenwirken tribaler, meta-tribaler und US-nationaler Bezüge. Das Powwow ist kein historisches Kostümfest (daher die Ablehnung des Begriffs „costume" durch die Beteiligten). Es bezieht sich auf Vergangenheit vielmehr als „Tradition", zur Herstellung einer Rückkopplung zwischen Vergangenheit und Gegenwart. Das Powwow wird innerhalb lokaler Gegebenheiten aktualisiert, indem an jedem beliebigen Ort interessierte und engagierte Indianer die Rollen der Organisatoren, des MCs und der Tänzer und Musiker ausfüllen können, ohne von irgendeiner übergeordneten Stelle autorisiert zu werden. Andererseits auch kommt es in und um Powwows häufig zu Auseinandersetzungen zwischen Individuen und Seilschaften mit verschiedenen Ansichten über „richtige" Verfahrensweisen in der Organisation eines Powwows (Mattern 1999). Die öffentlichen Gebete werden, wo noch möglich, in der lokal wichtigen indigenen Sprache abgehalten; Tänzer haben in gewissen Grenzen die Freiheit, ihre Tanzausstattung an ihre Lebenswelt anzupassen. Paradoxerweise gestatten aber gerade diese Tendenzen zur unauffälligen Modernisierung den Teilnehmenden jenen Eindruck einer Zeitlosigkeit, den eine Parade historisch korrekter Kostüme aus dem 18. oder 19. Jahrhundert zerstören würde.

Das Powwow wird in vielerlei medialer Form aufgegriffen und transformiert – in Musik-CDs, Radiosendungen, selbstgefilmten Videos, Fotos, Bildkalendern, Zeitungsartikeln etc., und findet auf diese Weise Einzug in die private Welt des Familienhaushaltes, wo es positive Identifikationen ermöglicht und damit die Organisation der Erfahrung (Csikszentmihalyi 1993) beeinflusst. In diesem Bereich medialer Transformation können heutzutage interessante Professionalisierungstendenzen nachvollzogen werden. Insbesondere seitdem der Betrieb von Spielcasinos mehr Reservationen zu Wohlstand verholfen hat, wächst die früher verschwindend dünne Schicht indigener Lehrer, Journalisten, Musiker, Künstler, Sozialarbeiter, Familienberater, Designer und „Cultural Preservationists", deren Wirken die Reservationen langfristig verändern wird. Indigen kontrollierte Medien, indianisches Musikbusiness (Schlottner 2001) und Stammesmuseen (Carstensen/Schlottner 2002) demonstrieren indigenen Willen, am politischen Diskurs um Kultur und Wissen aktiv teilzunehmen. Genauso wichtig wie die Institutionen, an denen diese Berufsgruppen arbeiten, könnten die alternativen Netzwerke werden, in denen die einzelnen Agenten institutionenübergreifend persönlich miteinander verbunden sind, und die manchmal in Konflikte geraten mit alteingesessenen Stammesbürokraten. Die Aktivitäten dieser Netzwerke beeinflussen Wissenskultur – das, was in einer gegebenen Situation jeweils als Konstellation aus praktischem Wissen, Systemen symbolischer Repräsentation und den Orten ihrer Aktualisierung errichtet wird.

Wie unsere Ausführungen zur indigenen Gegenwart und insbesondere das Beispiel des Powwow zeigen, ist „kulturelles Wissen" heute nicht bloß praktisches oder Symbolwissen, sondern Wissen über Praxis, über den Gebrauch und die Wirkung von Symbolen, das politisch reflektiert und eingesetzt wird. Damit dürfte klar sein, dass dieses Wissen weder „wertfrei" entstanden ist noch in einer „neutralen" Praxis zur Anwendung kommt; stattdessen verdankt es sich vielfältigen sozialen, politischen und kulturellen Interessen und dient nach innen der Konstruktion und Unterhaltung einer gemeinsamen Identität und nach außen der Untermauerung gemeinsamer politischer Ansprüche. Selbst wenn dies wie ein Paradebeispiel für ein sozial konstruiertes Wissen klingen mag, greift diese Beschreibung zu kurz. Sie unterbewertet nämlich die Tatsache, dass die Identitäten und die soziale Praxis, die sich aus der Geltung des Wissens ergeben, sich aus der Geltung des *Wissens* ergeben und nicht aus der *Geltung* des Wissens. Um das Eingangszitat aufzugreifen: ohne ihr Äquivalent von „kastom" wären Indianer keineswegs nur „wie weiße Männer". Sie wären Indianer, die nicht wüssten, wer sie sind.

Literatur

Abu-Lughod, Lilah (1990): „Writing Against Culture", in R. Fox (Hg.), *Recapturing Anthropology*. Santa Fe, N. M.: School of American Research Press, 137-162.

Abu-Lughod, Lilah (1999): „Comments Upon Christoph Bruman's ‚Writing for Culture: Why a Successful Concept Should not Be Discarded'", *Current Anthropology* 40 (Supplement), 13-15.

Adams, David Wallace (1995): *Education for Extinction. American Indians and the Boarding School Experience, 1875-1928*. Lawrence: Kansas University Press.

Anaya, S. James (1997): „The Indigenous are ‚Peoples': A Reality and a Challenge", *Native Americas* 24 (1), 64.

Anonymous (2002): „Panel Endorses Ban on ‚Squaw' Name", *Milwaukee Journal Sentinel*, JSOnline, 13.02.2002, http://www.jsonline.com/news/State/feb02/20183.asp

Anonymous (Hg.): *First Families of the Southwest*. Published by Fred Harvey. Kansas City, Mo.

Ashton, Robert Jr. (1976): „Nampeyo and Lesou", *American Indian Art Magazine* 1 (3), 24-33.

Bender, Cora (2002): „Performing Patriotism in Native North America: Ojibwa Powwow-Sounds and the Paradoxes of Identity", in Les Back und Michael Bull (Hg.), *Into Sound. A Reader in Auditory Cultures*. Oxford: Berg (erscheint Ende 2002).

Brody, J. J. (1993), „Modern Hopi Painting", in Richard Anderson und Karen L. Field (Hg.), *Art in Small-scale Societies: Contemporary Readings*. Englewoods Cliffs, N.J.: Prentice Hall, 349-356.

Carstensen, Christian und Schlottner, Michael (2002): „Storytelling und Popmusik im indigenen Nordamerika. Ausdrucksformen zeitgenössischer Oralität", in Ingo W. Schröder und Stéphane Voell (Hg.), *Moderne Oralität*. Marburg: Curupira/Förderverein „Völkerkunde in Marburg" e. V. (erscheint demnächst).

Coward, John M. (1999): *The Newspaper Indian: Native American Identity in the Press, 1820-90*. Urbana/Chicago: University of Illinois Press.

Csikszentmihalyi, Mihaly (1993): „Why We Need Things", in Steven Lubar und W. David Kingery (Hg.), *History From Things. Essays on Material Culture*. Washington/London: Smithsonian Institution Press, 20-29.

Davis, Wolfgang (1998): *Die Geschichte eines Objektes. Der Film ‚In the land of the headhunters', USA 1914, Regie Edward Sheriff Curtis*. Baessler-Archiv, N F. 46/2 (1998), 295-306.

Deloria, Vine Jr. (1998): „Balancing Science, Culture: Do Scientists Have Rights to All Finds?", *Denver Post* (9.11.1998), G-1.

Densmore, Frances (1910/1913 c.1973): „Chippewa Music", *Smithsonian Institution Bureau of American Ethnology Bulletin* 45. Minneapolis: Ross & Haines, Inc.

Desjarlait, Robert (1997): „The Contest Powwow Versus the Traditional Powwow and the Role of the Native American Community", *Wicazo Sa Review* (Spring 1997), 115-127.

Dilworth, Leah (1996): *Imagining Indians in the Southwest: Persistent Visions of a Primitive Past*. Washington/London: Smithsonian Institution Press.

Farmer, Gary (1994): „Native Language Survival. The Context of Radio and Television", *Akwe:kon Journal*, Special Issue „Expressive Culture", Vol. XI, Nos. 3/4 (Fall/Winter 1994), 63-64.

Feest, C. F., Squassoni, L. und Kasprycki, S. S. (Hg.) (1999): *Sitting Bull. „Der letzte Indianer". Begleitbuch zur Ausstellung im Hessischen Landesmuseum Darmstadt, 13.06.-17.10.1999*. Darmstadt: Hessisches Landesmuseum.

Feest, Christian F. (1995): „‚Repatriation': A European View on the Question of Restitution of Native American Artifacts", *European Review of Native American Studies* 9 (2), 33-42.

Feest, Christian F. (1997): „On Some Uses of the Past in Native American Art and Art History", in Marie Mauzé (Hg.), *Present is Past. Some Uses of Tradition in Native Societies*. Lanham/New York/Oxford: University Press of America, 65-79.

Geertz, Clifford (1983): *Dichte Beschreibung. Beiträge zum Verstehen kultureller Systeme*. Frankfurt/M.: Suhrkamp.

Geertz, Armin W. (1990): „Reflections on the Study of Hopi Mythology", in Christopher Vecsey (Hg.), *Religion in Native North America*. Moscow (Idaho): University of Idaho Press, 119-135.

Geertz, Armin W. (1996): „Contemporary Problems in the Study of Native North American Religions with Special Reference to the Hopis", *American Indian Quarterly* 20 (3) (1996), 393-414.

Gidley, Mick (1998): *Edward S. Curtis and the North American Indian, incorporated*. Cambridge: Cambridge University Press.

Goddard, Ives (1997): „Since the Word Squaw Continues to be of Interest", *News From Indian Country*, Mid-April: 19A.

Grobsmith, Elisabeth (1997): „Growing up on Deloria. The Impact of His Work on a New Generation of Anthropologists", in Thomas Biolsi und Larry J. Zimmerman (Hg.), *Indians and Anthropologists. Vine Deloria and the Critique of Anthropology*. Tucson: University of Arizona Press, 35-49.

Gugel, Liane (1997): *Frauenbünde der Indianer Nordamerikas*. Wyk auf Föhr: Verlag für Amerikanistik.

Hallowell, A. Irving (1941 c.1967): „The Social Function of Anxiety in a Primitive Society", in ders., *Culture and Experience*. New York: Schocken Books, 266-276.

Harvey, Penelope (1996): *Hybrids of Modernity: Anthropology and the universal exhibition*. London: Routledge.

Hinsley, Curtis M. (1981): *Savages and Scientists. The Smithsonian Institution and the Development of American Anthropology, 1846-1910*. Washington, D. C.: Smithsonian Institution Press.

Hobsbawm, Eric und Terence Ranger (1983): *The Invention of Tradition*. Cambridge: Cambridge University Press.

Horse Capture, George P. (1994): „Powwow: A Powerful Cultural Revival", in Göran Burenhult (Hg.), *Traditional Peoples Today*. (The Illustrated History of Humankind). St. Lucia (Queensland): University of Queensland Press, 190.

Hough, Walter (1901): *The Moki Snake Dance*. Herausgegeben vom Passenger Department, The Santa Fe Railway.

Howard, James H.(1955): „Pan-Indian Culture of Oklahoma", *Scientific Monthly* 81(5), 215-220.

Johansen, Bruce E. (1999): „Great White Hope? Kennewick Man, the Facts, the Fantasies and the Stakes", *Native Americas* 26 (2) (1999), 36-XX.

Kasprycki, Sylvia S. (1996): „Matters of Faith. Notes on Missionaries and Material Culture", *European Review of Native American Studies* 10 (2) (1996), 45-50

Kretschmer, Winfried (1999): *Geschichte der Weltausstellungen*. Frankfurt/M.: Campus.

Kroeber, Alfred L. und Kluckhohn, Clyde (1952): „Culture: A Critical Review of Concepts and Definitions", *Papers of the Peabody Museum of American Archaology and Ethnology*, Harvard University, Vol. XLVII – No.1. Cambridge, Mass.: Peabody Museum.

LaCourse, Richard (1994): „A Quickening Pace: Native American Media, 1828-1994", *Akwe:kon* 11(3 und 4) (1994), 53-60 („Native American Expressive Culture").

Landsman, Gail (1997): „Informant as Critic. Conducting Research on a Dispute between Iroquoianist Scholars and Traditional Iroquois", in Thomas Biolsi und Larry J. Zimmerman (Hg.), *Indians and Anthropologists. Vine Deloria and the Critique of Anthropology*. Tucson, AZ: University of Arizona Press, 160-176.

Marcus, George und Clifford, James (Hg.) (1986): *Writing Culture: The Poetics and Politics of Ethnography*. Berkeley: University of California Press.

Martin, Calvin (Hg.) (1987): *The American Indian and the Problem of History*. Oxford: Oxford University Press.

Mattern, Mark (1999): „The Powwow as a Public Arena for Negotiating Unity and Diversity in American Indian Life", in Duane Champagne (Hg.), *Contemporary Native American Cultural Issues*. Walnut Creek, CA: Altamira Press, 129-143 (Contemporary Native American Communities, v.3).

Mauzé, Marie (Hg.) (1997): *Present is Past. Some Uses of Tradition in Native Societies*. Lanham/New York/Oxford: University Press of America:.

Mead, Margaret und Bunzel, Ruth L. (Hg.) (1960): *The Golden Age of American Anthropology*. New York: George Braziller.

Mead, Margaret (1975 c.1995): „Visual Anthropology in a Discipline of Words", in Paul Hockings (Hg.), *Principles of Visual Anthropology*. Berlin/New York: Mouton de Gruyter, 2. Aufl, 3-10.

Mihesua, Devon A. (Hg.) (1998): *Natives and Academics. Researching and Writing about American Indians*. Lincoln/London: University of Nebraska Press.

NATIVE-L (1996): http://nativenet.uthscsa.edu/archive/nl/9610/0029.html

Nativenet (1993ff.): http://home.hetnet.nl/mr_7/58/cvkolmes/ojibwe/SQUAW.htm

Nettl, Bruno (Hg.) (1991): *Comparative Musicology and Anthropology of Music: Essays on the History of Ethnomusicology*. Chicago: University of Chicago Press, 277-292.

Nichols, John D. und Nyholm, Earl (1995): *A Concise Dictionary of Minnesota Ojibwe*. Minneapolis: University of Minnesota Press.

Opler, Morris E. (1941): *An Apache Life-way: The Economic, Social, and Religious Institutions of the Chiricahua Indians*. Chicago: University of Chicago Press.

Powers, William K. (1994): „Innovation in Lakota Powwow Costume", *American Indian Art Magazine* 19 (4), 67-73, 103.

Rapport, Nigel und Overing, Joanna (2000): *Social and Cultural Anthropology: The Key Concepts*. London/New York: Routledge.

Sahlins, Marshall (1994): „Goodbye to Tristes Tropes: Ethnography in the Context of Modern World History", in R. Borofsky (Hg.), *Assessing Cultural Anthropology*. New York: McGraw-Hill.

Sanner, Hans-Ulrich (2002): *Marginale Notizen zum Schlangentanz der Hopi, 1989-90, mit einem Rückblick auf Paul Ehrenreichs Reisebericht von 1898*. Vortrag gehalten auf der Tagung „Schlangenritual", Warburg-Haus Hamburg, 11.-13. April 2002.

Schlottner, Michael (2001): „Music, Money, Messages: Native American Sound Networks Revisited", *European Review of Native American Studies* 15 (2), 41-52.

Spicer, Edward (1962): *Cycles of Conquest: The Impact of Spain, Mexico, and the United States on the Indians of the Southwest, 1533-1960*. Tucson: University of Arizona Press.

Stein, Wayne J. (1997): „American Indian Education", in Dane Morrison (Hg.), *American Indian Studies. An Interdisciplinary Approach to Contemporary Issues*. New York etc.: Peter Lang, 73-92.

Stocking, George W., Jr. (Hg.) (1986): *Objects and Others: Essays on Museums and Material Culture. History of Anthropology*, Vol. 3. Madison: University of Wisconsin Press.

Sturtevant, William C. (Hg.) (1978ff.): *Handbook of North American Indians*. Washington, D. C.: Smithsonian Institution. (20 Bde.)

Thornton, Russell (Hg.) (1998): *Studying Native America: Problems and Prospects*. Madison: University of Wisconsin Press.

Trahant, Mark N. (1995): *Pictures of Our Nobler Selves: A History of Native American Contribution to News Media*. Nashville, TN.

Tylor, E. B. (1871): *Primitive Culture*. Boston.

Waters, Frank (1963): *Book of the Hopi*. New York: Viking Press.

Weibel-Orlando, Joan (1999): *Indian Country, L.A. Maintaining Ethnic Community in Complex Society*, überarbeitete Ausgabe. Urbana: University of Illinois Press.

Zu den Autoren des vorliegenden Bandes

Alexander Becker studierte Musikwissenschaft, Philosophie und Geschichte an der Universität Frankfurt am Main und am Warburg Institute, London. Er promovierte 1998 in Philosophie mit einer Arbeit zu „Verstehen und Bewußtsein" (veröffentlicht 2000 bei mentis, Paderborn). Zur Zeit arbeitet er im Rahmen des Sonderforschungsbereichs „Wissenskulturen und gesellschaftlicher Wandel" an der Universität Frankfurt über Dialogform, Wissensvermittlung und praktisches Wissen bei Platon. Weitere Arbeitsschwerpunkte sind Philosophie des Geistes, Sprachphilosophie und Ästhetik.

Cora Bender, Ethnologin, studierte in Köln Ethnologie, Germanistik, Theater-, Film- und Fernsehwissenschaften; seit 1999 als Mitarbeiterin am Forschungskolleg „Wissenskultur und gesellschaftlicher Wandel" im ethnologischen Teilprojekt „Indigene Wissenskulturen Nordamerikas"; promoviert am Institut für Historische Ethnologie zur Medienkultur des indigenen Nordamerika der Gegenwart; Feldforschung in Arizona und Wisconsin; derzeit Mitarbeit bei der Ausstellung „Indian Times" am Museum der Weltkulturen, Frankfurt a. M. (u. Leitung von Ch. F. Feest), sowie bei der Herausgabe eines Aufsatzbandes über Aby Warburgs „Schlangenritual" (mit E. Schüttpelz & Th. Hensel) Publikationen u. a. „Vom Rauchzeichen zum Internet. Stimmen aus ‚Indian Country'", in Ch. F. Feest (Hg.) (2000), *Kulturen der nordamerikanischen Indianer*. Köln: Könemann-Verlag; „Performing Patriotism in Native North America: Ojibwa Powwow Sounds and the Paradoxes of Identity", in Michael Bull (eds.) (2002): *Into Sound. A Reader in Auditory Cultures*. Oxford: Berg Publishers.

Wolfgang Detel studierte klassische Philologie, Mathematik und Philosophie an den Universitäten Tübingen, Mannheim und Hamburg. Er hat zur Zeit einen Lehrstuhl für antike Philosophie und Wissenschaftstheorie an der Universität Frankfurt/Main inne. Als Gastprofessor lehrte er u. a. an den Universitäten Princeton, Pittsburgh und Columbia/New York. Buchveröffentlichungen: *Platons Beschreibung des falschen Satzes im „Theätet" und „Sophistes"* (1974); *Scientia Rerum Natura Occultarum. Methodologische Studien zur Physik Pierre Gassendis* (1978); „Aristoteles: Analytica Posteriora. Einleitung, Übersetzung und Kommentar von W.D. Aristoteles, 2 Bd.", in *Aristoteles, Werke* (hg. v. H. Flashar 3, II2) (1993); *Macht, Moral, Wissen. Foucault und die klassische Antike* (1998); *Davidson und die klassische Semantik*, Berlin (erscheint 2003). Hg. (mit A. Becker) von: *Wissensideal und Wissenskultur bei Platon*, (erscheint Stuttgart 2002) und (mit C. Zittel) von: *Wissensideale und Wissenskulturen in der frühen Neuzeit*, Berlin 2002. Forschungsschwerpunkte zur Zeit: Platon, moderne Semantik, Perspektiven der kritischen Theorie.

Uljana Feest: Diplom in Psychologie (Johann Wolfgang Goethe-Universität Frankfurt, 1994); Mitarbeit im Forschungsprojekt „Hybridprojekte in den Kognitionswissenschaften: Fallstudien zur Biorobotik" (Institut fuer Sozial-Ökologische Forschung, Frankfurt, 1994-96); Magister in Philosophie und Wissenschaftsgeschichte (University of Pittsburgh, 2000); derzeit:

Vorbereitung der Dissertation „Operationism, Experimentation, and Concept Formation" (University of Pittsburgh).

Gundula Grebner: Studium der Geschichte und Romanistik in Frankfurt am Main, Promotion zur Entstehung von Kommune und Universität in Bologna; gegenwärtig Arbeit an der Habilitation mit einer Analyse von Inhalt und intellektuellen Praktiken des ‚de arte venandi cum avibus' Friedrichs II.; langjährige freie Mitarbeiterschaft an Museen. Arbeitsgebiete: mittelalterliche Wissenschafts-, Stadt- und Rechtsgeschichte, historische Linguistik und jüdische Geschichte. Publikationen: *Zum Zusammenhang von Sozialformation und Wissensform: Naturwissen am staufischen Hof in Süditalien* (2002); *Zu Texten und Kontexten des Frankfurter Judeneides* (i. D.); *Generationswechsel und historischer Wandel* (Hg.) (i.D.)

Hajo Greif: Studium der Philosophie, Kulturanthropologie und Soziologie in Frankfurt am Main. Im Anschluß bis 1999 Fortbildung und Arbeit im Medienbereich (Verlag, PR, Neue Medien). Seit 1997 Mitarbeit in der interdisziplinären ‚Arbeitsgruppe Biopolitik'. Seit April 2000 Stipendiat am Graduiertenkolleg ‚Technisierung und Gesellschaft' an der TU Darmstadt. Forschungsaufenthalt am Science Studies Unit der University of Edinburgh, Herbst 2001. Publikationen: Kai-Uwe Bux und Hajo Greif (2002): „Ja, Der Da hat es gesagt. Über den dekonstruktiven Umgang mit Texten", *Deutsche Zeitschrift für Philosophie* 1/2002; Hajo Greif und Doris Dehn (1999): „Was die Welt wert ist", in Michael Weingarten et al. (Hg.): *Werte der Vielfalt*. Marburg: Metropolis.

Thomas Kailer: Studium Sportwissenschaft/Englisch (Lehramt für Gymnasien) und Geschichte/Deutsch (Magister und Lehramt für Gymnasien) in Marburg, Münster, Frankfurt am Main; seit 1999 Wissenschaftlicher Mitarbeiter am Forschungskolleg „Wissenskultur und gesellschaftlicher Wandel", Teilprojekt C4: „Biologismus versus Soziologismus. Gesellschaftspolitik unter dem Einfluss der Naturwissenschaften". Publikationen: „Biologismus und Soziologismus: Normative Deutungsmuster von Kriminalität? Zum Verhältnis von übergeordneter Sinnstiftung und Verbrecherkategorien in Deutschland, 1882-1933", in H. Franz, W. Kogge, T. Möller und T. Wiltholt (Hg.) (2001), *Wissensgesellschaft. Transformationen im Verhältnis von Wissenschaft und Alltag*. Bielefeld, 50-84 (auch: http://archiv.ub.uni-bielefeld.de/wissensgesellschaft); „Werwölfe, Triebtäter, minderwertige Psychopathen. Zur Kommunikation kriminologischen und lebensweltlichen Wissens vom Verbrecher am Beispiel des Falles Fritz Haarmann", in Carsten Kretschmann (Hg.) (2002): *Wissenspopularisierung*. Berlin.

Katrin Koehl hat in Tübingen und Münster Geschichte, Russisch und Französisch studiert und promoviert derzeit am Seminar für Zeitgeschichte der Uni Tübingen über die Entstehung der Friedens- und Konfliktforschung in den USA und der Bundesrepublik in der Situation des Kalten Krieges. Sie war von 1999 bis 2001 Mitarbeiterin im Tübinger DFG-Sonderforschungsbereich „Kriegserfahrungen. Krieg und Gesellschaft in der Neuzeit".

Peter Münte promovierte in Fach Soziologie an der Goethe-Universität Frankfurt am Main mit einer Arbeit über die Professionalisierung des Forschers in der Gründungsphase der Royal Society. Zur Zeit ist er wissenschaftlicher Mitarbeiter am Institut für Wissenschafts- und Technikforschung der Universtität Bielefeld. Seine Forschungsschwerpunkte sind Wissenschaftssoziologie und - geschichte, Technikforschung und Professionalisierungstheorie.

Andreas Niederberger, Dr. phil., Studium der Philosophie, Soziologie und Romanistik in Frankfurt am Main, Paris und St. Louis/USA, derzeit wissenschaftlicher Assistent am Institut für Philosophie der Johann Wolfgang Goethe-Universität Frankfurt am Main. Mit-Autor bzw. Herausgeber von *ChronoLogie. Texte zur französischen Zeitphilosophie des 20. Jahrhunderts* (gem. hg. mit Dietmar Köveker, Darmstadt 2000); *Von Bagdad nach Toledo. Das ‚Buch der Ursachen' und seine Rezeption im Mittelalter* (gem. mit Alexander Fidora, Mainz 2001) und *Vom Einen zum Vielen. Der neue Aufbruch der Metaphysik im 12. Jahrhundert* (gem. hg. mit Alexander Fidora, Frankfurt am Main 2002). Darüber hinaus Autor von zahlreichen Artikeln zur Philosophie des Mittelalters, zur politischen Philosophie und zur französischen Gegenwartsphilosophie.

Alfred Nordmann ist Professor für Wissenschaftsphilosophie und -geschichte an der Technischen Universität Darmstadt und Adjunct Professor an der University of South Carolina. Mit der Soziologie wissenschaftlicher Erkenntnis setzen sich vor allem zwei frühere Beiträge auseinander: „The Evolutionary Analysis: Apparent Error, Certified Belief, and the Defects of Asymmetry", *Perspectives on Science*, Bd. 2 (1994), 131-175 und „Blinded to History? Science and the Constancy of Nature", in Martin Carrier, Gerald Massey und Laura Ruetsche (Hg.) (2002), *Science at Century's End: Philosophical Questions on the Progress and Limits of Science*. Pittsburgh/Konstanz: University of Pittsburgh Press/Universitätsverlag Konstanz, 150-178. Siehe auch „Der Wissenschaftler als Medium der Natur", in Karin Orchard und Jörg Zimmermann (Hg.) (1994), *Die Erfindung der Natur: Max Ernst, Paul Klee, Wols und das surreale Universum*. Freiburg: Rombach, 60-66.

Ulrich Oevermann ist Professor am Institut für Sozialisationsforschung und Sozialpsychologie im Fachbereich Gesellschaftswissenschaften an der J. W. Goethe-Universität Frankfurt am Main. Im SFB/FK Wissenskultur und gesellschaftlicher Wandel leitet er das Teilprojekt „Struktur und Genese professionalisierter Praxis als Ort der stellvertretenden Krisenbewältigung".

Trevor Pinch is Professor in the Department of Science and Technology Studies, Cornell University. He has held visiting positions at the University of Twente, the Netherlands; Cambridge University, UK; the University of California, San Diego; the Max Planck Institute for the History of Science, Berlin; the Danish Technical University, Denmark; and the Science Center, Berlin. Publications: *Frames of Meaning: The Social Construction of Extraordinary Science*. London: Routledge, 1982 (with H.M. Collins); *Confronting Nature: The Sociology* *of Solar-Neutrino Detection*. Dordrecht: Kluwer 1986; *Health and Efficiency: A Sociology of Health Economics*. Milton Keynes: Open University Press 1989 (with M. Ashmore and M. Mulkay); *The Golem: What Everyone Should Know about Science*. Cambridge and New York: Cambridge University Press/Canto 1994 (with Harry Collins) (translated into French, German, Italian, Spanish, Japanese, Bulgarian, Polish, Korean and Turkish); *The Hard Sell: The Language and Lessons of Street-Wise Marketing*. London: Harper Collins 1996 (with Colin Clark). In addition, Trevor Pinch has edited several books and written numerous articles.

Claus Zittel studierte Philosophie, Germanistik, Psychoanalyse und Kunstgeschichte an den Universitäten Frankfurt am Main und Pisa. Er ist wissenschaftlicher Mitarbeiter im DFG-Sonderforschungsbereich „Wissenskultur und gesellschaftlicher Wandel“ an der J. W. Goethe-Universität Frankfurt am Main (Teilprojekt: Wissen und Wissenschaft in der antiken und frühneuzeitlichen Philosophie). Zur Zeit arbeitet er an einer Habilitation über Erfahrung bei Descartes. Publikationen zur Philosophie des 17. u. 19. Jahrhunderts, Wissenschaftstheorie und zur Ästhetik, darunter: *Selbstaufhebungsfiguren bei Nietzsche*. Würzburg 1995; *Das ästhetische Kalkül von Friedrich Nietzsches ‚Also sprach Zarathustra‘*. Würzburg 2000; „*Mirabilis scientiae fundamenta*. Die Philosophie des jungen Descartes (1619-1628)“, in Jörg J. Berns und Wolfgang Neuber (Hg.) (2000), *Seelenmaschinen. Gattungstraditionen, Funktionen und Leistungsgrenzen der Mnemotechniken vom späten Mittelalter bis zum Beginn der Moderne*. Wien, 309-262; und (zus. mit W. Detel) "Hobbes und die Historiographie", *Zeitsprünge*, Bd. 5 (Heft 3/ 4) (2001), 101-117. Er ist (zus. mit W. Detel) Herausgeber von *Ideals and Cultures of Knowledge in Early Modern Europe*. Berlin 2002.

Index

A

B

C

D

E

F

P

Q

R

S

T

U

Abbildungsnachweise

S. 55: Jacques Louis David (1788): *Antoine Laurent Lavoisier und seine Frau Marie-Anne-Pierette Paulze* (Metropolitan Museum of Art, New York), aus: Spektrum der Wissenschaft, Sonderheft Biographie: Lavoisier.

S. 57: Marie-Anne-Pierette Paulze (1790/1791): *Skizze eines Experiments von Antoine Lavoisier zur Chemie der Atmung*, aus: Spektrum der Wissenschaft, Sonderheft Biographie: Lavoisier.

S. 109: Moog Modular System, Foto aufgenommen von Trevor Pinch.

S. 110: Mini Moog, Foto aufgenommen von Trevor Pinch.

S. 117: Buchla Modular System, Foto aufgenommen von Trevor Pinch.

S. 118: Buchla Portable, Foto aufgenommen von Trevor Pinch.

S. 143: Stanley S. Stevens (1934): „The Attributes of Tones", *Proc. Nat. Acad. Sci.* 20, 457-459, hier S. 458.

S. 223a: Wappen der Royal Society, aus: Michael Hunter (1994): *The Royal Society and Its Fellows, 1660-1700: The Morphology of an Early Scientific Institution*. Oxford.

S. 223b: Wappenentwürfe, aus: Michael Hunter (1994): *The Royal Society and Its Fellows, 1660-1700: The Morphology of an Early Scientific Institution*. Oxford.

S. 224: Frontispiz zu Thomas Sprat (1667): *The History of the Royal Society of London for the Improving of Natural Knowledge*. London, aus: Michael Hunter (1994): *The Royal Society and Its Fellows, 1660-1700: The Morphology of an Early Scientific Institution*. Oxford.

www.ingramcontent.com/pod-product-compliance
Lightning Source LLC
LaVergne TN
LVHW081331011026
849161LV00013BB/2895